實驗工程量測不確定度分析 — 基礎與實務指引

古瓊忠博士 著

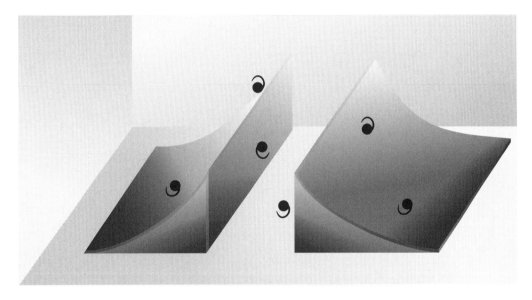

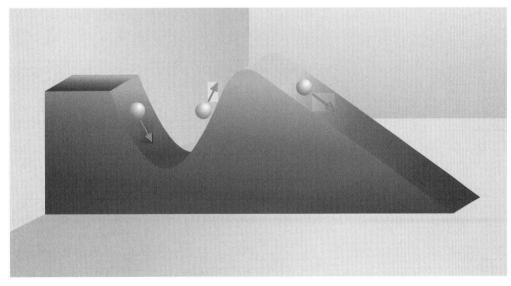

財團法人聯合營建發展基金會

前　言

　　作者於民國八十五年自中山科學研究院退休後，因緣際會中開始擔任全國認證基金會前身 CNLA 專業講師，講授國際標準 ISO17025 和量測不確定度相關課程，一直到民國九十八年止；此期間亦在逢甲大學土木工程研究所講授量測不確定度分析的課程，直到民國一百零一年止，共歷時十六個年頭。除了帶逢甲土木所研究生從事量測不確定度分析和應用的論文研究外，曾經到各大學，諸如台灣大學、雲林科技大學、台北科技大學、中央大學、成功大學、警察大學、中興大學等演講有關量測不確定度的分析原理和步驟；此外也曾輔導眾多公私機關實驗室去分析許多量測不確定度的案例，範圍涉及藍芽自動測試系統、微生物檢測系統、食品藥物和環境檢測、電信 EMC/EMI 之測試案例；桌案上累積了眾多的講稿、編撰的資料、上課的講義、分析的實例及非常多國外收集的資料。有鑑於國際上對不確定度分析，各實驗領域均先後公佈可遵循的評估指引【5】、【13】、【29】；系統性完整介紹不確定度的教科書本【1】、【17】也在各著名網路書店上市銷售。反觀國內尚無此專業知識的書籍，因此作者就心動構思想編寫一本全向性的不確定度分析書籍，俾讓從事實驗室工作之工程師有本參考的手冊。當把此構想向諸親朋好友及家人透露時，獲得他們的鼓勵，特別感謝聯合營建發展基金會蕭新祿董事長和師母趙玉芳的大力支持，允諾提供基金會所有資源，使成果能付梓成書以造福同業。

　　作者此生由於工作的關係，研究所畢業後曾從事機械設計、金屬材料熱處理加工性質的研究、齒輪加工製造、工程應力分析；赴美留學專攻振動減振分析及結構模式實驗，歸國後在中山科學研究院擔任專案品保組組長，開始涉獵品質管制系統、可靠度實驗和預估、軍規環境試驗、實驗數據擷取及分析工程，離開中科院後才全心專注不確定度分析的教學及研究工作。綜合作者工作一生的心得與成果可分成四大部份：（一）振動實驗和減振分析（二）系統可靠度實驗和預估（三）品質保證系統之建構和運作（四）量測不確定度之分析和實務。第三項之成果見諸於本人於民國八十八年由全華科技圖書股份有限公司出版的專書「品質管制與檢驗-國際標準 ISO17025 實驗室品質與技術」；第四項的成果就是作者目前正要進行的工作；第一和第二項成果就看以後機緣成熟時，再公諸於世了。

　　本書共分成四大部份。第一部份把不確定度的源起分析原理、量測系統不確定度分析的方法和步驟，作系統完整的介紹；同時有專章把不確定度分析過程中所涉及的統計工具詳細引介出來。國際間目前不確定度分析指引有兩大系統，一為歐洲所採行的 ISO GUM 系統【46】；而美洲，尤其是美國則發展另一套不同的系統【4】。所以本書特別另闢專章介紹兩者間之差異和優劣，以因應實驗工程師的需求。系統不確定度分析，計算非常繁雜，結合微軟 Excel 軟體強大計算能力，實驗室應自行發展出適合內部所需全自動化分析軟體是必然趨勢。本部份也有專章介紹電子計算表格發展的概念和本人所發展成功的運算實例。

　　第二部份則是彙整目前國際間已發展完成且公佈的不確定度分析指引，詳細的介紹其來龍去脈，對某特定領域所使用到的統計技術也在此做完整的介紹，範圍包括化學、電性、微生物及其他…等，讀者可充分掌握國際間發展的現況及所使用的分析技術。

　　第三部份則是作者依據第二部份分析指引，協助國內公民營實驗室分析的案例，其中所有數據都是實驗室實測的數據加以分析，內容有藍芽自動測試系統、環境檢測項目、化學分析項目、EMC/EMI 測試、微生物檢測、光學、燃燒實驗、消防防火閘門洩漏測試…等。

　　第四部份則是探討在實驗工程上何以量測不確定度的分析是如此重要，不確定度的分析已不單純只是技術性的工作，國際間已將不確定度的分析導入實驗規劃及設計實驗流程之擇優決策，商品規格符合性的判定及消費者和生產者的風險分析。所以這部份就專章討論量測不確定度在實驗工程和規格符合性判定上的應用，並用實際數據分析營建材料中的竹節鋼筋抗拉強度並討論其驗收規格之合理性以及在其規格下，消費者和生產者各自的風險為何？

　　作者希望能盡力去編寫一部讓實驗工程師可攜在手中隨時參考的不確定度專書，但範圍實在太大太廣，肯定無法週全，僅能盡可能作完整系統性加上實例的介紹，希望能讓讀者舉一反三，並就教於各方先進專家，甚幸之。

　　最後感謝聯合營建發展基金會的提供資源，蔡瑞安先生的專業打字，封文斌先生對封面設計的繪圖和專業校稿。

作者　古瓊忠

謹識於台中幽廬

目　錄

第三章　量測不確定度分析原理

第四章　ISO 和 ANSI 量測不確定度分析方法的比較

第七章　化學分析量測不確定度評估指引和實例

第八章　微生物定量測試不確定度評估指引和實例

第十章 其他相關領域定量測試不確定度評估實例

圖目錄

第七章　化學分析量測不確定度評估指引和實例

第八章　微生物定量測試不確定度評估指引和實例

第九章　電性領域 RF 量測不確定度評估指引和實例

第十章　其他相關領域定量測試不確定度評估實例

表目錄

第七章　化學分析量測不確定度評估指引和實例

第八章　微生物定量測試不確定度評估指引和實例

第九章　電性領域 RF 量測不確定度評估指引和實例

1 實驗、誤差和不確定度

1.1 實驗

1.2 實驗方法

1.3 誤差和不確定度

　　當碰到「實驗」這個字時，大多數人馬上聯想到就是某人在實驗室裏擷取資料，期刊和電視上無數照片裏穿著白袍的工程師和科學家手拿紙板夾子，記錄著儀具讀值或注視著複雜玻璃器皿內所發生的事情，更助長這種概念；大學課程採行實驗階級制的作法也加強了此種概念，當學生走進實驗室，經常碰到的實驗指導是展示已設定好的實驗。資料大部份是在有時間壓力去擷取，同時大部份資料的說明和實驗結果的報告都花在企圖去思索什麼地方出錯了，以及如果是〇〇〇實驗應呈現怎樣的成果。

　　實驗不單只是資料擷取，任何堅持但卻是錯誤的相信實驗只是在實驗內執行量測的工程師或科學家，將會是一個失敗的實驗事業者。

　　一個運作成熟的實驗計畫中，真正資料擷取的部份，一般僅佔全部花費時間和所作努力的一小部份百分比而已。

1.1　實驗

1.1.1　為何要實驗

　　在科學和工程裏執行的實驗是展示物理的原理和過程，一旦做了這些展示而且也了然於胸時，又何需費心於實驗呢？採用我們已知的物理定律、採用我們所研究出精密的分析方法、採用數值分析方法之知識、採用令人敬畏而強大的計算能力，在現實世界裏是否有長久的實驗需求呢？

有幾個很清楚的問題可以加以討論，爲了強調這些問題，我們先看圖 1.1 所示，該圖顯示解決實際問題典型的分析方法。

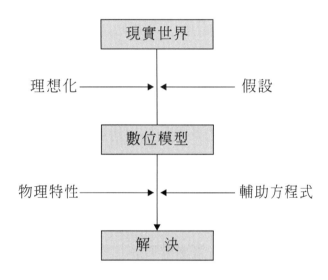

圖 1.1　解決問題的分析方法

縱使使用分析方法，在問題解決過程中，一個或多個階段裏，幾乎總是需要實驗的資訊，在作出實際假設和理想化之前，需要某些實驗的結果，才能把實際世界的過程變成數學模型；此外，由實驗決定的資訊經常是以解決問題所必需的物理特性質和輔助方程式來呈現的，因此我們就可瞭解到縱使解決問題的方法是分析的（或是數值的），從實驗獲得的資訊是包括在問題解決的過程中。

從一般的概念來說，實驗是科學和工程的基礎。Webster's【1】定義科學是：「爲了決定所研究對象的原理、自然特性，從觀察、研究、執行

3

的實驗所獲得系統性的知識」。在討論到所謂科學方法時，William's【1】描述為：「系統化去建構與一大群觀測事實相關聯的理論，這些理論有能力對未來觀察的結果做出預測」。這些理論利用可控制的實驗來加以檢驗，也只有和所有觀察到的事實一致，這些理論才能被接受。

許多科學和工程上感興趣的系統和過程、幾何、邊界、條件和物理現象是如此複雜，以至於遠遠超越我們目前的技術能力，而設計出令人滿意的分析或數值的模型和方法。這些情況下，就需要靠實驗來定義出系統和過程的狀態。

1.1.2 資料好壞的程度（Degree of Goodness）

在問題的分析解決裏，如果我們使用特定資料或者是其他實驗所決定的資訊，我們應該確實要考慮到實驗資訊「好壞」到什麼程度；同樣地，比較一個數學模式和實驗資料的人依據比較做出推論時也應確實的考慮到資料"好壞"的程度。如圖 1.2：在圖 1.2 裏兩個不同數學模型的結果互相比較，同時也和一組實驗數據做比較。

一旦考慮到資料好壞的程度，僅依據結果如何符合資料的好與壞，去爭論說某一模型比另一模型更適合，那是毫無結果的。從本例子，我們可以推斷說縱使某人無野心成為一個專業的實驗專家，也需要去瞭解實驗過程和影響實驗資料好壞的因子。

無論什麼時候，利用實驗方法來回答問題或者是用來發現問題的解決方案，結果會好到什麼樣子的疑問應該早在建構實驗儀具和資料擷取前就應該加以考慮。目前在實驗領域裏是使用「不確定度」的觀念來描述一個量測或者實驗結果的好壞程度，而不確定度則是實驗誤差的一個統計估計。

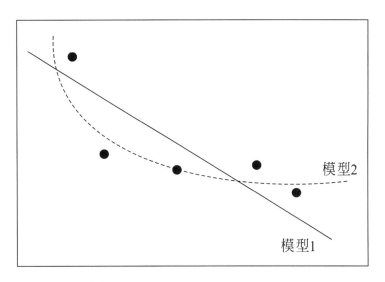

圖 1.2 模型和實驗數據比較圖

1.2 實驗方法

1.2.1 問題的解決方案

當採用實驗方法來發現問題的解決方案時，需要考慮很多問題，下列為其中問題：

（1）我們的問題是什麼？

（2）要知道答案，我們所需的準確度是多少？

（3）所涉及的物理原理是什麼？

（4）什麼樣的實驗或一組實驗可能會提供答案？

（5）什麼樣的變數需加以控制？要控制到多好？

（6）什麼樣的量需要量測？準確度是多少？

（7）使用什麼樣的儀具？

（8）資料是如何獲得？條件是什麼？及如何儲存？

（9）要取多少點的資料？順序爲何？

（10）在時間和預算限制條件下，能否滿足需求？

（11）資料分析需要什麼樣的技術？

（12）什麼是最有效和展示的方法來呈現資料？

（13）資料會引起未預料的問題是什麼？

（14）以什麼樣的特色來報告資料和結果？

1.2.2 實驗計畫之階段

實驗之階段通常分成：規劃、設計、建構、矯正、執行、資料分析和結果提報。

* **規劃階段**：考量和評估用以發現問題答案的各種不同方法，此階段有時稱爲初期設計階段。

* **設計階段**：利用規劃階段所獲得的資訊，述明所需的設備和實驗儀具之構型，確認驗證計畫和運作的條件範圍，需要擷取的資料、運作的順序...等。

* **建構階段**：各別組件安裝進整個實驗設備裏，並執行必要的儀具校正。

* **矯正階段**：執行實驗裝置的初期運轉，提出未預料到的問題，在矯正階段獲得的結果經常會導致實驗裝置在操作和構型的變更以及某些的重新設計。矯正階段完成後，實驗專業人員應該有信心充分瞭解裝置的操作及結果不確定度影響的因子。

* **執行階段**：運作實驗去獲取、記錄、儲存資料。經常利用原先設計在系統內的查核機制來監控儀具的操作以防止在儀器或操作條件上未注意到和不需要的改變。

* **資料分析階段**：分析資料以決定最初問題的答案，或者是所探討問題

的解決方案。

* **報告階段**：資料和結論應該以實驗結果最大有用的的形式來呈現。

我們會發現使用不確定度分析和相關的技術有助於確保所投入的時間、精力、金錢，會有最大的回饋。

1.3 誤差和不確定度

1.3.1 基本觀念和定義

在度量衡領域裏，每種量測都會得到一組數值和量測單位，例如 5k、2sec、4 km...等，這些量測單位大都是利用基本的物理常數來定義的，諸如表 1.1 國際單位制。

但是實際的量測行為上，我們都不是在量測單位其所定義的條件下去量測，而是使用人們製造的專業度量衡器具去執行量測，例如使用游標卡尺去量長度、碼錶去量時間，磅秤去量重量、玻璃溫度計或熱電隅去量溫度...等，所得的量測結果不是量測量的真值而是其近似值，因此並無所謂完美量測這種事。尤其對複雜的量測系統，其中涉及諸多影響量測結果的因子，諸如：人、量測儀具、環境、量測量定義不完美、校正、量測方法、量測步驟...等；因此在量測執行時，這些變數均無法使其保持不變，而使得變數的量測都包含了不準確性。

表 1.1　國際單位制

物理量	符號	基本單位	單位縮寫	制 訂 標 準
長度	L	公尺、米	m (meter)	1 公尺：光在眞空中一秒鐘所行距離的 1/299 792 458。
質量	M	公斤、仟克	kg (kilogram)	1 公斤：國際仟克原器的質量。
時間	T	秒	s (second)	1 秒：銫-133 原子振動 9 192 631 770 次所需的時間。
電流	I	安培	A (ampere)	1 安培：兩相同電流強度的平行載流導線相距 1 公尺，若每公尺導線上受力 $2×10^{-7}$ 牛頓時的電流。
溫度	T	克耳文	K (Kelvin)	1 克耳文：水三相點溫度的 1/273.16。
光強度	I	燭光	cd (candela)	1 燭光：頻率爲 $540×10^{12}$ 赫的光在單位立體角有 1/683 瓦的發光強度。
物質的量	n	莫耳	mol (mole)	1 莫耳：0.012 公斤的碳-12 原子所含的物質量。

　　而度量衡上的「誤差」是定義成量測值減去眞值，但眞值不可得，因此「誤差」也無法獲得，此概念就和工業上的「誤差」概念完全不同。生產工業上的產品「誤差」是指生產成品量測結果和規格值之差，是可獲得的。而度量衡上的「誤差」是可用機率（信心水準）予以評估出來那就是：**量測不確定度**。這個名詞最早是由海森堡在研究量子物理時發現了不確定性原理【45】，經典的物理學關於大自然許多量測是探決定論的觀點-意思是我們在量測任何東西時，精度原則上是沒有限制的，只要我們有一個足夠精確的量測裝置。但在量子力學的世界裏，卻徹底拋棄

了這種關於將來的決定論觀點，而引進了預測的不確定性，也就是說我們能達到的量測精度有原則上的極限，無論我們造出來的量測設備多麼巧妙和多麼靈敏，而對量子物體之量測是採用了機率的概念。請讀者謹記於心，我們量測不確定度之評估與分析也是用「不確定度」的本質-機率概念來執行的。無論我們製造的量測設備有多精密與準確，永遠只能量測到真值的近似值，而「誤差」（不準確性）是靠統計來加以評估。

1.3.2 系統和隨機誤差：不確定度

我們將使用「準確度」來標示量測值和真值之間同意接近的程度。不確定度的程度或是總的量測誤差是量測值和真值之差如圖 1.3（a）所示。總的誤差是系統（偏差）誤差（β）和隨機（精密度）誤差的和。系統誤差是固定或是總誤差的常數值分量，有時系統誤差也被稱做偏差（bias），而總誤差的隨機分量（ε）有時也叫做重複性（repeatability）、重複性誤差（repeatability error）或叫作精密度誤差（precision error）。

假設我們對穩定的變數 X，一個接著一個執行多次的量測，第 k 和 k+1 的量測顯示如圖 1.3（b）所示，由於偏差是固定的誤差，它對每個量測值都是一樣，但隨機誤差對每個量測都有不同的數值，因此在每個量測總的誤差也會不同。

$$\delta_i = \beta + \epsilon_i \quad\text{......................................}\quad (1.1)$$

如果我們繼續的量測直到我們獲得 N 個讀值，當 N 趨近無限大時，數據會如圖 1.3（c）所示。偏差就是 N 個讀值的平均數μ和 X 真值的差。而隨機誤差會使得讀值發生的頻率對平均值成為常態分佈。

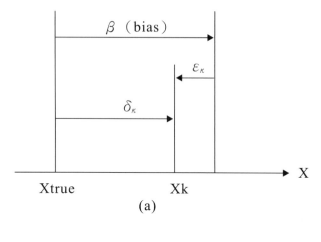

(a)

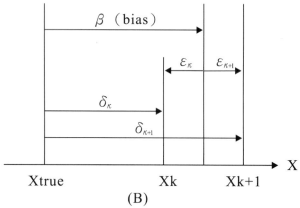

(B)

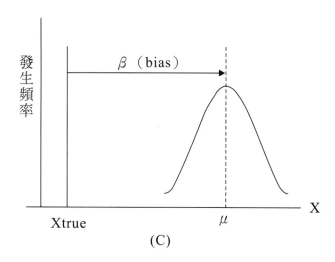

(C)

圖 1.3　變數 x 的量測誤差(a)單一讀值(b)兩個讀值(c)無限個讀值

這種量測行為的例子如圖 1.4 所示。浸泡於絕緣燒杯內流體的溫度計，由 24 個學生獨立的獲取讀值，讀到小數點後一位。溫度計的偏異值略為超過 1°F，而流體的真實溫度為 96°F，學生所讀取的溫度讀值是以平均值 97.2°F 作分佈，與其值 96.0°F 有偏異，從統計觀點是可以描述 x 量測值的誤差。但很不幸的，我們並不知道 x 之真值，因此就不可能描述 x 確切的系統和隨機誤差。

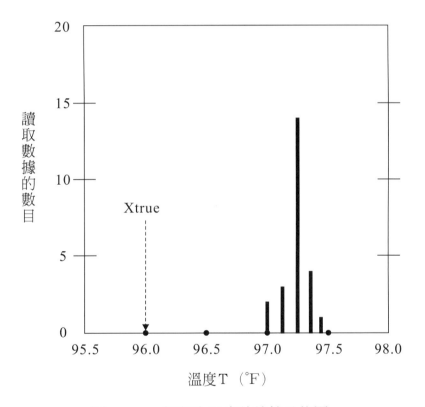

圖 1.4　24 個學生溫度計讀值分佈圖

如果我們依據我們的量測結果，要對量測值 X 作最佳的描述的話，我們能做的就是：我們具有 C% 之信心真值 X 落在下述範圍內

$$X_{best} \pm U_x \quad\text{..}\quad (1.2)$$

X_{best}是 N 個讀值的平均數，而U_x是 X 的不確定度，是由系統和隨機誤差所組合的效應，具有 C%信心水準的統計估計。

1.3.3 系統誤差和校正

為了說明如何利用校正來達成減少系統誤差，我們有電壓錶 A 和 B，我們希望對 100Vdc 來執行校正，而且我們有 100V 的標準電壓源，提供穩定的輸出，同時具有絕對的準確度±0.5V。

標準電壓源 100V 從電壓錶 A、B 讀取多組的輸出，前 10 組的輸出如表 1.2 所列。經過許多額外的讀值發現電壓錶 A 之平均讀值為 100.6V，而電壓錶 B 之平均讀值為 90.0V，而且無論額外再讀取多少個讀值，兩電壓錶之平均讀值均維持相同不變。這個標準電壓和讀值平均數固定的常數差，就是偏差或稱系統誤差，電壓錶 A 系統誤差為+0.6V，而電壓錶 B 系統誤差為-10.0V。從錶 A 之任何讀值減出 0.6V，從錶 B 之任何讀值加上 10.0V，就可以修正這些系統誤差。而 150V 之系統誤差可能會不同於 100V 而必須靠 150V 之校正來決定系統誤差之校正。

當深切的考慮上述的例子後，推論說我們可以透過校正來消除或修正偏差或系統誤差。實際上在誤差分析或不確定分析的章節裏，基於一個簡單的假設：「所有偏異誤差都已經被校正消除掉了。」經常把系統誤差概略地屏除掉。

我們更仔細的考慮電壓錶的例子，我們瞭解到製造商對標準電壓源所描述的絕對精確度 0.5V，其實意思是電壓錶校正後最小的偏異仍存在，其值為±0.5V。這就是由校正所用標準件所引進來的系統誤差。從這個例子我們推論出某些系統誤差可以用校正來消除，但僅能達到校正程序中所用標準件隨附的系統誤差限度為止。

　　我們知道量測系統可概分為簡單量測和間接量測，簡單量測系統是直接從圖表或儀錶中讀取數值者，而間接量測則是先讀取某些變數值，再經複雜的數學轉換才能獲得最後量測結果者；後者量測程序非常複雜，涉及到程序中每個步驟所用的儀具、安裝因子、環境因子、資料擷取及運算方式，系統誤差不是靠程序中使用的每個儀具校正即可修正過來，採取處理的方式是不作任何修正，最終會反映在不確定度分析之最終結果中。最明顯的例子就是國際間有關電性 EMC/EMI 領域之不確定度分析指引【29】內所舉的例子。

表 1.2　A、B 電壓錶 100V 校正讀值【28】

讀取項目	電壓錶 A（V）	電壓錶 B（V）
1	104.5	90.0
2	101.5	91.5
3	96.0	89.5
4	105.5	90.5
5	97.0	88.5
6	100.0	89.5
7	95.5	90.5
8	103.5	89.5
9	101.0	91.0
10	101.5	89.5

實驗工程量測不確定度分析
——基礎與實務指引

2 量測不確定度
和工程統計

本章主要是把量測不確定度評估時，所需用到求標準差的統計方法做一完整綜合性呈述，俾便接續章節時，可直接參考使用。對於特定領域：如有特別求標準差的方法，則於各領域不確定度評估指引時會單獨介紹。

2.1 專有名詞之解釋【4】【13】【18】

在量測不確定度分析過程中，會涉及許多儀具、量測和工程統計的專有名詞，在此節中統一做解釋並附有原文和出處於專有名詞之後，以避免誤解和誤用。

2.1.1 儀具與量測專有名詞

（1）準確度（Accuracy）

a.某未知特性的儀具和已知特性的標準器（值）比對其接近的程度（ASTM　E4）。

b.實驗結果與約定（可接受）參考值間同意的接近程度（ASTM E177）。

以上定義基本上都需要和參考值或參考標準做比對，因而需透過校正之執行，才能知道儀具之準確度。

（2）解析度（Resolution）

儀錶之最小讀值或器示值（ASTM　E74）。從此定義，我們知道這是儀具製造商設計製造出來的，有不同的等級來適用於不同的要求，意即是儀具與生俱有的特性。

（3）精密度（Precision）

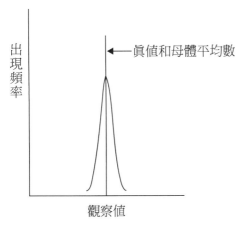

（a）系統誤差可忽略，小的隨機誤差
　　（準確度好，精密度亦好）

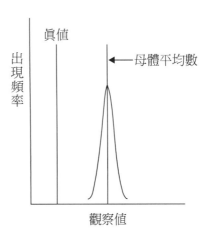

（b）大的系統誤差，小的隨機誤差
　　（準確度差，精密度好）

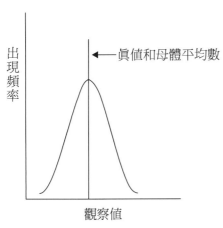

（c）系統誤差可忽略，大的隨機誤差
　　（準確度好，精密度差）

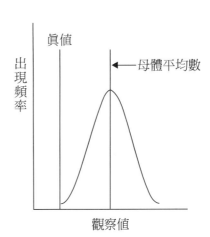

（d）大的系統誤差，大的隨機誤差
　　（準確度差，精密度亦差）

圖 2.1　準確度和精密度之區分圖

重複條件下，從量測程序中獨立獲得多個實驗結果彼此接近的程度（ASTM　E177）。此定義告訴我們量測精密度必須靠執行重複性實驗方可獲得相關資訊。

準確度、精密度是分屬不同的概念，應避免用精密度來代替準確度，兩者之區別可用圖 2.1 來辨明。

（4）裕度（Tolerance）

a.可允許之變異性。

b.不同組測試設備間試驗結果之變異性（ASTM　E177）。

（5）規格（Specification）

管制製程之變異，以確保產品特性在要求範圍內。裕度與規格之關係可用圖 2.2 表示。

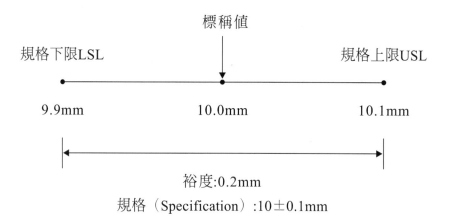

圖 2.2　規格與裕度示意圖

（6）校正（Calibration）（ASTM　E1595）

將未知準確度的量測儀具或量測標準和已知準確度之量測標準做比

較，俾能測出、提出或利用調整來降低量測儀具或量測標準其準確度的變異。

（7）查驗（Verification）（ASTM　E1595）

量測設備之查驗（查核）是利用測試來確保儀具符合指定之要求，查驗可用直接或間接方式達成。

a.其中或許可包括或者不包括前述定義之校正方法。

b.直接查驗包括和有已知值之標準做比對，該標準具有追溯至國家標準之鍊環。

c.間接查驗包括測試已知特性之物質。

（8）偏異（Bias）

一組量測程序的測試結果和量測量同意接收的參考值間系統的差異。

（9）重複性（Repeatability）

在重複條件下，測試結果間其同意接近的程度。

重複條件：相同的人、相同的儀具、相同的實驗室、相同的試驗方法、相同的量測量、短時間之測試。

（10）再現性（Reproducibility）

a.不同實驗室間，某特定單一測試結果之變異性。

b.重複性條件中，維持相同之條件裏只要其中之一有變動均可歸類為再現性，但是實驗室間之再現性其變異性是其中最大者。

2.1.2 統計專有名詞

（1）母體（Population）

一組資料，它們具有研究者想要的某種特徵，亦即「母體」是研究者所考量的某種特性之全體集合。

（2）樣本（Sample）

由母體中所選出的一個部份集合。

（3）抽樣（Sampling）

一種程序或方法，說明如何由母體抽出樣本。

（4）參數（Parameter）

研究者想了解母體某特性值，通常我們關心的是母體平均數、標準差或最大值等。

（5）統計量（Statistics）

由抽樣樣本所計算出的一個量（或一組量）用來對母體做推論，如做為參數估計用的統計量就稱為估計量(Estimator)。

（6）統計推論（Statistical Inference）

由一組樣本資料，算出統計量以便對母體的參數做評估。一般統計推論包括估計(Estimation)。預測(Prediction)及檢定(Testing)，而估計又區分為點估計及區間估計。

（7）統計量的型式

上面所謂的統計量就是由一組樣本資料所算出的單一數值，其型式可分為：

a. 集中趨勢的統計量：

用來提供資料的中心點或代表值或出現頻率最多的某個資料等。常用的統計量有平均數(Mean)，中位數(Median)，眾數(Mode)及加權平均數(Weighted Mean)。

注意：

當樣本數不多時，中位數比平均數容易求得，但平均數較易受「異常值」(Outlier)影響，而中位數則不會，所以中位數具有「穩健性」(Robustness)亦即較不敏感。

b. 位置統計量(Position)：

位置是量測某筆資料在全部樣本中排序後的累積相對百分比。有關位置的量測，通常以百分位(Percentile)及四分位(Quartile)來表示。

c. 離勢統計量：

所謂離勢(Disperson)，它是表達資料分散狀況的量測，也就是量測資料偏離中心點多大的一個指標，常用的離勢統計量有全距(Range)，四分位距(Inter Quatile Range , IQR)，變異數(Variance)，標準差(Standard Deviation)，變異係數(Coefficient of Variation)。

➤ 全距：

一組資料的最大值與最小值的差距。

➤ 四分位距：

第 3 四分位 Q_3 與第一四分位 Q_1 之差距

$IQR = Q_3 - Q_1$

Q_1：25 百分位；Q_2：50 百分位（中位數）

Q_3：75 百分位

➤ 變異數：

變異(Variation)是每筆資料與中心點$\bar{x}$差距的平方和表示成為 S_{xx}。

$$S_{xx} = \sum_{i=1}^{n} \left(xi - \bar{x}\right)^2$$

而變異數 S^2 是變異的平均

$$S^2 = (n-1)^{-1} \sum_{i=1}^{n} \left(xi - \bar{x}\right)^2$$

其自由度為 n-1。

➤ 標準差：

由於變異的單位是原來數據的平方，它必須開方後才能與平均數、中位數等「集中」統計量做加減運算，所以標準差的定義就是變異數開方。

$$S = \left[(n-1)^{-1} \sum \left(xi - \bar{x}\right)^2\right]^{1/2}$$

➤ 變異係數(CV)

因為標準差有隨單位改變的現象，如下列：

身高(公分)：172,168,164,170,176

S=4.4721 公分，平均數=170 公分

身高(公尺)：1.72,1.68,1.64,1.70,1.76

S=0.04472 公尺，平均數=1.70 公尺

因此單位不同的兩個變數無法比較離勢的大小，為解決此問題，故提出另一離勢統計量，它具有單位不變性。

$$CV = \frac{S}{\bar{x}} \times 100 (無單位)$$

上例中：

$$CV = \frac{4.4721}{170} \times 100 = 2.63$$

$$CV = \frac{0.04472}{1.70} \times 100 = 2.63$$

2.1.3 不確定度專有名詞

（1）量測誤差（Measurement Error）

量測結果減去量測量真值之差。

（2）隨機誤差（Random Error）

量測結果減去在重複條件下，對同一量測量執行無限次量測結果之平均值。

（3）系統誤差（Systematic Error）

在重複條件下對同一量測量執行無限次量測結果之平均值減去該量測量之真值（約定參考值）。

（4）修正值（Correction Value）

以代數方式加於未修正之量測結果，以補償系統誤差之值。修正值大小與系統誤差值相同，但符號相反。

（5）機率（Probability）

標示事件隨機發生的機會（0 與 1 之間）之數字。

（6）信賴區間（Confidence Interval）

一定機率或信賴水準下，相信某一值所落在之範圍。

（7）信賴水準（Confidence Level）

期望某一值落在某區間內，我們可相信之程度或機率。

在不確定評估，國際間通常採用之信賴水準為 95%。

（8）量測不確定度（Uncertainty of Measurement）

與量測結果相關的一個參數（Parameter），以表示合理歸因於受測量數值的分散（Dispersion）程度。

註：

a. 此參數之定義和統計學上標準差的定義一致。

b. 量測不確定度通常包括許多構成要素。有些要素可用系統結果之統計分佈來評估，並以實驗標準差來表示；而有些要素，雖然仍是以標準差來表示，但卻是基於經驗或其他來源的資訊，而假設之機率分配函數而得到。

c. 量測結果為受測量之最佳估計值，不確定度所有之構成要素包括修正值及參考標準之系統誤差均會使量測結果產生離散（Dispersion）。

（9）標準不確定度（Standard Uncertainty）

量測結果的一個標準差，就是一個標準不確定度。

（10）組合標準不確定度（Combined Standard Uncertainty）

當一量測結果是由數個其他量測量經轉換而獲得時，量測結果之組合標準不確定度等於各量之變異數或共變數乘上所對應的權重後之和的正平方根值。

（11）擴充不確定度（Expanded Uncertainty）

用以定量測結果所落在之區間，期望能表示出受測量之分佈，有大部份的比例是落於該區域內。

註：該比例可視為區間之涵蓋機率或信賴水準。

（12）影響量（Influence Quantity）

一個不是接受量測的量，不出現於量測方程式內，但此量會影響到量測的結果。

（13）涵蓋因子（Coverage Factor）

由組合不確定度要獲得擴充不確定度所需乘上的係數值。

註：涵蓋因子 K，通常介於 2 與 3 之間。

2.2 常態分配函數之特性

2.2.1 大數法則

設 $x_1, x_2, ...x_n$ 隨機取樣自某母體，設母體平均值為 μ，變異數為 σ^2，以抽樣樣本數 $\bar{x}$ 來估計 μ 的誤差是多少？其可信度為多少？

先要知道 $\bar{x}$ 長的是什麼樣子，也就是它的分佈是什麼？我們知道 $\bar{x}$ 的

平均數仍為 μ：

$$E\left(\overline{x}\right)= \mu$$

$\overline{x}$ 的變異數為 $\dfrac{\sigma^2}{n}$

表示抽 n 個樣本後，計算出的樣本平均數 $\overline{x}$ 比個別 xi 來說更接近平均數 μ，而變異數變成原先 σ^2 的 $\dfrac{1}{n}$ 倍。

2.2.2 中央極限原理

從一個母體中抽樣一組 n 筆的資料，算出樣本平均數 $\overline{x}$，如果 n 夠大時【n≧30 或 n≧25，這裡所說的夠大並無標準，如果母體的分配愈對稱，且所需樣本數 n 愈少】。則 $\overline{x}$ 的分配會接近常態分配，而且 $\overline{x}$ 的平均數仍為母體的平均數 μ，但 $\overline{x}$ 的標準差變成 $\sigma / \sqrt{n}$。

如果原先母體是常態分配，則不論樣本數 n 是多少，$\overline{x}$ 必然也是常態分配，中央極限原理說明原先母體不是常態分配 $\overline{x}$ 也會接近常態分配。

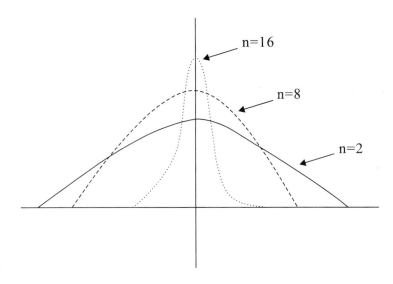

圖 2.3　中央極限原理圖

2.3 學生 t 分配函數之特性

在 1908 年有一位釀酒廠的化學家 W.S. Gossett,以"Student"（學生）的別名發表一篇論文。他描述 t 係數有它自己的特殊分配,且可以應用在有限取樣數的均值。t 的值取決於信賴水準和自由度。

對常態分配而言,如果我們有無限多次的量測讀值,我們可以很精確的計算:標準差、均值、均值標準差,而不需要做任何近似估算、也不會有任何的誤差或不確定度。但是當只有有限次數的讀值時,我們必須做近似估算的處理,所以這些計算所得的值都伴隨有某些程度的不確定度。

t 分配與常態分配非常相似,在 ISO GUM【46】的 C.3.8 和 G.3 有更詳細的介紹。

針對有無限多個量測值的常態分配而言,如果已經求得標準差 σ,只要將 σ 乘上一個係數就可以包含分配曲線下的特定區域。例如,在均值±1.96σ 的範圍內將包含 0.95 的面積,也就是說"所有量測值中的 95% 將會落在此範圍內",另一個意義是"任何一個單一的取樣有 95%的機會落在均值±1.96σ 的範圍內"。

如果是在有限次數的量測值,即我們只能得到 σ 的估計值 s,我們如何來因應?恰當的作法就是引進學生 t 分配。學生 t 分配是針對常態分配做一些修正,它的分配和自由度有關。它的分配圖形如下二頁所示,看起來像是把常態分配的曲線稍微的拉平坦些。

實際上 t 分配是均值的分配。如果 t 分配的自由度是無限大,那麼它的圖形將和常態分配一模一樣。自由度次數越小,t 分配就越扁平。因此,如果要包含曲線下相同的面積,水平軸的區間就必須更寬些。對常態分配（即自由度無限大的 t 分配）而言，只要將 ESDM（在此例中是 SEOM）乘上±1.96 就可以得到 95%的信賴區間。但是對於自由度只有四的 t 分配，我們必須乘上±2.78 才能得到 95%的信賴區間。對於不同的自由度要得到特定的信賴水準（如 95%），必須乘以附表中所列的 t 值。

對某一給定的自由度 v，變數 t_v 的定義如下：

$$t_v = \frac{\bar{x} - \mu}{ESDM}$$

即 $\bar{x} - t_v \cdot ESDM \leq \mu \leq \bar{x} + t_v \cdot ESDM$

針對探討不確定度而言，我們並不需要知道 t 分配的所有細節，只要知道下列幾點：

(1) 當我們有無限多個讀值時，t 分配和常態分配是一致的。當自由度的數值 v 減少時，t 分配會比常態分配扁平些，而且尾巴會較長、較厚些。對於所有的 v 值，t 分配都有相似的鐘型外觀，但是每一個不同的 v 值就有不同的曲線。

(2) 如果要包含曲線下相同的面積，自由度的數值 v 越小，所需要橫軸的範圍也越寬。自由度的數值 v 越小，曲線下±1 倍標準差所包含的面積也越小。也就是說，如果機率固定(即曲線下的面積固定)，自由度的數值 v 越小，所需要的係數 t 就越大。

(3) 如果我們要增加不確定度 μ 涵蓋的機率，例如從 95%到 99%，那麼 t 就必須增加，也就是說橫軸上的跨距會變大。

(4) 已經發表的相關 t 分配圖表中，有很多包含了對量測學上非常重要的資訊。在使用這些圖表時，重要的參數是均值的自由度 v 和信賴水準。

(5) 如果我們處理的均值是由數次重複量測而求得，則無論這些量測值母體的分配為何，其所求得的均值都會形成常態分配，所以我們可以用 t 分配來處理這些均值。

(6) 中央極限定理(Central Limit Theorem)說明了：當有許多分配結合在一起時，其最後結果的分配是趨近於常態分配，所以我們可以用 t 分配來處理合併後的結果。

稍後我們會使用學生 t 係數來處理組合不確定度，組合不確定度可以看成是與一組重複量測的均值有相同的特性，雖然它可能包括其他項，也可能不包含任何重複量測的均值。但是我們可以引用中央極限定理來證明可使用學生 t 係數來處理組合不確定度，所以我們仍然必須熟悉自由度的有效數值。

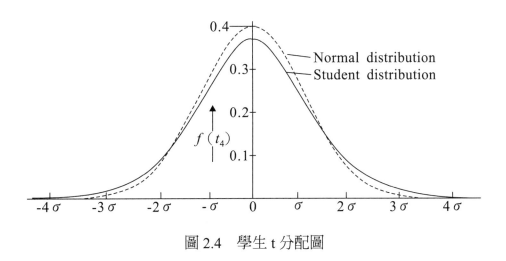

圖 2.4　學生 t 分配圖

自由度 v=4 的學生 t 分配 $f(t_v)$ 與具有相同標準差的常態分配曲線

附件之表格為信賴水準為 68.27%,90%,95%,和 99%之 t 的表格，可參考 ISO GUM P.66 的表 G.2。

表 2.1：t-分配—t 值與自由度及機率表

學生 t 分配的值 $t_p(\nu)$，其中 $\Pr[-t_p(\nu) \leqq t \leqq t_p(\nu)] = p$

自由度	機率 p(%)			
ν	68.27	90	95	99
1	1.84	6.31	12.71	63.66
2	1.32	2.92	4.30	9.92
3	1.20	2.35	3.18	5.84
4	1.14	2.13	2.78	4.60
5	1.11	2.02	2.57	4.03
6	1.09	1.94	2.45	3.71
7	1.08	1.89	2.36	3.50
8	1.07	1.86	2.31	3.36
9	1.06	1.83	2.26	3.25
10	1.05	1.81	2.23	3.17
11	1.05	1.80	2.20	3.11
12	1.04	1.78	2.18	3.05
13	1.04	1.77	2.16	3.01
14	1.04	1.76	2.14	2.98
15	1.03	1.75	2.13	2.95
16	1.03	1.75	2.12	2.92
17	1.03	1.74	2.11	2.90
18	1.03	1.73	2.10	2.88
19	1.03	1.73	2.09	2.86
20	1.03	1.72	2.09	2.85
25	1.02	1.71	2.06	2.79
30	1.02	1.70	2.04	2.75
35	1.01	1.70	2.03	2.72
40	1.01	1.68	2.02	2.70
45	1.01	1.68	2.01	2.69
50	1.01	1.68	2.01	2.68
100	1.005	1.66	1.984	2.626
∞	1	1.645	1.960	2.576

在信賴水準 95%時，如果 ν 大於或等於 30，取 t = 2.0 所造成的誤差小於 ± 2.0 %。

看到在 p=95%的那一欄。那裡標註了 ν 從 1 到無限大時的 t 值，注意 t 值是如何隨著 ν 變化。在(b)中已經敘述了，而且從此表中也可以看出來，對某一所要的信賴水準而言，當自由度的數值從無限大逐漸減小時，用來乘 ESDM 的 t 值逐漸增加。最大的變化是發生在從 ν 等於 1 到 10 之間。

有時我們所要的值並沒有列在表上，例如其他整數、或是非整數，我們可以應用下列公式求得信賴水準 95%時相對應的 t 值，此公式與已發表的數據可以吻合至小數第四位。

$$t = 1.95996 + \frac{2.37356}{\nu} + \frac{2.818745}{\nu^2} + \frac{2.546662}{\nu^3} + \frac{1.761829}{\nu^4} + \frac{0.245258}{\nu^5} + \frac{1.000764}{\nu^6}$$

後面的章節會陸續提到 t 分配的應用，然而簡言之，應用它之前要先求得組合不確定度和有效自由度。有效自由度可由 Welch-Satterthwaite 公式求得（參考 ISO GUM G.2b,p.62）。某一信賴水準的擴充不確定度 U，是 t 與標準組合不確定度 u_c 的乘積。

$$U = t \cdot u_c$$

2.4 機率分配函數與標準差

ISO GUM 不確定評估指引內所謂 B 類不確定度，即假設機率分配函數而求標準差，實際上之應用僅需記住各常用機率分配函數其標準差即可，本章主要是提供其詳細計算之途徑和結果，俾利於實驗評估不確定度的人員瞭解其來龍去脈。

機率密度函數為連續性函數，而標準差為變異數之正平方根值，求變異數之途徑有下列幾種方法：

2.4.1 積分求變異數（機率密度函數已知）σ^2 和平均值 μ

$$\sigma^2 = \int_a^b f(x)(x-\mu)^2\,dx \quad\text{(2.1)}$$

$$\mu = \int_a^b f(x)\cdot x\,dx \quad\text{(2.2)}$$

梯形分配（Trapezoidal pdfs）

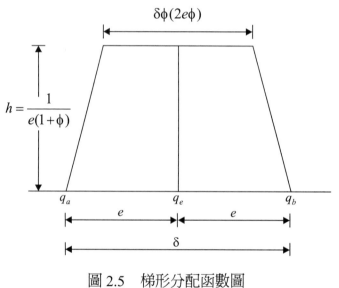

圖 2.5　梯形分配函數圖

$2e = q_b - q_a$，ϕ 參數為 0~1 之值

$$E(Q) = \int_{-\infty}^{\infty} q f(q)\,dq \quad\text{(2.3)}$$

$$E(Q) = q_e = \frac{q_a + q_b}{2} \quad\text{（平均值）} \quad\text{(2.4)}$$

$$V(Q) = \mathrm{E}[Q - E(Q)]^2 = \int_{-\infty}^{\infty} [q - E(Q)]^2 f(q)dq \quad \text{.....................} \quad (2.5)$$

$$= E(Q)^2 - E^2(Q) \quad \text{.....................} \quad (2.6)$$

$$E(Q)^2 = \int_{-\infty}^{\infty} q^2 f(q)dq \quad \text{.....................} \quad (2.7)$$

因為對稱，取一邊來計算，令 $q_e = 0$ ， $E(Q) = 0$

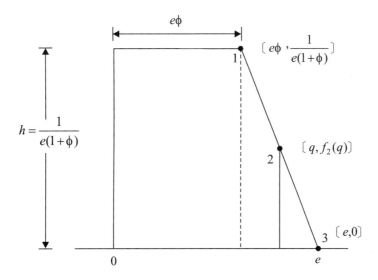

$$V(Q) = E(Q)^2 = 2\int_{0}^{e\phi} q^2 f_1(q)dq + \int_{e\phi}^{e} q^2 f_2(q)dq \quad \text{.....................} \quad (2.8)$$

$$f_1(q) = \frac{1}{e(1+\phi)} \quad , \quad 0 < q < \phi e \quad \text{.....................} \quad (2.9)$$

$$\frac{0 - \dfrac{1}{e(1+\phi)}}{e - e\phi} = \frac{0 - f_2(q)}{e - q} \text{(線性方程式)}$$

$$\therefore f_2(q) = \frac{e\left(1 - \dfrac{q}{e}\right)}{e^2\left(1 - \phi^2\right)} = \frac{1}{e\left(1 - \phi^2\right)}\left(1 - \frac{q}{e}\right) \quad , \quad e\phi < q < e \quad \text{..........} \quad (2.10)$$

$$\therefore V(Q) = \frac{e^2\left(1+\phi^2\right)}{6} \quad\dotfill\quad (2.11)$$

（1）當 $\phi = 0$ 時（三角形分配）

$$V(Q) = \sigma^2 = \frac{e^2}{6} \Rightarrow S_D = \frac{e}{\sqrt{6}} \quad\dotfill\quad (2.12)$$

（2）當 $\phi = 1$ 時（矩形分配）

$$V(Q) = \sigma^2 = \frac{e^2}{3} \Rightarrow S_D = \frac{e}{\sqrt{3}} \quad\dotfill\quad (2.13)$$

2.4.2 利用最大可能性方法（The Method of Maximum Likelihood）求變異數

最大可能性方法廣泛被許多分析工程人員當作計算變異數或標準差的一種技術，基本理由如下：

(1) 方法本身是一種直覺法，它的基礎概念是參數的最佳估計值就是一組量測觀察值中，具有最高機率的那一個。

(2) 本方法非常一般化，許多問題很輕易就能直接應用。

2.4.2.1

最大可能性方法可用來解決所謂估計（estimation）問題。一組觀察值 $\{x_i\}$，從母體機率分配函數中獲取。

$$\phi\left(x; \alpha_1, \alpha_2, \dots \alpha_n\right) = \phi\left(x; \{\alpha\}\right) \quad\dotfill\quad (2.14)$$

參數 $\{\alpha\}$ 影響分配函數 ϕ，一般不知道。估計的工作就估計這些參數

$\{\alpha\}$來決定$\{x\}$的函數。參數α_i的估計可以是任意函數$f_j(\{x\})$，俾用做參數真值的估計。抽樣平均數和抽樣標準差又用來估計母體的平均數和標準差。

假設母體和機率分配函數為：$\phi(x,\{\alpha\})$，獲得一組觀察結果$\{x\}$的機率是所有這些觀察結果機率的乘積。

$$L(\{\alpha\}) = \prod_i \phi(x_i;\{\alpha\}) \quad\cdots\cdots（2.15）$$

公式之機率函數就是所謂的可能性並且與參數$\{\alpha\}$有關，當$L(\alpha)$到達最大值時的α^*就是參數α最大可能估計，應用上為方便計算定義函數W如下：

$$W = \ln L(\{\alpha\}) \quad\cdots\cdots（2.16）$$

由於W是L的單調函數（monotonic function），W的最大值與L的最大值一致，但W的計算是加法而不像L是乘法。

$$W = \ln\left[\prod_i \phi(x_i;\{\alpha\})\right] \quad\cdots\cdots（2.17）$$

$$= \sum_i \ln[\phi(x_i;\{\alpha\})] \quad\cdots\cdots（2.18）$$

則參數$\{\alpha\}$之最大可能估計需滿足下列聯立方程式。

$$\left.\frac{\partial W}{\partial \alpha_j}\right|_{\alpha_j=\alpha_j} = 0 \quad\cdots\cdots（2.19）$$

假設α_j互不相關，且為高斯分配，

$$L[\{\alpha\}] = C_1 \exp\left\{-\frac{(\alpha_1 - \alpha_1^*)^2}{2\sigma_1^2}\right\} \exp\left\{-\frac{(\alpha_2 - \alpha_2^*)}{2\sigma_2^2}\right\}\cdots \quad (2.20)$$

$$W = C_2 - \sum_j \frac{(\alpha_j - \alpha_j^*)^2}{2\sigma_j^2} \quad\text{.....................................}\quad (2.21)$$

把 W 微分兩次，將 α_j 分離出來

$$\frac{\partial^2 W}{\partial \alpha_j^2} = -\frac{1}{\sigma_j^2} \quad\text{..}\quad (2.22)$$

所以

$$\sigma_j^2 = \left[-\frac{\partial^2 w}{\partial \alpha_j^2}\bigg|_{\alpha_j}\right]^{-1} \quad\text{...............................}\quad (2.23)$$

2.4.2.2 波松分配的平均值與變異數

波松分配

$$f(x;\lambda) = \frac{\lambda^x \cdot e^{-\lambda}}{x!} \quad x = 0,1,2\ldots \quad\text{...............................}\quad (2.24)$$

$$\therefore L(\lambda) = \frac{\lambda^x e^{-\lambda}}{x!} \quad\text{...}\quad (2.25)$$

$$W = \ln[L(\lambda)] = (x\ln\lambda - \lambda) + C_1 \quad\text{...........................}\quad (2.26)$$

$$\frac{\partial W}{\partial \lambda} = 0 \Rightarrow \left(\frac{X}{\lambda} - 1\right) = 0 \quad\text{...............................}\quad (2.27)$$

$\therefore$ 平均值 $\lambda = x$ （計算所得之數目）

$$\left.\frac{\partial^2 W}{\partial \lambda^2}\right|_\lambda = -\left.\frac{x}{\lambda^2}\right|_\lambda = -\frac{1}{\lambda} \quad\text{·······························}\quad (2.28)$$

$$\sigma_\lambda^2 = \left[-\left.\frac{\partial^2 W}{\partial \lambda^2}\right|_\lambda\right]^{-1} = \lambda \quad\text{·······························}\quad (2.29)$$

$$\therefore \sigma = \sqrt{\lambda} \quad\text{（標準差）} \quad\text{·······························}\quad (2.30)$$

2.4.2.3　二項式分配

$$\phi(n;p) = \binom{N}{n} p^n (1-p)^{N-n} \quad\text{·······························}\quad (2.31)$$

$$W(P) = \ln[\phi(n;p)] = n\ln p + (N-n)\ln(1-p) + C_2 \quad\text{················}\quad (2.32)$$

$$\frac{\partial W}{\partial P} = 0 \Rightarrow \frac{n}{p} - \frac{N-n}{1-p} = 0 \quad\text{·······························}\quad (2.33)$$

平均值： $P^* = \dfrac{n^*}{N}$ ·······························（2.34）

參數 p 之不確定度（標準差）

$$\left.\frac{\partial^2 W}{\partial P^2}\right|_{p^*} = -\frac{N}{P^*} - \frac{N-n}{(1-P^*)^2} = -\frac{N}{P^*(1-P^*)} \quad\text{·····················}\quad (2.35)$$

$$\therefore \sigma_{p^*} = \left[\frac{p^*(1-p^*)}{N}\right]^{1/2} \quad\text{·······························}\quad (2.36)$$

$$\sigma_n = N\sigma_P = \left[NP^*\left(1 - P^*\right) \right]^{1/2} \quad\text{……………………………………}（2.37）$$

2.4.3 其他方法

機率分配函數不知道，但輸入量與輸出量之關係方程式已知，此情況就需利用泰勒級數展開及變異數平均值之基本定義求出。

假設 Q=f(z)利用泰勒級數一階展開：

$$Q = f\left(Z_e\right) + f'\left(Z - Z_e\right) \quad\text{…………………………}（2.38）$$

$$\text{式中 } f' = \frac{df}{dz}\bigg|_{Z=Z_e} \text{，} Z_e = E(Z)\text{………………………}（2.39）$$

$$\therefore\ u_Z^2 = V(Z)\text{………………………………………………}（2.40）$$

$$q_e = E(Q) = f\left(Z_e\right)\text{……………………………………}（2.41）$$

$$u_q{}^2 = V(Q) = (f')^2 V(Z) = \left(f'u_z\right)^2\text{……………………}（2.42）$$

舉例說明

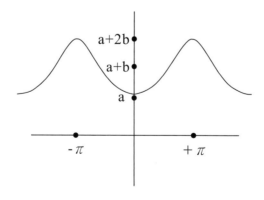

$$Q = a + b(1 - \cos z) \quad \cdots\cdots\cdots\cdots\cdots\cdots\cdots\cdots\cdots\cdots\cdots\cdots \text{（2.43）}$$

$$q_e = E(Q) = a + b[1 - E(\cos z)] \quad \cdots\cdots\cdots\cdots\cdots\cdots\cdots\cdots \text{（2.44）}$$

$$u_q{}^2 = b^2 V(\cos z) = b^2 E(\cos^2 z) - [bE(\cos z)]^2 \quad \cdots\cdots\cdots\cdots \text{（2.45）}$$

假設 $Z = \dfrac{2\pi t}{tp}$ ，t 為 Q 量測時間點，t_p 為週期，如果 t 未紀錄下來則在 t_p 週期內，t 為隨機變數，其 pdf 為矩形分佈，亦即 Z 的 pdf 在區間 $(-c, c)$ 內為矩形分佈，且 $c = \pi$ ，因此

$$Z_e = 0, u_z^2 = c^2 \big/ 3 , f(Z_e) = f'(Z_e) = 0$$

$$\therefore E[\cos z] = \int_{-c}^{c} \cos z \cdot g(z)dz , g(z) \text{為矩形分佈}$$

$$= \frac{1}{2c} \int_{-c}^{c} \cos z \, dz = \frac{1}{c} \sin c \quad \cdots\cdots\cdots\cdots\cdots\cdots\cdots \text{（2.46）}$$

$$E[\cos^2 z] = \frac{1}{2c} \int_{-c}^{c} \cos^2 z \, dz = \frac{1}{2c} \sin c \cos c + \frac{1}{2} \quad \cdots\cdots \text{（2.47）}$$

所以

$$q_e = a + b\left(1 - \frac{1}{c} \sin c\right) \quad \cdots\cdots\cdots\cdots\cdots\cdots\cdots\cdots\cdots \text{（2.48）}$$

$$u_q{}^2 = b^2\left(\frac{1}{2c} \sin c \cos c + \frac{1}{2} - \frac{1}{c^2} \sin^2 c\right) \quad \cdots\cdots\cdots\cdots\cdots \text{（2.49）}$$

2.4.4 常用機率密度函數、平均值和標準差

39

（1）常態分配（Normal Distribution）

a. 常態機率密度函數 $f\left(x:\mu,\sigma^2\right)$：

$$f\left(x:\mu,\sigma^2\right)=\frac{1}{\sqrt{2\pi}\sigma}e^{-\frac{1}{2}\left(\frac{\chi-\mu}{\sigma}\right)^2},-\infty<\chi<\infty \quad\cdots\cdots\cdots\cdots（2.50）$$

公式中 μ ＝ 平均值

σ^2 ＝ 變異數

b. 標準常態機率密度函數 $F(Z)$【Stardand Normal Distriution】

$$Z\equiv\frac{\chi-\mu}{\sigma}$$

$$f(Z)=\frac{1}{\sqrt{2\pi}}\int_{-\infty}^{Z}e^{-\frac{1}{2}t^2}\,dt,-\infty<Z<\infty\cdots\cdots\cdots\cdots\cdots\cdots（2.51）$$

公式中平均值 $\mu=0$

變異數 $\sigma^2=1$

（2）矩形分配（Uniform Distribution）

$$f(x)=\begin{cases}\frac{1}{\beta-\alpha} & \alpha<x<\beta \\ 0 & x\geq\beta,x\leq\alpha\end{cases} \quad\cdots\cdots\cdots\cdots\cdots（2.52）$$

$$\mu=\int_{\alpha}^{\beta}\chi\,f(x)\,dx$$

$$\sigma^2=\int_{\alpha}^{\beta}(\chi-\mu)^2\cdot f(x)\,dx$$

$$\therefore \mu = \frac{\alpha + \beta}{2}$$

$$\sigma^2 = \frac{1}{12}(\beta - \alpha)^2$$

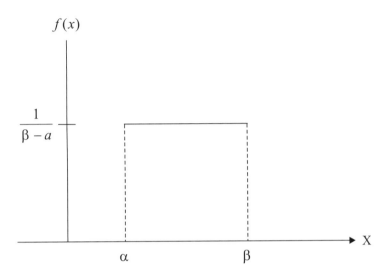

圖 2.6　矩形分配函數圖

（3）對數-常態分配（Log-Normal Distribution）

$$f(x) = \begin{cases} \frac{1}{\sqrt{2\pi}\beta} x^{-1} e^{-(ln\chi - \alpha)^2/2\beta^2} & \chi > 0, \beta > 0 \\ 0 & \text{其他} x \end{cases} \quad \cdots\cdots\cdots\cdots\cdots（2.53）$$

$$\mu = \frac{1}{\sqrt{2\pi}\beta} \int_0^\infty x \cdot x^{-1} \cdot e^{-(ln\chi - \alpha)^2/2\beta^2}\, dx$$

令 $y = ln\chi$, $dy = \frac{1}{\chi} dx$

$$\mu = \frac{1}{2\pi\beta} \int_{-\infty}^\infty e^y \cdot e^{-(y - \alpha)^2/2\beta^2}\, dy$$

平均值 $\mu = e^{\alpha + \beta^2/2}$

$$變異數\sigma^2 = e^{2\alpha+\beta^2}\left(e^{\beta^2} - 1\right)$$

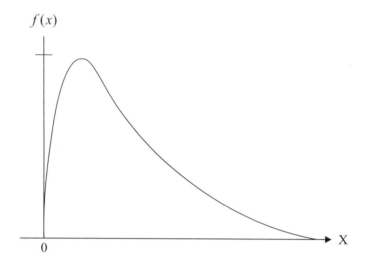

圖 2.7　對數-常態分配函數圖

（4）伽瑪分配（Gamma Distribution）

$$f(x) = \begin{cases} \frac{1}{\beta^\alpha\Gamma(\alpha)}\chi^{\alpha-1}e^{-\chi/\beta} & \chi > 0, \alpha > 0, \beta > 0 \\ 0 & 其他x \end{cases} \quad \cdots\cdots\cdots (2.54)$$

$\Gamma(\alpha)$是 Gamma 函數的值,定義為：

$$\Gamma(\alpha) = \int_0^\infty \chi^{\alpha-1}e^{-\chi}\, dx$$

$$\mu = \frac{1}{\beta^\alpha\Gamma(\alpha)}\int_0^\infty x \cdot x^{-1} \cdot e^{-\frac{\chi}{\beta}}\, dx$$

令$y = \frac{\chi}{\beta}$, $dy = \frac{dx}{\beta}$

$$\mu = \frac{\beta}{\Gamma(\alpha)}\int_0^\infty y^\alpha\, e^{-y}dy = \frac{\beta\Gamma(\alpha+1)}{\Gamma(\alpha)}$$

42

$$\because \Gamma(\alpha + 1) = \alpha \cdot \Gamma(\alpha)$$

$$\therefore \text{平均值 } \mu = \alpha\beta$$

$$\text{變異數} \sigma^2 = \alpha\beta^2$$

（5）指數分配（Exponential Distribution）

當 $\alpha = 1$ 時

$$f(x) = \begin{cases} \frac{1}{\beta} e^{-\frac{\chi}{\beta}} & \chi > 0, \beta > 0 \\ 0 & \text{其他} x \end{cases} \quad \cdots\cdots\cdots\cdots\cdots\cdots\cdots\cdots (2.55)$$

平均值 $\mu = \beta$

變異數 $\sigma^2 = \beta^2$

（6）貝他分配（Beta Distribution）

$$f(x) = \begin{cases} \dfrac{\Gamma(\alpha + \beta)}{\Gamma(\alpha) \cdot \Gamma(\beta)} \chi^{\alpha-1}(1 - \chi)^{\beta-1} & 0 < \chi < 1, \alpha > 0, \beta > 0 \\ 0 & \text{其他} x \end{cases}$$

$$\cdots\cdots\cdots\cdots\cdots\cdots\cdots\cdots (2.56)$$

平均值 $\mu = \dfrac{\alpha}{\alpha + \beta}$

變異數 $\sigma^2 = \dfrac{\alpha\beta}{(\alpha + \beta)^2(\alpha + \beta + 1)}$

（7）韋伯分配（Weibull Distribution）

$$f(x) = \begin{cases} \alpha\beta\chi^{\beta-1}e^{-\alpha\chi^{\beta}} & \chi > 0, \alpha > 0, \beta > 0 \\ 0 & 其他x \end{cases} \quad \text{............} \quad (2.57)$$

$$\mu = \int_0^{\infty} \chi \, \alpha\beta\chi^{\beta-1}e^{-\alpha\chi^{\beta}} \, dx$$

令$z = \alpha\chi^{\beta}$, $dz = \alpha\beta\chi^{\beta-1}dx$

$$\mu = \alpha^{-\frac{1}{\beta}} \int_0^{\infty} z^{\frac{1}{\beta}} \cdot e^{-z} dz$$

平均值 $\mu = \alpha^{\frac{1}{\beta}}\Gamma\left(1 + \frac{1}{\beta}\right)$

變異數 $\sigma^2 = \alpha^{\frac{1}{\beta}}\left\{\Gamma\left(1 + \frac{2}{\beta}\right) - \left[\Gamma\left(1 + \frac{1}{\beta}\right)\right]^2\right\}$

（8）U 形分配

$$f(x) = \begin{cases} \frac{1}{\pi\sqrt{a^2-x^2}} & -a < x < +a \\ 0 & 其他x \end{cases} \quad \text{..................................} \quad (2.58)$$

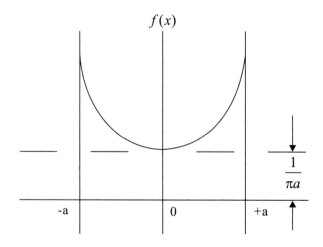

圖 2.8　U 形分配函數圖

平均值 μ = 0

變異數σ² = $\left(\dfrac{a}{\sqrt{2}}\right)^2$

（9）三角形分配（對稱）

$$f(x) = \begin{cases} \dfrac{x}{a^2} + \dfrac{1}{a} & -a \le x \le 0 \\ -\dfrac{x}{a^2} + \dfrac{1}{a} & 0 \le x \le a \end{cases} \quad\cdots\cdots\cdots\cdots\cdots\cdots \text{（2.59）}$$

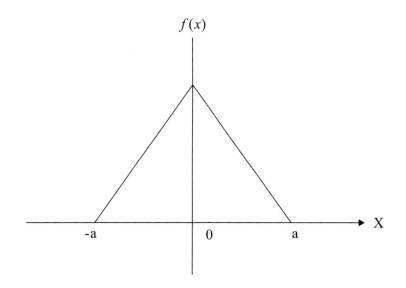

圖 2.9　三角形分配函數圖

平均值 μ = 0

變異數σ² = $\left(\dfrac{a}{\sqrt{6}}\right)^2$

（10）鋸齒形分配

$$f(x) = \begin{cases} \dfrac{x}{a^2} + \dfrac{1}{a} & -a \leq x \leq 0 \\ 0 & \text{其他} x \end{cases} \quad \cdots\cdots\cdots\cdots\cdots\cdots \text{（2.60）}$$

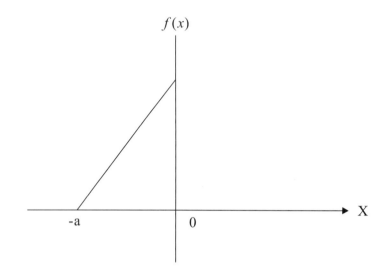

圖 2.10　鋸齒形分配函數圖

平均值 $\mu = \dfrac{a}{6}$

變異數 $\sigma^2 = \left(\dfrac{a}{3\sqrt{2}}\right)^2$

2.5 最小平方法

　　首先，任意給定 x、y 分佈的平均值表示成 α+βx。量測值（觀察值）y 會不同於平均值，其差異表示成 ε。數學關係式表示成：

$$y = \alpha + \beta x + \varepsilon \quad \cdots\cdots\cdots\cdots\cdots\cdots\cdots \text{（2.61）}$$

ε 為隨機變數，可透過適當的選擇 α，使 y 隨機變數其分佈的平均值為 0。

46

ε 則爲可能的測量誤差及無法控制的影響因子。

　　有 n 組觀察值(x$_i$,y$_i$)，y 對 x 的迴歸是線性，則希望能獲得的直線方程式是這些點的最佳嵌合(Best fit)，假設利用方程式：

$$\hat{y} = a + bx \quad \cdots\cdots\cdots\cdots\cdots\cdots\cdots\cdots\cdots\cdots\cdots\cdots\cdots\cdots\cdots\cdots\cdots\cdots（2.62）$$

來預估 y，式中 a、b 爲常數，當給定之 x$_i$ 去估計 y 時其誤差爲 e$_i$ ：

$$y_i - \hat{y}_i = e_i \quad \cdots\cdots\cdots\cdots\cdots\cdots\cdots\cdots\cdots\cdots\cdots\cdots\cdots\cdots\cdots\cdots\cdots（2.63）$$

因此方程式 $\hat{y}$=a+bx 正是直線性迴歸方程式 y=α+βx（未知）的估算式。y$_i$ 預估的眞正誤差爲 ε$_i$，而 e$_i$ 爲 ε$_i$ 的估算式。我們試圖找出 a，b 使得 e$_i$ 爲最小值。

　　從統計的觀點來探討，母體的眞正方程式爲 y=α+βx（平均值），但從有限的抽樣點(xi,yi)來做線性迴歸分析，希望對母體做推論，這就引入了信賴水準、信賴區間及統計誤差的問題。所以公式(2.62)中，a 是 α 的估計值，b 是 β 的估計值，而 $\hat{y}$ 則是 y 的估計值。當抽樣樣本夠大時，自然：

$$a \to \alpha, \quad b \to \beta, \quad \hat{y} \to y, \quad e_i \to \varepsilon_i$$

在有限的樣本下，利用數學上最小平方法(The Method of Least Square)，計算出 a 與 b，使得 e$_i$ 爲最小值，則 a、b 甚至 $\hat{y}$ 之信賴區間都可以評估出來，這也就是估算的誤差或稱估算不確定度。

2.5.1 線性迴歸統計量分析

抽樣 n 點 (x_i, y_i)，$1 \leq i \leq n$，對這些點的最佳嵌合直線就是 y 對 x 的線性迴歸直線：

$$\hat{y}_i = a + bx_i$$

定義：

$$\bar{x} = \frac{\sum\limits_{i=1}^{n} x_i}{n} \qquad \bar{y} = \frac{\sum\limits_{i=1}^{n} y_i}{n} \quad \cdots\cdots\cdots\cdots\cdots（2.64）$$

$$\sum_{i=1}^{n} e_i^2 = \sum_{i=1}^{n} (y_i - \hat{y}_i)^2 = \sum_{i=1}^{n} (y_i - a - bx_i)^2 \quad \cdots\cdots\cdots\cdots（2.65）$$

如令公式（2.65）為最小值，則條件為：

$$\frac{\partial \sum\limits_{i=1}^{n} e_i^2}{\partial a} = 0 \qquad \frac{\partial \sum\limits_{i=1}^{n} e_i^2}{\partial b} = 0 \quad \cdots\cdots\cdots\cdots（2.66）$$

得到：

$$\sum_{i=1}^{n} (y_i - a - bx_i) = 0$$

$$\sum_{i=1}^{n} (y_i - a - bx_i)x_i = 0$$

簡化成：

$$an + b\sum_{i=1}^{n} x_i = \sum_{i=1}^{n} y_i$$

$$a\sum_{i=1}^{n} x_i + b\sum_{i=1}^{n} x_i^{2} = \sum_{i=1}^{n} x_i y_i$$

解方程組得到

$$b = \frac{n\sum x_i y_i - (\sum x_i)(\sum y_i)}{n\sum x_i^{2} - (\sum x_i)^{2}} \quad\text{······}（2.67）$$

$$a = \frac{\sum y_i(\sum x_i^{2}) - (\sum x_i y_i)(\sum x_i)}{n\sum x_i^{2} - (\sum x_i)^{2}} \quad\text{······}（2.68）$$

定義：

$$S_{yy} = n\sum y_i^{2} - (\sum y_i)^{2} \quad\text{······}（2.69）$$

$$S_{xy} = n\sum x_i y_i - (\sum x_i)(\sum y_i) \quad\text{······}（2.70）$$

$$S_{xx} = n\sum x_i^{2} - (\sum x_i)^{2} \quad\text{······}（2.71）$$

則得到：

$$b = \frac{S_{xy}}{S_{xx}} \quad\text{······}（2.72）$$

$$a = \overline{y} - b\overline{x} \quad\text{······}（2.73）$$

2.5.1.1 迴歸分析係數的不確定度

為方便人工計算，改寫變異數 $S^{2}(x)$，$S^{2}(y)$，$S(x\,y)$的形式：

$$S^{2}(x) = \frac{1}{n-1}\sum (x_i - \overline{x})^{2}$$

$$= \frac{1}{n-1} \sum (x_i^2 - 2x_i \bar{x} + \bar{x}^2)$$

$$= \frac{1}{n-1} [\sum x_i^2 - 2\bar{x} \sum x_i + \frac{n(\sum x_i)^2}{n^2}]$$

$$= \frac{1}{n(n-1)} [n \sum x_i^2 - (\sum x_i)^2]$$

$$= \frac{S_{xx}}{n(n-1)} \quad\cdots\cdots\cdots\cdots\cdots\cdots\cdots\cdots\cdots\cdots\cdots\cdots\cdots\cdots\cdots \text{（2.74）}$$

同理：

$$S^2(y) = \frac{S_{yy}}{n(n-1)} \quad\cdots\cdots\cdots\cdots\cdots\cdots\cdots\cdots\cdots\cdots\cdots \text{（2.75）}$$

$$S(x,y) = \frac{S_{xy}}{n(n-1)} \quad\cdots\cdots\cdots\cdots\cdots\cdots\cdots\cdots\cdots\cdots \text{（2.76）}$$

則此嵌合的斜率 b 公式(2.72)可改寫成

$$b = \frac{S_{xy}}{S_{xx}} = \frac{S(x,y)}{S^2(x)} \quad\cdots\cdots\cdots\cdots\cdots\cdots\cdots\cdots\cdots \text{（2.77）}$$

式中：

$$S(x,y) = \frac{1}{n-1} \sum (x_i - \bar{x})(y_i - \bar{y}) \quad\cdots\cdots\cdots\cdots\cdots\cdots \text{（2.78）}$$

$\hat{y} = a+bx$ 為 $y = \alpha + \beta x$ 的估算方程式。當樣本夠大時，a→α，b→β，有限的取樣樣本下，a 與 α，b 與 β 都會有差異存在。為評估差異值（不確定度），我們先做些基本假設：

50

(1) x 與 y 的平均值爲線性關係，所以最小平方所獲得的嵌合直線，可得到合理且好的估算(Predictions)結果。

(2) 假設 n 個隨機變數，其值爲 yi (i=1,2,…,n)，均爲獨立的常態分配且其平均值爲 α+βxi，共有之變異數爲 σ^2，則 α 的估計算式爲 a，β 的估算式爲 b，變異數 σ^2 是利用抽樣點與嵌合直線的垂直方向偏離值來估算，所以 σ^2 的估算式 S_e^2 爲

$$S_e^{\,2} = \frac{1}{n-2}[\sum (y_i - a - bx_i)^2]$$ ....（2.79）

公式(2.79)中，S_e 慣稱爲估算的標準差，S_e^2 亦可改寫成下式：

$$S_e^{\,2} = \frac{1}{n-2}\sum_{i=1}^{n}[y_i - (a + bx_i)]^2$$

$$= \frac{1}{n-2}\sum[y_i - \bar{y} - b(x_i - \bar{x})]^2$$

$$= \frac{1}{n-2}\{\frac{n\sum y_i^2 - (\sum y_i)^2}{n} - 2b[\frac{n\sum x_i y_i - (\sum x_i)(\sum y_i)}{n}] + b^2[\frac{n\sum x_i - (\sum x_i)^2}{n}]\}$$

$$= \frac{1}{n-2}[\frac{S_{yy}}{n} - \frac{2bS_{xy}}{n} + \frac{b^2 S_{xx}}{n}]$$

$$= \frac{n-1}{n-2}[S^2(y) - 2bS(x, y) + b^2 S^2(x)]$$ ....（2.80）

利用(2.72)式，S_e^2 亦可改寫成：

$$S_e{}^2 = \frac{n-1}{n-2}[S^2(y) - \frac{S^2(x,y)}{S^2(x)}] \quad \cdots\cdots\cdots\cdots\cdots\cdots（2.81）$$

如前面假設，則下兩個統計量：

$$t = \frac{a-\alpha}{S_e}\sqrt{\frac{nS_{xx}}{S_{xx}+(\bar{x})^2}}$$

$$t = \frac{(b-\beta)}{S_e}\sqrt{S_{xx}}$$

其抽樣分配均是自由度 n-2 的 t 分配（學生分配）。

從這兩個統計量，我們就可以獲得 α 與 β 的信賴區間：

α 的信賴區間為：

$$a \pm t_{\alpha/2}S_e[\frac{S_{xx}+(\bar{x})^2}{nS_{xx}}]^{1/2} \quad \cdots\cdots\cdots\cdots\cdots\cdots（2.82）$$

β 的信賴區間為：

$$b \pm t_{\alpha/2}S_e[\frac{1}{S_{xx}}]^{1/2} \quad \cdots\cdots\cdots\cdots\cdots\cdots（2.83）$$

式中 $t_{\alpha/2}$ 為 1-α 信賴水準下的 t 分配函數值。

2.5.1.2 平均值估算的不確定度

公式(2.82) (2.83)告訴我們利用抽樣點(x_i,y_i)，做線性迴歸時，對母體平均值之直線方程式，y=α+βx 中 α 及 β 係數之估算誤差或標準不確定度分別為：

$$u(a) = S(a) = S_e \left[\frac{S_{xx} + \bar{x}}{nS_{xx}} \right]^{\frac{1}{2}} \quad \cdots\cdots\cdots\cdots\cdots\cdots\cdots\cdots\cdots \text{（2.84）}$$

$$u(b) = S(b) = S_e \left[\frac{1}{S_{xx}} \right]^{\frac{1}{2}} \quad \cdots\cdots\cdots\cdots\cdots\cdots\cdots\cdots\cdots\cdots \text{（2.85）}$$

除了係數估算誤差外，我們更感興趣的是，由抽樣點(x_i, y_i)所做的最小平方直線方程式 $\hat{y} = a + bx$，當 $x = x_k$ 時，所估算的 $\hat{y}$ 值與母體 y 隨機變異數分配的平均值之間，其誤差是多少？當然 a 及 b 依舊是利用最小平方法求得的數值，所以，$x = x_k$ 時，$\hat{y} = a + bx_k$，為 $\alpha + \beta x_k$ 之估算值，其估算值的 1-α 信賴區間為：

$$(a + bx_k) \pm t_{\alpha/2} S_e [\frac{1}{n} + \frac{(x_k - \bar{x})^2}{S_{xx}}]^{\frac{1}{2}} \quad \cdots\cdots\cdots\cdots\cdots\cdots\cdots \text{（2.86）}$$

亦即估算誤差（標準不確定度）為：

$$u(\hat{y}) = S(\hat{y}) = S_e [\frac{1}{n} + \frac{(x_k - \bar{x})^2}{S_{xx}}]^{\frac{1}{2}} \quad \cdots\cdots\cdots\cdots\cdots \text{（2.87）}$$

式中 $t_{\alpha/2}$ 是自由度 n-2 之 t 分配。

2.5.1.3 最佳嵌合直線的不確定度

第二節中對嵌合直線方程式之係數 a、b 和 $\hat{y} = a + bx_k$ 之估算誤差（不確定度）推導方法，為基本統計書上所採用的方法，現今我們從另一角度來探討嵌合直線的不確定度。

最佳嵌合直線的不確定度係由 a 與 b 的不確定度所產生，從公式(2.73)可將 $\hat{y} = a + bx$ 改寫成：

$$\hat{y}_i = \bar{y} + b(x_i - \bar{x}) \quad\cdots\cdots\cdots\cdots\cdots\cdots\cdots\cdots\cdots\cdots \text{（2.88）}$$

由量測不確定度傳遞原理：

$$S^2(\hat{y}) = S^2(\bar{y}) - b^2 S^2(\bar{x}) + (x_k - \bar{x})^2 S^2(b) \quad\cdots\cdots\cdots\cdots \text{（2.89）}$$

式中 x_k 是測量 $\hat{y}$ 不確定度時所對應之 x 值，$S(\hat{y})$ 為 y 的變異數。

從公式(2.73)中

$$S^2(a) = S^2(\bar{y}) - b^2 S^2(\bar{x})$$

我們可得知 a 的變異數為：

$$S^2(\bar{y}) - b^2 S^2(\bar{x})$$

而對 $\hat{y}$ 的變異數而言，b 所提供的量為

$$(x_k - \bar{x})^2 S^2(b)$$

在 1-α 的信賴水準下，$\hat{y}$ 量測的不確定度為：

$$u(\hat{y}) = S(\hat{y}) = t_{\alpha/2}[S^2(\bar{y}) - b^2 S^2(\bar{x}) + (x_k - \bar{x})^2 S^2(b)]^{1/2} \quad\cdots \text{（2.90）}$$

式中 $t_{\alpha/2}$ 是自由度 n-2，信賴水準 1-α 的 t 分配（學生分配）。公式(2.90)就是不確定度的最基本公式，b 的標準不確定度（標準差）u(b)，可從公式(2.85)計算：

$$u^2(b) = S^2(b) = \frac{S_e^2}{S_{xx}} = \frac{S_e^2}{n(n-1)S^2(x)} \quad\cdots\cdots\cdots\cdots \text{（2.91）}$$

而 S_e 就是所有的點對最佳嵌合直線之標準差，亦即

$$S_e = [\frac{\sum\limits_{i=1}^{n}(y_i - \hat{y}_i)^2}{n-2}]^{1/2}$$ ……………………………………（2.92）

當嵌合直線爲一水平直線時，亦即 b=0，$\hat{y}=y$，爲一常數（y 與 x 無關）

$$\bar{y} = \frac{\sum\limits_{i=1}^{n} y_i}{n}$$

則 $\hat{y}$ 量測之標準不確定度可由公式(2.87)獲得：

$$u(\hat{y}) = S(\hat{y}) = S(\bar{y}) = \frac{S(y)}{n^{1/2}}$$ ……………………………………（2.93）

$$S(y) = [\frac{\sum\limits_{i=1}^{n}(y_i - \bar{y})^2}{n-1}]^{1/2}$$ ……………………………………（2.94）

(2.94)式爲重覆取樣的結果(y=Constant)

2.5.2 非線性嵌合

如果曲線嵌合的結果並非直線方程式，而是非線性的多項式方程式：

$$\hat{y} = a_0 + a_1 x + a_2 x^2 + ... + a_m x^m$$ ……………………………………（2.95）

利用最小平方和的方法，找出係數 $a_0, a_1, ... a_m$，以獲得最佳嵌合的多項式方程式。

同理：

$$\sum_{i=1}^{n} e_i^2 = \sum_{i=1}^{n} (y_i - \hat{y}_i)^2$$

$$\frac{\partial \sum_{i=1}^{n} (y_i - \hat{y}_i)^2}{\partial a_j} = 0 \quad , \quad j=0,1,2,\ldots\ldots,m \quad \cdots\cdots\cdots\cdots\cdots\cdots\cdots （2.96）$$

$$\begin{bmatrix} n & \sum x_i & \cdots & \sum x_i^m \\ \sum x_i & \sum x_i^2 & \cdots & \sum x_i^{m+1} \\ \sum x_i^2 & \sum x_i^3 & \cdots & \sum x_i^{m+2} \\ \vdots & \vdots & \ddots & \vdots \\ \sum x_i^m & \sum x_i^{m+1} & \cdots & \sum x_i^{2m} \end{bmatrix} \begin{bmatrix} a_0 \\ a_1 \\ a_2 \\ \vdots \\ a_m \end{bmatrix} = \begin{bmatrix} \sum y_i \\ \sum x_i y_i \\ \sum x_i^2 y_i \\ \vdots \\ \sum x_i^m y_i \end{bmatrix}$$

由 m+1 個方程式，解 m+1 個未知數 $a_0, a_1, \ldots, a_m$

嵌合結果總的不確定度：

$$S_e = \left[\frac{\sum_{i=1}^{n} (y_i - \hat{y}_i)^2}{n - (m+1)} \right]^{\frac{1}{2}} \quad \cdots\cdots\cdots\cdots\cdots\cdots\cdots\cdots\cdots\cdots\cdots\cdots\cdots （2.97）$$

式中 n：觀察值的數目；y_i=觀察值（量測值）

m：多項式方程式的次方數；$\hat{y}_i$=嵌合曲線計算值

自由度 = n-(m+1)，理由是係數 $a_0, a_1, \ldots\ldots\ldots, a_m$，並非彼此獨立，而是由 (2.96)式中所獲得 m+1 個聯立方程式求解。

公式(2.97)是由曲線嵌合中最被常用來估計嵌合結果全部的誤差（不確定度）。無論是直線或是多項式方程式均適用，當 m=1（直線方程式），公式(2.97)變成(2.92)。

56

如果觀察值有利用單點重複量測之技術時，則先求每點量測之平均值，再利用各點的平均值做曲線嵌合的計算。公式(2.97)同樣適用。

2.5.3 曲線嵌合的進一步分析

影響 y 的 p-1 個變數分別為： $x_1, x_2, \ldots, x_{p-1}$

迴歸模式設為：

$$y_i = \beta_0 + \beta_1 x_{i1} + \beta_2 x_{i2} + \cdots\cdots + \beta_{p-1} x_{i,p-1} + \varepsilon_i$$

$$\varepsilon_i \sim N\left(0, \sigma^2\right) \text{，} i = 1, 2, \cdots\cdots, n$$

$$y_1 = \beta_0 + \beta_1 x_{11} + \beta_2 x_{12} + \cdots\cdots + \beta_{p-1} x_{1,p-1} + \varepsilon_1$$

$$y_2 = \beta_0 + \beta_1 x_{21} + \beta_2 x_{22} + \cdots\cdots + \beta_{p-1} x_{2,p-1} + \varepsilon_2$$

$$\vdots \qquad \vdots$$

$$y_n = \beta_0 + \beta_1 x_{n1} + \beta_2 x_{n2} + \cdots\cdots + \beta_{p-1} x_{n,p-1} + \varepsilon_n$$

$$\{y\} = [x]\{\beta\} + \{\varepsilon\} \cdots\cdots\cdots\cdots\cdots\cdots\cdots\cdots\cdots \text{（2.98）}$$

$$\{y\} = \begin{Bmatrix} y_1 \\ y_2 \\ \vdots \\ y_n \end{Bmatrix} \quad , \quad [x] = \begin{bmatrix} 1 & x_{11} & \cdots & x_{1,p-1} \\ 1 & x_{21} & \cdots & x_{2,p-1} \\ \vdots & \vdots & \ddots & \vdots \\ 1 & x_{n1} & \cdots & x_{n,p-1} \end{bmatrix}$$

$$\{\beta\} = \begin{Bmatrix} \beta_0 \\ \beta_1 \\ \vdots \\ \beta_{p-1} \end{Bmatrix} \quad , \quad \{\varepsilon\} = \begin{Bmatrix} \varepsilon_1 \\ \varepsilon_2 \\ \vdots \\ \varepsilon_n \end{Bmatrix}$$

利用最小平方法可得 $\{\beta\}$ 之估計值為：

$$\{\hat{\beta}\} = \left([x]^T[x]\right)^{-1}[x]^T\{y\} \quad\text{.......................................}\quad(2.99)$$

迴歸模式為：

$$y = \hat{\beta}_0 + \hat{\beta}_1 x_1 + \cdots\cdots + \hat{\beta}_{p-1} x_{p-1} \quad\text{..................................}\quad(2.100)$$

嵌合值為：

$$\hat{y}_i = \hat{\beta}_0 + \hat{\beta}_1 x_{1i} + \cdots\cdots + \hat{\beta}_{p-1} x_{p-1,i}$$

$$SSE = \sum \left(y_i - \hat{y}_i\right)^2 \quad\text{..}\quad(2.101)$$

ε_i 之變異數 σ^2 之估計值為

$$\hat{\sigma}^2 = \frac{SSE}{n-p} \quad\text{...}\quad(2.102)$$

而 $\hat{\beta}$ 的變異共變異矩陣之估計為：

$$S^2\left(\hat{\beta}\right) = \hat{\sigma}^2 \cdot \left([x]^T[x]\right)^{-1} \quad\text{.....................................}\quad(2.103)$$

利用最小平方法做二次函數之曲線嵌合，且有最大值之情況下：

$$y = \beta_0 + \beta_1 x + \beta_2 x^2$$

$$y' = \beta_1 + 2\beta_2 x = 0 \qquad (最大值)$$

$$x = -\frac{\beta_1}{2\beta_2}$$

$$y_{max} = \beta_0 - \frac{\beta_1^2}{2\beta_2} + \frac{\beta_1^2}{4\beta_2} = \beta_0 - \frac{\beta_1^2}{4\beta_2}$$

y_{max} 之估計值：

$$\hat{y}_{max} = \hat{\beta}_0 - \frac{\hat{\beta}_1^2}{4\hat{\beta}_2}$$

$\hat{y}_{max}$ 之量測不確定度：

$$U^2(y_{max}) = C^2(\hat{\beta}_0)U^2(\hat{\beta}_0) + C^2(\hat{\beta}_1)U^2(\hat{\beta}_1) + C^2(\hat{\beta}_2)U^2(\hat{\beta}_2) + 2C(\hat{\beta}_0)C(\hat{\beta}_1)U(\hat{\beta}_0,\hat{\beta}_1)$$
$$+ 2C(\hat{\beta}_1)C(\hat{\beta}_2)U(\hat{\beta}_1,\hat{\beta}_2) + 2C(\hat{\beta}_0)C(\hat{\beta}_2)U(\hat{\beta}_0,\hat{\beta}_2) \quad （2.104）$$

$$C(\hat{\beta}_0) = \frac{\partial y_{max}}{\partial \hat{\beta}_0} = 1$$

$$C(\hat{\beta}_1) = \frac{\partial y_{max}}{\partial \hat{\beta}_1} = -\frac{\hat{\beta}_1}{2\hat{\beta}_2}$$

$$C(\hat{\beta}_2) = \frac{\partial y_{max}}{\partial \hat{\beta}_2} = \frac{\hat{\beta}_1^2}{4\hat{\beta}_2^2} = \left(\frac{\hat{\beta}_1}{2\hat{\beta}_2}\right)^2$$

$$S^2(\hat{\beta}) = \hat{\sigma}^2 \cdot \left([x]^T[x]\right)^{-1} = \begin{bmatrix} U^2(\hat{\beta}_0) & U(\hat{\beta}_0,\hat{\beta}_1) & U(\hat{\beta}_0,\hat{\beta}_2) \\ & U^2(\hat{\beta}_1) & U(\hat{\beta}_1,\hat{\beta}_2) \\ \text{symmetry} & & U^2(\hat{\beta}_2) \end{bmatrix}$$

$$U^2(y_{max}) = U^2(\hat{\beta}_0) + \left(\frac{\hat{\beta}_1}{2\hat{\beta}_2}\right)^2 U^2(\hat{\beta}_1)$$

$$+ \left(\frac{\hat{\beta}_1}{2\hat{\beta}_2}\right)^4 U^2(\hat{\beta}_2) + 2\left(-\frac{\hat{\beta}_1}{2\hat{\beta}_2}\right)U(\hat{\beta}_0,\hat{\beta}_1)$$

59

$$+2\left(-\frac{\hat{\beta}_1}{2\hat{\beta}_2}\right)\left(\frac{\hat{\beta}_1^2}{4\hat{\beta}_2^2}\right)U(\hat{\beta}_1,\hat{\beta}_2)+2\left(\frac{\hat{\beta}_1^2}{4\hat{\beta}_2^2}\right)U(\hat{\beta}_0,\hat{\beta}_2)$$

2.6 不確定度評估實例一

本實例中配置 7 個樣本，由同一人，使用同一儀具，依據 AASHTO T180 D 置換法執行相同步驟獲得 7 組數據，試驗結果如下表所示，再利用迴歸分析(曲線嵌合)法求最大誤差，以執行實驗室之量測不確定度評估。

表 2.2　土壤樣本試驗數據表

樣品編號	x：含水量 %	y：土壤乾密度 g/cm^3
1	1.8	2.545
2	2.5	2.556
3	3.6	2.570
4	4.6	2.551
5	5.5	2.549
6	6.6	2.516
7	7.6	2.480

2.6.1 數學模型

假設量測數據之迴歸方程式為：

$$\hat{y}=\beta_0+\beta_1 x+\beta_2 x^2+\cdots+\beta_p x^p \quad\cdots\cdots\cdots\cdots\cdots\cdots\cdots\cdots（2.105）$$

量測獲得 n 組資料（x_i,y_i），i=1,2,……,n，p 次多項式方程式之係數

$$\beta_0, \beta_1, \ldots, \beta_p$$

其最佳估計值為使誤差

$$SSE = \sum_{i=1}^{n}\left[y_i - \left(\beta_0 + \beta_1 x + \beta_2 x^2 + \cdots + \beta_p x^p\right)\right]^2$$

最小，亦即把 SSE 分別對 $\beta_0, \beta_1, \ldots, \beta_p$ 偏微分，令其等於 0，分別解 P+1 個方程式，即可得到 $\beta_0, \beta_1, \ldots, \beta_p$ 之估計值，令 $b_0, b_1, \ldots, b_p$ 分別為 $\beta_0, \beta_1, \ldots, \beta_p$ 之估計值，所以

$$\Sigma y = nb_0 + b_1 \Sigma x + \cdots + b_p \Sigma x^p$$

$$\Sigma xy = b_0 \Sigma x + b_1 \Sigma x^2 + \cdots + b_p \Sigma x^{p+1}$$

$$\vdots \qquad\qquad \vdots \qquad \cdots\cdots\cdots\cdots\cdots\cdots\cdots\cdots\cdots \text{（2.106）}$$

$$\Sigma x^p y = b_0 \Sigma x^p + b_1 \Sigma x^{p+1} + \cdots + b_p \Sigma x^{2p}$$

2.6.2 土壤夯打之數學模式

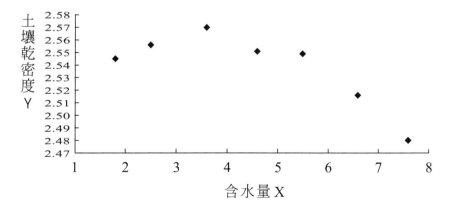

圖 2.11　含水量與土壤乾密度散佈圖

　　將含水量與土壤乾密度繪成散佈圖（如上所示），發現土壤乾密度 y 與含水量 x 呈二次拋物線的關係。

　　故可利用二次多項方程式做迴歸分析，亦即

$$\hat{y} = \beta_0 + \beta_1 x + \beta_2 x^2 \quad\cdots\cdots\cdots\cdots\cdots\cdots\cdots\cdots\cdots\cdots\cdots\cdots（2.107）$$

利用公式（2.106）及試驗結果，n=7，p=2

$$\begin{Bmatrix} \sum y \\ \sum xy \\ \sum x^2 y \end{Bmatrix} = \begin{bmatrix} 7 & \sum x & \sum x^2 \\ \sum x & \sum x^2 & \sum x^3 \\ \sum x^2 & \sum x^3 & \sum x^4 \end{bmatrix} \begin{Bmatrix} b_0 \\ b_1 \\ b_2 \end{Bmatrix} \quad\cdots\cdots\cdots\cdots\cdots\cdots（2.108）$$

所以

$$\begin{Bmatrix} b_0 \\ b_1 \\ b_2 \end{Bmatrix} = \begin{bmatrix} 7 & 32.2 & 175.18 \\ 32.2 & 175.18 & 1058.296 \\ 175.18 & 1058.296 & 6814.021 \end{bmatrix}^{-1} \begin{Bmatrix} 17.767 \\ 81.4307 \\ 441.4562 \end{Bmatrix}$$

$$= \begin{Bmatrix} 2.492657521 \\ 0.039096306 \\ -0.005368784 \end{Bmatrix}$$

2.6.3 曲線嵌合結果

$$\hat{y} = 2.4926575 21 + 0.03909630 6x - 0.00536878 4x^2$$

標準差（標準不確定度）

$$S_D = U(D) = \left[\frac{\sum(y-\hat{y})^2}{7-3} \right]^{1/2} = 5.39 \times 10^{-3} \quad g/cm^3$$

95%擴充不確定度

$U=2U(D)=1.08\times10^{-2} \text{ g/cm}^3$

表 2.3　曲線嵌合數值表

含水量（%）	乾密度 kg/cm^3	曲線嵌合值 (y′)	誤　差 (y − y′)	誤差平方 (y − y′)^2
1.8	2.545	2.545636	-0.000636	4.04 ×10^{-7}
2.5	2.556	2.556843	-0.000843	7.1 ×10^{-7}
3.6	2.570	2.563824	0.006176	3.81 ×10^{-5}
4.6	2.551	2.558897	-0.007897	6.24 ×10^{-5}
5.5	2.549	2.545281	0.003719	1.38 ×10^{-5}
6.6	2.516	2.516829	-0.000829	6.87 ×10^{-7}
7.6	2.480	2.479688	0.000312	9.73 ×10^{-8}

2.6.4 進一步評估

若土壤乾密度與含水量的關係式不是線性，而是二次多項式，如

$$\hat{y} = b_0 + b_1x + b_2x^2$$

時，令

$x_1=x$

$x_2=x^2$

則 y 對 x_1，x_2 之二維線性迴歸可寫成

$$\hat{y} = b_0 + b_1x_1 + b_2x_2$$

迴歸係數

$$b = \begin{bmatrix} b_0 \\ b_1 \\ b_2 \end{bmatrix} = \left(x^T x\right)^{-1}\left(x^T y\right)$$

而

$$y = \left\{\begin{matrix} 2.545 \\ 2.556 \\ 2.570 \\ 2.551 \\ 2.549 \\ 2.516 \\ 2.480 \end{matrix}\right\} \qquad x = \begin{bmatrix} 1 & 1.8 & 3.24 \\ 1 & 2.5 & 6.25 \\ 1 & 3.6 & 12.96 \\ 1 & 4.6 & 21.16 \\ 1 & 5.5 & 30.25 \\ 1 & 6.6 & 43.56 \\ 1 & 7.6 & 57.76 \end{bmatrix}$$

則

$$x^T x = \begin{bmatrix} 1 & 1 & 1 & 1 & 1 & 1 & 1 \\ 1.8 & 2.5 & 3.6 & 4.6 & 5.5 & 6.6 & 7.6 \\ 3.24 & 6.25 & 12.96 & 21.16 & 30.25 & 43.56 & 57.76 \end{bmatrix} \begin{bmatrix} 1 & 1.8 & 3.24 \\ 1 & 2.5 & 6.25 \\ 1 & 3.6 & 12.96 \\ 1 & 4.6 & 21.16 \\ 1 & 5.5 & 30.25 \\ 1 & 6.6 & 43.56 \\ 1 & 7.6 & 57.76 \end{bmatrix}$$

$$= \begin{bmatrix} 7 & 32.2 & 175.18 \\ 32.2 & 175.18 & 1058.296 \\ 175.18 & 1058.296 & 6814.021 \end{bmatrix}$$

$$\left(x^T x\right)^{-1} = \begin{bmatrix} 5.221387 & -2.410475 & 0.241039 \\ -2.410475 & 1.205274 & -0.12522 \\ 0.240139 & -0.12522 & 0.013422 \end{bmatrix}$$

64

$$x^Ty = \begin{bmatrix} 1 & 1 & 1 & 1 & 1 & 1 & 1 \\ 1.8 & 2.5 & 3.6 & 4.6 & 5.5 & 6.6 & 7.6 \\ 3.24 & 6.25 & 12.96 & 21.16 & 30.25 & 43.56 & 57.76 \end{bmatrix} \begin{Bmatrix} 2.545 \\ 2.556 \\ 2.570 \\ 2.551 \\ 2.549 \\ 2.516 \\ 2.480 \end{Bmatrix}$$

$$= \begin{bmatrix} 17.767 \\ 81.4307 \\ 441.4562 \end{bmatrix}$$

$$\left(x^Tx\right)^{-1}\left(x^Ty\right) = \begin{bmatrix} 5.221387 & -2.410475 & 0.241039 \\ -2.410475 & 1.205274 & -0.12522 \\ 0.240139 & -0.12522 & 0.013422 \end{bmatrix} \begin{bmatrix} 17.767 \\ 81.4307 \\ 441.4562 \end{bmatrix}$$

$$= \begin{bmatrix} 2.492657521 \\ 0.039096306 \\ -0.005368784 \end{bmatrix} = \begin{bmatrix} b_0 \\ b_1 \\ b_2 \end{bmatrix}$$

所以 y 對 x_1，x_2 之二維線性迴歸曲線為

$$\hat{y} = 2.492657521 + 0.039096306x - 0.005368784x^2$$

將土壤乾密度與含水量的數據資料畫出散佈圖並且在圖中插入上面計算出來的迴歸曲線，如下圖所示

$$y = -0.00536878\ x^2 + 0.0390963\ x + 2.49265752$$

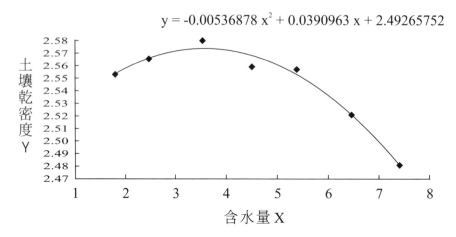

圖 2.12　土壤乾密度對含水量的散佈圖與迴歸線圖

檢查評估迴歸模式是否滿足基本假設和擬合(fit)的好壞

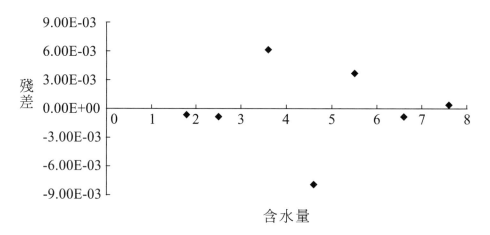

圖 2.13　土壤乾密度對含水量之迴歸殘差圖

總平方和(Sum of Squares corrected Total)，寫成 SSTO，即

$$SSTO = \sum_{i=1}^{n}\left(y_i - \overline{y}\right)^2 = 38.623741$$

迴歸平方和(Sum of Squares due to Regression)，寫成 SSR，即

$$SSR=SSTO-SSE=\sum_{i=1}^{n}(\hat{y}_i-\overline{y})^2=38.623625$$

判定係數(Coefficient of Determination)，以 R^2 表示，即

$$R^2=\frac{SSR}{SSTO}=0.999997$$

由上面殘差分析所畫出之殘差圖顯示假設模式良好，另外由判定係數 R^2 知含水量對土壤乾密度的解釋能力良好。

$$y'=0.039096306-0.010737568x=0 \qquad （最大值）$$

$$x=\frac{0.039096306}{0.010737568}=3.641076$$

$\therefore \hat{y}_{max}$ 之估計值

$$\hat{y}_{max}=\beta_0-\frac{\beta_1^2}{4\beta_2}=2.49265751-\frac{0.03909630^2}{4\times(0.00536874)}=2.5638$$

$\hat{y}_{max}$ 之量測不確定度

$$U^2(y_{max})=C^2(\hat{\beta}_0)U^2(\hat{\beta}_0)+C^2(\hat{\beta}_1)U^2(\hat{\beta}_1)+C^2(\hat{\beta}_2)U^2(\hat{\beta}_2)+2\frac{\partial y}{\partial\hat{\beta}_0}\frac{\partial y}{\partial\hat{\beta}_1}U(\hat{\beta}_0,\hat{\beta}_1)$$

$$+2\frac{\partial y}{\partial\hat{\beta}_1}\frac{\partial y}{\partial\hat{\beta}_2}U(\hat{\beta}_1,\hat{\beta}_2)+2\frac{\partial y}{\partial\hat{\beta}_0}\frac{\partial y}{\partial\hat{\beta}_2}U(\hat{\beta}_0,\hat{\beta}_2)$$

$$C(\hat{\beta}_0)=\frac{\partial y_{max}}{\partial\hat{\beta}_0}=1$$

$$C(\hat{\beta}_1)=\frac{\partial y_{max}}{\partial\hat{\beta}_1}=-\frac{\hat{\beta}_1}{2\hat{\beta}_2}=3.641076$$

$$C\left(\hat{\beta}_2\right) = \frac{\partial y_{\max}}{\partial \hat{\beta}_2} = \left(\frac{\hat{\beta}_1}{2\hat{\beta}_2}\right)^2 = 13.257438$$

$$\hat{\sigma}^2 = S_D^2 = 2.905 \times 10^{-5}$$

$$S^2\left(\hat{\beta}\right) = S_D^2 \cdot \left([x]^T[x]\right)^{-1}$$

$$= 0.00002905 \times \begin{bmatrix} 5.221387 & -2.410475 & 0.241039 \\ -2.410475 & 1.205274 & -0.12522 \\ 0.240139 & -0.12522 & 0.013422 \end{bmatrix}$$

$$= \begin{bmatrix} 1.52 \times 10^{-4} & -7.002 \times 10^{-5} & 7.002 \times 10^{-6} \\ -7.002 \times 10^{-5} & 3.5 \times 10^{-5} & -3.64 \times 10^{-6} \\ 7.002 \times 10^{-6} & -3.64 \times 10^{-6} & 3.89 \times 10^{-7} \end{bmatrix}$$

$$U^2\left(\hat{\beta}_0\right) = S^2\left(\hat{\beta}_0\right) = 1.52 \times 10^{-4}$$

$$U^2\left(\hat{\beta}_1\right) = S^2\left(\hat{\beta}_1\right) = 3.5 \times 10^{-5}$$

$$U^2\left(\hat{\beta}_2\right) = S^2\left(\hat{\beta}_2\right) = 3.89 \times 10^{-7}$$

$$U\left(\hat{\beta}_0, \hat{\beta}_1\right) = -7.002 \times 10^{-5}$$

$$U\left(\hat{\beta}_1, \hat{\beta}_2\right) = -3.64 \times 10^{-6}$$

$$U\left(\hat{\beta}_0, \hat{\beta}_2\right) = 7.002 \times 10^{-6}$$

$$\therefore U^2\left(y_{\max}\right) = 8.726 \times 10^{-6}$$

$$U\left(y_{\max}\right) = 2.954 \times 10^{3} \quad g/cm^3$$

95％擴充不確定度

$$U = 2 \times U(y_{max}) = 5.91 \times 10^{-3} \quad g/cm^3$$

2.7 校正問題的理論分析

在分析方法或儀具上經常碰到校正的問題，也就是用量測值 y，對不同位準的 x 予以校正

$$y = b_0 + b_1 x$$

這條校正直線被用於利用取樣之反應 y_{obs} 來獲得預測值 x_{pred}

$$x_p = \frac{(y_{obs} - b_0)}{b_1}$$

b_0, b_1 之決定通常是利用一組 n 個數據 (x_i, y_i) 之加權或一般最小平方法來獲得。

● 對 x_p 之估算有 4 個主要的不確定度來源

● y 量測之隨機變異（影響 y_1 及 y_{obs}）

● 參考標準 xi 之隨機效應

● xi,yi 值的 off-set（像 x 值之連串稀釋）

● 線性假設之錯誤（不足）

$$x_p = \frac{(y_0 - b_0)}{b_1}$$

$$U^2(x_p) = C^2(y_0)U^2(y_0) + C^2(b_0)U^2(b_0) + C^2(b_1)U^2(b_1) + 2C(b_0)C(b_1)U(b_0, b_1)$$

$$C(y_0) = \frac{1}{b_1}$$

$$C(b_0) = -\frac{1}{b_1}$$

$$C(b_1) = -\frac{x_p}{b_1}$$

$$U^2(x_p) = \left[U^2(y_0) + x_p{}^2 U^2(b_1) + 2x_p U(b_0, b_1) + U^2(b_0) \right] / b_1{}^2$$

$$U^2(x_p) = \frac{U^2(y_0)}{b_1{}^2} + \frac{1}{b_1{}^2} \left[x_p{}^2 U^2(b_1) + 2x_p U(b_0, b_1) + U^2(b_0) \right]$$

$$\text{Ver}(b) = S^2(b) = S^2 \left\{ [x]^T [x] \right\}^{-1}$$

$$[x] = \begin{bmatrix} 1 & x_1 \\ 1 & x_2 \\ \vdots & \vdots \\ 1 & x_n \end{bmatrix}$$

$$\text{Ver}(b) = S^2(b) = S^2 \begin{bmatrix} n & \sum x_i \\ \sum x_i & \sum x_i{}^2 \end{bmatrix}^{-1}$$

$$D = n \sum x_i{}^2 - \left(\sum x \right)^2$$

$$S^2(b) = S^2 \cdot \frac{1}{D} \begin{bmatrix} \sum x^2 & -\sum x \\ -\sum x & n \end{bmatrix}$$

70

$$\therefore U^2(x_p) = \frac{U^2(y_0)}{b_1^{\ 2}} + \frac{S^2}{b_1^{\ 2}}\left[x_p^{\ 2} \cdot \frac{1}{\sum x^2 - \left(\sum x\right)^2 / n} - 2x_p \right.$$

$$\left. \cdot \frac{\sum x / n}{\sum x^2 - \left(\sum x\right)^2 / n} + \frac{\sum x^2 / n}{\sum x^2 - \left(\sum x\right)^2 / n} \right]$$

$$= \frac{U^2(y_0)}{b_1^{\ 2}} + \frac{S^2}{b_1^{\ 2}}\left[\frac{1}{\sum x^2 - \left(\sum x\right)^2 / n}\left(x_p^{\ 2} - 2x_p\overline{x} + \overline{x}^2 - \overline{x}^2 + \frac{\sum x^2}{n} \right) \right]$$

$$= \frac{U^2(y_0)}{b_1^{\ 2}} + \frac{S^2}{b_1^{\ 2}}\left[\frac{\left(x_p - \overline{x}\right)^2}{\sum x^2 - \left(\sum x\right)^2 / n} + \frac{\sum x^2 / n - \left(\sum x\right)^2 / n^2}{\sum x^2 - \left(\sum x\right)^2 / n} \right]$$

$$= \frac{U^2(y_0)}{b_1^{\ 2}} + \frac{S^2}{b_1^{\ 2}}\left[\frac{1}{n} + \frac{\left(x_p - \overline{x}\right)^2}{\sum x^2 - \left(\sum x\right)^2 / n} \right]$$

$U^2(y_0)$ 依據 p 個量測

$$\therefore U^2(y_0) = \frac{S^2}{P} \quad \text{（平均值）}$$

$$S^2 = \frac{\sum\left(y_i - \hat{y}\right)^2}{n - 2}$$

$$\therefore U^2(x_p) = \frac{S^2}{b_1^{\ 2}}\left[\frac{1}{P} + \frac{1}{n} + \frac{\left(x_p - \overline{x}\right)^2}{\sum x^2 - \left(\sum x\right)^2 / n} \right] \quad \text{................（2.109）}$$

如果　P=1

$$U^2(y_c) = S^2\left[1 + \frac{1}{n} + \frac{\left(x_p - \overline{x}\right)^2}{\sum x^2 - \left(\sum x\right)^2 / n} \right]$$

$$\therefore U^2(x_p) = \left[\frac{U(y_c)}{b_1}\right]^2$$

$$y_0 = \alpha + \beta\,x + \gamma\,x^2$$

$$\gamma x^2 + \beta x + (\alpha - y_0) = 0$$

$$x_p = \frac{-\beta \pm \sqrt{\beta^2 - 4\gamma(\alpha - y_0)}}{2\gamma}$$

$$= -\frac{\beta}{2\gamma} \pm \frac{1}{2\gamma}\left[\beta^2 - 4\gamma(\alpha - y_0)\right]^{\frac{1}{2}}$$

$$\approx -\frac{\beta}{2\gamma} \pm \frac{1}{2\gamma}\left[\beta - \frac{1}{2}(\beta^2)^{-\frac{1}{2}} 4\gamma(\alpha - y_0) + \cdots\cdots\right]$$

$$\approx -\frac{\beta}{2\gamma} \pm \frac{1}{2\gamma}\left[\beta - \frac{2\gamma}{\beta}(\alpha - y_0)\right]$$

$$\approx -\frac{\beta}{2\gamma} \pm \frac{\beta}{2\gamma} \mp \frac{(\alpha - y_0)}{\beta}$$

$$x_p = -\frac{\alpha - y_0}{\beta} = \frac{y_0 - \alpha}{\beta} \quad \cdots\cdots\cdots\cdots\cdots\cdots 此項與線性嵌合一樣$$

x_p: non negative

$$x_p = -\frac{\beta}{\gamma} + \frac{\alpha - y_0}{\beta}$$

$$U^2(x_p) = C^2(\alpha)U^2(\alpha) + C^2(\beta)U^2(\beta) + C^2(\gamma)U^2(\gamma)$$

$$+ 2C(\alpha)C(\beta)U(\alpha,\beta) + 2C(\alpha)C(\gamma)U(\alpha,\gamma) + 2C(\beta)C(\gamma)U(\beta,\gamma)$$

$$C(\alpha) = \frac{1}{\beta}$$

$$C(\beta) - \frac{1}{\gamma} - \frac{\alpha - y_0}{\beta^2}$$

$$C(\gamma) = \frac{\beta}{\gamma^2}$$

$$U^2(x_p) = \frac{1}{\beta^2}U^2(\alpha) + \left[\frac{1}{\gamma} + \frac{\alpha + y_0}{\beta^2}\right]^2 U^2(\beta) + \frac{\beta^2}{\gamma^4}U^2(\gamma)$$

$$-2\frac{1}{\beta}\left[\frac{1}{\gamma} + \frac{\alpha - y_0}{\beta^2}\right]U(\alpha,\beta) + 2\frac{1}{\gamma^2}U(\alpha,\gamma)$$

$$-\frac{2\beta}{\gamma^2}\left[\frac{1}{\gamma} + \frac{\alpha - y_0}{\beta^2}\right]U(\beta,\gamma) \quad\cdots\cdots\cdots\cdots\cdots\cdots \text{（2.110）}$$

$$Ver(b) = S^2(b) = S^2 \cdot \begin{bmatrix} n & \sum x & \sum x^2 \\ \sum x & \sum x^2 & \sum x^3 \\ \sum x^2 & \sum x^3 & \sum x^4 \end{bmatrix}^{-1}$$

$$\{b\} = \left([x]^T[x]\right)^{-1}[x]^T\{y\}$$

2.8　不確定度評估實例二

　　本評估案例是延用參考文獻【13】Page 75 Example A5 的數據分析。
校正曲線

$$A_j = c_i \cdot B_1 + B_0$$

式中

A_j：引入第 i 個校正標準的第 j 個量測

c_i：第 i 個校正標準的濃度

B_1：斜率

B_0：截距

線性最小平方擬合的結果：

	數值	標準差
B_1	0.2410	0.0050
B_0	0.0087	0.0029

校正結果

Concentration　[mg l^{-1}]	1	2	3
0.1	0.028	0.029	0.029
0.3	0.084	0.083	0.081
0.5	0.135	0.131	0.133
0.7	0.180	0.181	0.183
0.9	0.215	0.230	0.216

相關係數(correlation coefficient)r=0.997，擬合曲線如下圖所示，殘餘標準差(residual standard deviation)S=0.005486，實際值被量測二次，引入濃度 c_o 為 0.26mg l^{-1}，利用線性最小平方擬合的方法，則 c_o 的量測不確定度為：

$$u(c_o) = \frac{S}{B_1}\sqrt{\frac{1}{P} + \frac{1}{n} + \frac{(c_o - \bar{c})^2}{S_{xx}}} = \frac{0.005486}{0.241}\sqrt{\frac{1}{2} + \frac{1}{15} + \frac{(0.26-0.5)^2}{1.2}}$$

$$\Rightarrow u(c_o) = 0.018 \ \text{mg l}^{-1}$$

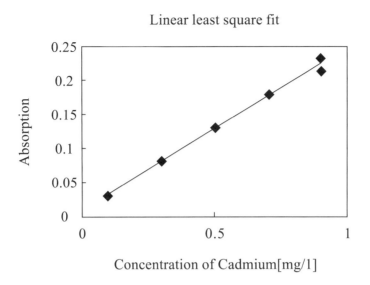

Linear least square fit

2.9 線性嵌合（線性回歸）不確定度之探討

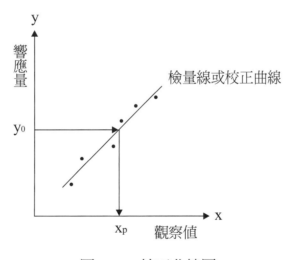

圖 2.14　校正曲線圖

　　利用線性回歸而獲得直線方程式，如果要利用此方程式來做不確定度之估算，這就是我們常碰到所謂校正問題或是化學分析領域所謂的檢量線，從校正方程式或檢量線方程式，測試樣品之響應值y_0已知，從此

75

方程式而獲得其標準值x_p，隨附的不確定度$u(x_p)$就是公式（2.109）所示。

從公式（2.109）所示可以計算出校正曲線適用範圍內，任意量測值y_0所對應之標準值x_p，其不確定度$u(x_p)$之分佈如圖 2.15 所示。

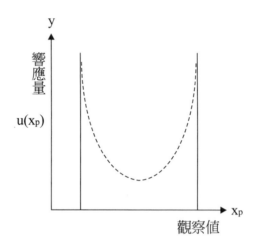

圖 2.15　不確定度$u(x_p)$分佈圖

如把計算出$u(x_p)$的正負值標示在回歸線之上就形成如圖 2.16 所示

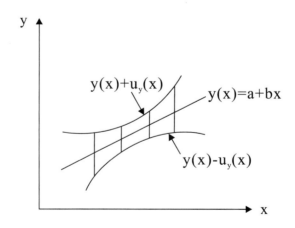

圖 2.16　不確定度$\pm u(x_p)$標示於回歸線圖

2.9.1　$u(x_p)$之應用實例說明

　　由圖 2.15 所示，很清楚的看出來，儀具校正時標示出與儀具規格所定操作上下限範圍裏，位置在其上限及下限時，儀具誤差特別大，所以一般我們在實際操作量測儀具時都選擇其操作範圍的 10%～90%，而盡量不去使用接近其下限或上限以避免量測時產生大的誤差；同樣的在化學分析時，利用最小平方法所產生的濃度檢量線，也有下限及上限誤差很大的現象，用檢量線來標定低濃度或高濃度之測試樣本時，也同樣會產生較大的誤差值。

2.9.2　$u(x_p)$的誤差來源

　　利用最小平方法評估不確定時，其不確定度產生的來源，既不是來自儀具，也不是來自環境或人為，他其實純粹由數學模型而產生的。這又說明了不確定度（誤差）的另一個根源。

2.10　異常值處理（Outlier Treatment）

　　常用之方法為：

（1）Thompson　τ　Technique

　　➢ 排除異常值非常有效，但也會排除好的數據。

（2）Grubbs Methods

　　➢ 無法排除所有的異常值，但排除好數據的數目很小。

2.10.1　修正後的 Thompson　τ　Technique

　　N 量測結果之任一樣本 x_i，樣本標準差 S_x 和平均值 $\bar{x}$ 計算出來，假設第 j 量測結果 x_j，懷疑可能是異常值。

（1）計算 x_j 與 $\bar{x}$ 之絕對差異

$$\delta = \left| x_j - \bar{x} \right|$$ ··（2.111）

（2）利用附錄 A-1 中之 τ 值計算(5%顯著水準下之 τ 值)

$$\tau S_x$$

（3）判定準則

　　a. $\delta \geq \tau s_x$，則為異常值

　　b. $\delta < \tau s_x$，則不是異常值

（4）逐一檢測，直到無異常值為止。

（5）排除異常值後之數據重新計算 $\bar{x}$ 和 S_x，並列出被排除之異常值。

2.10.2 Grubb's Test

2.10.2.1 單一異常值

（1）一組測試數據，由小到大排序，$X_1 \leq X_2 ..... \leq X_p$ 先看最大值 X_p 是否為異常值。

$$G_P = (X_P - \bar{X})/S$$ ··（2.112）

$$\bar{X} = \frac{1}{P}\sum_{i=1}^{p} x_i$$ ··（2.113）

78

$$S = \left[\sum_{i=1}^{p}(x_1 - \overline{x})^2 \Big/ p-1\right]^2 \quad\text{............................}（2.114）$$

（2）看最小值 X1

$$G_1 = (\overline{X} - X_1)\Big/ S \quad\text{............................}（2.115）$$

（3）判定準則

a. 檢定統計量(G_P 或 G_1)≤附錄 A-2 中 5%之臨界質，測試結果正確。

b. 檢定統計量(G_P 或 G_1) >附錄 A-2 中 5%，但 ≤1%之臨界質，則用"＊"號標記爲可能值。

c. 檢定統計量(G_P 或 G_1)＞1%之臨界質，則用"＊＊"標記爲異常值。

2.10.2.2 兩個異常值

（1）決定兩個最大值者，是否爲異常值。

$$統計量 G = S_{P-1,P}^2 \Big/ S_0^2 \quad\text{............................}（2.116）$$

$$S_0^2 = \sum_{i=1}^{p}\left(X_i - \overline{X}\right)^2 \quad\text{............................}（2.117）$$

$$S_0^2 = \sum_{i=1}^{P-2}\left(Xi - \overline{X}_{p-1,p}\right)^2 \quad\text{............................}（2.118）$$

$$\overline{X}_{p-1,p} = \frac{1}{p-2}\sum_{i=1}^{p-2}Xi \quad（亦即把兩個最大值之可能者先移除）$$

$$\text{............................}（2.119）$$

（2）兩個最小值

79

決定兩個最小值是否爲異常值

$$G = {S_{1,2}^2} \Big/ {S_0^2} \quad \text{...} （2.120）$$

$$S_{1,2}^2 = \sum_{i=3}^{P}(X_i - \overline{X}_{1,2})^2 \quad \text{.............................} （2.121）$$

$$\overline{X}_{1,2} = \frac{1}{P-2}\sum_{i=3}^{p}X_i \quad （亦即把兩個最小值之可能者先移除）$$

$$\text{...} （2.122）$$

（3） 判定準則

與 2.10.2.1（3）相同。

附錄 A.1 Modified Thompson τ （At the 5% Significance Level）數值表

N	τ	N	τ	N	τ
3	1.151	36	1.920	69	1.939
4	1.425	37	1.921	70	1.940
5	1.571	38	1.922	71	1.940
6	1.656	39	1.923	72	1.940
7	1.711	40	1.924	73	1.941
8	1.749	41	1.925	74	1.941
9	1.777	42	1.926	75	1.941
10	1.798	43	1.927	76	1.941
11	1.815	44	1.927	77	1.942
12	1.829	45	1.928	78	1.942
13	1.840	46	1.929	79	1.942
14	1.850	47	1.929	80	1.942
15	1.858	48	1.930	81	1.942
16	1.865	49	1.931	82	1.943
17	1.871	50	1.931	83	1.943
18	1.876	51	1.932	84	1.943
19	1.881	52	1.932	85	1.943
20	1.885	53	1.933	86	1.944
21	1.889	54	1.934	87	1.944
22	1.893	55	1.934	88	1.944
23	1.896	56	1.935	89	1.944
24	1.899	57	1.935	90	1.944
25	1.901	58	1.935	91	1.944
26	1.904	59	1.936	92	1.945
27	1.906	60	1.936	93	1.945
28	1.908	61	1.937	94	1.945
29	1.910	62	1.937	95	1.945
30	1.911	63	1.937	96	1.945
31	1.913	64	1.938	97	1.945
32	1.915	65	1.938	98	1.946
33	1.916	66	1.938	99	1.946
34	1.917	67	1.939	100	1.946
35	1.919	68	1.939	∞	1.96

附錄 A.2 Critical Values for Grubbs' Test

p	One largest or one smallest		Two largest or two smallest	
	Upper 1%	Upper 5%	Lower 1%	Lower 5%
3	1.155	1.155	–	–
4	1.496	1.481	0.000 0	0.000 2
5	1.764	1.715	0.001 8	0.009 0
6	1.973	1.887	0.011 6	0.034 9
7	2.139	2.020	0.030 8	0.070 8
8	2.274	2.126	0.056 3	0.110 1
9	2.387	2.215	0.085 1	0.149 2
10	2.482	2.290	0.115 0	0.186 4
11	2.564	2.355	0.144 8	0.221 3
12	2.636	2.412	0.173 8	0.253 7
13	2.699	2.462	0.201 6	0.283 6
14	2.755	2.507	0.228 0	0.311 2
15	2.806	2.549	0.253 0	0.336 7
16	2.852	2.585	0.276 7	0.360 3
17	2.894	2.620	0.299 0	0.382 2
18	2.932	2.651	0.320 0	0.402 5
19	2.968	2.681	0.339 8	0.421 4
20	3.001	2.709	0.358 5	0.439 1
21	3.031	2.733	0.376 1	0.455 6
22	3.060	2.758	0.392 7	0.471 1
23	3.087	2.781	0.408 5	0.485 7
24	3.112	2.802	0.423 4	0.499 4
25	3.135	2.822	0.437 6	0.512 3
26	3.157	2.841	0.451 0	0.524 5
27	3.178	2.859	0.463 8	0.536 0
28	3.199	2.876	0.475 9	0.547 0
29	3.218	2.893	0.487 5	0.557 4
30	3.236	2.908	0.498 5	0.567 2
31	3.253	2.924	0.509 1	0.576 6
32	3.270	2.938	0.519 2	0.585 6
33	3.286	2.952	0.528 8	0.594 1
34	3.301	2.965	0.538 1	0.602 3
35	3.316	2.979	0.546 9	0.610 1
36	3.330	2.991	0.555 4	0.617 5
37	3.343	3.003	0.563 6	0.624 7
38	3.356	3.014	0.571 4	0.631 6
39	3.369	3.025	0.578 9	0.638 2
40	3.381	3.036	0.586 2	0.644 5

Reproduced, with the permission of the American Statistical Association, from reference 【4】 in annex C.

p=number of laboratories at a given level

3 量測不確定度分析原理

3.1 不確定度基本觀念

大部分在實驗室工作過或執行過量測的工程師，對以下場景應該非常熟悉：有一校正合格的磅秤，其操作範圍 0~100mg，解析度為 0.01mg，準確度為 ±0.02mg，想利用一 A 級的 10mg 砝碼去執行查驗的工作，砝碼的準確度為 ±0.01mg；工程師在重複條件下做重複 N=10 次的量測，並記錄量測的結果如表 3.1 所示。

表 3.1　重複量測記錄表

量測數目	砝碼（mg）	器示值（mg）
1	10.00	9.98
2	10.00	10.02
3	10.00	10.00
4	10.00	10.03
5	10.00	9.99
6	10.00	9.97
7	10.00	10.00
8	10.00	9.98
9	10.00	10.02
10	10.00	10.00

工程師心裏開始納悶起來，量測結果數據是散亂的而似乎有個範圍，這下問題出現了！

（1）　為什麼會這樣？

（2）　該要如何表達量測的結果？因為上一秒與下一秒量測結果可能不同，如果量測次數愈多，那散亂的範圍會不變？縮小？還是變大？

（3）　工業界甚至是國際間會接受怎樣的表達方式呢？或者共識是什麼？

3.1.1 儀具

先來看第一個問題的分析與答案；我們選取第 5 個數據 9.99 用圖 3.1 來說明如下：

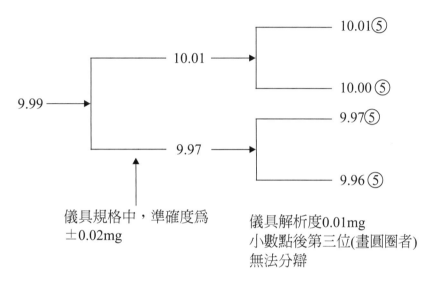

圖 3.1　數據散亂的可能因素圖

第 5 次量測結果是 9.99mg，因為磅秤的準確度為 ±0.02mg，所以 9.97~10.01mg 都有機會出現；而解析度為 0.01mg 只能讀到小數點下第二位，但實際數據有可能含有小數點下第三位的位數，因儀具解析度的限制分辨不出來，因此之故 10.005~10.015mg 可能讀成 10.01mg。

3.1.2 人員操作和環境

在加上工程師執行重複性量測時，每當執行完一次量測後接續再執行下一次量測時，測試件未必會置於相同位置上，因磅秤有偏載（off-loading）效應，會導致量測結果出現變異。其他諸如每次量測完後有否將儀具歸零，利用儀具測試前水平的確保和調整等都使得重複性量

85

測的結果是一組離散的數值而非固定單一值。

　　總的來說，在重複性量測時，因為儀具、人員、環境、量測方式、量測步驟、影響因子等無法控制其變異性，導致量測結果是一個離散的範圍而非定值。

3.1.3 數據的表達

　　在統計學裏，對具有相同性質數據的集合，常用其平均值來代表該組數據，主要原因是平均值是出現機率最高的數值而最具代表性去推論該數值的某些含意，例如以年平均國民所得比較兩國國民收入的好壞、用平均男女壽命比較從前和現在國人的健康狀態…等，同理本重複性的數據亦是採用平均質來表示，所以

$$\bar{\chi} = \frac{\sum_{i=1}^{10} \chi_i}{10} \quad \text{...（3.1）}$$

而測試結果非固定單一值而是一個離散範圍，因而結果就表示成：

$$\bar{\chi} \pm U \quad \text{...（3.2）}$$

3.1.4 量測結果完整的表達方式

　　前述的場景，工程師執行重複量測 N=10 次，當 N 趨近無限多次時，量測結果的離散會形成常態分配，如圖 3.2 所示

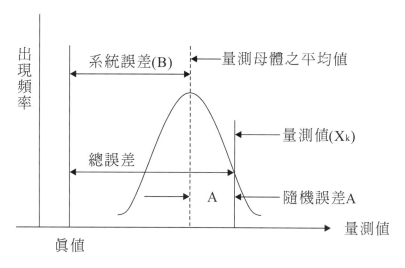

系統誤差(B) ← 量測母體之平均值

← 量測值(X_k)

總誤差

A ← 隨機誤差A

真值

圖 3.2　N 無限多次時，量測結果之分佈圖

　　公式（3.2）裏的 U 是和圖 3.2 裏系統誤差（B）及隨機誤差（A）有關，這裏要特別說明 ANSI 系統裏的系統誤差就是類似 ISO GUM 裏 B 類不確定度，而隨機誤差就類似 A 類不確定度。隨機誤差（A 類不確定度）之評估是將系統觀測數據用統計方法求出標準差（標準不確定度），而系統誤差（B 類不確定度）是將系統觀測數據用統計以外的方法求標準差。

3.1.5 隨機誤差（A 類不確定度）之評估

（1）常態分配的標準差

每一個機率分配函數都有其平均值和標準差

$$\bar{\chi} = \frac{\sum_{i=1}^{N} \chi_i}{N} \quad\cdots\cdots\cdots\cdots\cdots\cdots\cdots\cdots\cdots\cdots\cdots\cdots\cdots\cdots\cdots\cdots\cdots\cdots\cdots（3.3）$$

　　接下來我們將詳細說明 N 為有限次時標準差公式推導過程，以後章節裏也將會碰到推導標準差的公式，將是依據相同邏輯來處理的。

　　依據統計學對標準差的定義是量測結果對量測母體平均值之偏離程

度，所以數學家就先從偏離量（$\chi_i - \bar{\chi}$）著手：

$$總偏離量 = \sum_{i=1}^{N}(\chi_i - \bar{\chi}) \quad\cdots\cdots\cdots\cdots\cdots\cdots\cdots\cdots\cdots\cdots\cdots\cdots\cdots（3.4）$$

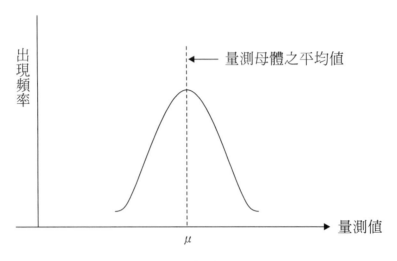

圖 3.3　量測值常態分佈圖

但公式（3.4）會等於零，因為偏離量有正、負符號，加上常態分配為鐘形對稱，由公式（3.3）亦可得此結論：

$$\bar{\chi} = \frac{\sum_{i=1}^{N}\chi_i}{N}$$

$$\sum_{i=1}^{N}\chi_i - N\bar{\chi} = 0 \quad\cdots\cdots\cdots\cdots\cdots\cdots\cdots\cdots\cdots\cdots\cdots\cdots（3.5）$$

因此我們就計算統計量$(\chi_i - \bar{\chi})^2$，而定義出變異數

$$變異數 = \sum_{i=1}^{N}(\chi_i - \bar{\chi})^2 \quad\cdots\cdots\cdots\cdots\cdots\cdots\cdots\cdots\cdots\cdots\cdots（3.6）$$

前面有提過在統計裏，一組具相同特性的數據最具代表性的數值就是其平均值，所以平均變異數就定義成：

$$平均變異數 = \frac{\sum_{i=1}^{N}(\chi_i - \bar{\chi})^2}{N-1} \quad \cdots\cdots\cdots\cdots\cdots\cdots\cdots\cdots\cdots（3.7）$$

前面為了處理偏異有正負符號的問題，把他給平方，但每個量測數據都隨附有量測單位，故要恢復原狀只有開平方一途。

$$\sqrt{平均變異} = \sqrt{\frac{\sum_{i=1}^{N}(\chi_i - \bar{\chi})^2}{N-1}} \quad \cdots\cdots\cdots\cdots\cdots\cdots\cdots\cdots（3.8）$$

而把 $\sqrt{平均變異}$ 定義成當 N 為有限次時，常態分配的標準差，也就是標準不確定度U(x)。

$$U(x) = S_x = \sqrt{平均變異} = \sqrt{\frac{\sum_{i=1}^{N}(\chi_i - \bar{\chi})^2}{N-1}} \quad \cdots\cdots\cdots\cdots（3.9）$$

使用公式（3.9）時，要特別注意實驗數據必須確定為常態分配才能用來計算標準差，公式（3.6）為公式（3.5）除以分母 N-1，主要原因為 N 組數據，有個限制條件那就是公式（3.5），所以自由度只剩 N-1。這就是讀者們很熟悉的第一種 A 類不確定度（標準差）的計算公式，其實 A 類標準差尚有其他許多計算公式，本書其他章節會陸續的介紹。但重複性實驗時，由公式（3.2）要找的是$\bar{\chi}$的標準差，$S_{\bar{x}}$或U($\bar{x}$)，目前先寫下計算公式

$$U(\bar{x}) = S_{\bar{x}} = \frac{S_x}{\sqrt{N}} \quad \cdots\cdots\cdots\cdots\cdots\cdots\cdots\cdots\cdots\cdots（3.10）$$

等討論到確定度傳播原理時會證明公式（3.10）。【詳附錄 B】

3.1.6 系統誤差（B 類不確定度）之評估

　　B 類不確定度由定義知曉是經由統計以外的方式求標準差，在 ISO GUN 裏，就是依經驗假設機率分配函數，求其標準差，本書第二章有詳

細的推導。此節列出三個最常用的求 B 類不確定公式如下：

（1）矩形分佈：

$$U(x) = S_D = \frac{W}{\sqrt{3}}$$ ··（3.11）

（2）三角形分佈：

$$U(x) = S_D = \frac{W}{\sqrt{6}}$$ ··（3.12）

（3）U 型分佈：

$$U(x) = S_D = \frac{W}{\sqrt{2}}$$ ··（3.13）

上述三個公式內之 W 是指機率分配函數分佈範圍 H 的一半 $W = \frac{H}{2}$，如何找出分佈範圍 H？我們知道環境影響量、儀具、校正追溯等都會提供 B 類的誤差來源，因此評估 B 類不確定度時，可從下述資訊中找到分佈範圍 H：

➤ 儀具生產廠商的規格書

規格書內諸如準確度、解析度、非線性變異等的規格上下限值或數值就是 H。

➤ 廠商儀具的操作說明書

此類說明書內有環境因子諸如壓力、溫度等對儀具量測時的影響範圍或變化率數值就是 H。

➤ 儀具校正報告內的資訊

儀具外校後，隨附的校正報告內容有如下資訊：

95％信心水準下，擴充因子 K_t，擴充不確定度為 U，此時 B 類不確定

度是由儀具校正時所用標準件或校正系統的系統誤差引入，因而 B 類
標準不確定 u

$$u = \frac{U}{K_t} \text{··（3.14）}$$

➤ 國際、區域、國家或產業標準，如 ISO、ANSI、CNS、ASTM、IEEE…
等，標準內會對某些專業測試儀具做出規格及功能性之要求，其內容
就有 B 類誤差源的上下範圍和數值。

➤ 相關領域，諸如化學、微生物、電性（RF）所頒布有關不確定度評估
指引亦可找到相關資訊。

3.1.7 組合標準不確定度u_c

求組合標準不確度前，我們先有幾個基本假設：

（1）　A 類不確定度和 B 類不確定無相關性，也就是說彼此互相獨立，
因此

$$u_c = \left[S_A{}^2 + S_B{}^2 \right]^{1/2} \text{······································（3.15）}$$

（2）　B 類不確定度有 K 個不同來源的分量時，彼此也是互相獨立，所
以

$$S_B{}^2 = S_{B1}{}^2 + S_{B2}{}^2 + \cdots + S_{Bk}{}^2 \text{····························（3.16）}$$

本章的磅秤案例組合不確定度就變成

$$u_c = \left[\left(\frac{S_x}{\sqrt{N}} \right)^2 + S_{B1}{}^2 + S_{B2}{}^2 \right]^{1/2} \text{····························（3.17）}$$

假設磅秤的準確度和解析度均設成矩形分佈，則

$$u_c = \left[\left(\frac{S_x}{\sqrt{10}} \right)^2 + \left(\frac{0.02}{\sqrt{3}} \right)^2 + \left(\frac{0.005}{\sqrt{3}} \right)^2 \right]^{1/2} \quad\text{（3.18）}$$

3.1.8 擴充不確定度 U

$$U = Ku_c \quad\text{（3.19）}$$

國際間各領域除了 EMC/EMI 及校正領域外，基本共識是在 95％信心水準下，K=2，$U = 2u_c$。

3.2 量測模型和量測方程式

量測模型一般可區分為直接量測和間接量測。直接量測是指直接從儀錶或圖表中讀出量測值者，如本章第一節的例子就是，但實際上大部份的量測都屬間接量測，那就是量測結果是先量測其他輸入量之值再經複雜的數學轉換而獲得者，因此$y = f(x_1, x_2, \dots x_n)$就稱之為量測方程式。諸如下列所示之量測模型：

直接量測：單一量測儀具之讀值

間接量測：量測結果間接由其他量之值計算

$$E = \frac{\sigma}{\varepsilon}, \; D = \frac{M}{V}$$

$$\sigma = \frac{L}{A} \Rightarrow L : 負載，A : 截面積，\sigma : 應力$$

$$\varepsilon = \frac{(\ell - \ell_0)}{\ell_0} \Rightarrow \qquad \varepsilon : 應變$$

$$E = \frac{L\ell_0}{[ae(\ell - \ell_0)]} \qquad a: 試片寬度，e: 試片厚度$$

組合模型：

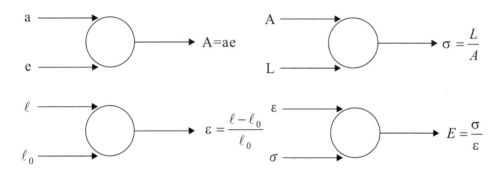

單一模型：

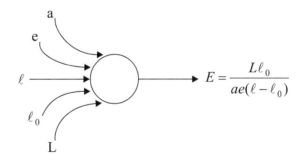

3.3 量測不確定傳遞原理

　　本節中，作者將從最基本的微積分觀念著手，推導出有量測方程式 $y = f(x_1, x_2, \ldots x_n)$ 時，組合標準不確定度 u_c 之公式，但真正完整而利用統計方法的推導，讀者可詳細參看本書第四章的內容。

（1）量測方程式只含一個變數 t 時

$$y = f(t)$$ ……………………………………………………………………（3.20）

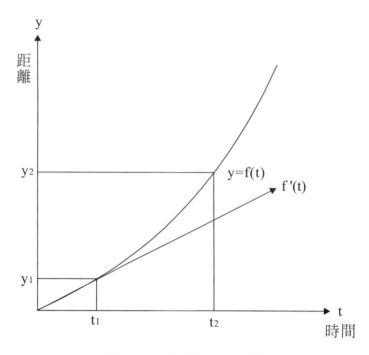

圖 3.4　時間-距離函數圖

$$\Delta y = f'(t)\Delta t$$ ……………………………………………………（3.21）

當Δt非常小時，則公式（3.21）變成

$$\delta y = f'(t)\delta t$$ ……………………………………………………（3.22）

（2）量測方程式含有 2 個變數時

$$y = f(x_1, x_2)$$ ……………………………………………………………（3.23）

所以

$$\delta y = \frac{\partial f}{\partial x_1}\delta x_1 + \frac{\partial f}{\partial x_2}\delta x_2 \quad\cdots\cdots\cdots\cdots\cdots\cdots\cdots\cdots\cdots\cdots\cdots\cdots（3.24）$$

前面 3.1 節裏曾經提過，要找標準差得先求得變異數，而變異數的平方根就是標準差，而變異數其實是偏差平方的總和，因此δy其實就是偏差，所以將公式（3.24）平方得到

$$(\delta y)^2 = \left(\frac{\partial f}{\partial x_1}\delta x_1\right)^2 + \left(\frac{\partial f}{\partial x_2}\delta x_2\right)^2 + 2\frac{\partial f}{\partial x_1}\frac{\partial f}{\partial x_2}\delta x_1\delta x_2 \quad\cdots\cdots\cdots\cdots（3.25）$$

當偏差值剛好是一個標準差時，則公式（3.25）就變成

$$[u_c(y)]^2 = \left(\frac{\partial f}{\partial x_1}u(x_1)\right)^2 + \left(\frac{\partial f}{\partial x_2}u(x_2)\right)^2 + 2\frac{\partial f}{\partial x_1}\frac{\partial f}{\partial x_2}u(x_1,x_2) \cdot\cdot（3.26）$$

（3）量測方程式為通式時

$$y = f(x_1, x_2, \dots x_n)$$

則

$$[u_c(y)]^2 = \sum_{i=1}^{n}\left[\frac{\partial f}{\partial x_i}u(x_i)\right]^2 + 2\sum_{i=1}^{n-1}\sum_{j=i+1}^{n}\frac{\partial f}{\partial x_i}\frac{\partial f}{\partial x_j}u(x_i,x_j) \cdot\cdot（3.27）$$

而變數$x_1, x_2, \dots x_n$輸入量內各有其 A 類和 B 類不確定度S_{Ai}和S_{Bki}，因此

$$u^2(x_i) = S^2_{Ai} + S^2_{B1i} + S^2_{B2i} + \cdots + S^2_{Bki} \quad\cdots\cdots\cdots\cdots\cdots\cdots（3.28）$$

由公式（3.27）和（3.28）就是我們評估量測不確定所必須依賴的公式。作者發現坊間或某些機構所出版有關量測不確定度的文件時僅提及公式（3.27）而不提公式（3.28），導致量測工程師在評估實測案例時往往不知從何下手，公式（3.27）中

$\frac{\partial f}{\partial x_i}$：敏感係數，亦稱為權重

$u(x_i, x_j)$：共變數（Covariance）

$$u(x_i, x_j) = \frac{1}{n-1}\sum_{k=1}^{n}(x_{ik} - \bar{x}_i)(x_{jk} - \bar{x}_j) \quad\cdots\cdots\cdots\cdots\cdots\cdots (3.29)$$

（4）輸入量$x_1, x_2, \dots x_n$不相關時

亦即$x_1, x_2, \dots x_n$互相獨立，在實際量測操作上，只要不使用同一量測儀具同時量測$x_1, x_2, \dots x_n$輸入量時，$x_1, x_2, \dots x_n$就是互相獨立，則

$u(x_i, x_j) = 0$，公式（3.27）就變成：

$$[u_c(y)]^2 = \sum_{i=1}^{n}\left[\frac{\partial f}{\partial x_i}u(x_i)\right]^2 \quad\cdots\cdots\cdots\cdots\cdots\cdots\cdots (3.30)$$

$$[u(x_i)]^2 = S^2_{Ai} + S^2_{Bik}$$

$$= S^2_{Ai} + S^2_{Bi1} + S^2_{Bi2} + \cdots + S^2_{Bik} \quad\cdots\cdots\cdots\cdots (3.31)$$

3.4 擴充不確定度 U 之評估

（1）除了 EMC/EMI 和校正領域外

$$U = K_p u_c$$

K_p稱為擴充因子，對應於 p%之信心水準，國際間之共識是在 95%信心水準下，$K_p = 2$

$$U = 2u_c \quad\cdots\cdots\cdots\cdots\cdots\cdots\cdots\cdots\cdots\cdots\cdots\cdots\cdots (3.32)$$

（2） EMC/EMI 和校正領域

$$U = K_t u_c \cdots\cdots\cdots\cdots\cdots\cdots\cdots\cdots\cdots\cdots\cdots\cdots（3.33）$$

　　有部份學者對直接採用公式（3.32）持反對的態度，他們認為從公式（3.27）和公式（3.28）中可看出輸入量x_i之變異數$u^2(x_i)$是由常態分佈、矩形分佈、三角形分佈…等之平方和所構成，基本上$u^2(x_i)$已非常態分配，因此u_c更非常態分配，擴充不確定度$U = 2u_c$是採用常態分配的概念來計算不合理。所以提出如果引進有效自由度ν_{eff}的觀念，則u_c非常接近學生分配，因而擴充因子K_t必須先算出有效自由度ν_{eff}，再對應於 t 分配表中的 95%信心水準下，找出K_t來才合理。此部份詳細說明請讀者參閱第四章。（t 分配表參閱本章附錄 A）

3.5 標準不確定度的自由度

（1） A 類不確定度

　　a.常態分配

標準差$S_x = \sqrt{\dfrac{\sum_{i=1}^{N}(x_i - \bar{x})}{N-1}}$

自由度為 N-1

　　b.線性迴歸（曲線嵌合）

標準差$S_x = \sqrt{\dfrac{\sum_{i=1}^{n}(y_i - \hat{y}_i)^2}{n-2}}$

自由度為 n-2

（2）B 類不確定度

B 類不確定度的自由度ν_i用下列公式計算

$$\nu_i \approx \frac{1}{2}\left[\frac{\Delta u(x_i)}{u(x_i)}\right]^{-2}$$ ···（3.34）

坊間有些出版物或研討會資料中提到評估人員應依據經驗去判斷此值之信賴度，例如

$\frac{\Delta u(x_i)}{u(x_i)} = 0.25$，則自由度為

$$\nu_i = \frac{1}{2}[0.25]^{-2} = 8$$

這種說法或是提議非常偏離事實，讀者可由本章 3.1.4 節知道，所有 B 類不確定度來源都依賴廠商規格書、國際或產業標準、儀具操作說明書…等在公開市場上可獲得的資訊，一般實驗室僅是儀具使用者，有何能耐來判斷此值的信賴度。公式（3.34）之使用今舉案例說明如下：

B 類不確定度大都假設為矩形分佈，求其標準差$u(x_i)$

$$u(x_i) = \frac{W}{\sqrt{3}}, \quad W = H/2$$ ···（3.35）

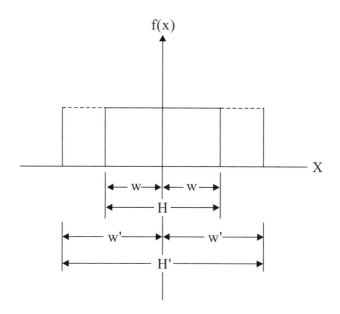

當機率分配函數之寬度由 H 變成 H'時，標準差就變成

$$u'(x_i) = \frac{W'}{\sqrt{3}} \text{，} W' = H'/2 \cdots\cdots\cdots\cdots\cdots\cdots\cdots\cdots\cdots\cdots\cdots\text{（3.36）}$$

$$\triangle u(x_i) = u'(x_i) - u(x_i) \cdots\cdots\cdots\cdots\cdots\cdots\cdots\cdots\cdots\cdots\text{（3.37）}$$

但是所有這些寬度的資訊，諸如儀具準確度和解析度都是儀具規格書上的，實驗室屬最終使用者，當然對他有 100%的信心，因而不可能會預期到會有△u(x_i)之存在，所以△u(x_i) = 0，公式（3.34）則變成：

$$\nu_i = \infty \cdots\cdots\cdots\cdots\cdots\cdots\cdots\cdots\cdots\cdots\cdots\cdots\cdots\cdots\cdots\text{（3.38）}$$

除非是儀具研製單位或生產單位才有可能有內部資訊去判斷△u(x_i)/u(x_i)之數值。

3.6 有效自由度v_{eff}之計算

有效自由度可由 Welch-Satterthwaite 公式求出

$$v_{eff} = \left[\sum_{i=1}^{n} \frac{C_i{}^4 u^4(x_i)}{v_i}\right]^{-1} \cdot u_c{}^4(y) = \left[\sum_{i=1}^{n} \frac{u_i{}^4(y)}{v_i}\right]^{-1} \cdot u_c{}^4(y) \cdots\text{（3.39）}$$

公式中$C_i = \frac{\partial f}{\partial x_i}$

$$u_i(y) = C_i u(x_i)$$

3.6.1 有效自由度之計算實例，今舉一量測案例來說明公式（3.39）之使用方法。

案例：配置濃度為C_x之標準溶液，已知條件如下所列：

a.標準品純度≧98%，秤重 100mg

b.溶劑為純水 V=100mL

c.實驗室控制溫度為 23±5℃

d.校正合格精密天平，操作範圍 0~200mg，準確度±0.2mg，解析度 0.1mg

e.定容器具 100mL±0.04 mL

3.6.2 量測方程式的建立

$$C_x = \frac{m_s \cdot P}{V} \dots\dots\dots\dots\dots\dots\dots\text{（3.40）}$$

主參數分別為m_s、P、V

3.6.3 相對不確定度%公式

$$\left[\frac{u(C_x)}{C_x}\right]^2 = \left[\frac{u(m_s)}{m_s}\right]^2 + \left[\frac{u(V)}{V}\right]^2 + \left[\frac{u(P)}{P}\right]^2 \quad\cdots\cdots\cdots\cdots\cdots\cdots \text{（3.41）}$$

3.6.4 不確定度分量之量化

（1）標準品秤重m_s

a.精密天平準確度$\pm 0.2mg$，假設矩形分佈

$$S_D = \frac{0.2}{\sqrt{3}} \quad\cdots\cdots\cdots\cdots\cdots\cdots\cdots\cdots\cdots\cdots\cdots\cdots \text{（3.42）}$$

b.精密天平解析度 0.1mg，假設矩形分佈

$$S_D = \frac{0.05}{\sqrt{3}} \quad\cdots\cdots\cdots\cdots\cdots\cdots\cdots\cdots\cdots\cdots\cdots \text{（3.43）}$$

c. $u^2(m_s) = \left(\frac{0.2}{\sqrt{3}}\right)^2 + \left(\frac{0.05}{\sqrt{3}}\right)^2 = 1.417 \times 10^{-2}$ $\cdots\cdots\cdots$ （3.44）

（2）定容器具 V

a.製造容差$\pm 0.04mL$，假設三角形分佈

$$S_D = \frac{0.04}{\sqrt{6}} \quad\cdots\cdots\cdots\cdots\cdots\cdots\cdots\cdots\cdots\cdots\cdots \text{（3.45）}$$

b.溫度效應$\pm 5℃$，水之體積膨脹係數為$\alpha(2.1 \times 10^{-4}℃^{-1})$，體積之變化$\pm \triangle V = \pm\alpha \cdot 100 \cdot 5$，假設矩形分佈

$$S_D = \frac{\alpha \cdot 100 \cdot 5}{\sqrt{3}} = 0.0606 \quad\cdots\cdots\cdots\cdots\cdots\cdots\cdots\cdots \text{（3.46）}$$

c.定容器具體積標線之重複充填誤差（filling up），假設由 10 次重複試驗，實驗標準差$S_x = 0.03mL$

101

$$u^2(V) = \left(\frac{0.03}{\sqrt{10}}\right)^2 + \left(\frac{500 \cdot \alpha}{\sqrt{3}}\right)^2 + \left(\frac{0.04}{\sqrt{6}}\right)^2 = 48.35 \times 10^{-4} \quad \cdots\cdots (3.47)$$

（3）標準品純度 $P \geqq 98\%$，$P = 0.99 \pm 0.01$，假設矩形分佈

$$u(P) = \frac{0.01}{\sqrt{3}} = 5.77 \times 10^{-3} \cdots\cdots\cdots\cdots\cdots\cdots\cdots\cdots\cdots\cdots\cdots (3.48)$$

3.6.5 有效自由度

$$\nu_{eff} = \frac{[u_c(y)]^4}{\frac{[C_1 u(m_s)]^4}{\nu_1} + \frac{[C_2 u(V)]^4}{\nu_2} + \frac{[C_3 u(P)]^4}{\nu_3}} \quad \cdots\cdots\cdots\cdots\cdots\cdots\cdots (3.49)$$

（1）

$\nu_1 \rightarrow u(m_s)$ 是有 2 個分量組成。

$$\nu_1 = \frac{[u(m_s)]^4}{\frac{\left[0.2/\sqrt{3}\right]^4}{\nu_{11}} + \frac{\left[0.05/\sqrt{3}\right]^4}{\nu_{12}}} \cdots\cdots\cdots\cdots\cdots\cdots\cdots\cdots\cdots\cdots (3.50)$$

但 ν_{11} 和 ν_{12} 均為 B 類不確定度，所以 $\nu_{11} = \infty$，$\nu_{12} = \infty$，

因而 $\nu_1 = \infty$

（2）

$\nu_2 \rightarrow u(V)$ 是有 3 個分量組成。

$$\nu_2 = \frac{[u(V)]^4}{\frac{\left[0.04/\sqrt{6}\right]^4}{\nu_{21}} + \frac{\left[500\alpha/\sqrt{3}\right]^4}{\nu_{22}} + \frac{\left[0.03/\sqrt{10}\right]^4}{\nu_{23}}} \quad \cdots\cdots\cdots\cdots\cdots (3.51)$$

ν_{21} 和 ν_{22} 均為 B 類不確定度，所以 $\nu_{21} = \infty$，$\nu_{22} = \infty$，

而 ν_{23} 是重複試驗 $n = 10$，所以 $\nu_{23} = 10 - 1 = 9$

$$\nu_2 = \frac{[u(V)]^4}{\left[\frac{0.03/\sqrt{10}}{9}\right]^4} = \frac{9[u(V)]^4}{\left[0.03/\sqrt{10}\right]^4} \cdots\cdots\cdots\cdots\cdots\cdots\cdots\cdots\cdots\cdots\cdots\cdots（3.52）$$

（3）

$\nu_3 \to u(P)$是有 1 個分量組成。

因此$\nu_3 = \infty$

$$\nu_{eff} = \frac{[u_c(y)]^4}{\frac{[C_2 u(V)]^4}{\frac{9[u(V)]^4}{\left[0.03/\sqrt{10}\right]^4}}} = \frac{9[u_c(y)]^4}{\left[0.03/\sqrt{10}\right]^4 \cdot C_2{}^4} \cdots\cdots\cdots\cdots\cdots\cdots（3.53）$$

公式中$[u_c(y)]^2 = 35.2 \times 10^{-6}$

$$C_2 = -\frac{m_s \cdot P}{V^2} = -0.99 \times 10^{-2}$$

$$\therefore \nu_{eff} = 1.42 \times 10^8$$

把相關數據代入公式（3.53），就可算出ν_{eff}，此例最主要是公式（3.39）應該分層逐層計算，主參數m_s、V、P是第一層即公式（3.49），然後就分別檢視m_s、V、P之組成分量，再度利用有效自由度公式（3.39），而此時C_i均爲 1，由公式（3.44）、（3.47）可知。

3.7 相對不確定度

（1）定義

$$Ru = \frac{u(x)}{x}(\%) \cdots\cdots\cdots\cdots\cdots\cdots\cdots\cdots\cdots\cdots\cdots\cdots\cdots\cdots\cdots（3.54）$$

（2）量測方程式$y = p \times q \times r \times \ldots$

$$Ru(y) = \frac{u_c(y)}{y} = \left[\left(\frac{u(p)}{p}\right)^2 + \left(\frac{u(q)}{q}\right)^2 + \left(\frac{u(r)}{r}\right)^2 + \cdots\right]^{1/2} \cdots\cdots\text{（3.55）}$$

（3）量測方程式$y = \dfrac{p \times q}{r \times s \times t}$

$$Ru(y) = \frac{u_c(y)}{y}$$

$$= \left[\left(\frac{u(p)}{p}\right)^2 + \left(\frac{u(q)}{q}\right)^2 + \left(\frac{u(r)}{r}\right)^2 + \left(\frac{u(s)}{s}\right)^2 + \left(\frac{u(t)}{t}\right)^2\right]^{1/2}$$

$$\cdots\cdots\cdots\text{（3.56）}$$

（4）量測方程式$y = f(x_1, x_2, \ldots x_n)$。$x_1, x_2, \ldots, x_n$互相獨立。

$$Ru(y) = \left[\frac{u_c(y)}{y}\right]^2 = \sum_{i=1}^{n}\left[\frac{x_i}{y}\frac{\partial f}{\partial x_i}\frac{u(x_i)}{x_i}\right]^2 \cdots\cdots\text{（3.57）}$$

$$UMF_i = \frac{x_i}{y}\frac{\partial f}{\partial x_i} \cdots\cdots\text{（3.58）}$$

公式中

UMF_i稱做變數x_i的不確定度放大因子（Uncertainty Magnification Factors），表示變數x_i的不確定度對量測結果不確定度的影響。如果UMF值大於 1，表示變數透過不確定度傳遞原理到量測結果時，其不確定度值對結果之影響被放大了；如果UMF值小於 1，表示變數透過不確定度傳遞原理到量測結果時，其不確定度值對結果之影響被消散了。

（5）量測方程式 $y = \dfrac{o + p}{q + r}$

令 a=o+p，b=q+r

$$u^2(a) = u^2(o) + u^2(p) \cdots\cdots\cdots\cdots\cdots\cdots\cdots\cdots\cdots\cdots\cdots（3.59）$$

$$u^2(b) = u^2(q) + u^2(r)\cdots\cdots\cdots\cdots\cdots\cdots\cdots\cdots\cdots\cdots\cdots（3.60）$$

$$y = \frac{b}{a}$$

$$\left[\frac{u_c(y)}{y}\right]^2 = \left[\frac{u(a)}{a}\right]^2 + \left[\frac{u(b)}{b}\right]^2 \cdots\cdots\cdots\cdots\cdots\cdots\cdots（3.61）$$

3.8 系統不確定度（B 類不確定度）非對稱時之評估方法

（1）　系統不確定度非對稱時，量測值不確定度區間之評估

　　如果量測變數系統誤差之分佈是對稱地分佈但中間點不在零點的位置，則總不確定區間的中心點將不會位在變數的量測值上，本節將提供步驟來建構量測值非對稱的不確定度區間。

　　a.先述明量測結果 $\overline{X}$ 系統不確定度非對稱之區間，其信賴水準為 95%，區間為（$\overline{X} - B^-$，$\overline{X} + B^+$），或上下界限。

　　b.將 $\overline{X}$ 位移至（a）區間之中間，並定義 q 為區間中間與 $\overline{X}$ 之差。

$$\Rightarrow 區間之中間位置　B = \frac{B^+ + B^-}{2} \cdots\cdots\cdots\cdots\cdots\cdots\cdots\cdots（3.62）$$

$$\Rightarrow q = B^+ - B = B^+ - \frac{B^+ + B^-}{2} = \frac{B^+ - B^-}{2} \cdots\cdots\cdots\cdots（3.63）$$

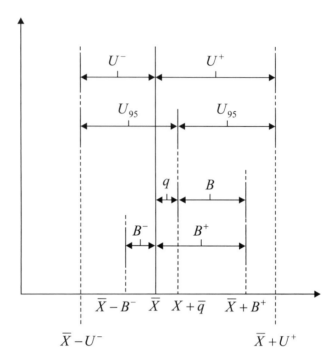

圖 3.5　非對稱不確定度相關參數之關係圖

c.估算總不確定度

$$U_{95}=2\left[\left(\frac{B}{2}\right)^2+\left(S_{\overline{X}}\right)^2\right]^{\frac{1}{2}} \quad\text{………………………………}（3.64）$$

d.估算量測變數 $\overline{X}$ 之 95%信賴區間

$$\left[\overline{X}+q\right]\pm U_{95} \quad\text{…………………………………………}（3.65）$$

e.最終結果表示成量測變數 95%非對稱信賴區間其下限為：

$$\overline{X}-\left(U_{95}-q\right)=\overline{X}-U^{-} \quad\text{………………………………}（3.66）$$

其上限為：

106

$$\overline{X} + (U_{95} + q) = \overline{X} + U^{+} \quad\text{..}\ (3.67)$$

（2）導出（間接量測）結果之系統不確定度非對稱時，其區間之評估步驟。間接量測結果之公式：

$$r = r\ (\ \overline{X}_1, \overline{X}_2, \dots \overline{X}n\ ) \quad\text{..}\ (3.68)$$

量測變數非對稱系統不確定度會導致間接量測結果亦具有非對稱系統不確定度的結果。

評估之步驟如下：

a.計算每個變數 X_i 之 $\overline{X}_i, q_i, U_{95, X_i}$

b.定義 q_r 為

$$q_r = r(\overline{x_1} + q_1, \overline{x_2} + q_2, \cdots, \overline{x_n} + q_n) - r(\overline{x_1}, \overline{x_2}, \cdots, \overline{x_n}) \quad\text{....}\ (3.69)$$

c.對每一個 $\overline{x_i}$，求敏感係數 θ_i，如果求出的敏感係數與任何之 $\overline{x_i}$ 相關，亦即 $\theta_i = \theta_i\left(\overline{x_1}, \overline{x_2}, \cdots, \overline{x_n}\right)$，也就是 θ_i 為 $\overline{x_1}, \overline{x_2}, \cdots, \overline{x_n}$ 之函數時則 θ_i 必須對點 $(\overline{x_1} + q_1, \overline{x_2} + q_2, \cdots, \overline{x_n} + q_n)$ 做計算。

d.估算間接量測結果之總不確定度

$$U_{95,r} = \left[\left(\theta_1 U_{95,\overline{x_1}}\right)^2 + \left(\theta_2 U_{95,\overline{x_2}}\right)^2 + \cdots + \left(\theta_n U_{95,\overline{x_n}}\right)^2\right]^{1/2} \quad\text{..............}\ (3.70)$$

e.估算間接量測結果的 95%信賴區間

$$r\left(\overline{x_1} + q_1, \overline{x_2} + q_2, \cdots, \overline{x_n} + q_n\right) \pm U_{95,r} \quad\text{........................}\ (3.71)$$

f.終結果表示成 95%非對稱信賴區間

公式（3.54）

$$\because r\left(\overline{x_1}+q_1,\overline{x_2}+q_2,\cdots,\overline{x_n}+q_n\right)-r\left(\overline{x_1},\overline{x_2},\cdots,\overline{x_n}\right)=q_r$$

$\therefore$ 信賴區間為：

$$r\left(\overline{x_1},\overline{x_2},\cdots,\overline{x_n}\right)\pm\left(U_{95,r}\pm q_r\right) \quad\text{............................}（3.72）$$

區間之下限為：

$$r_{LL}=r\left(\overline{x_1},\overline{x_2},\cdots\overline{x_n}\right)-\left(U_{95,r}-q_r\right)=r-U_r^- \text{.....}（3.73）$$

區間之上限為：

$$r_{UL}=r\left(\overline{x_1},\overline{x_2},\cdots\overline{x_n}\right)+\left(U_{95,r}+q_r\right)=r+U_r^+ \quad（3.74）$$

3.9 加權不確定度

（1） 加權觀念

$\overline{x_i}$：表 N 個量測方法中之最佳估計值

量測加權平均值 $\overline{\overline{x}}$：

$$\overline{\overline{x}}=\sum_{i=1}^{N}W_i\overline{X_i} \quad\text{...}（3.75）$$

W_i：加權因子

（2） 變異數之加權〔採用 ANSI 的系統不確定度〕

系統不確定度：

$$B=2S_B，S_B=B/2 \quad\text{……………………………………}（3.76）$$

$$系統變異 = \left(B\middle/2\right)^2$$

平均值之總變異

$$U_{95} = t_{95}\left[\left(\frac{B}{2}\right)^2 + \left(S_{\bar{x}}\right)^2\right]^{1/2} \quad\text{……………………………}（3.77）$$

$$W_i = \frac{\left(\dfrac{1}{U_i}\right)^2}{\displaystyle\sum_{i=1}^{N}\left(\dfrac{1}{U_i}\right)^2} \quad\text{……………………}（3.78）$$

U_i：為 U_{95} 模型下 $\overline{X_i}$ 的不確定度

兩量測方法，平均值分別為 $\overline{X1}$ 和 $\overline{X2}$

$$W_1 = \frac{U_2^2}{U_1^2 + U_2} \quad,\quad W_2 = \frac{U_1^2}{U_1^2 + U_2^2}$$

則加權平均值之系統和隨機不確定度分別為：

$$\overline{\overline{B}} = \left[W_1^2 B_1^2 + W_2^2 B_2^2\right]^{1/2}$$

$$\overline{\overline{S}} = \left[W_1^2 S_1^2 + W_2^2 S_2^2\right]^{1/2}$$

$\overline{\overline{U}}_{95}$ 之有效自由度利用 Walch Satterthwaite 公式求之

$$\overline{\overline{V}} = \left[\left(W_1 S_1{}^2\right)^2 + \left(W_2 S_2{}^2\right)^2 + \left(W_1 \cdot \frac{B_1}{2}\right)^2 + \left(W_2 \cdot \frac{B_2}{2}\right)^2 \right]^2 \Big/$$

$$\frac{(W_1 S_1)^4}{V_1} + \frac{(W_2 S_2)^4}{V_2} + \frac{\left(W_1 \cdot \frac{B_1}{2}\right)^4}{V_1} + \frac{\left(W_2 \cdot \frac{B_2}{2}\right)^4}{V_2}$$

....（3.79）

公式中 $S_1 = S_{\overline{x_1}}$，$S_2 = S_{\overline{x_2}}$

$$\overline{\overline{U}}_{95} = t_{95} \cdot \left[\left(\overline{\overline{B}}\Big/2\right)^2 + \left(\overline{\overline{S}}_{\overline{x}}\right)^2 \right]^{1/2}$$ ....（3.80）

如果 $V > 30$，則 t=2。

3.10 量測不確定度分析步驟

（1）建立量測方程式

$$y = f(x_1, x_2, \ldots x_n)$$

量測不確定度的分析是建立在量測方程式要存在的前提下，評估才能執行，至於如何建立量測方程式？下述途徑應可獲得相關資訊：

a.物理定義或基本物理定理

例如：密度 $D = \frac{M}{V}$，壓力 $\sigma = \frac{F}{A}$

b.國際、區域、產業或國家規範對定量測試的標準程序裏，大約在第七、八節裏都有最終測試結果的計算公式，那條公式就是我們的量測方程式。

c. 儀具供應商操作說明書內有詳細使用該儀具時，量測量的計算或轉換公式，亦即是我們的量測方程式。

d. 國際或各產業組織如 AOAC、ASTM、ISO、IEEE...等，所公佈的量測不確定度指引。

e. 參考相關領域所公佈不確定度分析指引內所採用的量測方程式，例如電性（RF）、EMC/EMI 及校正領域...等，採用的量測方程式為：

$$y = x_1 + x_2 + x_3 + \cdots + x_n \quad\text{…………………………（3.81）}$$

f. 實驗室自行研發、建立量測方程式。

g. 實驗室一定要確實遍尋各種管道，並確定未能發現可用的量測方程式存在時，就可仿照 e.的方式假設量測方程式為

$$y = x_1 + x_2 + x_3 + \cdots + x_n$$

（2）利用量測不確定度傳播原理，求組合標準不確定度$u_c(y)$

$$[u_c(y)]^2 = \sum_{i=1}^{n}\left[\frac{\partial f}{\partial x_i}u(x_i)\right]^2 + 2\sum_{i=1}^{n-1}\sum_{j=i+1}^{n}\frac{\partial f}{\partial x_i}\frac{\partial f}{\partial x_j}u(x_i, x_j)\cdots\text{（3.82）}$$

只要不是利用同一儀具同時量兩量測量x_i, x_j

則$u(x_i, x_j) = 0$

$$[u_c(y)]^2 = \sum_{i=1}^{n}\left[\frac{\partial f}{\partial x_i}u(x_i)\right]^2 \quad\text{…………………………………（3.83）}$$

（3） 計算敏感係數$\frac{\partial f}{\partial x_i}$

（4） 計算主參數x_i的標準不確定度$u(x_i)$

$$u^2(x_i) = S^2_{Ai} + S^2_{Bi1} + S^2_{Bi2} + \cdots + S^2_{Bik} \cdots\cdots\cdots\cdots\cdots\cdots （3.84）$$

檢視主參數x_i的組成分量，如有重複性測試，則 A 類不確定度S_{Ai}可由公式（3.9）和（3.10）計算出來，再來就是專注於要量測主參數x_i所需要使用到的儀具，將其規格書找出來，從規格書的內容中只要有±數值範圍或是有描述其變異或偏異數值者都是 B 類不確定度S_{Bi1}，S_{Bi2}，...S_{Bik}的計算來源。

（5） 由步驟（3）、（4）結果計算組合標準不確定度$u_c(y)$。

（6） 計算擴充不確定度 U

a. 95%信心水準下，擴充因子 K=2

$$U = 2u_c \cdots\cdots\cdots\cdots\cdots\cdots\cdots\cdots\cdots\cdots\cdots\cdots\cdots\cdots\cdots\cdots\cdots\cdots\cdots （3.85）$$

b. EMC/EMI 及校正領域，擴充因子之選擇必須利用公式（3.39）計算有效自由度ν_{eff}，95%信心水準下，所對應學生分配表中查出$t_p(\nu_{eff})$值，擴充不確定度 U

$$U = t_p(\nu_{eff}) \cdot u_c \cdots\cdots\cdots\cdots\cdots\cdots\cdots\cdots\cdots\cdots\cdots\cdots\cdots\cdots （3.86）$$

3.11 量測不確定度、有效自由度的有效位數

（1）量測不確定度的有效位數

112

a. 規則 1

實驗室數據，其不確定度整修至最多不超過 2 位有效位數。

例如：

加速度量測不確定度 $U(g) = 0.02385\text{m/s}^2$，量測結果 $g = 9.82\text{m/s}^2$，則表示應該是 $g = 9.82 \pm 0.02\text{m/s}^2$。

b. 規則 2

量測不確定度有效位數確定後，則量測值之有效位數就不需加以考量。

例如：

速度量測時其不確定度為 $\pm 30\text{m/s}$，數度量測結果表示成 $S = 6051.78 \pm 30\text{m/s}$，顯然非常不適當，正確之表示應為 $S = 6050 \pm 30\text{m/s}$。

c. 規則 3

量測結果之表示應與不確定度大小其有相同之 order。

例如：

量測結果→92.81

不確定度為 0.3→應表示成 92.8±0.3

不確定度為 3→應表示成 93±3

不確定度為 30→應表示成 90±30

（2）有效自由度的有效位數

自由度屬於自然數，亦即正整數，因此不應有小數點出現；但由於有效自由度的計算是分層計算，在整個計算過程中為了精準估算是可保留小數點到計算最後一層（主參數為主的那一層）ν_{eff}時，再整修至整數，整修的原則是直接去尾法，亦即將小數點後之數字直接捨去（不論大小）。

附錄 A：學生 t 分佈

v \ C	90%	95%	99%	99.50%	99.90%
1	6.314	12.706	63.657	127.321	636.619
2	2.920	4.303	9.925	14.089	31.598
3	2.353	3.182	5.841	7.453	12.924
4	2.132	2.776	4.604	5.598	8.610
5	2.015	2.571	4.032	4.773	6.869
6	1.943	2.447	3.707	4.317	5.959
7	1.895	2.365	3.499	4.029	5.408
8	1.860	2.306	3.355	3.833	5.041
9	1.833	2.262	3.250	3.690	4.781
10	1.812	2.228	3.169	3.581	4.587
11	1.796	2.201	3.106	3.497	4.437
12	1.782	2.179	3.055	3.428	4.318
13	1.771	2.160	3.012	3.372	4.221
14	1.761	2.145	2.977	3.326	4.140
15	1.753	2.131	2.947	3.286	4.073
16	1.746	2.120	2.921	3.252	4.015
17	1.740	2.110	2.898	3.222	3.965
18	1.734	2.101	2.878	3.197	3.922
19	1.729	2.093	2.861	3.174	3.883
20	1.725	2.086	2.845	3.153	3.850
21	1.721	2.080	2.831	3.135	3.819
22	1.717	2.074	2.819	3.119	3.792
23	1.714	2.069	2.807	3.104	3.767
24	1.711	2.064	2.797	3.091	3.745
25	1.708	2.060	2.787	3.078	3.725
26	1.706	2.056	2.779	3.067	3.707
27	1.703	2.052	2.771	3.057	3.690
28	1.701	2.048	2.763	3.047	3.674
29	1.699	2.045	2.756	3.038	3.659
30	1.697	2.042	2.750	3.030	3.646
40	1.684	2.021	2.704	2.971	3.551
60	1.671	2.000	2.660	2.915	3.460
120	1.658	1.980	2.617	2.860	3.373
∞	1.645	1.960	2.576	2.807	3.291

附錄 B：平均值標準不確定度的証明

1.在重覆性條件下，獨立量測獲得 n 個數值：

$$x_1, x_2, \ldots\ldots\ldots, x_n$$

2.平均值：

$$\bar{x} = \frac{\sum_{i=1}^{n} x_i}{n}$$ ……………………………………………………（A.1）

3. 平均值$\bar{x}$的標準不確定度$u(\bar{x})$

利用量測不確定度傳遞原理：

$$u^2(\bar{x}) = \sum_{i=1}^{n} \left[\frac{\partial \bar{x}}{\partial x_i} u(x_i) \right]^2$$

$$= \frac{1}{n^2} \sum_{i=1}^{n} [u(x_i)]^2$$ …………………………………………（A.2）

因爲$x_1, x_2, \ldots\ldots\ldots, x_n$都是同一母體裏的樣本，具有相同的標準差（標準不確定度），所以$u(x_1) = u(x_2) = \cdots = u(x_n) = u(x) = S_x$。

4. $u^2(\bar{x}) = \frac{n u^2(x)}{n^2} = \frac{u^2(x)}{n}$

$$u(\bar{x}) = \frac{u(x)}{\sqrt{n}}$$ ……………………………………………………（A.3）

4 ISO和ANSI 量測不確定度 分析方法的比較

4.1 源起

ISO GUM：1995【46】年版公佈以來，歐洲共同體國家其產業界均採行做爲量測不確定度評估之參考準則，捨棄誤差之觀念，依據標準差之來源和計算方式區分爲 A 類不確定度及 B 類不確定度，利用量測不確定度傳遞原理求組合標準不確定度 u_c，透過有效自由度之計算以決定擴充係數 t_p，在 95%信賴水準下，擴充不確定度 $U = t_p u_c$。而在美國由於各產業界對"誤差"之觀念沿用甚久，且習以爲常，因此 NIST 及 ASME 於 1998 所頒佈之 PTC 19.1:1998【9】文件中仍舊採用"誤差"即爲"不確定度"之概念，重新推導量測不確定傳遞原理，並採大樣本概念而摒棄有效自由度煩複計算公式，在 95%信賴水準下，亦可求得擴充不確定度。

目前國內在全國認證基金會（TAF）的推廣下，量測不確定度之評估模式是採用 ISO GUM 爲藍本，各認證實驗室量測不確定度之評估報告內容亦是用 A 類不確定度及 B 類不確定度當作評估之核心，並未提及美國（ANSI）之系統。

在本章裏呈現兩評估系統之異同、優缺點及實驗室執行量測不確定度評估時所應採用的措施。

ISO 17025:2005【36】頒佈以來，國際相繼採行作爲實驗室認證與運作之準則，本標準規範 5.4.6 節對量測不確定度估算要求僅於 5.4.6.2 中述及量測不確定度估算應採用計量與統計有效的計算方式，並應鑑別出所有不確定度的成份，同時 5.4.6.3 節之備註 3.提供進一步之參考資訊，如 ISO 5725【3】及 ISO GUM 兩份文件。

國內主導實驗室認證組織爲財團法人全國認證基金會（TAF），在全力協助業界實驗室建立量測不確定度評估之技術實功不可沒。TAF 所發佈之相關參考文件、訓練課程內容，所依據的都是 ISO GUM 之觀念：核心為 A 類不確定度，B 類不確定度。A 類不確定度是利用實測數據經統計分析而求標準差，B 類不確定度則是依據先前實驗室經驗，儀具製供應商規格書所提供資訊，假設機率分配函數而求標準差，再利用量測不確定度傳遞原理求組合標準不確定度，為了要決定在特定信賴水準下之擴充係數，同時引進有效自由度之觀念，俾便估算出擴充不確定度。

目前歐洲各國均採用相同的方法來評估量測不確定度，但從相關產業所發佈之參考文件諸如：ETSI TR 100028（2001）【24】、【25】、ETSI 102273（2001）【31】、UKAS LAB 34【29】，除了 EMC 測試領域案例中有"有效自由度"之計算外，電性、化學及微生物領域有關量測不確定度評估參考文件例如：Eurachem【13】、Uncertainty of Microorganisms【5】也未提有效自由度之計算。而美國 NIST/ASME 於 1998 年所頒佈 PTC 19.1 1998 年量測不確定度評估文件中使用"系統不確定度"、"隨機不確定度"同時也不採用複雜的有效自由度公式。國內業界就遭遇到困境，從歐洲各國獲得相關不確定度評估資訊大家還非常熟悉，但從美國方面獲得資訊就怎麼也對不上 ISO GUM 之概念，有鑑於此，本章將兩套系統的理論基礎、異同處，雙方之優缺點作一比較，提供實驗室工程師在解讀各項量測不確定度資訊時，有較完整的觀念。

4.2 ISO GUM 系統

以前大家習以為常的"誤差"概念，由於"誤差"在度量衡領域裡被定義成量測值減真值，真值不知道，所以"誤差"亦無法獲知，不過可透過統計之手法加以估算在特定信賴水準下它的範圍，並被稱之為量測不確定度。依據 ISO GUM 精神今分述其中幾個主要的核心觀念。

4.2.1 A 類標準不確定度

（1） 評估方式

　　標準不確定度其量化的指標即為標準差，A 類不確定度就是把實測數據利用統計方法求標準差。實驗室常用重複性試驗－在相同的人、方法、儀具、環境、受測量條件下，短時間內執行獨立多次試驗獲得一組數據：X_1，X_2，$\cdots X_n$，則：

$$平均值：\overline{X} = \frac{\sum X_i}{n} \quad\cdots\cdots\cdots\cdots\cdots\cdots\cdots\cdots\cdots\cdots\cdots\cdots (4.1)$$

$$實驗標準差：S_x = \left[\frac{\Sigma(x_i - \overline{x})^2}{n-1} \right]^{1/2} \quad\cdots\cdots\cdots\cdots\cdots\cdots (4.2)$$

$$平均值標準差：S_{\overline{x}} = \frac{S_x}{\sqrt{n}} \quad\cdots\cdots\cdots\cdots\cdots\cdots\cdots\cdots\cdots (4.3)$$

　　其實在工程統計裏尚有許多方法諸如廻歸分析（最小平方法），最大可能性方法（Maximun Likelihood approach），試驗方法重複性與再現性評估，統計檢定等都是 A 類不確定度評估之工具，只是應用領域不同，一般初次接觸不確定度評估者僅認知上述公式（4.1）、（4.2）、（4.3）而已。

（2） 特性

　　A 類不確定度值會隨樣本取樣數之增加而減少。

4.2.2 B 類標準不確定度

（1）評估方式

　　所謂 B 類不確定依 ISO GUM 之定義是利用統計以外之方法求標準差。在工程統計裏變異數定義為：

$$\sigma^2 = \int_a^b f(x)(x-\mu)^2 dx \quad\text{……………………}（4.4）$$

$$\mu = \int_a^b x \cdot f(x) dx \quad\text{……………………………}（4.5）$$

　　公式（4.4），（4.5）中，只要知道機率分配函數 $f(x)$，就可計算出平均值 μ 及變異數 σ^2，而變異數之正平方根值就是標準差。機率分配函數 $f(x)$ 可依工程經驗，儀具製造商之規格書或者相關領域共識予以假設或採用，常用者為矩形分佈、三角形分佈、U 形分佈、波松分佈、二項式分佈等。

（2）特性

　　B 類不確定度值不會隨樣本數之增加而改變,僅能靠修正方式減至可接受的程度。實際量測程序中，B 類不確定度之來源可能很多，每項均予以修正實務上不可行，不做修正之結果，最終會反應在組合標準不確定度上。但許多自動化測試設備在執行測試程序中會利用軟體補償或與內建標準件自我校正之功能把此部分之不確定度降低，俾提高量測的品質。

4.2.3 組合標準不確定度

大部份之量測都是屬間接測量，亦即需先測一組輸入量 X_1，X_2，

$\cdots X_n$，經函數 $y = f(x_1 , x_2 , \cdots x_n)$ 轉換後，方能獲得所需之測試結果。 $y = f(x_1 , x_2 , \cdots x_n)$ 稱為量測模型或是量測方程式。每個輸入量 X_i 都有適當之機率分配函數來描述，把 f 對 X_i 之期望值 $E(X_i) = \mu_i$ 做泰勒級數一階展開，會獲得 X_i 對 μ_i 微小偏異之結果所導致 y 對 μ_y 的偏異如下：

$$y - \mu_y = \sum_{i=1}^{n} \frac{\partial f}{\partial x_i}(x_i - \mu_i) \quad\cdots\cdots\cdots\cdots\cdots\cdots\cdots\cdots (4.6)$$

忽略高階項且 $\mu_y = f(\mu_1, \mu_2, \ldots \mu_n)$

偏異（deviation）的平方：

$$(y - u_y)^2 = \left[\sum_{i=1}^{n} \frac{\partial f}{\partial x_i}(x_i - u_i) \right]^2 \cdots\cdots\cdots\cdots\cdots\cdots\cdots (4.7)$$

可改寫成：

$$(y - \mu_y)^2 = \sum_{i=1}^{n} (\frac{\partial f}{\partial x_i})^2 (x_i - \mu_i)^2$$

$$+ 2\sum_{i=1}^{n-1} \sum_{j=i+1}^{n} \frac{\partial f}{\partial x_i} \frac{\partial f}{\partial x_j}(x_i - \mu_i) \cdot (x_j - \mu_j) \cdots\cdots\cdots (4.8)$$

偏異平方的期望值就是 y 的變異數亦即：

$$E\left[(y - \mu_y)^2\right] = \sigma_y^2 \cdots\cdots\cdots\cdots\cdots\cdots\cdots\cdots\cdots\cdots (4.9)$$

所以

$$\sigma_y^2 = \sum_{i=1}^{n} (\frac{\partial f}{\partial x_i})^2 \sigma_i^2 + 2\sum_{i=1}^{n-1} \sum_{j=i+1}^{n} \frac{\partial f}{\partial x_i} \frac{\partial f}{\partial x_j} \sigma_i \sigma_j \rho_{ij} \cdots\cdots (4.10)$$

公式中

$\sigma_i^2 = E\left[(x_i - u_i)^2\right]$ 是 x_i 之變異數（Variance）

$\rho_{ij} = \dfrac{c(x_i, x_j)}{(\sigma_i^2 \sigma_j^2)^{1/2}}$ 是 x_i，x_j 之相關係數

$c(x_i, x_j) = E[(x_i - \mu_i)(x_j - \mu_j)]$ 是 x_i 與 x_j 之共變數（Covariance）

如果採用大家慣用之標準不確定度符號表示，就變成：

$$u_c^2(y) = \sum_{i=1}^{n} \left(\frac{\partial f}{\partial x_i}\right)^2 u^2(x_i)$$

$$+ 2\sum_{i=1}^{n-1} \sum_{j=i+1}^{n} \frac{\partial f}{\partial x_i} \frac{\partial f}{\partial x_j} u(x_i) u(x_j) \gamma(x_i, x_j) \quad\text{……………………（4.11）}$$

而 $\gamma(x_i, x_j) = \dfrac{u(x_i, x_j)}{u(x_i) u(x_j)}$，$u_c(y)$ 就是組合標準不確定度。

4.2.4 擴充不確定度（Expanded Uncertainty）

擴充不確定度是組合標準不確定度乘上涵蓋因子 k，$U = k u_c$ 量測結果表示成 $Y = y \pm U$，它的含意是受測量 Y 之最佳估計值為 y，而區間 $[y - U; y + U]$，期望能包含大部分 Y 之值。為了區別統計學上所謂信賴區間（Confidence interval），信賴水準（Confidence level），U 定義成量測結果的一個區間，該區間包含了量測結果與組合標準不確定度機率分佈 P 的大部分，此 P 就稱為涵蓋機率（Coverage Probability）或稱為此區間之信賴水準。

U 所定義之區間其隨附的信賴水準 P 必須評估及述明，然而 P 本身也是不確定，原因是受限於對 y 和 u_c 機率分配的瞭解，尤其是 u_c 本身之不確定度。

所以 k 之決定其實與 P 相關，正確之描述應為：

$$U = k_p u_c \dotfill (4.12)$$

要獲得 k_p 值必須要有量測結果 y、組合標準不確定度 u_c 及詳細的機率分佈資訊才能辦到。如果是常態分配，k_p 值很容易計算，如表 4.1 所列：

表 4.1　信賴水準和對應涵蓋因子表

信賴水準 P（%）	含蓋因子 k_p
68.27	1
90	1.645
95	1.96
95.45	2
99	2.576
99.73	3

實際上 u_c^2 是許多分量（公式 4.11）其變異數之和，分量裏有 A 類標準差，其機率分佈為常態，而 B 類標準差則是另外之機率分配如矩形分佈等，所以是無法利用常態分配之觀念來計算 k_p 值。實務上 ISO GUM 就引進有效自由度之概念來解決這個問題。

4.2.5 有效自由度（Veff）

在有限樣本下為了能從常態分配中求得較精確之 k_p 值，吾人應認知要計算具有特定信賴水準之區間，必須要有變數 $(y-Y)\big/u_c(y)$ 機率分佈的資訊，因為量測程序中，我們僅能獲知 Y 之估計值 y，及組合變異數 $u_c^2(y)$。而變數 $(y-Y)\big/u_c(y)$ 並非常態分配。然而該變數之機率分佈卻近似於有效自由度為 v_{eff} 之 t 分佈。v_{eff} 可由 Welch-Satterthwait formula 計算。

$$\frac{\left[u_u^2(y)\right]^2}{v_{eff}} = \sum_{i=1}^{n}\frac{\left[c_i u(x_i)\right]^4}{v_i} \dotfill (4.13)$$

$$u_c^2(y) = \sum_{i=1}^{n}\left[\frac{\partial f}{\partial x_i}u(x_i)\right]^2 \text{,}$$

擴充不確定度 $U_p = K_p u_c(y) = t_p(V_{eff})u_c(y)$，而區間 $Y = y \pm U_p$ 具有近似之信賴水準 P。

4.3 ANSI/ASME 系統【4】、【9】

ANSI/ASME 於 1998 年頒佈 "Test uncertainty" PTC 19.1-1998ASME 文件，詳述量測不確定度評估的步驟和方法，此份文件雖採用了 ISO GUM 內所建議使用的方法（RSS Method），不過專有名詞方面卻不完全採用，而是自有一套邏輯，例如 A 類不確定、B 類不確定該文件並不採用，而是用系統誤差即為系統不確定度。隨機誤差即為隨機不確定度等，今分述其核心概念如下：

4.3.1 系統與隨機誤差（不確定度）

準確性（Accuracy）是指量測值與真值同意接近的程度，不準確的程度或稱為總量測誤差就是量測值與真值之間的差異，而總誤差為系統誤差（β）和隨機誤差（ε）之和，如圖 4.1a 所示。系統誤差為固定值或稱之偏差（Bias），隨機誤差亦稱之為重複性、重複性誤差或精密度誤差。

假設我們對穩定變數 X 執行系列量測，第 K 和 $K+1$ 量測結果如圖 4.1b 所示，由於 Bias 固定，每次量測其值不變，而隨機誤差則會改變，所以總誤差（Total error）會不同：

$$\delta_i = \beta + \varepsilon_i$$

當量測持續進行到有 N 個讀值，或者當 N→∞時

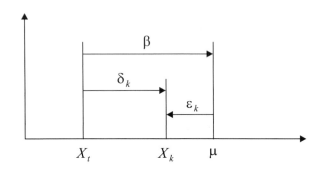

a：單次量測結果

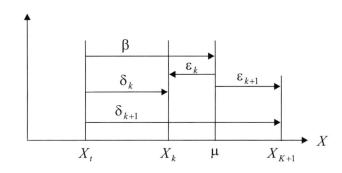

b：二次量測結果

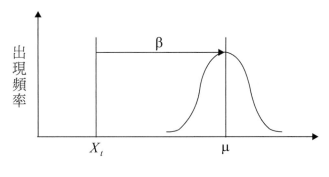

c：N→∞

圖 4.1　N 次量測結果（N→∞）

　　偏差（Bias）為 N 個讀值之平均值（μ）與真值之差，而隨機誤差會使得讀值之出現頻率對平均值的分佈如圖 4.1 所示。

　　舉例：有某班 24 個學生利用溫度計執行流體溫度量測實驗，每個學生獨立量測，讀到小數點一位平均值為 97.2°F，量測值分佈如下圖所示。

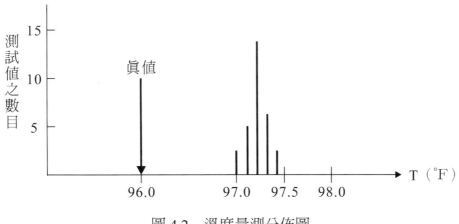

圖 4.2　溫度量測分佈圖

　　流體溫度之真值為 96.0°F，不幸的是學生並不知道真值，所以對溫度量測而言不可能敘述系統與隨機誤差之值。如果想要依據量測結果，聲明我們所能做的最佳情況時，就只能說：在 C%信賴水準下，X（溫度）的真值位在下述區間內：

$$X_{Best} \pm U_x \cdots\cdots\cdots\cdots\cdots\cdots\cdots\cdots\cdots\cdots\cdots\cdots\cdots\cdots\cdots\cdots\cdots （4.14）$$

X_{Best} 一般假設為 N 個讀值的平均值，而 U_x 就是 X 的不確定度。該不確定度其實就是我們在 C%信賴水準下，系統與隨機誤差組合效益的一種估算，當然我們可以說在 100%信賴水準下，某量真值介於 $\pm\infty$ 之間，如果是這樣，根本無須做實驗去找結果了！

4.3.2 量測不確定度

（1）隨機不確定度評估

a.高斯母體分配

$N \to \infty$（無限個讀值）

$$f(x) = \frac{1}{\sigma\sqrt{2\pi}} e^{-(x-\mu)/2\sigma^2} \quad（高斯母體分配）\quad\cdots\cdots（4.15）$$

x 之單一量測結果介於 $x+dx$ 之機率為 $f(x)dx$。μ 為分配之平均數

$$\mu = \lim_{N\to\infty} \frac{1}{N} \sum_{i=1}^{N} X_i \quad\cdots\cdots（4.16）$$

σ 為分配標準差（標準不確定度）

$$\sigma = \lim_{N\to\infty}\left[\frac{1}{N}\sum_{i=1}^{N}(x_i-\mu)^2\right]^{1/2} \quad\cdots\cdots（4.17）$$

σ^2：稱為分配之變異數

特性

$$\int_{-\infty}^{\infty} f(x)dx = 1.0 \quad\cdots\cdots（4.18）$$

求高斯母體中單一讀值落在 $\mu \pm \Delta x$ 範圍之機率

$$P_{rob}(\Delta x) = \int_{\mu-\Delta x}^{\mu+\Delta x} \frac{1}{\sigma\sqrt{2\pi}} e^{-(x-\mu)^2/2\sigma^2 dx} \quad\cdots\cdots（4.19）$$

常態化：

令 $\tau = \dfrac{x-\mu}{\sigma}$ $\quad\cdots\cdots（4.20）$

128

則公式 4.19 可改寫成：

$$\mathbf{P}_{\mathrm{rob}}(\tau_1) = \frac{1}{\sqrt{2\pi}} \int_{-\tau_1}^{\tau_1} e^{-\tau^2/2}\, d\tau \qquad \tau_1 = \frac{\Delta x}{\sigma} \qquad \left(\because d\tau = \frac{dx}{\sigma} \right) \cdots\cdots (4.21)$$

由於高斯分配是對稱，具有介於 $0\sim\tau$ 或 $-\tau\sim 0$ 之無因次偏差讀值之機率都是 $\frac{1}{2}\rightarrow$ 單尾機率。

b.高斯分配之信賴區間

假如某讀值 x 為一高斯母體，平均值 μ，標準差 σ，再選某一讀值 x_i，怎樣之區間會使我們具有 95%信賴水準，該讀值會落在其中？

$$P_{rob}(\tau) = 0.95 \quad \rightarrow \tau = 1.96$$

$$\tau = \frac{x_i - \mu}{\sigma} \Rightarrow P_{rob}\left(1.96 \le \frac{x_i - \mu}{\sigma} \le 1.96 \right) = 0.95 \cdots\cdots\cdots\cdots (4.22)$$

$$P_{rob}\left(\mu - 1.96\sigma \le x_i \le \mu + 1.96\sigma \right) = 0.95 \cdots\cdots\cdots\cdots (4.23)$$

含意為：知道母體 95%介於 $\mu \pm 1.96\sigma$ 之間，所以我們有 95%信心單一讀值將會落在 $\mu \pm 1.96\sigma$ 區間內，另外一種說法是 X 之單一讀值，95%信賴區間之上下界線分別為 $+1.96\sigma$ 和 -1.96σ，另外一種觀點：我們會問什麼樣的單一讀值區間內，我們期望在 95%信心水準下母體分配平均值會落在其中？

$$P_{rob}\left(x_i - 1.96\sigma \le \mu \le x_i + 1.96\sigma \right) = 0.95 \cdots\cdots\cdots\cdots (4.24)$$

所以我們有95%信心，母體分配之平均值 μ 將會落在單一讀值 x_i 之 $\pm 1.96\sigma$ 區間內，這個 95%信賴區間觀念，使得我們可推估包含 μ 之範圍，縱使母體平均值 μ 不知。

c.樣本之統計參數

● 樣本平均值：$\bar{x}$

$$\bar{x} = \frac{1}{N}\sum x_i \quad\text{...}\quad （4.25）$$

● 樣本標準差：S_x

$$S_x = \left[\frac{1}{N-1}\sum_{i=1}^{N}(x_i - \bar{x})^2\right]^{\frac{1}{2}} \quad\text{.............................}\quad （4.26）$$

平均值 $\bar{x}$ 之標準差：

假如有五組 N＝50 讀值是由平均值 μ，標準差 σ 之高斯母體中取得，此五組平均值不同，事實上樣本平均值為常態分配，平均值為 μ，但標準差為：

$$\sigma_{\bar{x}} = \frac{\sigma}{\sqrt{N}} \quad\text{...}\quad （4.27）$$

當然分配之母體標準差 σ 不知道，我們必須用樣本平均值之標準差：

$$S_{\bar{x}} = \frac{S_x}{\sqrt{N}} \quad\text{...}\quad （4.28）$$

母體標準差 σ，平均值 μ 之高斯分配

$$P_{rob}\left(x_i - 1.96\sigma \le \mu \le x_i + 1.96\sigma\right) = 0.95 \quad\text{.....................}\quad （4.29）$$

意指：95%信心，母體分配之平均值落在從該母體中單一獨值 x_i 的 $\pm 1.96\sigma$ 區間內（如圖 4.3 所示）。

N 樣本是從相同之高斯分配中取出，則　亦是常態分配，標準差爲 $\dfrac{\sigma}{\sqrt{N}}$

$$P_{rob}\left(\bar{x}-1.96\frac{\sigma}{\sqrt{N}}\leq\mu\leq\bar{x}+1.96\frac{\sigma}{\sqrt{N}}\right)=0.95 \quad\cdots\cdots\cdots\cdots\cdots\cdots\quad（4.30）$$

我們可以說有 95%信心，母體平均值 μ 是落在由 N 個讀值所計算出的 $\bar{x}\pm 1.96\dfrac{\sigma}{\sqrt{N}}$ 區間內。

在實際實驗情況下，我們面臨之問題：我們並不知道 σ（∵N 非無限個讀值），我們只有 S_x 有限樣本 N 之標準差，而 S_x 只是 σ 值之估計而已。

當 N→∞　　$S_x\to\sigma$

如果我們依然有興趣決定 95%之信賴區間，我們面臨同樣的步驟如同公式（4.22）一樣找尋 t 值滿足：

$$P_{rob}\left(-t\leq\frac{x-\mu}{S_x}\leq t\right)=0.95 \quad\cdots\cdots\cdots\cdots\cdots\cdots\cdots\cdots\cdots\quad（4.31）$$

和

$$P_{rob}\left(-t\leq\frac{\bar{x}-\mu}{S_x/\sqrt{N}}\leq t\right)=0.95 \quad\cdots\cdots\cdots\cdots\cdots\cdots\cdots\cdots\quad（4.32）$$

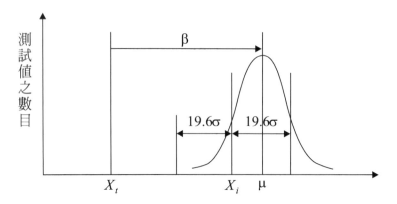

圖 4.3　高斯分配單一讀值 95%信賴區間圖

　　t 不再是 1.96 因爲 S_x 只是依有限讀值 N 對 σ 的估計值，變數 $\dfrac{x-\mu}{S_x}$

和 $\dfrac{\bar{x}-\mu}{S_x/\sqrt{N}}$，不再是常態分配，而是自由度爲 N-1 之 t 分配，當 N→∞，

95%信賴水準 t 之值趨近高斯分配之 1.96。因此我們仿高斯分配 95%之
信賴界限一樣，我們一樣定義高斯分配中 X 量測 N 次之樣本，95%信
賴界限爲隨機不確定度 P：

$$P_x = tS_x \quad\cdots\cdots\cdots\cdots\cdots\cdots\cdots\cdots\cdots\cdots\cdots\cdots\cdots\cdots\cdots\quad (4.33)$$

和

$$P_{\bar{x}} = tS_{\bar{x}} = \frac{tS_x}{\sqrt{N}} \quad\cdots\cdots\cdots\cdots\cdots\cdots\cdots\cdots\cdots\cdots\cdots\cdots\quad (4.34)$$

　　從高斯母體選取之樣本，±P 區間爲在 95%信心下我們期望 μ 落在
此區間內。

$$P_{rob}\left(x_i - P_x \le \mu \le x_i + P_x\right) = 0.95 \quad\cdots\cdots\cdots\cdots\cdots\cdots\quad (4.35)$$

$$P_{rob}\left(\overline{x} - P_{\overline{x}} \le \mu \le \overline{x} + P_{\overline{x}}\right) = 0.95 \cdots\cdots (4.36)$$

d. 舉例：24 位學生利用溫度計獨立量流體溫度，溫度計解析度為 $0.1°F$，24 個讀值之平均值為 $\overline{T} = 97.22°F$，樣本標準差為 $S_T = 0.085°F$

（d.1）決定在 95%信心下，我們期待母體平均值 μ 所落在之區間。

（d.2）另外再量一次溫度，讀值為 T＝97.25°F，決定此一讀值之範圍，會使我們有 95%的信心，母體平均值 μ_T 會落在其中。

ANS：

（d.1）區間 $\overline{T} \pm P_{\overline{x}}$，會有 95%信心 μ_T 包含在區間內

$$P_{\overline{T}} = tS_{\overline{T}} = \frac{tS_x}{\sqrt{N}}$$

N=24 自由度 ν =23   t 值（95%）=2.069   （查表）

$$P_{\overline{T}} = 0.036°F$$

區間為：

$$\overline{T} \pm P_{\overline{T}} = 97.22°F \pm 0.04°F$$

（d.2）單一讀值區間

$$T \pm P_T$$

$P_T = tS_t$ N=24 ν=23   95%   t=2.069

∴區間為 $T \pm P_T = 97.25°F \pm 0.18°F$

（d.2）的區間比（d.1）的區間大，因為僅用單一讀值當成 μ_T 之最佳估計值。

（2）系統不確定度估計

133

95%信賴水準下：單一變數之隨機不確定度為 tS，t 查表，現在則面臨如何量化系統不確定度，及如何把系統不確定度和隨機不確定度結合一起，以獲得變數的總不確定度。

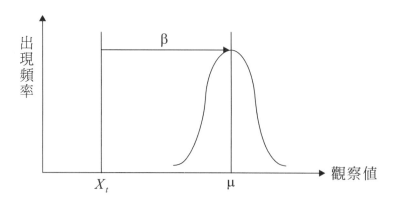

圖 4.4　N→∞時測試數據分佈圖

對量測結果我們希望能有 X 最佳值和量測不確定度 U 之規格，使得在某特定信賴水準下，X 之真值在區間 $X_{BEST} \pm U$ 內。而不確定度 U 則包括系統不確定度和隨機不確定度。但是沒有對等之標準差可以從 N 個讀值計算出以量化系統誤差，而系統誤差為促使校正修正後依然是固定值，每次讀取數值時都相同，除非我們知道真值 X_t，否則系統誤差無法獲知，不幸的是在實際的實驗裏，X_t 真值不知道。

ANSI/ASME 所使用的方法是定義系統不確定度 B，它是在 95%信心水準下，系統誤差 β 真值界限之估計值。利用信賴水準的觀念，可以意味著我們 95%確定系統誤差，β 的大小等於或小於 B，$|\beta| \leq B$。

要估計系統誤差之大小，可以假設某一特定案例的系統誤差是從可能系統誤差統計母體分配中的一個實現，如下圖所示：

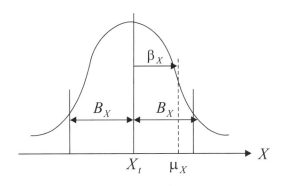

圖 4.5　系統誤差圖

　　例如：溫度計製造廠商聲明 95%某型號之樣本是在 ± 1℃的參考
（R-T）校正曲線內，我們可以假設系統誤差〔眞正的 R-T 曲線（但不知
道）與參考曲線之差〕，屬於常態母體分配，標準差為 S_B=0.5℃，所以區
間 $\pm B = \pm 2S_B = \pm 1$℃，就包括了大約 95%的可能系統誤差，該系統誤差
是可以從母體分配中實現的。

　　因此系統不確定度 B 就是我們 95%信賴水準下，β 界限 $2S_B$ 的估計
值。所以在 95%信賴水準下：

$$S_B = \frac{B}{2}$$

（3）　組合標準不確定度

$$u_c^2 = S_{Bi}^2 + S_i^2 \quad\cdots\cdots\cdots\cdots\cdots\cdots\cdots\cdots\cdots\cdots\cdots\cdots\cdots\cdots（4.37）$$

變數 i 可以是單一讀值 X 或 N 個讀值之平均值

$$S_{Bi} = \frac{B_i}{2} \qquad（系統不確定度）\quad\cdots\cdots\cdots\cdots\cdots\cdots\cdots\cdots\cdots（4.38）$$

S_i 爲下列公式計算的結果：

$$S_x = \left[\frac{1}{N-1} \sum_{i=1}^{N} \left(x_i - \overline{x} \right)^2 \right]^{1/2} \quad \cdots\cdots\cdots\cdots\cdots\cdots\cdots\cdots \text{（4.39）}$$

或

$$S_{\overline{x}} = \frac{S_x}{\sqrt{N}} \quad \cdots\cdots\cdots\cdots\cdots\cdots\cdots\cdots\cdots\cdots\cdots\cdots \text{（4.40）}$$

（4） 擴充不確定度

$$U_p = t_p u_c$$

t_p 為在 P%信賴水準下，有效自由度 ν_i 之 t 分配值

$$\nu_i = \frac{\left(S_i^2 + S_{Bi}^2 \right)^2}{S_i^4 / \nu_{si} + S_{Bi}^4 / \nu_{Bi}} \quad \cdots\cdots\cdots\cdots\cdots\cdots\cdots \text{（4.41）}$$

$$\nu_{si} = N - 1 \quad \cdots\cdots\cdots\cdots\cdots\cdots\cdots\cdots\cdots\cdots\cdots \text{（4.42）}$$

$$\nu_{Bi} \approx \frac{1}{2} \left(\frac{\Delta B_i}{B_i} \right)^{-2} \quad \cdots\cdots\cdots\cdots\cdots\cdots\cdots\cdots\cdots \text{（4.43）}$$

ν_{Bi} 之含義如下圖 4.6 所示：

$$\frac{\Delta B_x}{B_x} = P\%$$

136

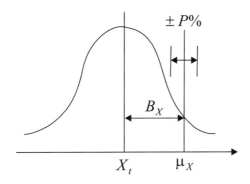

圖 4.6　B 類不確定度其有效自由度之示意圖

4.3.3 量測不確定度傳遞原理

假設量測方程式為：

$$r = r(x, y) \quad\cdots\cdots\cdots\cdots\cdots\cdots\cdots\cdots\cdots\cdots\cdots\cdots\cdots\cdots\cdots\cdots （4.44）$$

第 k 組量測結果（x_k, y_k），可決定 r_k：

$$x_K = x_t + \beta_{xk} + \varepsilon_{xk} \quad\cdots\cdots\cdots\cdots\cdots\cdots\cdots\cdots\cdots\cdots\cdots\cdots\cdots （4.45）$$

$$y_K = y_t + \beta_{yk} + \varepsilon_{yk} \quad\cdots\cdots\cdots\cdots\cdots\cdots\cdots\cdots\cdots\cdots\cdots\cdots\cdots （4.46）$$

$$r_K = r_t + \beta_{rk} + \varepsilon_{rk} \quad\cdots\cdots\cdots\cdots\cdots\cdots\cdots\cdots\cdots\cdots\cdots\cdots\cdots （4.47）$$

利用公式（4.44），函數關係，將一般點 γ_k 對 γ_t 作泰勒級數展開：

$$r_K = r_t + \frac{\partial r}{\partial x}\left(x_k - x_t\right) + \frac{\partial r}{\partial y}\left(y_k - y_t\right) + R_2 \quad\cdots\cdots\cdots\cdots\cdots （4.48）$$

忽略高階項 R_2

$$(r_k - r_t) = \frac{\partial r}{\partial x}(x_k - x_t) + \frac{\partial r}{\partial y}(y_k - y_t) \quad\text{............................} \quad (4.49)$$

偏導數是針對 (x_t, y_t) 作計算，令 $\theta_x = \frac{\partial r}{\partial x}, \theta_y = \frac{\partial r}{\partial y}$ 則：

$$\delta_{rk} = \theta_x(\beta_{xk} + \varepsilon_{xk}) + \theta_y(\beta_{yk} + \varepsilon_{yk}) \quad\text{..................................} \quad (4.50)$$

我們關心的是 N 個 r 量測結果 δ_r 值的分佈情形。而母體分配之變異數定義成：

$$\sigma_{\delta r}^2 = \lim_{N \to \infty}\left[\frac{1}{N}\sum_{k=1}^{N}(\delta_{rk})^2 \right] \quad\text{...........................} \quad (4.51)$$

$$\therefore \frac{1}{N}\sum_{k=1}^{N}(\delta_{rk})^2 = \theta_x^2 \frac{1}{N}\sum_{k=1}^{N}(\beta_{xk})^2 + \theta_y^2 \frac{1}{N}\sum_{k=1}^{N}(\beta_{yk})^2$$

$$+ 2\theta_x\theta_y \frac{1}{N}\sum_{k=1}^{N}\beta_{xk}\beta_{yk} + \theta_x^2 \frac{1}{N}\sum_{k=1}^{N}(\varepsilon_{xk})^2 + \theta_y^2 \frac{1}{N}\sum_{k=1}^{N}(\varepsilon_{yk})^2$$

$$+ 2\theta_x\theta_y \frac{1}{N}\sum_{k=1}^{N}\varepsilon_{xk}\varepsilon_{yk} + 2\theta_x^2 \frac{1}{N}\sum_{k=1}^{N}\beta_{xk}\varepsilon_{xk} + 2\theta_y^2 \frac{1}{N}\sum_{k=1}^{N}\beta_{yk}\varepsilon_{yk}$$

$$+ 2\theta_x\theta_y \frac{1}{N}\sum_{k=1}^{N}\beta_{xk}\varepsilon_{yk} + 2\theta_x\theta_y \frac{1}{N}\sum_{k=1}^{N}\beta_{yk}\varepsilon_{xk} \quad\text{......} \quad (4.52)$$

$N \to \infty$，假設系統誤差與隨機誤差無相關性，則：

$$\sigma_{\delta r}^2 = \theta_x^2\sigma_{\beta x}^2 + \theta_y^2\sigma_{\beta y}^2 + 2\theta_x\theta_y\sigma_{\beta x\beta y}$$

$$+ \theta_x^2\sigma_{\varepsilon x}^2 + \theta_y^2\sigma_{\varepsilon y}^2 + 2\theta_x\theta_y\sigma_{\varepsilon x\varepsilon y} \quad\text{................................} \quad (4.53)$$

σ 值無法正確知道，而是靠有限之 N 來估算，所以：

$$u_c^2 = \theta_x^2 S_{BX}^2 + \theta_y^2 S_{By}^2 + 2\theta_x\theta_y S_{Bxy} + \theta_x^2 S_x^2 + \theta_y^2 S_y^2 + 2\theta_x\theta_y S_{xy}$$

$$\cdots\cdots\cdots\cdots\cdots\cdots\cdots\cdots\cdots\cdots\cdots\cdots\cdots\cdots（4.54）$$

S_{Bxy}：x 系統誤差和 y 系統誤差共變數之估算值

S_{xy}：x 隨機誤差和 y 隨機誤差共變數之估算值

擴展至 j 個變數，通式則為：

$$u_c^2 = \sum_{i=1}^{j} \theta_i^2 S_{Bi}^2 + 2\sum_{i=1}^{j-1}\sum_{k=i+1}^{j} \theta_i\theta_k S_{Bik}$$

$$+ \sum_{i=1}^{j} \theta_i^2 S_i^2 + 2\sum_{i=1}^{j-1}\sum_{k=i+1}^{j} \theta_i\theta_k S_{ik} \cdots\cdots\cdots\cdots\cdots（4.55）$$

S_{Bi}^2：變數 系統誤差分佈變異數之估算值。

4.3.4 擴充不確定度

$$U_r = t_p u_c \cdots\cdots\cdots\cdots\cdots\cdots\cdots\cdots\cdots\cdots\cdots\cdots（4.56）$$

t_P 為在 $P\%$ 信心水準下，自由度為 ν_r，t 分配之值

$$U_r^2 = \sum_{i=1}^{j} \theta_i^2 \left(t_p S_{Bi}\right)^2 + 2\sum_{i=1}^{j-1}\sum_{k=i+1}^{j} \theta_i\theta_k \left(t_p^2 S_{Bik}\right) + \sum_{i=1}^{j} \theta_i^2 \left(t_p S_i\right)^2$$

$$+ 2\sum_{i=1}^{j-1}\sum_{k=i+1}^{j} \theta_i\theta_k \left(t_p^2 S_{ik}\right) \cdots\cdots\cdots\cdots\cdots（4.57）$$

$$\nu_r = \frac{\left[\sum_{i=1}^{j}\left(\theta_i^2 S_i^2 + \theta_i^2 S_{Bi}^2\right)\right]^2}{\sum_{i=1}^{j}\left\{\left[\frac{\left(\theta_i S_i\right)^4}{\nu_{si}}\right] + \left[\frac{\left(\theta_i S_{Bi}\right)^4}{\nu_{Bi}}\right]\right\}} \cdots\cdots\cdots\cdots\cdots（4.58）$$

$$\nu_{si} = N_i - 1 \quad\text{···}\quad (4.59)$$

$$\nu_{Bi} \approx \frac{1}{2}\left[\frac{\Delta S_{Bi}}{S_{Bi}}\right]^{-2} \quad\text{··································}\quad (4.60)$$

在大樣本之假設下，95%信心水準下，$t_P = 2$

$$U_r^2 = \sum_{i=1}^{j} \theta_i^2 (2S_{Bi})^2 + 2\sum_{i=1}^{j-1}\sum_{k=i+1}^{j} \theta_i\theta_k(2)^2 S_{Bik} + \sum_{i=1}^{j} \theta_i^2 (2S_i)^2$$

$$+ 2\sum_{i=1}^{j-1}\sum_{k=i+1}^{j} \theta_i\theta_k(2)^2 S_{ik} \quad\text{··························}\quad (4.61)$$

因為 $2S_{Bi}$ 等於 95%信賴水準下，系統不確定度 B_i，而 $2S_i$ 不需要對應到 95%信賴水準下隨機不確定度 P_i，因為 $P_i = tS_i$（公式 4.33）t 為學生分佈，當 N=10，$2S$ 含蓋百分率為 92.5%。U_r^2 改寫成：

$$U_r^2 = \sum_{i=1}^{j} \theta_i^2 B_i^2 + 2\sum_{i=1}^{j-1}\sum_{k=i+1}^{j} \theta_i\theta_k B_{ik} + \sum_{i=1}^{j} \theta_i^2 (2S_i)^2 + 2\sum_{i=1}^{j-1}\sum_{k=i+1}^{j} \theta_i\theta_k(2)^2 S_{ik}$$

$$\text{··}\quad (4.62)$$

公式中：

B_{ik} 為 95%信賴水準下，x_i 和 x_k 系統誤差共變數之估算值，ANSI 系統建議當 $N_i \geq 10$，95%信賴水準 x_i 變數之隨機不確定。

$$P_i = 2S_i \quad\text{··}\quad (4.63)$$

公式（4.62）可改寫成：

$$U_r^2 = \sum_{i=1}^{j} \theta_i^2 B_i^2 + 2\sum_{i=1}^{j-1}\sum_{k=i+1}^{j} \theta_i\theta_k B_{ik} + \sum_{i=1}^{j} \theta_i^2 P_i^2 + 2\sum_{i=1}^{j-1}\sum_{k=i+1}^{j} \theta_i\theta_k P_{ik} \cdots （4.64）$$

此公式即為 ANSI/ASME 量測不確定度評估時，所採用之模式。至於建議 $N_i \geq 10$ 之理由在兩套評估系統作比較時會有詳細說明。

4.4 倆不確定度評估系統之比較

4.4.1 標準不確定度

（1）ISO 系統裏誤差與不確定度分屬不同之概念，所以將其區隔，A 類不確定度為常態分配，而 B 類則有其他機率分配之可能如：三角形分配、矩形分配等，不管 A 類或 B 類不確定度其量化的指標都是標準差，A 類是由公式（4.2）、（4.3）或其他統計分析之方法求標準差，而 B 類則是利用公式（4.4）、（4.5）求標準差。

（2）ANSI 系統則不採用 ISO 之專有名詞，而是把誤差就當作不確定度：系統誤差就是系統不確定，隨機誤差就是隨機不確定度。所採用評估的方法最基本的假設是不論系統不確定度或隨機不確定度都假設為常態分配。隨機不確定度與 ISO 一樣由公式（4.2）、（4.3）獲得，但系統不確定度則認為規範或儀具製造商之規格範圍 B 就具有 ±95% 之信心水準，因而 B 就是 95% 信心水準下之系統誤差。因此 $S_B = \dfrac{B}{2}$。

4.4.2. 組合標準不確定度

ISO 系統假設 A 類與 B 類不確定度相互獨立，ANSI 系統亦假設隨機誤差與系統誤差互不相關。兩套評估系統都採用 RSS（Root-Sum-Square）方式將兩者結合，此觀念非常類似向量求值之概念，故有些文獻上把它稱作向量和，例如：

$$\vec{X} = x_1 i + x_2 j + x_3 k \quad\text{（4.65）}$$

$$\text{則 } \left|\vec{X}\right|^2 = x_1^2 + x_2^2 + x_3^2 \quad\text{（4.66）}$$

4.4.3 量測不確定度傳遞原理

（1）ISO GUM E.3 內文述明在處理量測結果不確定度之評估時，把來自系統效應和隨機效應的不確定度成分都採用相同的方式處理，也就是所有不確定的成分都具有相同的性質，處理起來完全一樣。亦即公式（4.11）同時適用於 A 類不確定度和 B 類不確定度，假設變數 有 A 類和 B 類不確定度成分，則公式（4.11）可改寫成：

$$u_c^2(y) = \sum_{i=1}^{n} (\frac{\partial f}{\partial x_i})^2 \left[u_A^2(x_i) + u_B^2(x_i) \right]$$

$$+ 2\sum_{i=1}^{n-1} \sum_{j=i+1}^{n} \frac{\partial f}{\partial x_i} \frac{\partial f}{\partial x_j} \left[u_A(x_i, x_j) + u_B(x_i, x_j) \right] \quad\text{（4.67）}$$

ISO GUM 中僅對 $u_A(x_i, x_j)$ 提出評估的公式如下：

$$S(x,y) = u(x,y) = \frac{1}{n-1}\sum_{k=1}^{n}(x_k - \bar{x})(y_k - \bar{y}) \quad\text{（4.68）}$$

$$S(\bar{x},\bar{y}) = u(\bar{x},\bar{y}) = \frac{1}{n(n-1)}\sum_{k=1}^{n}(x_k - \bar{x})(y_k - \bar{y}) \quad\text{（4.69）}$$

而完全未提及當 B 類不確定度有相關性時應如何處理？

（2）ANSI 利用隨機誤差和系統誤差所推導出組合標準不確定度公式（4.55），與公式（4.67）型式一樣，隨機誤差相關性評估也是利用公式（4.68）和（4.69）。系統誤差相關性則在 95%信賴水準下，則配合 4.4.5 節之觀念清楚說明處理的方法。

4.4.4 擴充不確定度

（1）ISO GUM 系統是用組合標準不確定度乘上具有 $P\%$信賴水準之涵蓋係數 t_P，而 t_P 又須利用複雜的 Welch-Satterthwait formula 公式（4.13）計算有效自由度 v_{eff}，在找出 $P\%$信賴水準下 t 分配的 t_P 值，公式（4.13）中如有 B 類不確定之成分，實務上 ISO GUM 建議 $v_i \rightarrow \infty$，會使計算上比較容易。

（2）ANSI 系統中雖採用 ISO GUM 有效自由度計算公式，但 ANSI 認為無論是量測不確定度公式或是有效自由度計算公式都是近似公式，因為 $u_c^2(y)$ 是泰勒級數一階展開忽略了高階項，而有效自由度公式中並未把系統誤差彼此相關性和隨機誤差彼此相關性考慮在內，所以 ANSI 採用大樣本 $N_i \geq 10$ 之假設下，摒棄了有效自由度之計算，因為 t 分配表中 95%信賴水準自由度 $v_i \geq 9$ 時 $t_p = 2.26$ 與 v 非常大時 $t_p = 2$ 相差僅 13%，比起評估 S_i 和 S_{Bi} 時的不確定度相對就顯得不重要，從公式（4.58）中可看出，每一項均為 4 次方，因此 v_{eff} 主要是受到 $\theta_i S_i$ 或 $\theta_i S_{Bi}$ 項裡最大值所對應之自由度 v_i 影響。如果有某一項佔的比重最大，只要 $v_{eff} \approx v_{si} \geq 9$ 或者 $v_{eff} \approx v_{Bi} \geq 9$，$t_P$ 值就等於 2。以免除有效自由度複雜的計算。

4.4.5 系統誤差相關性的評估

　　ISO GUM 完全沒說明如何處理系統誤差相關性的問題，ANSI 系統則對公式（4.64）中 B_{ik} 項採取可以滿足大部分實驗運作的一種近似方法，因為對 x_i 和 x_k 系統誤差共變數的統計估算，目前並無任何方法可採用，只能用近似的方法來處理。

$$B_{ik} = \sum_{\alpha=1}^{L}(B_i)_\alpha(B_k)_\alpha \quad\cdots\cdots\cdots\cdots\cdots\cdots\cdots\cdots\cdots\cdots\cdots\cdots（4.70）$$

L：是 x_i 和 x_k 共有系統誤差源的數目。

舉例說明如下：

$$r = r(x_1, x_2, x_3) \quad\cdots\cdots\cdots\cdots\cdots\cdots\cdots\cdots\cdots\cdots\cdots\cdots\cdots\cdots（4.71）$$

假如 B_1, B_2, B_3 是因為有相同的誤差源，而所產生的系統誤差，則由公式（4.62）右邊前 2 項可知：

$$B_r^2 = \sum_{i=1}^{j}\theta_i^2 B_i^2 + 2\sum_{i=1}^{j-1}\sum_{k=i+1}^{j}\theta_i\theta_k B_{ik} \quad\cdots\cdots\cdots\cdots\cdots\cdots（4.72）$$

所以

$$B_r^2 = \theta_1^2 B_1^2 + \theta_2^2 B_2^2 + \theta_3^2 B_3^2 + 2\theta_1\theta_2 B_{12} + 2\theta_1\theta_3 B_{13} + 2\theta_2\theta_3 B_{23} \cdots\cdots（4.73）$$

假如只有 x_1 與 x_2 共享相同的系統誤差源，則 B_{13} 與 B_{23} 等於零，公式（4.73）就變成：

$$B_r^2 = \theta_1^2 B_1^2 + \theta_2^2 B_2^2 + \theta_3^2 B_3^2 + 2\theta_1\theta_2 B_{12} \quad\cdots\cdots\cdots\cdots\cdots\cdots\cdots\cdots（4.74）$$

　　而量測 x_1 和 x_2 時，x_1 和 x_2 都受到 4 個基本誤差源的影響，亦即各有 4 個成分在內，當中第 2 與第 3 個成分對 x_1 和 x_2 都相同，則：

$$B_1^2 = (B_1)_1^2 + (B_1)_2^2 + (B_1)_3^2 + (B_1)_4^2 \cdots\cdots\cdots\cdots\cdots\cdots\cdots\cdots（4.75）$$

$$B_2^2 = (B_2)_1^2 + (B_2)_2^2 + (B_2)_3^2 + (B_2)_4^2 \cdots\cdots\cdots\cdots\cdots\cdots\cdots\cdots（4.76）$$

利用公式（4.70）：

$$B_{12} = (B_1)_2(B_2)_2 + (B_1)_3(B_2)_3 \cdots\cdots\cdots\cdots\cdots\cdots\cdots\cdots\cdots\cdots（4.77）$$

假設 B_3 只有 2 個成分

$$B_3^2 = (B_3)_1^2 + (B_3)_2^2 \cdots\cdots\cdots\cdots\cdots\cdots\cdots\cdots\cdots\cdots\cdots\cdots\cdots（4.78）$$

公式（4.74）裏各項都知道，則 Br 就可評估出來。

4.5 ISO/ANSI 評估系統比較後之結論

（1） ISO 17025 對量測不確定度的要求僅說明實驗室應利用統計的方法把不確定度的重要成分納入考慮，並未指定必須依照 ISO GUM 之方法不可，所以作者認為 ISO GUM 或 ANSI 系統都是不確定度評估時可參照的方法。

（2） 國內 TAF 在大力推展量測不確定度的時候，僅著重 ISO GUM 評估模式，但目前業界許多實驗室在取得歐洲不確定度相關文獻時，感覺很熟悉，但一接觸到美國資訊時往往給弄混亂了，因為內容完全沒有所謂 A 類不確定度及 B 類不確定度的名詞，同時許多國際知名儀具製造商都會隨附有量測不確定度評估報告（光碟）以利使用者參照，而美國許多著名的產業標準內也詳述實驗執行時不確定度評估的步驟及其重要不確定度因子，如不瞭解 ISO GUM 及 ANSI 系統之異同和雙方所依據的理論基礎是很難解讀和瞭解相關文件的內涵。

（3） 到底需不需要有效自由度的計算，作者查閱國際相關組織有關不確定度評估指引的文獻，例如化學領域、電性領域、微生物領域和 EMC/EMI 領域，除了 EMC/EMI 領域之不確定度評估案例中要求有效自由度的計算外，其他都沒有要求，況且縱使要計算有效自由度，只要當中有某項 A 類不確定度利用重複性試驗讀值 $n=10$，幾乎 V_{eff} 都非常大，也就是 $t=2$，所以 V_{eff} 並無實際的意義存在。所以作者認為應採用 ANSI 之建議直接 u_c 評估完成後， $U = 2u_c$。

（4） 量測不確定度評估有其實際應用的一面，並不是單純的因為 ISO 17025 有要求，實驗室必須遵照而已，諸如實驗初期規劃之分析實驗程序，技術良窳之比較，測試儀具規格之擬定，甚至現有實驗程序之改進都可以透過量測不確定度的分析而達成。

（5） ISO GUM 對 B 類不確定度之相關性並未提出解決的途徑，而 ANSI 則認為隨機不確定度相關性與系統不確定度相關性比較下，後者影響甚大，因為現今實驗室執行測試時常利用某一自動化功能強大的實驗設備，執行系列量測，數據擷取的工作，甚至同步量取許多輸入量以節省成本，此時該儀具之系統誤差就會引入而產生系統誤差的相關性，相關性有正負面的影響，會使得不確定度值變大或變小，而影響規格符合之判定。

（6） 國內提供不確定度訓練之機構應注意 ANSI 系統，提早規劃相關課程以因應未來發展的趨勢。

4.6 ANSI 不確定度評估系統之實例

請參閱第十章 10.7 排煙、防火閘門洩漏量不確定度評估實例。

5 量測不確定度分析軟體的建構

5.1 Kragten 電子表格技術

Kragten 電子表格【14】是一個快速和普遍適用的電子表格方法，說明了標準差的計算方法，基於通用的誤差傳播公式：

$$S_R^2 = \left(\frac{\partial R}{\partial x}\right)^2 S_x^2 + \left(\frac{\partial R}{\partial y}\right)^2 S_y^2 + \left(\frac{\partial R}{\partial z}\right)^2 S_z^2 + \cdots \quad\cdots\cdots\cdots\cdots\cdots\cdots (5.1)$$

使用電腦計算可避免偏導數推導時間的耗費，並且可以擺脫計算錯誤。

考慮到在方程式內的依賴關係，給予風險較小的計算錯誤並且在很短的時間內執行。最好的計算方法是做成電子表格程序如 Excel，以降低個人計算錯誤的風險。該計算格式利用一個具體的案例來解釋，其中包含有 4 個量測量 x、y、z、u（見圖 5.1）。

Kragten 電子表格在各個領域中曾被廣泛運用於計算不確定度。例如，在醫學領域曾被拿來評估『乙醇標準廣泛應用於法醫學和毒理學申請測定血液中的酒精含量』【38】。血液酒精測試結果產生重大法律問題，並經常在法庭作為證據使用，因此血液中酒精分析的過程必須是可靠的。一個組成部分血液酒精分析的關鍵是用於定量校正結果。乙醇的參考標準，廣泛用於此目的，這些標準是否準確和其不確定度是血液酒精測試結果重要的貢獻。參考標準的不確定度在血液酒精測試之不確定度評估中是很重要的，經核證的濃度是完全準確並可追溯至國際單位。

另外，Barwick VJ 在 2001 年 5 月發表之"不確定度相關的實驗研究與色譜技術"【39】，介紹了一些色譜參數實驗的不確定度評估。研究的分析說明維生素含量估計的不確定度與實驗的"輸入"參數，如檢測波

長、柱溫、流動相流速相關。實驗設計技術，它允許對一個有效的學習
參數數值進行描述。多元線性回歸來擬合響應面的數據，由此產生的方
程式，用於估計不確定度。三種方法計算的不確定度均是以 <u>Kragten</u> 電子
<u>表格</u>方式呈現。

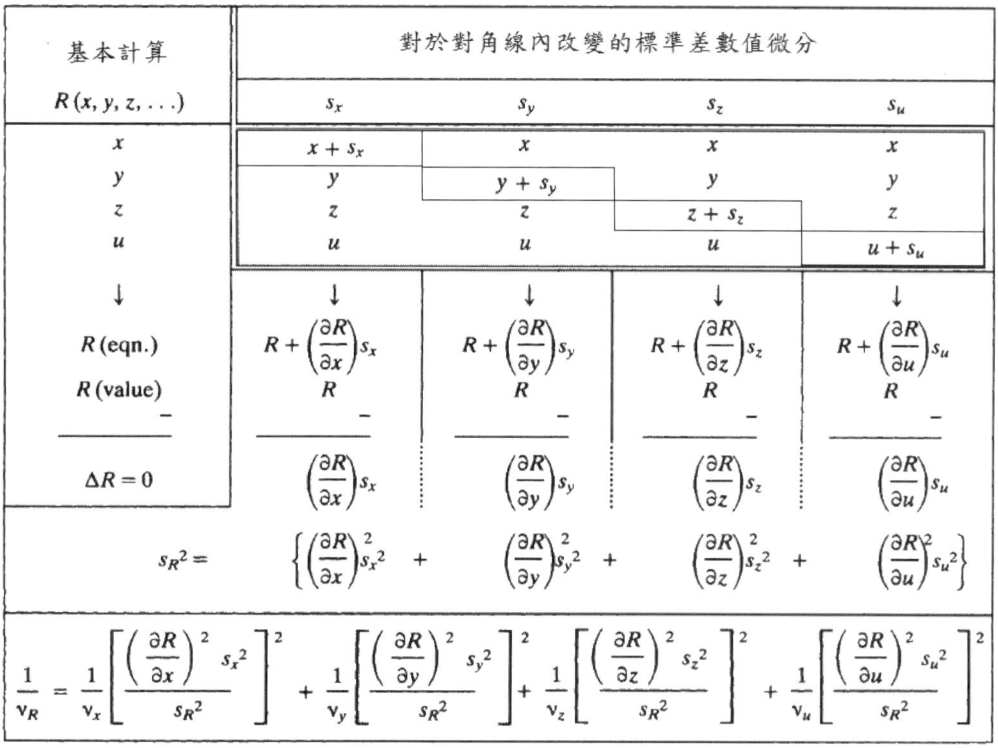

圖 5.1　電子表格方法示意圖

Gonzalez JC 於 2008 年 11 月發表之 "在 CPHR 環境測試項目中放射
性核種的測定：可追溯和不確定性的計算"，古巴在環境測試項目中建
立了可追溯到國際單位制的放射性核種的測定，並提出不同方法所計算
不確定性的比較，包括可行性分析使用 <u>Kragten</u> 電子表格的方式。顯示在
具體案件的伽馬光譜測定，每個參數的影響，以及確定的主要貢獻者，
在相對之間的不同計算方法其不確定度（<u>Kragten</u> 電子表格和偏導數）的

描述。

Rodriguez-Castrillon JA 在 2009 年 5 月發表之 "有鉛氧化物光譜干擾和大偏異時，利用同位素稀釋分析法測定環境樣本中鉑含量的內部修正" 【41】，其中提到，一個完整的不確定度分量表，是利用 <u>Kragten 電子表格</u>的方式呈現。

Lam JCW 於 2010 年 7 月發表之 "使用電感耦合等離子質譜儀的同位素稀釋法對中草藥鉛的準確測定" 【42】，介紹一個方法對中草藥鉛的測定基於 "近似匹配" 的電感耦合等離子質譜儀的同位素稀釋法的開發。進行了驗證 NIST 的開關磁阻電機 1547（桃葉片）。令人滿意的分析中，取得了優異的數字，包括良好的樣品回收率（近似於 99%）和擴充不確定度（小於±2%）。量測不確定度使用三種評估方法，即 <u>Kragten 的電子表格方式</u>，GUM Workbench 和蒙特卡羅法（MCM）。

5.2 量測不確定度評估軟體設計

5.2.1 有限差分法介紹

在數學中，有限差分法是數值方法中的數值微分，近似微分方程之有限差分方程來近似導數，一般可表示為

$$f'(x_i) = \frac{f(x_{i+1}) - f(x_i)}{x_{i+1} - x_i} + O(x_{i+1} - x_i) \quad\cdots\cdots\cdots\cdots\cdots\cdots\cdots（5.2）$$

$$或 \quad f'(x_i) = \frac{\Delta f_i}{h} + O(h) \quad\cdots\cdots\cdots\cdots\cdots\cdots\cdots\cdots\cdots\cdots（5.3）$$

其中 Δf_i 是指一階前向差分（first forward difference），h 是間隔大小，

就是近似區間的長度。其中前向（forward）差分是利用在 i 和 $i+1$ 時的數據來估計導數（圖 5.2），$\frac{\Delta f_i}{h}$ 是則表示為一階有限差分【43】，此種前向差分只是應用泰勒級數求近似導數的方法之一，其他有後向（backward difference）和中央差分（centered difference）等近似導數法都具有和式（5.2）相類似的形式。後向差分近似是利用 x_{i+1} 的數據（圖 5.3），而中心差分近似是以等距來近似（圖 5.4）。若取泰勒級數之更高階項，則第一次導數之估計將更為準確。

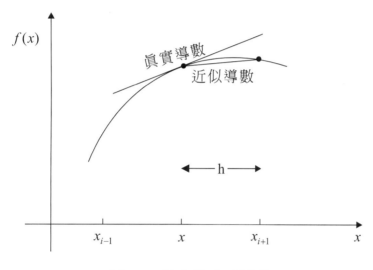

圖 5.2　前向差分近似圖

第一階導數的後向差分近似式（Backward Difference Approximation of the First Derivative）。

泰勒級數可以向後展開。根據現在的值（present value），以計算先前的值（previous value）。

$$f(x_{i-1}) = f(x_i) - f'(x_i)h + \frac{f''(x_i)}{2!}h^2 + \cdots \quad\cdots\cdots\cdots\cdots\cdots\cdots\quad (5.4)$$

截斷方程式一階導數後面的項數，重新整理得

$$f'(x_i) = \frac{f(x_i) - f(x_{i-1})}{h} = \frac{\Delta fi}{h} \quad\text{..................................}\quad (5.5)$$

其中誤差是 $O(h)$ 而 Δfi 是一階後向差分，其圖形表示見（圖 5.3）。

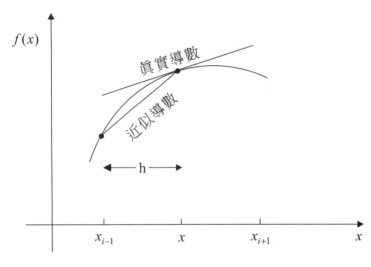

圖 5.3　後向差分近似圖

<u>一階導數的中央差分近似</u>（Centered Difference Approximation of the First Derivative）

第三種近似第一階述的方法為，使用前向的泰勒級數展開式減去方程式（5.4）

前向的泰勒級數展開式

$$f(x_{i+1}) = f(x_i) + f'(x_i)h + \frac{f''(x_i)}{2!}h^2 + \cdots \quad\text{.............................}\quad (5.6)$$

減去後向的泰勒級數展開式

$$f(x_{i+1}) - f(x_{i-1}) = 2f'(x_i)h + \frac{f'''(x_i)}{3!}h^3 + \cdots \quad\text{……………………}（5.7）$$

重新整理得

$$f'(x_i) = \frac{f(x_{i+1}) - f(x_{i-1})}{2h} - \frac{f'''(x_i)}{6}h^2 + \cdots \quad\text{……………………}（5.8）$$

或

$$f'(x_i) = \frac{f(x_{i+1}) - f(x_{i-1})}{2h} + O(h^2) \quad\text{…………………………}（5.9）$$

方程式（5.9）稱為一階中央差分表示式。注意其截斷誤差為 $O(h^2)$ 與前向差分、後向差分近似式之誤差 $O(h)$ 不同。於是泰勒級數分析得之，中央差分近似式較為正確（圖 5.4）。例如，若間距減半，則前向差分或後向差分其誤差亦一半，然而用於中央差分時，其誤差只有四分之一。

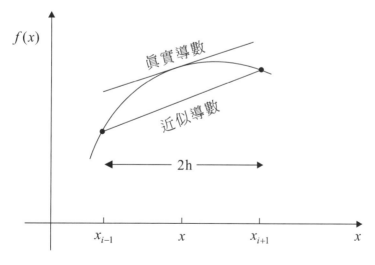

圖 5.4　中央差分近似圖

153

　　本書受限於量測不確定度評估的計算方法，是以（加入不確定之量測值）－（原始量測值）計算，故採用<u>一階導數的前向差分近似</u>。

5.2.2 電子表格方法計算不確定度

　　針對量測不確定度評估，整個過程使用<u>一階導數前向差分</u>的方法來近似偏導數，計算得出最後的結果（包括修正因子互影響）和數值的參數及其不確定度。【13】

　　在表達式中 $u\left(y\left(x_1, x_2, \cdots x_n\right)\right)$

$$u_c^2(y) = \sum_{i=1}^{N}\left[\frac{\partial f}{\partial x_i}\right]^2 u^2(x_i) + 2\sum_{i=1}^{N-1}\sum_{j=i+1}^{N}\frac{\partial f}{\partial x_i}\frac{\partial f}{\partial x_j}u\left(x_i, x_j\right) \cdots\cdots\cdots\cdots （5.10）$$

　　假設當輸入量互相獨立

　　故單獨考慮式（5.10）之 $u_c^2(y) = \sum_{i=1}^{N}\left[\frac{\partial f}{\partial x_i}\cdot u(x_i)\right]^2$ 計算組合不確定度。

　　在 $y\left(x_1, x_2, \cdots x_n\right)$ 中 x_i 為線性或 $u(x_i)$ 小於 x_i 部分差異時 $(\partial y / \partial x_i)$ 被近似於：

$$\frac{\partial y}{\partial x_i} \approx \frac{y\left(x_i + u(x_i)\right) - y(x_i)}{u(x_i)} \cdots\cdots\cdots\cdots\cdots\cdots\cdots\cdots\cdots\cdots\cdots\cdots\cdots\cdots\cdots\cdots （5.11）$$

　　乘以 $u(x_i)$ 獲得 y 在量測值 x_i 變動所產生的不確定度分量 $u(y, x_i)$ 其表示如下：

$$u(y, x_i) \approx \frac{y\left(x_1, x_2, \cdots\left(x_i + u(x_i)\right)\cdots x_n\right) - y\left(x_1, x_2, \cdots x_i, \cdots x_n\right)}{u(x_i)}\cdot u(x_i)$$

$$\Rightarrow u(y, x_i) \approx y\left(x_1, x_2, \cdots\left(x_i + u(x_i)\right)\cdots x_n\right) - y\left(x_1, x_2, \cdots x_i \cdots x_n\right) （5.12）$$

假設線性或小值的 $u(x_i)/x_i$ 將不會完全的滿足於所有情況。

然而，這種方法為實用目的提供可接受的準確性，對 $u(x_i)$ 做近似值估計。

基本的表格運算如下被設定，假設，量測結果 y 是四個參量 p、q、r 和 s 的作用：

（1）　欄位 A（表 5.1）所輸入的量為實際量測值 p、q、r，帶入上述組合不確定度公式：

$$u(x_i) = \left[S_A^2 + S_B^2\right]^{\frac{1}{2}} = \left[S_A^2 + S_{B1}^2 + S_{B2}^2 + \cdots S_{BK}^2\right]^{\frac{1}{2}} \quad\cdots\cdots\cdots\cdots\cdots\text{（5.13）}$$

所得到的不確定量 $u(p)$、$u(q)$、$u(r)$ 輸入於列數 1。

（2）　將所算出的不確定量 $u(p)$、$u(q)$、$u(r)$ 加到原始量測值 p、q、r 中，累加後之量測值輸入於（表 5.2）B8，變成 $f(p+u(p), q, r, \cdots)$（表中以 $f(p'、q、r)$ 表示，見表 5.2 和 5.3），以此類推 C8 則變成 $f\, f(p, q+u(p), r, \cdots)$。

（3）　將（加入不確定之量測值）－（原始量測值）輸入於列數 9（例如：$B9 = B8 - A8$，見表 5.2），將 $B9$ 表示為 $u(y,p)$，其值為：

$$u(y,p) = f(p+u(p), q, r, \cdots) - f(p, q, r, \cdots) \quad\cdots\cdots\cdots\cdots\text{（5.14）}$$

（4）　列數 9 平方後的值輸入於列數 10，相加後得到最終所需的結果 $\sum_{i=1}^{n}\left[\dfrac{\partial y}{\partial x_i} \cdot u(x_i)\right]^2$ 之近似值，即（表 5.3）所示的 A10，設定為：

$$SQRT(SUM(B10 + C10 + D10 + E10)) \quad\cdots\cdots\cdots\cdots\cdots\text{（5.15）}$$

表 5.1 電子表格 1

	A	B	C	D	E
1		$u(p)$	$u(q)$	$u(r)$	$u(s)$
2					
3	p	p	p	p	p
4	q	q	q	q	q
5	r	r	r	r	r
6	s	s	s	s	s
7					
8	$y=f(p,q,..)$	$y=f(p,q,..)$	$y=f(p,q,..)$	$y=f(p,q,..)$	$y=f(p,q,..)$
9					
10					
11					

表 5.2 電子表格 2

	A	B	C	D	E
1		$u(p)$	$u(q)$	$u(r)$	$u(s)$
2					
3	p	$p+u(p)$	p	p	p
4	q	q	$q+u(q)$	q	q
5	r	r	r	$r+u(r)$	r
6	s	s	s	s	$s+u(s)$
7					
8	$y=f(p,q,..)$	$y=f(p'..)$	$y=f(..q'..)$	$y=f(..r'..)$	$y=f(..s'..)$
9		$u(y,p)$	$u(y,q)$	$u(y,r)$	$u(y,s)$
10					
11					

表 5.3　電子表格 3

	A	B	C	D	E
1		$u(p)$	$u(q)$	$u(r)$	$u(s)$
2					
3	p	$p+u(p)$	p	p	p
4	q	q	$q+u(q)$	q	q
5	r	r	r	$r+u(r)$	r
6	s	s	s	s	$s+u(s)$
7					
8	$y=f(p,q,..)$	$y=f(p'..)$	$y=f(..q'..)$	$y=f(..r'..)$	$y=f(..s'..)$
9		$u(y,p)$	$u(y,q)$	$u(y,r)$	$u(y,s)$
10	$u(y)$	$u(y,p)^2$	$u(y,q)^2$	$u(y,r)^2$	$u(y,s)^2$
11					

5.3 數值誤差

數值誤差就是使用近似法來表示正確量或數學運算式時所產生的誤差，包含截斷誤差（truncation errors）和捨位誤差（rounf-off errors）【39】。截斷誤差：

利用近似公式來代替正確的數學公式所產生的誤差，將數學模型轉化為數值模型，可以採用不同的數值方法，例如：n 個線性方程的方程組用不同的求解方法其效率和精度會不同，從數學（連續的）到數值（離散的）產生截斷誤差；以差分近似代替微分引起的誤差就屬這種誤差。

使用泰勒級數估計截斷誤差，$O(h^{n+1})$ 表示 h^{n+1} 階的截斷誤差，例如式（5.3），誤差是 $O(h)$ 一半的增量將有一半的誤差，換言之，如果式（5.9）誤差是 $O(h^2)$ 一半的增量將有 1/4 的誤差【44】。

通常，假設加入額外的項將減少截斷誤差，另外如果 h 的值足夠小

157

的話，一階和其他低階項數，即可獲的相當好的估計。

捨位誤差：

　　計算機的有限字長產生捨位誤差。計算機中的數字是有限位數的,按十進制一般只有六位、八位到十位，位數較長的數或無理數或圓周率 π 等，只好捨去尾數才輸送進機器。每一次四則運算都有捨入問題，因而會出現 "捨位誤差"。在數值計算過程中，運算的捨入，有時會因相互抵銷而無損於計算結果。在實際情形，電腦都具有足夠的有效位數，所以其捨位誤差並非很重要。

5.4 運算表格設計

　　將 Kragten 電子運算表格技術架構在 EXCEL 上，設計一套量測不確定度評估軟體，其介面設計如表 5.4 所示。

　　介面設計的主要欄位有『輸入量測值』及『主參數不確定度』，輸入後將與表 5.5 之運算儲存格做連結，整個不確定評估之運算過程將在表 5.5 中被安排好,使用者只需在指定欄位輸入該評估案例之『量測值』、『主參數不確定度』及其量測方程式，最終組合不確定度計算結果將被顯示於 C12（表 5.5）。

　　評估軟體使用介面事先預設 10 組主參數輸入欄位，以避免遇到含有大量被測物之特殊評估案例時，欄位不足的問題。儲存格中『Value』及『Uncertainty』與上述之『量測值』及『主參數不確定度』做連結，故只需在表 5.4 中輸入數值即可。Kragten 電子運算表格技術設定於 D～M 之欄位中，依照每個不同評估案例於 C14 利用 EXCEL 之功能輸入數學模式，基於通用的誤差傳播公式（式 5.1）開根號，獲得量測不確定評估之結果。

表 5.4 評估軟體介面

量測不確定度評估軟體

	輸入量測值（Value）		主參數標準不確定後（Uncertainty）	
1)				
2)				
3)				
4)				
5)				
6)				
7)				
8)				
9)				
10)				

量測方程式： ——————————————————

表 5.5 運算儲存格

	A	B	C	D	E	F	G	H	I	J	K	L	M
1				1)	2)	3)	4)	5)	6)	7)	8)	9)	10)
2		Value	Uncertainty										
3	1)	0	0	0	0	0	0	0	0	0	0	0	0
4	2)	0	0	0	0	0	0	0	0	0	0	0	0
5	3)	0	0	0	0	0	0	0	0	0	0	0	0
6	4)	0	0	0	0	0	0	0	0	0	0	0	0
7	5)	0	0	0	0	0	0	0	0	0	0	0	0
8	6)	0	0	0	0	0	0	0	0	0	0	0	0
9	7)	0	0	0	0	0	0	0	0	0	0	0	0
10	8)	0	0	0	0	0	0	0	0	0	0	0	0
11	9)	0	0	0	0	0	0	0	0	0	0	0	0
12	10)	0	0	0	0	0	0	0	0	0	0	0	0
13													
14	Cc												
15	u(y,xi)			0	0	0	0	0	0	0	0	0	0
16	$u(y)^2, u(y,xi)^2$		0	0	0	0	0	0	0	0	0	0	0
17													
18	Uc		0										
19													
20													

159

5.5 設計表格的使用方法

以『5.6.1 案例一：標準原子吸收光譜（AAS）金屬含量之不確定度評估』為例做說明。

Step1 量測值輸入方法：

代號欄位：

此欄位由使用者依照不同評估案例之各個主參數不同而自行輸入，以方便使用者在輸入量測值時較為清晰不會造成混淆。

量測值欄位：

此欄位則必須按照各主參數輸入之代號，依序輸入其量測數值。

Step2 主參數標準不確定度輸入方法：

代號欄位：

此欄位必須對照 Step1 所輸入之主參數代號，依序輸入主參數標準不確定度代號。

主參數標準不確定度欄位：

此欄位必須對照 Step1 所輸入之主參數代號，依序輸入主參數標準不確定度值。

（如沒有對照前述代號依序輸入，運算表格無法計算出正確的組合不確定度。）

Step3 量測方程式輸入方法：

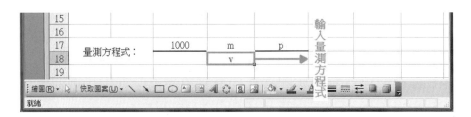

輸入量測方程式：

此欄所輸入之量測方程式，則依照使用者所評估之案例有所不同而自行輸入，使用 EXCEL 插入函數輸入其量測方程式之計算式。

（為了使用者方便於儲存格輸入計算式，先在此處輸入量測方程式，以便於在建立函數時可對照輸入。）

Step4 複製量測方程式儲存格：

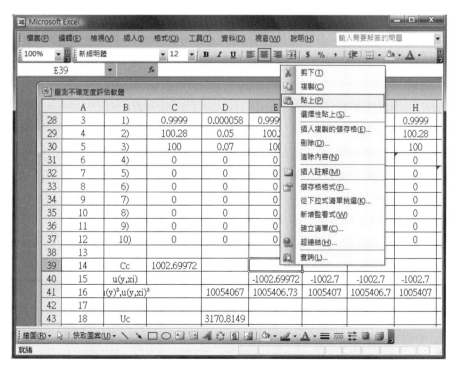

將已輸入完整之量測方程式儲存格 C39 複製到表格 E39 貼上。

Step5 使用滑鼠拖曳以填滿儲存格資料方法：

將滑鼠移至儲存格 E39 之右下角，使游標轉變成『＋』即可按住滑鼠往右拖曳填滿儲存格資料。

將列數 39 由 E39 填滿至 N39 即可。

Step6 組合不確定度計算結果：

完成上述之步驟，最後計算結果將顯示在 D43。

5.6 量測不確定度評估軟體實例比較

5.6.1 案例一：標準原子吸收光譜(AAS)金屬含量不確定度評估

➤ 介紹（QUAM:2000.P1 Page36）

　第一個例子討論了編寫一份校準標準原子吸收光譜（AAS）由相應的金屬含量。【13】

➤ 步驟一：規範

　第一步的主要目標是確定被測物。該規範包括描述校準標準，和數學式中被測物與它所依賴的參數之間的關係。

程序

計算

$$Ccd = \frac{1000 \cdot m \cdot p}{V} mgl^{-1}$$

> 步驟二：辨識和分析不確定度來源

列出所有被測量：

純度 *p* 引述廠商證名書 99.99±0.01%=0.9999±0.0001

質量 *m* 秤重 m=0.10028g=100.28 (mg)

體積 *v* 100 (ml)

> 步驟三：量化不確定度

純度 *p* u(p)=0.0001/$\sqrt{3}$ =0.000058

質量 *m* 只考慮解析度 u(m)=0.05 (mg)

體積 *v* 1) 校正: 0.1/$\sqrt{6}$ =0.04

2) 重複性：0.02

3) 溫度：±(100×4×2.1×10^{-4})=±0.084

0.084/$\sqrt{3}$ =0.05

$$u = (v) = \sqrt{0.04^2 + 0.02^2 + 0.05^2} = 0.07 \text{ (ml)}$$

> 步驟四：計算組合不確定度

量測方程式：$Ccd = \frac{1000 \cdot m \cdot p}{V}[mgl^{-1}]$ $\Rightarrow$ $\frac{\partial C}{\partial p}$ 、$\frac{\partial C}{\partial m}$ 、$\frac{\partial C}{\partial v}$

$$\frac{\partial C}{\partial p} = \frac{1000 \cdot m}{v} = 1002.8$$

$$\frac{\partial C}{\partial m} = \frac{1000 \cdot p}{v} = 9.999$$

$$\frac{\partial C}{\partial v} = -\frac{1000 \cdot m \cdot p}{v^2} = -10.027$$

組合不確定度：

$$Uc(Ccd) = \sqrt{\left[(\frac{\partial C}{\partial p})^2 \cdot u(p)^2\right] + \left[(\frac{\partial C}{\partial m})^2 \cdot u(m)^2\right] + \left[(\frac{\partial C}{\partial v})^2 \cdot u(v)^2\right]}$$

$$= \sqrt{\left[(\frac{1000 \cdot m}{v})^2 \cdot u(p)^2\right] + \left[(\frac{1000 \cdot p}{v})^2 \cdot u(m)^2\right] + \left[(-\frac{1000 \cdot m \cdot p}{v^2})^2 \cdot u(v)^2\right]}$$

$$= \sqrt{\left[(1002.8)^2 \cdot (0.000058)^2\right] + \left[(9.999)^2 \cdot (0.05)^2\right] + \left[(-10.027)^2 \cdot (0.07)^2\right]}$$

$$= \underline{0.863}_{\#}$$

使用表格運算

量測不確定度評估軟體

	輸入量測值（Value）			主參數標準不確定後（Uncertainty）	
1)	P	0.9999		u(P)	0.000058
2)	m	100.28		u(m)	0.05
3)	V	100		u(V)	0.07
4)					
5)					
6)					
7)					
8)					
9)					
10)					

量測方程式：　$\dfrac{1000 \quad m \quad p}{v}$

	A	B	C	D	E	F
1				1)	2)	3)
2		Value	Uncertainty			
3	1)	0.9999	0.000058	0.999958	0.9999	0.9999
4	2)	100.28	0.05	100.28	100.33	100.28
5	3)	100	0.07	100	100	100.07
6	4)	0	0	0	0	0
7	5)	0	0	0	0	0
8	6)	0	0	0	0	0
9	7)	0	0	0	0	0
10	8)	0	0	0	0	0
11	9)	0	0	0	0	0
12	10)	0	0	0	0	0
13						
14	Cc	1002.6997		1002.758	1003.2	1001.998
15	u(y,xi)			0.058162	0.49995	-0.7014
16	u(y)²,u(y,xi)²		0.74529318	0.003383	0.24995	0.49196
17						
18	Uc		0.86330364			

$U(c(Cd))=\underline{0.863}_{\#}$ CHACK OK!

5.6.2 案例二：流量不確定度評估

➤ 介紹：（ASME PTC 19.1-1998 Page47）【9】。

在這個例子中，測試的目的是確決定水的流量，用 6×4 英寸相對不確定度為 0.5%之文氏管（Venturi；圖 5.5）。測試前的分析，是確定未校正的文氏管是否可以用來滿足測試的目標。

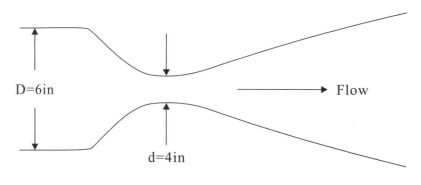

圖 5.5　6×4in.文氏管（Venturi）

➢ 步驟一：定義測量過程

流量計算可以用測量所需的獨立變量的定義中找到

$$\dot{m} = \frac{0.099702 \times c \times d^2 \times \sqrt{\rho h}}{\sqrt{1-(\frac{d}{D})^4}}$$

➢ 步驟二：辨識分析不確定度來源

流量係數　　c=0.964

喉直徑　　　d=4 in

入口直徑　　D=6 in

在 60°F 水的密度　ρ=62.37 (Ibm/ft³)

文氏管壓差（68°F）　h=100 (in. H₂O)

➢ 步驟三：量化不確定度

流量係數　　u(c)=0.0075

喉直徑　　　u(d)=0.001 in

入口直徑　　u(D)=0.002 in

在 60°F 水的密度　u(ρ)=$\sqrt{0.0004^2 + 0.0002^2}$ = 0.0045(Ibm/ft³)

文氏管壓差（68°F）　u(h)=$\sqrt{0.3^2 + 0.4^2}$ = 0.5　(in. H₂O)

➢ 步驟四：計算組合不確定度

量測方程式 $\dot{m} = \frac{0.099702 \times C \times d^2 \times \sqrt{\rho h}}{\sqrt{1-\left(\frac{d}{D}\right)^4}}$　$\Rightarrow$　$\frac{\partial \dot{m}}{\partial C}$、$\frac{\partial \dot{m}}{\partial d}$、$\frac{\partial \dot{m}}{\partial D}$、$\frac{\partial \dot{m}}{\partial \rho}$、$\frac{\partial \dot{m}}{\partial h}$

$$\frac{\partial \dot{m}}{\partial C} = \frac{0.099702 \cdot d^2 \sqrt{\rho h}}{\sqrt{1-\left(\dfrac{d}{D}\right)^4}} = 140$$

$$\frac{\partial \dot{m}}{\partial d} = \sqrt{1-\left(\frac{d}{D}\right)^4} \, (2) 0.099702 \cdot C \sqrt{\rho h d}$$

$$-\left[\frac{(0.009702 \cdot C \sqrt{(\rho h)} d^2 (-4)\left(\dfrac{d}{D}\right)^3}{2\sqrt{1-\left(\dfrac{d}{D}\right)^4}\, D\left(1-\left(\dfrac{d}{D}\right)^4\right)}\right] = 86.2$$

$$\frac{\partial \dot{m}}{\partial \rho} = \frac{0.099702 \cdot C \cdot d^2 \dfrac{\sqrt{\rho h}}{2}}{\sqrt{1-(\dfrac{d}{D})^4}} = 1.11$$

$$\frac{\partial \dot{m}}{\partial h} = \frac{0.099702 \cdot C \cdot d^2 \dfrac{\sqrt{\rho h}}{2}}{\sqrt{1-(\dfrac{d}{D})^4}} = 0.692$$

組合不確定度

$$Uc = \sqrt{\left[\left(\frac{\partial \dot{m}}{\partial C}\right)^2 \cdot u(C)^2\right] + \left[\left(\frac{\partial \dot{m}}{\partial d}\right)^2 \cdot u(d)^2\right] + \left[\left(\frac{\partial \dot{m}}{\partial D}\right)^2 \cdot u(D)^2\right] + \left[\left(\frac{\partial \dot{m}}{\partial \rho}\right)^2 \cdot u(\rho)^2\right] + \left[\left(\frac{\partial \dot{m}}{\partial h}\right)^2 \cdot u(h)^2\right]}$$

$$= \left[\begin{array}{l} [(\dfrac{0.099702 \cdot d^2 \sqrt{\rho h}}{\sqrt{1-(\frac{d}{D})^4}})^2 \cdot 0.0075^2]+ \\[2em] [(\sqrt{1-(\frac{d}{D})^4}\,(2)0.099702 \cdot C\sqrt{\rho h}d - (\dfrac{(0.099702 \cdot C\sqrt{\rho h})d^2(-4)(\frac{d}{D})^3}{2\sqrt{1-(\frac{d}{D})^4}D\left(1-(\frac{d}{D})^4\right)}))^2 \cdot 0.001^2]+ \\[2em] [(\dfrac{0.099702 \cdot C \cdot d^2 \sqrt{\rho h} \cdot 4d^4}{2\sqrt{1-(\frac{d}{D})^4} \cdot D^5})^2 \cdot 0.002^2]+ \\[2em] [(\dfrac{0.099702 \cdot C \cdot d^2 \frac{\sqrt{\rho h}}{2}}{\sqrt{1-(\frac{d}{D})^4}})^2 \cdot 0.0045^2]+ \\[2em] [(\dfrac{0.099702 \cdot C \cdot d^2 \frac{\sqrt{\rho h}}{2}}{\sqrt{1-(\frac{d}{D})^4}})^2 \cdot 0.5^2] \end{array} \right.$$

$$= \sqrt{(140^2 \times 0.0075^2) + (86.2^2 \times 0.001) + (-11.4^2 \times 0.002^2) + (1.11^2 \times 0.0045^2) + (0.692^2 \times 0.5^2)}$$
$$= \underline{1.11}_{\#}$$

使用表格運算

量測不確定度評估軟體

輸入量測值（Value）		
1)	c	0.984
2)	d	4
3)	D	6
4)	ρ	62.37
5)	h	100
6)		
7)		
8)		
9)		
10)		

主參數標準不確定後（Uncertainty）	
u(c)	0.0075
u(d)	0.001
u(D)	0.002
u(ρ)	0.0045
u(h)	0.5

量測方程式：

$$\frac{0.099702 \quad C \quad d^2 \quad \sqrt{\rho h}}{\sqrt{1-\left(\dfrac{d}{D}\right)^4}}$$

	A	B	C	D	E	F	G	H
				1)	2)	3)	4)	5)
1				1)	2)	3)	4)	5)
2		Value	Uncertainty					
3	1)	0.984	0.0075	0.9915	0.984	0.984	0.984	0.984
4	2)	4	0.001	4	4.001	4	4	4
5	3)	6	0.002	6	6	6.002	6	6
6	4)	62.37	0.0045	62.37	62.37	62.37	62.3745	62.37
7	5)	100	0.5	100	100	100	100	100.5
8	6)	0	0	0	0	0	0	0
9	7)	0	0	0	0	0	0	0
10	8)	0	0	0	0	0	0	0
11	9)	0	0	0	0	0	0	0
12	10)	0	0	0	0	0	0	0
13								
14	Cc	138.38616		139.4409	138.4724	138.3635	138.3912	138.7317
15	u(y,xi)			1.054773	0.086252	-0.02269	0.004992	0.345534
16	u(y)²,u(y,xi)²		1.23991782	1.112545	0.007439	0.000515	2.49E-05	0.119394
17								
18	Uc		1.11351597					

Uc=$\underline{1.113516}_{\#}$ CHACK OK!

5.6.3 案例三：水泥沙漿強度不確定度評估

➤ 介紹：

依照 2005 年版 ISO 量測不確定度表示指引【46】，分析評估本實驗室依照 CNS1010 執行水泥沙漿強度之量測不確定度及其評估結果。

➤ 步驟一：規範

試驗與不確定度評估數學模式

水泥沙漿強度係用單位面積所承受之最大壓力表示。建立量測程序之數學模式

$$E = \frac{F}{A} = \frac{F}{D1 \cdot D2} \quad \text{kgf/cm}^2$$

F=抗壓荷重值；　$\overline{F}$=抗壓荷重平均值；　E=抗壓強度

$D1$=試體邊長；　$D2$=試體邊長；　$\overline{D1}$=試體邊長平均值；

$\overline{D2}$=試體邊長平均值

使用儀器：

游標卡尺　儀器解析度 0.001cm　　　抗壓試驗機　解析度 1kgf

　　　　　儀器準確度±0.001cm　　　　　　　　準確度±1%

➤ 步驟二：辨識和分析不確定度

利用不確定度傳遞原理

(1) $E = f(D1, D2, F)$ 且輸入量 $D1$、$D2$ 和 F 之量測是互為獨立

(2) 輸入量 $D1$、$D2$ 和 F 之量測，其最佳估計值為 $\overline{D1}$、$\overline{D2}$ 和 $\overline{F}$，所以需利用儀器重測 $D1$、$D2$ 和 F 求 $\overline{D1}$、$\overline{D2}$ 和 $\overline{F}$ 以及其標準差 S_{D1}、S_{D2} 和 S_F，今 $D1$、$D2$ 和 F 各重複觀測 6 次。

	邊長 D1(cm)	邊長 D2(cm)	負荷 F(kgf)
1	5.017	5.113	16079
2	5.014	5.109	16081
3	5.021	5.114	16072
4	5.009	5.120	16091
5	5.011	5.118	16083
6	5.018	5.116	16074

資料來源：正道營建材料實驗室

$\overline{D1}$=5.015 S_{D1}=0.0101

$\overline{D2}$=5.115 S_{D2}=0.0087

$\overline{F}$=16080 S_F=15.232

➤ 步驟三：量化不確定度

<u>邊長 D1</u>   1) $\frac{S_{D1}}{\sqrt{6}} = \frac{0.0101}{\sqrt{6}} = 0.00412$

2)解析度 0.001×0.29=0.00029

3)準確度 0.002×0.29=0.00058

$u(D) = \sqrt{(0.00412)^2 + (0.00029)^2 + (0.00058)^2} = \underline{0.00417}$ (cm)

<u>邊長 D2</u>   1) $\frac{S_{D2}}{\sqrt{6}} = \frac{0.0087}{\sqrt{6}} = 0.00355$

2)解析度 0.001×0.29=0.00029

3)準確度 0.002×0.29=0.00058

$u(D) = \sqrt{(0.00355)^2 + (0.00029)^2 + (0.00058)^2} = \underline{0.00361}$ (cm)

負荷 F　　1) $\dfrac{S_F}{\sqrt{6}} = \dfrac{15.232}{\sqrt{6}} = 6.2184$

2)解析度　$1 \times 0.29 = 0.29$

3)準確讀　$0.02 \times 0.29 \times 16080 = 93.264$

$$u(F) = \sqrt{(6.2184)^2 + (0.29)^2 + (93.264)^2} = \underline{93.471}\ (kgf)$$

➤ 步驟四：計算組合不確定度

量測方程式　$E = \dfrac{F}{A} = \dfrac{F}{D1 \cdot D2}$　　$\Rightarrow$　　$\dfrac{\partial E}{\partial D1}$、$\dfrac{\partial E}{\partial D2}$、$\dfrac{\partial E}{\partial F}$

$$\frac{\partial E}{\partial D1} = -\frac{\overline{F}}{(\overline{D1})^2 \cdot \overline{D2}} = -124.997$$

$$\frac{\partial E}{\partial D1} = -\frac{\overline{F}}{\overline{D1} \cdot (\overline{D2})^2} = -122.553$$

$$\frac{\partial E}{\partial F} = \frac{1}{\overline{D1} \cdot \overline{D2}} = 0.03898$$

組合不確定度

$$U_C(E) = \sqrt{\left[(\frac{\partial E}{\partial D1})^2 \cdot u(D1)^2\right] + \left[(\frac{\partial E}{\partial D2})^2 \cdot u(D2)^2\right] + \left[(\frac{\partial E}{\partial F})^2 \cdot u(F)^2\right]}$$

$$= \sqrt{[(-\frac{\overline{F}}{(\overline{D1})^2 \cdot \overline{D2}})^2 \cdot (0.00417)^2] + [(-\frac{\overline{F}}{\overline{D1} \cdot (\overline{D2})^2})^2 \cdot (0.00361)^2] + [(\frac{1}{\overline{D1} \cdot \overline{D2}})^2 \cdot (93.471)^2]}$$

$$= \sqrt{[(-124.997)^2 \cdot (0.00417)^2] + [(-122.553)^2 \cdot (0.00361)^2] + [(0.03898)^2 \cdot (93.471)^2]}$$

$$= 3.707089 \cong \underline{3.71}_{\#}$$

使用表格運算

量測不確定度評估軟體

輸入量測值（Value）		
1)	$D1$	5.015
2)	$D2$	5.115
3)	F	16080
4)		
5)		
6)		
7)		
8)		
9)		
10)		

主參數標準不確定後（Uncertainty）		
u($D1$)	0.00417
u($D2$)	0.00361
u(F)	93.471

量測方程式：
$$\frac{F}{D1 \cdot D2}$$

	A	B	C	D	E	F
1				1)	2)	3)
2		Value	Uncertainty			
3	1)	5.015	0.00417	5.01917	5.015	5.015
4	2)	5.115	0.00361	5.115	5.11861	5.115
5	3)	16080	93.471	16080	16080	16173.47
6	4)	0	0	0	0	0
7	5)	0	0	0	0	0
8	6)	0	0	0	0	0
9	7)	0	0	0	0	0
10	8)	0	0	0	0	0
11	9)	0	0	0	0	0
12	10)	0	0	0	0	0
13						
14	Cc	626.858428		626.337624	626.4163	630.5023
15	u(y,xi)			-0.52080317	-0.4421	3.643849
16	(y)²,u(y,xi)²		13.744324	0.27123594	0.195456	13.27763
17						
18	Uc		3.7073338			

$U_C(E) = \underline{3.71}_{\#}$ CHACK OK!

5.6.4 案例四：輕質混凝土試體抗壓強度評估

➤ 介紹：

依照 2005 年版 ISO 量測不確定度表示指引【46】，分析評估本實驗室依照 CNS1232 及 SIP01 執行輕質混凝土圓柱試體抗壓強度之量測不確定度及其評估結果。

➤ 步驟一：規範

依照 CNS1232 之相關規定撰寫之「混凝土試體抗壓標準試驗程序」SIP-01 執行。

試驗與不確定度評估數學模式
混凝土試體抗壓強度係用單位面積所承受之最大壓力表示。建立量測程序之數學模式

$$E = \frac{F}{A} = \frac{4F}{\pi D^2} \text{ kgf/cm}^2$$

> F=抗壓荷重值；$\overline{F}$=抗壓荷重平均值
> D=試體直徑；$\overline{D}$=試體直徑平均值；E=抗壓強度

使用儀器：

游標卡尺　　儀器解析度 0.001cm　　　抗壓試驗機　　解析度 1kgf
　　　　　　儀器準確度±0.001cm　　　　　　　　　　準確度±1%

➤ 步驟二：辨識和分析不確定度

利用不確定度傳遞原理

(1) $E = f(D,F)$ 且輸入量 D 與 F 之量測是互為獨立

(2) 輸入量 D 與 F 之量測，其最佳估計值為 $\overline{D}$ 與 $\overline{F}$，所以需利用儀器重測 D 與 F 求 $\overline{D}$ 與 $\overline{F}$ 以及其標準差 S_D 與 S_F，今 D 與 F 各重複觀測 6 次。

	直徑 D(cm)	負荷 F(kgf)
1	15.003	55932
2	14.996	55871
3	15.023	55896
4	15.018	55905
5	15.014	55883
6	15.017	55914

資料來源：正道營建材料實驗室

$\overline{D}$=15.01 S_D=0.023 $\overline{F}$=55900 S_F=48.899

➤ 步驟三：量化不確定度

直徑 D   1)$\dfrac{S_D}{\sqrt{6}} = \dfrac{0.023}{\sqrt{6}} = 0.0094$

2)解析度 0.001×0.29=0.00029

3)準確度 0.002×0.29=0.00058

$u(D) = \sqrt{(0.0094)^2 + (0.00029)^2 + (0.00058)^2} = 0.0094\,(\text{cm})$

負荷 F   1)$\dfrac{S_F}{\sqrt{6}} = \dfrac{48.899}{\sqrt{6}} = 19.963$

2)解析度 1×0.29=0.29

3)準確度 0.02×0.29×55900=324.22

$u(F) = \sqrt{(19.963)^2 + (0.29)^2 + (324.22)^2} = \underline{324.834}\,(\text{kgf})$

➢ 步驟四：計算組合不確定度

量測方程式　$E = \dfrac{F}{A} = \dfrac{4F}{\pi D^2}$　　　$\Rightarrow$　　　$\dfrac{\partial E}{\partial D}$ 、 $\dfrac{\partial E}{\partial F}$

$\dfrac{\partial E}{\partial D} = -\dfrac{8\overline{F}}{\pi \overline{D}^3} = 42.114$

$\dfrac{\partial E}{\partial F} = \dfrac{4}{\pi \overline{D}^2} = 0.00565$

組合不確定度

$$U_C(E) = \sqrt{\left[(\dfrac{\partial E}{\partial D})^2 \cdot u(D)^2 \right] + \left[(\dfrac{\partial E}{\partial F})^2 \cdot u(F)^2 \right]}$$

$$= \sqrt{[(-\dfrac{8\overline{F}}{\pi \overline{D}^3})^2 \cdot (0.0094)^2] + [(\dfrac{4}{\pi \overline{D}^2})^2 \cdot (324.834)^2]}$$

$$= \sqrt{[(42.114)^2 \cdot (0.0094)^2] + [(0.00565)^2 \cdot (324.834)^2]}$$

$$= 1.8775 \cong \underline{1.88}_{\#}$$

使用表格運算

量測不確定度評估軟體

<table>
<tr><td colspan="2" align="center">輸入量測值（Value）</td><td colspan="2" align="center">主參數標準不確定後（Uncertainty）</td></tr>
<tr><td>1)</td><td>D</td><td>15.01</td><td>u(D)</td><td>0.0094</td></tr>
<tr><td>2)</td><td>F</td><td>55900</td><td>u(F)</td><td>324.834</td></tr>
<tr><td>3)</td><td></td><td></td><td></td><td></td></tr>
<tr><td>4)</td><td></td><td></td><td></td><td></td></tr>
<tr><td>5)</td><td></td><td></td><td></td><td></td></tr>
<tr><td>6)</td><td></td><td></td><td></td><td></td></tr>
<tr><td>7)</td><td></td><td></td><td></td><td></td></tr>
<tr><td>8)</td><td></td><td></td><td></td><td></td></tr>
<tr><td>9)</td><td></td><td></td><td></td><td></td></tr>
<tr><td>10)</td><td></td><td></td><td></td><td></td></tr>
</table>

量測方程式：
$$\frac{4F}{\pi D^2}$$

	A	B	C	D	E
1				1)	2)
2		Value	Uncertainty		
3	1)	15.01	0.0094	15.0194	15.01
4	2)	55900	324.834	55900	56224.83
5	3)	0	0	0	0
6	4)	0	0	0	0
7	5)	0	0	0	0
8	6)	0	0	0	0
9	7)	0	0	0	0
10	8)	0	0	0	0
11	9)	0	0	0	0
12	10)	0	0	0	0
13					
14	Cc	316.06817		315.6727	317.9048
15	u(y,xi)			-0.3955	1.836667
16	u(y)²,u(y,xi)²		3.52976877	0.156423	3.373346
17					
18	Uc		1.87876789		

$U_C(E) = \underline{1.88}_\#$ CHECK OK!

5.7 軟體建構的說明

（1）　本章利用 Excel 做為平台設計運算表格，使用者只需要輸入表格所需的數值，就可以計算出其組合不確定度，且當量測方程式很複雜時，能節省傳統在不確定評估中需依靠人工推導偏導數之繁複計算，以便於實驗室之量測不確定度評估。

（2）　5.6 節中『量測不確定度評估軟體實例比較』中，使用四個案例做人工計算與軟體運算之實例比較，評估軟體計算結果在目前量測不確定評估之規範中，取兩位有效位數要求下，幾乎完全和人工計算之結果一致，可驗證本研究運算表格之可行性及準確性。

（3）　依照 TAF 規定，實驗室每三年展延評鑑一次，且為定量的部分都須評估，採單項認證；當實驗室其評估項目超過 20 項以上，計算量十分龐大。然而目前國內實驗室對量測不確定評估，還大都是採用人工計算，如能順利將運算表格運用於實驗室評估，將可節省大量的時間跟人力。

（4）　本章所提供之量測不確定度軟體設計概念，僅適用於有量測方程式之不確定評估案例，當評估案例無量測方程式或需使用最小平方法評估時，則不適用。

（5）　本章僅對輸入量不相關之條件下做不確定度討論，但是，當輸入量相關聯時，亦可以使用運算表格計算。

只需輸入量相關聯之式(5.16)

$$u_c^2(y) = \sum_{i=1}^{N}\left[\frac{\partial f}{\partial x_i}\right]^2 u^2(x_i) + 2\sum_{i=1}^{N-1}\sum_{j=i+1}^{N}\frac{\partial f}{\partial x_i}\frac{\partial f}{\partial x_j}u(x_i,x_j) \quad\cdots\cdots\cdots\cdots\cdots\text{（5.16）}$$

之後半部偏導數計算式

$$2\sum_{i=1}^{N-1}\sum_{j=i+1}^{N}\frac{\partial f}{\partial x_i}\frac{\partial f}{\partial x_j}u(x_i,x_j)$$

設計儲存格欄位，於主參數不確定度加入欄位計算 $u(x_i,x_j)$

$$u(x_i,x_j)=S(\overline{X}_i,\overline{X}_j)=\frac{1}{n(n-1)}\sum_{k=1}^{n}(X_{ik}-\overline{X}_i)(X_{jk}-\overline{X}_j)$$

與前項相加後，即可得到輸入量相關聯之量測不確定度。

但由於實驗室之參數取得大多假設爲互相獨立，故本軟體設計建構時並未針對此部份做儲存格之設計考量。

6 量測不確定度在規格符合性判定和風險分析上的應用

6.1 前言

　　許多測試工程師對定量量測結果執行不確定度分析後,獲得不確定度的數值,這些數據到底有何用途?產品規格上下限也明訂在測試規格裏,不確定度和規格有何關聯?以及不確定度數值是否會影響產品合格與否的判定?這些議題都困擾著工程師們,也將是本章探討的重點。配合二元決策法則,本章也提供指引來設定保護段,以支持產品檢試,儀具驗證和當量測不確定度數值與特定要求比較時,一般之符合性測試【12】。

　　依據檢試量測的結果來決定產品或儀具之允收或拒收,無法避免的是:量測不確定度之出現會導致做出錯誤決策的風險,但是如能採用一種決策法則來定義可接受的量測結果範圍,吾人就可在拒收合格工件或儀具和允收不合格品之間的風險上找到平衡點【18】。

6.2 專有名詞解釋【12】、【18】

(1)　決策法則(Decision Rule):書面化的法則。它是依據產品規格及量測結果所涉及之拒收與允收,描述量測不確定度要如何分配。

(2)　二元決策法則(Binany Decision Rule):僅只兩種可能結果－拒收或允收的決策。

(3)　N:1決策法則(N:1 decision rule):規格區的寬度至少比量測結果的不確定度區間大 N 倍的情況。

(4)　允收區(Acceptance Zone):相對於特定量測程序和決策法則之

一組特徵值，當量測結果落在此區間內時，產品為允收。

（5）　拒收區（Rejection Zone）：相對於特定量測程序和決策法則之一組特徵值，當量測結果落在此區內時，產品為拒收。

（6）　符合性測試（Conformance test）：為了決定符合或不符合規格，對一個特徵之量測。

（7）　符合（Conforming）：如果量測值落在裕度區內或在裕度區之邊界上。

（8）　裕度（Tolerance）：規格所容許特徵變動的總量。

（9）　裕度區間（Tolerance interval, Tolerance zone）：介於裕度界限之間，同時包括裕度界限的範圍。

（10）裕度界限（Tolerance limits）：特徵的特定值，給予容許值之上限和（或）下限。

（11）檢試（Inspection）：量測、檢查、測試、測定產品或服務之一或多個特徵，而且和特定要求做比較，以決定符合性的作業。

（12）測定界限（Gauging limits）：量測值的特定界限。

（13）通過誤差（Pass error）：特徵的量測值在特定裕度外，由於量測結果的誤差而允收（即所謂的二型誤差）。

（14）消費者風險（Consumer's risk）：通過誤差（第二形型誤差）的機率，該誤差之成本通常由消費者承擔。

（15）不通過誤差（Fail error）：特徵的量測值在特定裕度內，由於量測誤差的結果而拒收（即所謂的一型誤差）。

（16）生產者風險（Producer's risk）：不通過誤差之機率，該誤差之成本通常由生產者承擔。

（17）簡單的允收（Simple acceptance）：允收區等於而且和規格區相同的情況。

（18）簡單的拒收（Simple rejection）：當拒收區包含了超出規格區之所有特徵值的情況。

（19）嚴苛的允收（Stringent acceptance）：當允收區是從規格區縮減一個保護段之情況。（見圖 6.1）

（20）寬鬆的拒收（Relaxed rejection）：當拒收區有部份在規格區內，此部份的量為一個保護段的情況。（見圖 6.1）

（21）寬鬆的允收（Relaxed acceptance）：當允收區是超出規格區而增寬一個保護段的情況。（見圖 6.2），

（22）嚴苛的拒收（Stringent rejection）：當拒收區是超出規格區而增加一個保護段的情況。（見圖 6.2）

　　註：上為英文原文的翻譯，作者認為其定義混餚不清，故重新定義成：當拒收區為寬鬆允收區以外的區域。（見圖 6.2）

（23）變數檢試（inspection by variables）：包含母體每一項或從母體所取樣本之定量特徵量測的方法。

（24）量測量（Measured）：受到量測之特定量。

（25）量測值（Measured value）：從量測獲得之數據。

（26）量測能力指數（measurement capability index）C_m：對雙側寬為 T 之裕度，為符合性而量測一個特徵，則 $C_m = T/4u_m$，其中 u_m 為隨附於特徵評估時之標準不確定度。對單側寬為 T 之裕度，$C_m = T/2u_m$，對校正或量測儀具之驗證，量測儀具最大可容許誤差 ±MPE，T=2MPE，$C_m = 2MPE/4u_e = MPE/2u_e$，$u_e$ 為隨附於儀

具誤差評估時的標準不確定度。

（27）保護段（Guard band）：從規格界限到允收區或拒收區邊界，偏離量的大小。

    a. 保護段之符號為 g，擴充不確定度為 U，U 的評估是技術性的議題，而 g 的評估則為商業考量。

    b. 保護段通常是以擴充不確定度的百分率來表示，例如：100%保護段其大小即為擴充不確定度 U。

    c. 保護段有時區分為上保護段和下保護段，分別對應於規格之上限或規格之下限。

    d. 保護段永遠為正數值所在的位置，例如在規格區內或規格區外是由允收或拒收的型態來決定。

    e. 嚴苛的允收和寬鬆的拒收，在二元決策法則下是一起發生的。

    f. 寬鬆的允收和嚴苛的拒收，在二元決策法則下是一起發生的。

    g. 保護段之專有名詞在 ASMEB89.7.2-1991 稱為測定界限（gauging limits）。

    h. 當保護段應用於規格之上下限時，會有雙側保護段（two-side guard band）的發生，如果二者大小相同，則稱之為對稱雙側保護段（Symmetric two-sided guard band）。（見圖 6.3）

    i. 保護段僅發生於規格之上限或者是規格下限時，則稱之為單側保護段。（見圖 6.4）

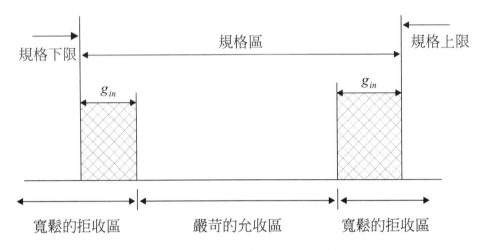

圖 6.1 嚴苛的允收區和寬鬆的拒收區圖

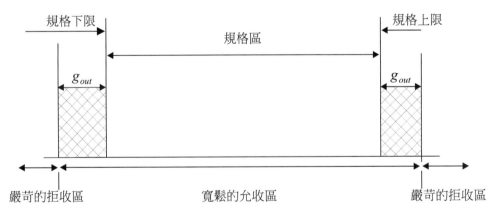

圖 6.2 寬鬆的允收區和嚴苛的拒收區圖

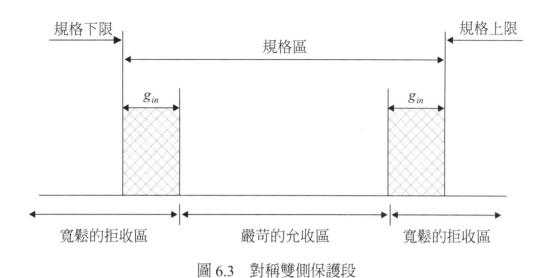

圖 6.3　對稱雙側保護段

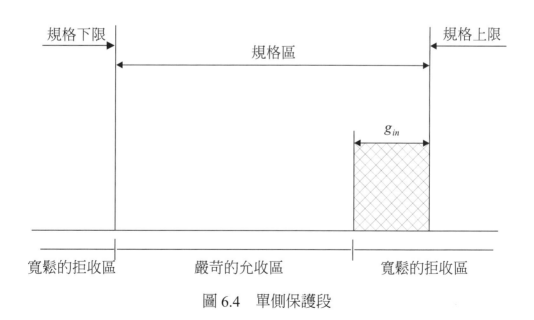

圖 6.4　單側保護段

6.3 決策法則下的允收區和拒收區

6.3.1 使用 N：1 決策法則下的簡單允收和拒收

（1） 這是工業界最常用的允收和拒收，亦是由 MIL-STD 45662A 移植過來的。

簡單的允收意味著量測結果落在規格區內。如果量測不確定度區間的大小不大於 1/N 的規格區，則產品符合性被認可（隨附有信心水準），否則拒收。

（2） 一個 4：1 決策法則代表隨附於量測結果的不確定度區間，不得大於 1/4 產品的允許變異。亦即擴充不確定度 U 不得大於 1/8 的規格區，因為不確定度區間=2U，2U=1/4 規格區寬度，所以 U=1/8 規格區。

（3） 對儀具而言，用最大許可誤差（MPE）來代表規格，不管其誤差的正負符號，因而規格區之寬度為 2 倍的 MPE，因此 4：1 決策法則下，擴充不確定度為 1/4MPE 值。2U=1/4 規格區寬度，2U=1/4×2MPE，所以 U=1/4MPE。

（4） 簡單的允收和拒收方法很直接，但當量測結果靠近規格界限時，困難會產生，縱使利用重複性量測之平均值，如果平均數靠近規格界限時，而使用簡單的接收查驗，有很大的機會產品之特徵實際上是超出規格，為強調此議題，依據保護段而作的決策法則可以增加允收的信心。

6.3.2 使用 Z%保護段之嚴苛允收和寬鬆拒收

　　嚴苛的允收是利用保護段以降低接收到超出規格產品之機率來增加產品品質的信心。為了經濟或其他理由，認為需要把規格區縮減一個保護段的量來建立允收區，因此確保產品在可接受的風險下符合特定的信心水準。

　　在二元決策法則裡，嚴苛允收伴隨著寬鬆拒收，即使量測結果落在規格區內的保護段範圍裏，寬鬆拒收容許拒收產品，保護段的大小是以擴充不確定度的百分率來表示。

　　顧客對供應商要求嚴苛的允收並透過合約加以強制要求就是很典型的例子。在規格區內應用保護段 g_{in}，通常是由建立一個會接收到超出規格產品的接收風險來決定。如圖 6.3 所示。

6.3.3 使用 Z%保護段之嚴苛拒收和寬鬆允收

（1）　嚴苛拒收增加所拒收產品確實是超出規格的信心，把保護段的量加到規格區外以建立拒收區。

　　　供應商對宣稱產品超出規格就尋求退錢的顧客，會要求嚴苛拒收就是例子。

（2）　在二元決策法則裡，嚴苛拒收伴隨著寬鬆允收。產品量測結果落在規格區外之保護段範圍裡，寬鬆允收許可接收該產品。當一個研發的量測系統乃有較大的不確定度以致於在簡單或嚴苛允收準則下，有相當數量的好產品會被拒收，通常會採用寬鬆允收法則，圖 6.2 就是使用寬鬆允收的二元決策法則之例子。

191

6.4 量測不確定度和符合性測試：風險分析

6.4.1 檢試的量測和通過／不通過的決策

在典型的檢視量測或符合性測試中，量測一個特性或性質同時把結果與特定的允收準則做比較，以建立是否有一個可接受且特性符合裕度要求的機率。此類符合性測試包括下列 3 個操作順序：

（1） 量測感興趣的一個特性。

（2） 比較量測結果和特定要求。

（3） 決定後續的行動

實務上，當手中有量測數據，就會利用量測結果及其隨附的不確定度、特定的要求、做出錯誤決策的機會、和結果有關的決策法則來進行比較/決策的作業。當作符合性決定時，選擇要用的決策法則，通常是生產者的責任。

在工商界活動裡，檢試量測或符合性測試程序是設計在合理的成本下獲得資訊，俾便能做出理性的商業決策。

把錢花在將不確定度降低至合理的商業決策能定的水準之下，通常會導致報酬的損失。檢試的順序和其隨附的決策法則（量測 ⇒ 比較／決定）因而必須非常緊密的和成本及風險連結在一起。正因為如此，設計一個有效的檢試量測或符合性試驗不僅是個純技術性的運作，而且也與特定企業的商業因素有關。因此，僅根據量測不確定度而不考量成本的一般或有缺失的決策法則，對最大投資回報肯定是不適合。

6.4.2 頻率分佈：製程變異和量測離散

（1）　規格和裕度

　　下述簡單一維案例，將詳細說明製造工件其展開通過／不通過符合性測試程序的步驟。

　　長度 x_0 之金屬隔片，設計規格包括裕度 T 及長度 x_0，位在長度為 T 之裕度區中心點上。可被允收的隔片長度在範圍 $T_L < x < T_U$ 內。而裕度下限為 $T_L = x_0 - T/2$。而裕度上限為 $T_U = x_0 + T/2$，如圖 6.5 所示：

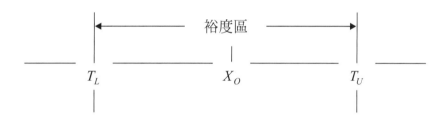

圖 6.5　裕度區

*注：裕度區與規格區相等，隔片長度落在規格區內，則稱隔片符合規格。

（2）　製程變異

　　經由設計和調整，可安排製程使生產隔片的長度等於標稱長度 x_0，由於無可預測和無法避免的製程變異，在某特定批工件裡，實際的長度會有散佈情形，此種散佈的性質，可由量測大量的隔片樣本和結果製成圖形加以研究。類此研究，量測系統內任何的不可重複性將會累加在製造程序所導致的變異上。

　　圖 6.6 顯示由假設製程所產生一批工件，其長度的分佈圖形，

垂直軸為工件長度落在沿著水平軸分佈狹窄直框內的百分數。圖的寬度就是製程變異的一種度量。圖 6.6 數據顯示大部分的隔片是合格，但顯然仍有部分批件不合格。符合性測試計畫的目標是偵測並移除這些不好的工件。

N 個隔片樣本，個別長度分別為：$X_1, X_2, \cdots\cdots, X_N$，抽樣之特性為計算抽樣平均數 $\overline{X}$ 和抽樣變異數 S^2，分別為：

$$\overline{x} = 1/N \sum_{K=1}^{N} x_k \quad \text{及} \quad S^2 = \frac{1}{N-1} \sum_{K=1}^{N} (x_k - \overline{x})^2 \quad\cdots\cdots\cdots\cdots\cdots\cdots (6.1)$$

樣本變異數之正平方根值稱為樣本標準差

$$S = \left[\sum_{k=1}^{N} \frac{(x_k - \overline{x}^2)}{N-1} \right]^{1/2} \cdots\cdots\cdots\cdots\cdots\cdots\cdots\cdots\cdots\cdots\cdots\cdots (6.2)$$

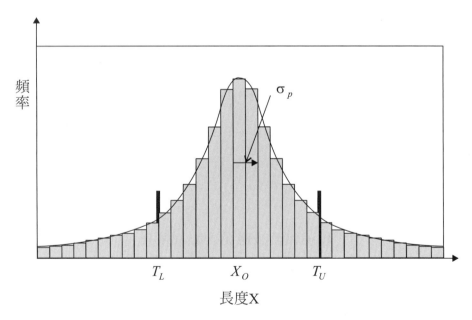

圖 6.6　隔片樣本頻率分布圖

一個穩定的製程，樣本參數 $\bar{x}$ 和 S 是製程平均數 μ 及製程標準差 σ 的估算值，而 μ 和 σ 則是當 $N \rightarrow \infty$，隔片之平均長度及其離散的情況。假設生產隔片的頻率分佈為高斯分佈，其平均值 $\mu = x_0$，即設計長度，標準差 $\sigma = \sigma_p$，由公式（6.1）求得。如果量測 N 個工件且 $N > 30$，在估算 σ_P 時，其相對不確定度將小於 10%。

高斯分配之公式：

$$f(x) = \frac{1}{\sigma_p \sqrt{2\pi}} \exp\left[-\frac{1}{2} (\frac{x - x_0}{\sigma_p})^2 \right] \quad \text{.............................} （6.3）$$

$f(x)$ 之意義是：工件樣本數夠大，則工件長度介於 x 和 $x + \Delta x$ 之百分比為 $f(x)\Delta x$，如果樣本數為 N，則有 $Nf(x)\Delta x$ 的工件其長度介於區間 $[x, x + \Delta x]$ 內。

（3） 製程能力指數（Process Capability Index）

在統計品管裏，常用來量度製程品質的就是製程能力指數 Cp，定義成：

$$Cp \equiv \frac{T_U - T_L}{6\sigma_P} \equiv \frac{T}{6\sigma_P} \quad \text{.......................................} （6.4）$$

公式（6.4）中選用 6 這個因子，而不選 3 或 10，其實是任意選用的，但 Cp 定義成公式（6.4）確實給予非常有用的方法來比較眾多製程的變異程度。

選擇這個特別的定義是針對製程 σ_p 等於 1/6 裕度時，$Cp = 1$。對具有高斯分佈且趨中製程而言，亦即 $x_0 = (T_U + T_L)/2$，給定 Cp，不管製程的飄移，吾人可以計算隔片符合規格的百分比（見附錄 A），它其實就是介於裕度界限 $x_0 \pm T/2 = x_0 \pm 3C_p\sigma_P$（因為

$T = 6C_p\sigma_P$ ）間，頻率分佈函數圖形底下所覆蓋面積的百分比。表 6.1 製程能力指數與合格百分比，其計算參考附錄 A。

　　圖 6.7 顯示，產出符合的工件隨製程能力之增加而增加。當 $Cp = 1$，符合性的百分率（機率）為 0.997，有 0.003 之工件預期會超出裕度。

　　降低製程的變異（增加 Cp），製造商能減少隔片不符合規格的百分比，當然製程的改善要花錢，且製程增加嚴格的管控，會減少此類投資的回報。某些觀點認為，通常會更經濟的投資在工件的檢試，而非製程的改善。亦即偵測同時移除不合格的工件遠較試圖避免不合格的產生，其成本要便宜。製程改進和工件檢試二者間之取捨取決於市場經濟的考慮。

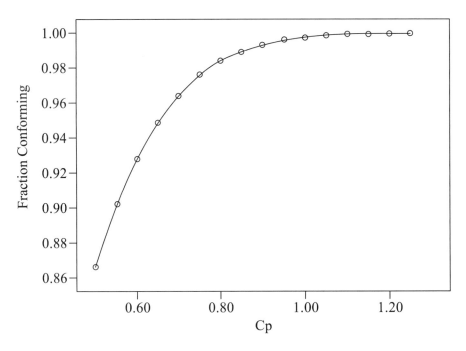

圖 6.7　製程能力指數與工件合格百分率關係圖

（4）　不重複性的量測結果

在工業度量上，重複量測會產生不同的結果，這是大家共有的經驗，量測變異之眾多來源中，有小的裝機變異和不穩定、振動、電子雜訊、灰塵和操作人員效應，由於缺乏重複性，當量測一批工件時，所觀察到的變異性，部分是來自於量測系統。

量測重複性可利用重複地量測，穩定的加工品、和檢試結果的頻率分布加以研究，此類重複性數據將典型地呈現一種趨中趨勢，其離散由標準差 σ_m 來描述。必須強調的是，σ_m 描述量測變異而且僅只是量測不確定度的一個分量。有可能量測程序具有高度地重複性，但依舊會有很大的不確定度。例如：理想的長度量測盡可能在溫度穩定和均勻的環境中執行，但對環境不夠瞭解，此例中，量測不確定度是由不夠瞭解工件和儀具溫度以及它們的熱膨脹係數所支配著。

假設如圖 6.6 的隔片樣本，由具有變異性（標準差）為 σ_m 的量測系統來量測隔片，且每個量測由單一讀值組成，則在一般情況下，量測結果頻率分布其總的標準差為 σ_T：

$$\sigma_T = \left[\sigma_P^2 + \sigma_m^2\right]^{1/2} \quad\text{...（6.5）}$$

如果隔片每次量測 n 次，結果為取 n 次量測結果的平均數，則

$$\sigma_T(n) = \left[\sigma_P^2 + \sigma_m^2/n\right]^{1/2} \quad\text{...................................（6.6）}$$

此結果顯示出：

a. 量測不重複性的效應如何能用平均來減少。

b. 製程變異如何與量測系統的變異區分出來。後者之觀點是由上述公

式而來。

從單一量測分布圖，吾人可以計算總的標準差 σ_T 而製程變異即為 $\sigma_P = \left[\sigma_T^2 + \sigma_m^2\right]^{1/2}$，如果每個量測重複 n 次，則 σ_m 由 $\sigma_m / \sqrt{n}$ 所取代。

6.4.3 機率密度函數（Probability Densities Function）

（1）條件機率（Conditional Probabilities)

製造與量測的本質是對感興趣量其量測的數值，諸如：工件長度，無法正確知道量測誤差。通常有無限多個可能值會與我們對製造/量測程序的了解相符。

在這種常見的情況下，人們對一個不確定量眾多的可能數值的信心是以連續性機率密度來表示。亦即機率的概念，就是相信程度用數值來代表，機率為 1 則確定，如果不可能則機率為零。

所有的機率都是有條件於是否提供相關情形之資訊，因此符號 I 是用來表示條件資訊，機率將寫成明確顯示條件的本質，因此，對某種斷言 A，則量 $P(A\,|\,I)$ 就是給定訊息 $I,\,A$ 為真的機率。這種機率的表示方式，垂直線右邊的量均假設為真，有些量可以假設成連續值，$P(y\,|\,I)\,\Delta y$ 代表給定訊息 $I,\,y$ 落在範圍 $[y,\,y+\Delta y]$ 之機率。

（2）製程的機率密度（Probability Density of the Production Process）

在考慮前述製程，假設隔片是從生產流程中隨機挑選出來，對這個特定工件，長度能說是多少？

給予資訊，提供出如圖 6.6 的樣本數據，似乎合理的相信隔片長度更可能接近平均長度 X_0 遠甚於非常大或小於平均值。而可靠長度的範圍由圖 6.6 頻率分佈的標準差來表描述似乎亦很合理，缺乏量測數據下，我們能做的最好方法就是依據生產歷史所提供的製程資訊，對隔片長度做估計。類此之推測是採用機率密度函數形式 $P(X \mid I)$，稱爲製程機率密度，統稱爲製程密度，在機率理論的術語中，這個密度常稱爲隔片可能長度的先前密度，因爲在隔片量測前，它描述合理相信或了解隔片長度的狀態。先前資訊 I，所帶出量測前工件長度的認識包括如圖 6.6 頻率數據。此類資訊在確保製程不會飄移或不正常的變異是非常具有價值。

製程密度的形狀是由如圖 6.6 之量測數據所透露之資訊而來的，直覺上似乎非常合理，事實上可以證明隔片長度 x，介於 x 和 $x + \Delta x$ 區間之機率 $P(x \mid I)\Delta x$，在數值上等於在相同區間裡量測隔片樣本的百分比。所以製程密度函數是

$$P(x \mid I) = \frac{1}{u_p \sqrt{2\pi}} \exp\left[-1/2 (\frac{x - x_0}{u_p})^2 \right] \text{，而 } u_p = \sigma_p \text{。}$$

圖 6.8 顯示這種機率密度函數。

這密度圖，描繪出未量測前有關工件長度所知道的知識，在裕度界限間，曲線下的面積就是工件符合規格的機率百分比。

最可能的長度是 $x_0 = \mu_P$，μ_P 是製程的平均數。標準差 u_p 是有關 x_0 值範圍的度量，其機率是可估算的。x_0 也稱爲 x 之估計值。u_p 是隨附的標準不確定度，這兩個數 x_0 和 u_p 共同來描述一個未經量測的工件其長度之可靠值。

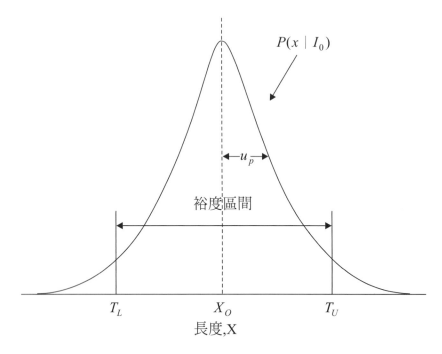

圖 6.8　隨機選取工件長度之製程機率密度

（3）　未經量測的工件之符合性

　　利用符號 C 表示符合，符號 $\overline{C}$ 表示不符合，以方便於對工件品質狀態的描述，未知長度的隔片符號代表下列的含意：

　　a. C=隔片符合規格，亦即 $T_L \leq x \leq T_U$。

　　b. $\overline{C}$=隔片不符合規格，亦即 $x < T_L$ 或 $x > T_U$。

　　隔片符合規格之機率寫成 $P(C\,|\,I)$，不符合規格之機率寫成 $P(\overline{C}\,|\,I)$，而 $P(C\,|\,I) + P(\overline{C}\,|\,I) = 1$。

　　隨機選取一個隔片但未經量測，符合規格的機率 $P(C\,|\,I)$ 就等於介於裕度界限間機率密度函數圖形下所覆蓋面積，如圖 6.8 所示

$$P(C\,|\,I) = \int_{T_L}^{T_U} P(x\,|\,I)\,dx \qquad\qquad（6.7）$$

200

如同表 6.1 和圖 6.7 所示，在樣本夠大時，機率值 $P(C\,|\,I)$ 值與合格工件百分比是相等的。因此未經量測的工件，只要製程被管控且 Cp 夠大，工件就能以可接受的風險允收來使用。

表 6.1　製程能力指數與合格百分比

製程能力指數 Cp	工件合格百分比
0.50	0.866
0.55	0.902
0.60	0.928
0.65	0.949
0.70	0.964
0.75	0.976
0.80	0.984
0.85	0.989
0.90	0.993
0.95	0.996
1.00	0.997
1.05	0.998
1.10	0.9990
1.15	0.9994
1.20	0.9997
1.25	0.9998

6.4.4　工件檢試：量測和量測不確定度

（1）　量測機率密度

　　一件隔片被量測以決定它符合規格屬品質管制部分。縱使曾經對已知顯著的系統誤差做過修正，量測結果是一個數目字 x_m，其為長度值最佳的估算，同時隨附有標準不確定度 u_m，甚至使用高準確性量測，工件長度亦無法正確知道，可能的數值因而用機率密度函數（pdf）來表示。

令 I_m 代表執行量測後所提供的資訊，符號 $I_m = DI$，先前資訊 I（量測前所知道的），添加最近數據 D，從量測程序獲得包括估計值和所有與評估 x_m 及量測不確定度有貢獻之輸入量的標準不確定度。

由量測隔片長度獲得的的機率密度稱為量測機率密度簡稱為量測密度，量測程序的模型，包括影響量所賦予的機率密度和量測不確定評估形成 ISO GUM 的主題。

我們假設高斯機率密度是足以充分表示對量測量的認知：

$$P(x \mid I_m) = \frac{1}{u_m \sqrt{2\pi}} \exp\left[-\frac{1}{2}\left(\frac{x - x_m}{u_m} \right)^2 \right] \quad\cdots\cdots\cdots\cdots\cdots\cdots\cdots（6.8）$$

此密度期望值（平均值），亦就是 x 之最可能值就是估計值 x_m，標準差 u_m，描述合理地可能量測後的長度範圍。

有另一種密度法是寫成組合標準不確定度 u_c，其隨附於量測結果。

擴充不確定度 U，是 u_m 乘以涵蓋因子，k，計算而獲得，$U = ku_m$，國際間選 $k = 2$。從高斯分佈得知，擴充不確定度 $U = 2u_m$，相應於 95%信心水準，這意味著有 95%的機率，經量測的隔片長度介於不確定度區間 $[x_m - U, x_m + U]$ 內。

（2） 量測能力指數（Measurement Capability Index）

類似 Cp 的定義，量測能力指數 C_m，定義成：

$$C_m \equiv \frac{T}{4u_m} \equiv \frac{T}{2U} \quad \cdots\cdots\cdots\cdots\cdots\cdots\cdots\cdots\cdots\cdots\cdots\cdots\cdots\cdots \text{（6.9）}$$

其實 C_m 是裕度與不確定度區間寬度之比值。就如把 Cp 當做成製程品質的有用指標一樣（大的 Cp→低的製程變異），用 C_m 來描述量測系統的品質（大的 C_m→低的量測不確定度）。

※注意：有許多其他法則或比值用以描述量測品質諸如：gauging ratio、test uncertainty ratio（TUR）、test accuracy ratio（TAR）等，當遇到時要非常小心，因為它們經常定義不完整或是含混不清。

在具有裕度上下限的工件檢試案例裡，公式（6.9）C_m 的定義非常明確，也和 ASME B89.7.3.1 名詞一致，4：1 決策法則下，$C_m = 4$。

在單側性質量測情況下，下限為零，只有單一裕度上線 T，此情況下，量測能力指數 C_m 定義成：

$$C_m = \frac{T}{2u_m} = \frac{T}{U} \quad \text{（單側量測）} \quad \cdots\cdots\cdots\cdots\cdots\cdots\cdots \text{（6.10）}$$

在校正或量測儀具驗證裡，儀具的規格用最大許可誤差（MPE）來表示（不管正負符號），則 C_m 定義成：

$$C_m = \frac{T}{4u_m} = \frac{T}{2U} = \frac{2MPE}{2U} = \frac{MPE}{U} \quad \cdots\cdots\cdots\cdots\cdots\cdots\cdots\cdots \text{（6.11）}$$

觀測誤差的擴充不確定度 U，一般由校正標準的不完美、環境效應、儀具讀值的不確定度所提供。

（3）已量測工件的符合性

圖 6.9 是經檢試量測後，對特定隔片長度的瞭解，由公式（6.8）

來描述其量測密度，$P(x \mid I_m)$。

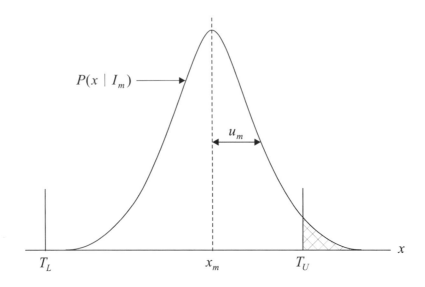

圖 6.9　工件量測結果機率分佈圖

最佳估計值 x_m 落在裕度區內，表示工件合格，但是有可能隔片太長，其合理可能長度範圍由標準不確定度 u_m 來描述，有 95% 機率，落在不確定度區間 $[x_m - U,\, x_m + U]$ 內。$U = 2u_m$，此例中，量測能力指數 $C_m = T/2U$。如 $u_m = 1/8T$，則 $C_m = 8u_m / 4u_m = 2$。

因為量測結果 x_m，落在裕度區內。吾人有可能決定接收此隔片當做符合規格，此例，$C_m = 2$ 之決策法則稱為簡單 2：1 允收，但允收與符合規格是不相同的，此案例圖 6.9 中，隔片可能長度很明顯有超出裕度上限的部份，亦即工件太長。

給定量測數據，已經量測的隔片符合規格的機率 $P(X \mid I_m)$ 等於介於裕度界限間的可能長度部分。

符合機率寫成：

204

$$P(C \mid I_m) = Pc$$

$$P_c = \int_{T_L}^{T_U} P(x \mid I_m)dx \quad \text{...............................} \quad (6.12)$$

把公式（6.8）高斯量測密度代入，得到

$$P_C = \frac{1}{u_m \sqrt{2\pi}} \int_{T_L}^{T_U} \exp\left[-1/2 \left(\frac{x - x_m}{u_m} \right)^2 \right] dx \quad \text{...............} \quad (6.13)$$

積分無法有封閉形式，但可以利用大家熟知的標準常態累積分布函數 $\phi(Z)$，定義成：

$$\phi(Z) = \frac{1}{\sqrt{2\pi}} \int_{-\infty}^{Z} \exp(-\frac{1}{2}t^2)dt = \int_{-\infty}^{Z} f_0(t)dt \quad \text{.............} \quad (6.14)$$

$$f_0(t) = \frac{1}{\sqrt{2\pi}} \exp\left(-\frac{t^2}{2} \right) \quad \text{..........................} \quad (6.15)$$

$f_0(t)$ 稱為標準常態機率密度函數。

$\phi(Z)$ 的值介於 0 與 1 之間，可由統計教科書的表中查得相關數值。

令　：　　　$t = \dfrac{x - x_m}{u_m}$ .... （6.16）

則公式（6.13）變成

$$P_C = \phi\left[\frac{T_U - x_m}{u_m} \right] - \phi\left[\frac{T_L - x_m}{u_m} \right] \quad \text{.........................} \quad (6.17)$$

此公式說明合格機率 P_C 由產品規格界限 (T_L, T_U) 及量測的結果 (x_m, u_m)

來表示。由於自然的長度尺度為 T，結果可以改寫成適合檢試問題的形式，定義縮小尺度的量測結果 $\hat{x}$：

$$\hat{x} \equiv \frac{x_m - T_L}{T} \qquad\qquad (6.18)$$

利用量測能力指數：

$$\because T = 4u_m C_m, \ T = T_U - T_L$$

$$\frac{T_U - x_m}{u_m} = \frac{T + T_L - x_m}{u_m} = \frac{T - T\hat{x}}{u_m} = \frac{4u_m C_m - 4u_m C_m \hat{x}}{u_m} = 4C_m(1 - \hat{x})$$

$$\therefore \frac{T_L - x_m}{u_m} = \frac{T_L - (T\hat{x} + T_L)}{u_m} = -4C_m \hat{x}$$

符合機率 P_C，改寫成：

$$P_C = \phi[4C_m(1 - \hat{x})] - \phi(-4C_m \hat{x}) \qquad\qquad (6.19)$$

因此經量測的隔片符合規格的機率 P_C 與無因次數值 $\hat{x}$ 和 C_m 相關，對尺寸量測計劃而言，量測能力指數 C_m 是常數，指定信心水準，已量測的工件，是否落在裕度內的問題，需依據最佳估計值，由公式（6.18）和（6.19）決定。

6.4.5 測定界限和保護段（Gauging Test Limits and Gard Band）

（1）利用保護段定義允收區

　　如果工件長度可以正確無誤的量測，一批隔片就能分出好壞無任何錯誤的風險，然而因任何實際量測的不確定度，情況不是如此簡單。

工件其量測長度落在裕度區內,事實上有可能太長或太短,同樣太長或太短的工件也有可能符合規格,例如:隔片量測長度 x_m,正好位在裕度界限上,符合規格或不符合規格可能都一樣,無論允收或拒收發生錯誤的機會都是 50%。在裕度界限內設定一組測定上下限,可以減低接收不合格品的風險,類此的測定界限定義出一個縮減的允收區如圖 6.10 所示:

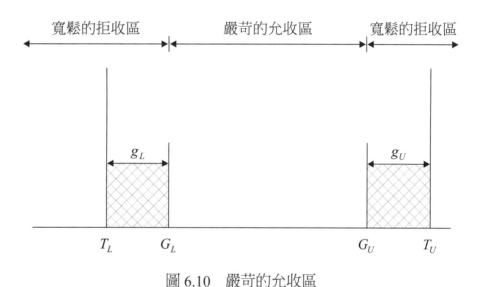

圖 6.10 嚴苛的允收區

在裕度界限和測定界限間的偏移量,即為保護段 g_L 和 g_U,嚴苛的拒收決策法則可降低拒收合格品的機率。如圖 6.11 所示。

(2) 保護段

a. 裕度界限和測定界限間的偏移量大小稱為保護段,取決於保護段的位置,這種偏量的功能是確保不會允收到壞的工件或拒收好的工件。

b. 圖 6.10 和圖 6.11 分別顯示在嚴苛允收和嚴苛拒收例子中,低保

護段 g_L 和高保護段 g_U。取決於錯誤的允收和拒收決策所隨附的成本，低和高的保護段或許有不同的大小，例如真圓度誤差的量永遠是正數，僅有單一的裕度界限和單邊保護段。

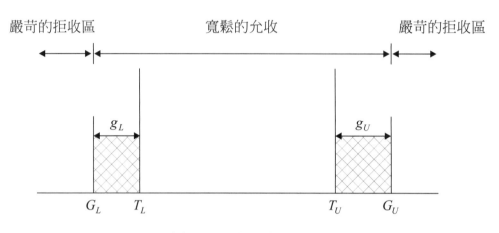

圖 6.11　寬鬆的允收區

c. 對稱雙側保護段：

g 是以擴充不確定的單位來表示

$g = hU$

h：稱為保護段的乘數

針對嚴苛的允收區： $h > 0$

針對寬鬆的允收區： $h < 0$

（依方向的不同）

當 $h = +1$ ， $g = +U$ 時之決策法則，稱為具有 100%保護段之嚴苛允收。

6.4.6 個別工件的品質管制

（1）　允收區及信賴水準

以量測隔片為例，由於經濟的考量，要求每個經量測的隔片接收來使用時必需符合規格的機率至少為 P_c。圖 6.12 顯示 95%與 99%符合規格的圖形。

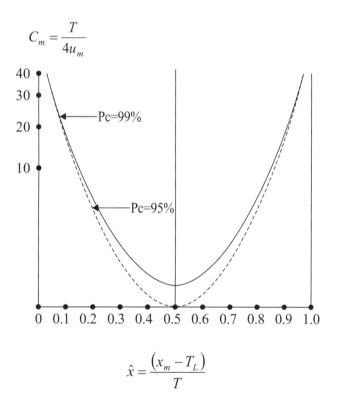

$$C_m = \frac{T}{4u_m}$$

Pc=99%

Pc=95%

$$\hat{x} = \frac{(x_m - T_L)}{T}$$

圖 6.12　量測能力指數對量測結果縮小尺度的關係圖

給定 $C_m = T/4u_m$（最小為 1），信賴水準 P_c，則隨附的允收區以裕度百分比表示下即為 P_c 等於常數的曲線與 C_m =constant 相交點間之寬度，如 P_c =99%。允收區會隨著 C_m 之減少（增加量測不確定度）而縮減，最後趨近於零，圖 6.12 可明顯看出當 C_m 小於 1.4 時，

209

在 99%信賴水準下，無隔片被允收，亦即無允收區。

（2） 對單獨工件設定保護段界限

　　以選定所要求的信賴水準（合格機率），設定保護段界限非常直接，圖 6.13 顯示隔片其量測長度正好位在測定界限之上限 G_U 時之量測機率密度分佈。

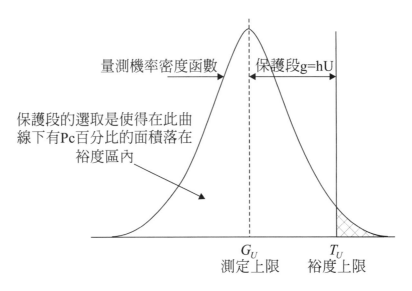

量測機率密度函數　　　　　保護段g=hU

保護段的選取是使得在此曲線下有Pc百分比的面積落在裕度區內

G_U
測定上限

T_U
裕度上限

圖 6.13　選擇保護段來降低接收太長工件的機率

由公式（6.19）合格的機率為：

$$P_c = \phi\left[4C_m(1-\hat{X})\right] - \phi(-4C_m\hat{X})$$

但 $\hat{X} = \dfrac{G_U - T_L}{T} = \dfrac{T_U - g - T_L}{T} = \dfrac{T-g}{T} = 1 - \dfrac{g}{T}$

$\therefore \hat{X} = 1 - \dfrac{hU}{2UC_m} = 1 - \dfrac{h}{2C_m}$ $(\because g = hU, T = 4u_m C_m = 2UC_m$

$\therefore P_c = \phi(2h) - \phi(2h - 4C_m)$ ···（6.20）

210

公式中第二項代表量測密度函數有小部份滲漏到比裕度下限還低的範圍內，其機率非常地小，幾乎接近 0。例如：當 $h=1$，因此 $g=U$，$C_m=2$，則 $\phi(2h-4C_m)=\phi(-6)=10^{-9}$，因而第二項可忽略不計，

$$\therefore P_c = \phi(2h)$$

$$h = 1/2\phi^{-1}(P_C)$$

ϕ^{-1}=常態累積分布函數之反函數

表 6.2　保護段乘數 h 和信賴水準的對照表

合格機率 P_c	保護段乘數 h
0.8	0.42*
0.85	0.52
0.90	0.64*
0.95	0.82
0.99	1.16
0.999	1.55

此表之產生，計算如下：

當 $P_c=0.8$，$h=1/2\phi^{-1}(0.8)$，由常態累積分布函數表中查，$F(Z)=0.8$ 時，Z 應為多少？

$F(Z)=0.8$，表中為 0.7995 及 0.8023，選最接近者為 0.7995，所以 $Z=0.84$，$h=1/2\times0.84=0.42$。

$F(Z)=0.90$，表中為 0.8997 及 0.9015，選最接近者為 0.8997，所以 $Z=1.28$，$h=1/2\times1.28=0.64$。

以此類推。

6.4.7 批量工件平均品質的管制

（1）平均對單一信心水準

上節中，用保護段來確保每個單一工件的最低信心水準，在大量生產的情況，當檢試批量工件時，使用較少限制的保護段來選用測定界限以確保一個可接受的平均信心水準，可能較符合經濟上的優勢。這種情形中，對偶然發生通過檢試卻較平均允收件有較高不符合規格機率的工件，基於商業決策考量，它可以被接受的。這種類型的保護段，只要平均信賴水準可被接受，大部分的工件將通過檢試，僅少數工件將被拒收。

不像上節的步驟，此類檢試設定保護段界限要依賴先前製程密度的了解。製造商要求一個具代表性的工件，在 95%或更高的信賴水準下，要符合規格。

製造商可用製程能力指數 $C_p = 0.65$ 或更高的指數達成此要求，而完全不需要量測，除了偶而執行量測來驗證製程是穩定而且 $C_p \geq 0.65$。

現在製造商基於經濟上的原因，決定具代表性的工件要符合 99%的信賴水準，則具有適當測定界限的量測系統可用來確保這種結果。

工件特徵具有數值，這些數值遠離製程平均值者（因此不合格）將比靠進製程平均值者更可能通不過檢試。允收件的平均符合性機率將升高，同時允收區亦能計算出來。

（2）消費者風險和生產者風險

二元決策法則，檢試量測有 4 種可能結果：一個工件可能符合規格(C)或不符合規格($\overline{C}$)以及工件可能通過(P)或不通過檢試(F)。

事件 P 和 F 定義如下：

對通過檢試的工件，令

P = 量測長度 x_m 落在允收區內

  = $G_L \leq x_m \leq G_U$

對不通過檢試的工件，令

F = 量側長度 x_m 不在允收區內

  = $x_m < G_L, \quad x_m > G_U$

將每個可能品質狀態(C, $\overline{C}$)和每個長度量測的可能結果(P, F)，成對組合在一起，產生 4 種檢試量測的可能結果。

（a）　PC （工件通過檢測而符合規格）

這是檢試量測所想要的結果，導致接收好的工件。

（b）　$P\overline{C}$ （工件通過檢測，而不符合規格）

這是一種錯誤，有不同名稱：通過誤差、錯的接收、二型誤差。通過誤差的機率 $P(P\overline{C}|I_0) \equiv R_C$，常被稱為消費者風險，因為超出裕度工件所隨附的成本通常由消費者承擔。

（c）　FC （工件通不過檢測，而符合規格）

這是另一種錯誤，有不同名稱：不通過誤差、錯的拒收、一型誤差。一型誤差的機率 $P(FC|I_0) \equiv R_P$ 常稱為生者風險，因為拒收一個合格工件的成本通常由製造商承擔。

（d）　$F\overline{C}$ （工件通不過檢測，同時不符合規格）

213

這是所想要的結果，導致拒收壞的工件。

圖 6.14 顯示事件可能發生的結果圖，包括工件符合性測定的四種可能結果，底部為合格與不合格的臨界機率，他們僅和製程分佈有關，右手邊欄位顯示通過或不通過檢測的臨界機率。

本圖中的各種記載為各種結果的機率，量 $P(P\overline{C}|I_0)$ 為通過誤差的機率亦即為接受到不合格品的機率，通常稱為消費者風險(R_c)，同樣地，量 $P(FC|I_0)$ 為不通過誤差的機率亦即為拒收合格品的機率，通常稱為生產者風險(R_P)。

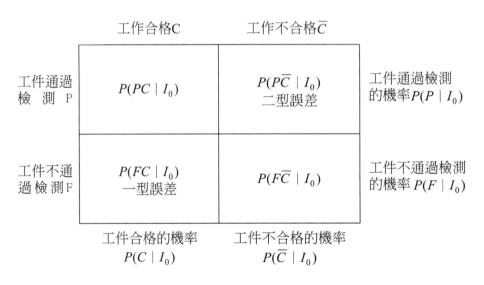

圖 6.14　事件可能發生的結果圖

6.4.8 消費者風險(R_c)和生產者風險(R_P)的計算

評估消費者和生產者風險需要用到數值積分法。計算的案例見 ASME B89.7.2。下列程序，風險的計算是已知測定界限條件下所做的計算，多數實際應用上，是選定所要的風險水準，而且我們需要去選擇確保適合風險目標的測定界限，此類的計算不是直接可為之。實用的方法是透過繪製不同製程能力（一般 $C_m = 2 \sim C_m = 10$），在不同保護段下（一般為 $g = -U$ 到 $g = +U$ 下），消費者風險（x 軸），對生產者風險（y 軸）的圖形中，對想要的風險水準去決定測定界限，流程如下：

計算消費者風險 R_C 和生產者風險 R_P 需要有下列量的知識：

（a）製程密度函數，假設為高斯分佈，用期望值 x_0 和隨附的標準不確定度 $u_p = \sigma_p$ 來描述，而作為估計標準差及製程變異，製程為趨中亦即 $x_0 = \dfrac{T_L + T_U}{2}$。

（b）量測密度函數也假設為高斯分佈，估計值為 x_m，隨附之不確定度為 u_m。

（c）裕度上限 T_U 及裕度下限 T_L。

（d）測定上限 G_U 和測定下限 G_L。

如果上述之量已知，則計算之程序如下

（a）計算裕度 $T = T_U - T_L$。

（b）計算保護段乘數 $h = (T_U - G_U)/2u_m$。

（c）計算製程能力指數 $C_P = \dfrac{T}{6\sigma_P}$。

（d）計算量測能力指數 $C_m = T/4u_m$。

（e）計算 $\beta = \dfrac{u_p}{u_m} = \dfrac{\dfrac{T}{6C_P}}{u_m} = \dfrac{4C_m u_m}{6C_p u_m} = 2/3(C_m/C_p)$。

（f）計算 $\alpha = 2(C_m - h)$，α 其實為允收區的寬度，以擴充不確定度的單位來表示。

（g）從函數 $F(Z) = \Phi(\alpha - \beta Z) - \Phi(-\alpha - \beta Z)$ ，而 Φ 為標準常態累積分佈函數。

（h）計算 R_P

$$R_P = P(FC \mid I_0) = \int_{-3C_P}^{+3C_P} [1 - F(Z)] f_0(Z) dz \quad\cdots\cdots\cdots\cdots\cdots\cdots\cdots\quad （6.21）$$

而 $f_0(Z) = \dfrac{1}{\sqrt{2\pi}} \exp(-\dfrac{Z^2}{2})$

（i）計算 R_C

$$R_C = P(P\overline{C} \mid I_0) = \int_{-\infty}^{-3C_P} F(Z) f_0(Z) dZ + \int_{3C_P}^{\infty} F(Z) f_0(Z) dZ \quad\cdots\cdots\cdots\quad （6.22）$$

公式（6.21）和（6.22）之推導見附錄 B。

6.5 規格符合性探討和實例計算

（1）實例說明

　　　對於量測不確定度在產品驗收規格符合性判定上的應用，本人任教於逢甲大學土研所時曾指導研究生針對現行竹節鋼筋之驗收規格做深入的研究，找到配合的某鋼筋生產廠，取得廠內批量生產鋼筋其強度資料，以瞭解其製程密度函數，並從產品中抽樣 6件執行不確定度分析，並探討現行驗收規範的合理性和消費者、生產者各自的風險為何？

（2）鋼筋生產品管資訊

　　　某鋼筋廠從 99 年 8 月 13 日至 100 年 1 月 5 日批量生產#8 號

材質 SD420W 竹節鋼筋總共 98 筆，生產日期及爐號詳見【20】內資料，同時廠內抗拉強度資訊如表 6.3 所列。

表 6.3　#8 號 SD420W 生產品管資料

641	661	673	675	681	687	697	714	672	695
647	662	673	675	682	687	698	714	672	696
647	662	673	675	682	688	699	716	680	766
649	665	673	677	682	689	701	716	680	771
649	668	674	677	682	690	701	717	697	670
650	668	674	677	683	690	703	720	697	679
654	668	674	677	684	693	704	722	672	695
654	668	674	678	685	693	707	726	672	763
657	668	675	678	686	694	712	728	680	
661	669	675	679	687	695	712	761	680	

因為本案例之分析假設生產密度函數為高斯分配，故先對品管數據中疑為異常值者作處理（Outlier treatment），參考 ASTM PTC 19.1-1988 【9】內之處理方式，採用 Thompson τ Technique（Modified），其步驟如下：

（a）　N 個量測結果 x_i，計算出平均值 $\bar{x}$，標本標準差 S_x。假如對第 j 個量測結果 x_j 懷疑可能是異常值，則：

（b）　計算 x_j 與 $\bar{x}$ 之絕對差異值，$\delta = \left| x_j - \bar{x} \right|$。

（c）　利用第二章附錄 A.1（第 81 頁），Modified Thompson τ 數值表。在 5% 顯著水準下之修正 τ 值，計算出 τS_x 值。

（d）　判定準則：如果 $\delta \geq \tau S_x$，則 x_j 即為異常值。

（e）　如果 x_j 為異常值，則把 x_j 捨棄，對剩餘的 $N-1$ 個數據，重複（a）～（d）的步驟，直到無異常值出現為止。

（f） 習慣是先從最大值開始檢查起。

重複以上方法後，最後可得到製程生產，其品管數據之平均值約為 $681.5 N/mm^2$，標準差為 $19.5 N/mm^2$。

（3） 產品抽樣檢驗

抽樣樣品抗拉強度試驗，結果如表 6.4 所列，量測不確定度分析結果【20】，在 95%信心水準下， $K=2$ ，擴充不確定度度 $U=8.0 N/mm^2$。

表 6.4　鋼筋抗拉強度數據

試驗類別 ＼ 編號	1	2	3	4	5	6
抗拉強度 N/mm^2	686	688	687	687	688	688

（4） 保護段之設定分析

保護段 $g=hU$ ， U 代表的是擴充不確定度，保護段大小由 h 參數來控制，參考 ASMEB89.7.4.1-2005【18】之內容取 $h=+1$ 到 $h=-1$，每 0.25 取一段做分析用，則保護段乘數與保護段大小，如表 6.5 所示。

表 6.5　保護段乘數與保護段大小

保護段乘數 h	保護段大小 $g=hU$
1	8
0.75	6
0.5	4
0.25	2
0	0

-0.25	-2
-0.5	-4
-0.75	-6
-1	-8

（5） 鋼筋抗拉強度試驗允收規格之上下限

CNS560【48】中規定 #8SD420W 鋼筋抗拉強度需大於 $550N/mm^2$，並且抗拉強度與降伏強度之比值必須大於 1.25，鋼筋生產品管資料：抗拉強度平均值為 $681.5N/mm^2$，標準差為 $19.5N/mm^2$；因此將鋼筋之下限值定為 $625N/mm^2$，上限值定為 $738N/mm^2$，如圖 6.15 所示。

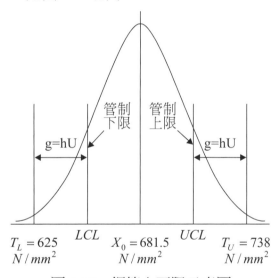

圖 6.15　鋼筋上下限示意圖

6.6 鋼筋強度試驗之符合性檢定及風險分析

6.6.1 生產者風險 (R_P) 與消費者風險之計算 (R_C)

根據 6.4.7（3）風險分析的計算步驟，並參考表 6.3 製程生產品管資料和表 6.4 鋼筋強度試驗之數據資料來計算生產者風險，保護段乘數 h 取 $+1$ 至 -1，以 0.25 為區間共取九個 h，以下計算以 $h = +1$ 為例：

（a） 由 6.5 節可知，規格下限 $T_L = 625$，規格上限 $T_U = 738$，則裕度 $T = T_U - T_L = 738 - 625 = 113$。擴充不確定度 $U = 8$，$\sigma_P = 19.5$。

（b） 保護段乘數 $h = 1$。

（c） 製程能力指數 $C_P = \dfrac{T}{6\sigma_P} = \dfrac{738 - 625}{6 \times 19.5} = 0.965$。

（d） 量測能力指數 $C_m = \dfrac{T}{2U} = \dfrac{738 - 625}{2 \times 8} = 7.0625$。

（e） $\beta = \dfrac{2}{3} \times \dfrac{C_m}{C_P} = \dfrac{2 \times 7.0625}{3 \times 0.965} = 4.8791$。

（f） $\alpha = 2(C_m - h) = 12.125$。

（g） $F(Z) = \Phi(\alpha - \beta Z) - \Phi(-\alpha - \beta Z)$

$\qquad = \Phi(12.125 - 4.8791Z) - \Phi(-12.125 - 4.8791Z)$。

（h） $R_P = P(FC \mid I) = \displaystyle\int_{-2.895}^{2.895} \left[1 - F(Z)\right] f_0(Z)dZ$。

（i） $R_C = P(P\overline{C} \mid I_0) = \displaystyle\int_{-\infty}^{-2.895} F(Z)f_0(Z)dZ + \int_{2.895}^{\infty} F(Z)f_0(Z)dZ$。

R_P 與 R_C 之詳細數值計算見附錄 C。

分別計算出九個保護段乘數的 R_C 與 R_P，如表 6.6 所示。

表 6.6　　$h = +1$ 至 -1 個別的消費者風險與生產者風險

H	消費者風險 R_C (%)	生產者風險 R_P (%)
-1	0.2399	0.0059
-0.75	0.1992	0.013
-0.5	0.1526	0.0316
-0.25	0.1055	0.073
0	0.0643	0.1517
0.25	0.0339	0.2827
0.5	0.0152	0.4789
0.75	0.0057	0.7518
1	0.0017	1.0696

將表 6.6 繪製成曲線圖。如圖 6.16 所示。

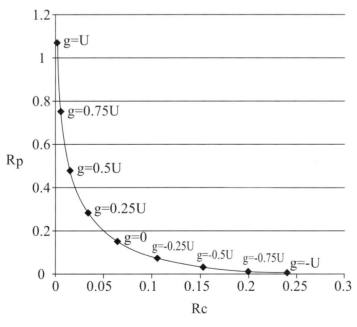

圖 6.16　R_P 和 R_C 曲線圖

從圖 6.16 可看出當保護段越嚴苛（正愈大），生產者的風險 (R_P) 就越高，而消費者的風險 (R_C) 幾乎趨近於零，相對的保護段越寬鬆（負愈大），消費者風險 (R_C) 就越高，而生產者風險 (R_P) 則趨近於零。

參考表 6.1 和附錄 A 可計算出合格率，當 $h = +1$ 而 $C_P = 0.965$，則 $X_0 = \pm 3C_P\sigma_P = \pm 2.895\sigma_P$，$P_C = \Phi(-2.895 \le Z \le 2.895) = \Phi(2.895) - \Phi(-2.895)$ $= \Phi(2.895 - (1 - \Phi(2.895))) = 0.9962$。所以合格機率為 99.62%，表示有 0.38% 的工件會落在裕度區外。

表 6.7　$h = 1$ 時的鋼筋檢查表

	鋼筋合格C	鋼筋不合格$\overline{C}$	
鋼筋通過檢測 P	$P(PC \mid I_0)$ =98.5504%	$P(P\overline{C} \mid I_0)$ 二型誤差 Rc=0.0017%	鋼筋通過檢測的機率 $P(P \mid I_0) = 98.5521\%$
鋼筋不通過檢測 F	$P(FC \mid I_0)$ 一型誤差 Rp=1.0696%	$P(F\overline{C} \mid I_0)$ =0.3783%	鋼筋不通過檢測的機率 $P(F \mid I_0) = 1.4479\%$
	鋼筋合格的機率 $P(C \mid I_0) = 99.62\%$	鋼筋不合格的機率 $P(\overline{C} \mid I_0) = 0.38\%$	

表 6.8　$h = 0$ 時的鋼筋檢查表

	鋼筋合格C	鋼筋不合格 $\overline{C}$	
鋼筋通過檢測 P	$P(PC \mid I_0)$ =99.4683%	$P(P\overline{C} \mid I_0)$ 二型誤差 Rc=0.0643%	鋼筋通過檢測的機率 $P(P \mid I_0) = 99.5326\%$
鋼筋不通過檢測 F	$P(FC \mid I_0)$ 一型誤差 Rp=0.1517%	$P(F\overline{C} \mid I_0)$ =0.3157%	鋼筋不通過檢測的機率 $P(F \mid I_0) = 0.4674\%$
	鋼筋合格的機率 $P(C \mid I_0) = 99.62\%$	鋼筋不合格的機率 $P(\overline{C} \mid I_0) = 0.38\%$	

表 6.9　$h = -0.25$ 時的鋼筋檢查表

	鋼筋合格C	鋼筋不合格 $\overline{C}$	
鋼筋通過檢測 P	$P(PC \mid I_0)$ =99.547%	$P(P\overline{C} \mid I_0)$ 二型誤差 Rc=0.1055%	鋼筋通過檢測的機率 $P(P \mid I_0) = 99.6525\%$
鋼筋不通過檢測 F	$P(FC \mid I_0)$ 一型誤差 Rp=0.073%	$P(F\overline{C} \mid I_0)$ =0.2745%	鋼筋不通過檢測的機率 $P(F \mid I_0) = 0.3475\%$
	鋼筋合格的機率 $P(C \mid I_0) = 99.62\%$	鋼筋不合格的機率 $P(\overline{C} \mid I_0) = 0.38\%$	

　　根據保護段的觀念,當 $h > 0$ 時,表示嚴苛的允收區與寬鬆的拒收區。當 $h < 0$ 時,表示寬鬆的允收區與嚴苛的拒收區。比較表 6.7 與表 6.9,當 $h = +1$ 鋼筋通過檢測的機率只有 98.5521%,而當 $h = -0.25$ 鋼筋通過檢測的機率高達 99.6525%。

6.6.2 現行規範之探討

（1） 現有鋼筋製程是根據 CNS560 規範【48】訂定，由 6.6.1 節知當 $h = 0$ 時，生產者風險為 0.1517%，消費者風險為 0.0643%，意即當未設定保護段而言，生產者承擔了大部分風險，所以生產者為了減少風險就將製程定的極為嚴苛，相對於消費者而言就是要付出高價格為代價來購買超出所需品質要求的鋼筋。

（2） 由風險分析結果可知，現有規範太過嚴苛，所以造成生產者為了驗收通過，而訂定了極為嚴苛的製程，使得有些鋼筋明明符合規範，往往由於太過嚴苛的製程而淘汰，這就造成了生產者風險過高。

（3） 對消費者而言，其實只要符合要求即可，並不需要如此高品質的鋼筋，但由於生產者過於嚴苛的製程，以至於消費者要付出額外的價格來購買鋼筋，這對消費者而言是不公平的。

（4） 本章根據保護段的大小，計算出生產者風險與消費者風險，但並未做經濟效益分析，所以無法肯定指出多大的保護段是對於消費者與生產者雙方面來說是合理的，後續研究可以結合效益分析，找出最佳的保護段大小，訂定更加合理的製程，以減少生產者與消費者雙方的風險與負擔。

附錄 A

高斯分配之相關計算

A.1　高斯分配（機率分配函數，機率密度函數）：

$$f(x) = \frac{1}{\sigma_p \sqrt{2\pi}} \exp\left[-1/2\left(\frac{x - x_0}{\sigma_p}\right)^2\right] \quad\quad\cdots\cdots\cdots\cdots\cdots\cdots\cdots（A.1）$$

$$P(a < X < b) = \int_a^b f(x)dx \quad\quad\cdots\cdots\cdots\cdots\cdots\cdots\cdots\cdots\cdots（A.2）$$

如果把公式（A.1）帶入公式（A.2）中求 x 介於 a 與 b 區間之機率（百分率）無法有封閉型式 之解，故另尋途徑解決。

變換係數法

令 $Z = \dfrac{X - X_0}{\sigma_P}$，則公式（A.1）機率密度具有平均值為 0，而變異數為 1 之特性。

$$P(a < X < b) = \int_a^b f(x)dx$$

當 $x = b,\quad Z = \dfrac{b - x_0}{\sigma_p}$

當 $x = a,\quad Z = \dfrac{a - x_0}{\sigma_p}$

$$dx = \sigma_p dz$$

$$\therefore P(a < x < b) = \frac{1}{\sqrt{2\pi}} \int_{\frac{a-x_0}{\sigma_p}}^{\frac{b-x_0}{\sigma_p}} \exp\left(-z^2/2\right) dz \quad\text{(A.3)}$$

定義

$$\phi(Z) = \int_{-\infty}^{Z} \frac{1}{\sqrt{2\pi}} e^{-[z^2/2]} dz \quad\text{(A.4)}$$
$$-\infty < z < \infty$$

則

$$P(a < X < b) = \frac{1}{\sqrt{2\pi}} \int_{\frac{a-x_0}{\sigma_p}}^{\frac{b-x_0}{\sigma_p}} e^{-[z^2/2]} dz$$

$$= \frac{1}{\sqrt{2\pi}} \left[\int_{-\infty}^{\frac{b-x_0}{\sigma_p}} e^{-[z^2/2]} dz - \int_{-\infty}^{\frac{a-x_0}{\sigma_p}} e^{-[z^2/2]} dz \right] \quad\text{(A.5)}$$

$$= \phi\left[\frac{b-x_0}{\sigma_p}\right] - \phi\left[\frac{a-x_0}{\sigma_p}\right]$$

而 $\phi(Z)$ 值查表，且 $\phi(-Z) = 1 - \phi(Z)$，所以當 $C_P = 0.5$，則

$$X_0 \pm T/2 = X_0 \pm 3C_P\sigma_P$$

$$X_0 \pm T/2 = X_0 \pm 3\times0.5\times\sigma_P = X_0 \pm 1.5\sigma_P$$

則 $X - X_0$ 之範圍為　$\pm 1.5\sigma_P$

帶入公式 A.4 中，

$$P(X_0 - 1.5\sigma_P < X < X_0 + 1.5\sigma_P) = \phi(1.5) - \phi(-1.5) = 0.9332 - (1 - 0.9332)$$

$$= 0.9332 - 0.0668 = 0.8664$$

當 $C_P = 1, x_0 = \pm 3C_P\sigma_P = \pm 3\sigma_P$

合格機率百分比

$$P_C = \phi(-3 \leq Z \leq 3) = \phi(3) - \phi(-3) = 0.997$$

所以符合性的百分率為 0.997，有 0.003 之工件預期會超過裕度。

附錄 B

風險分析

B.1 消費者風險 (R_C) ：

消費者風險就是通過誤差或錯誤允收，亦即是產品不符合規格的特徵，由於量測誤差的原因而通過了檢試的機率。令 $P\overline{C}$ 表示量測量通過檢測而不符合規格相關事件的問題。符號 I_0 表示對生產或量測程序所瞭解的資訊，R_C 就是 $P\overline{C}$ 為眞的機率，表示成

$$R_C = (P\overline{C} \mid I_0)$$

x 是特徵 X 可能之值，上式所指風險可以寫成邊際機率（Marginal probability）。

$$R_C = \int_{x \in R} P(P\overline{C}x \mid I_0)dx = \int_{x \in R} P(P\overline{C} \mid xI_0)P(x \mid I_0)dx \cdots\cdots\cdots （B.1）$$

積分的範圍 R 包括超出裕度界限 (T_L, T_U) 所定義的合格區之所有 x 值。因此 $R = [x < T_L$ 和 $x > T_U]$，公式（B.1）之積分是利用機率理論之乘積法則而改寫成第二等號後的形式。

公式（B.1）中，$P(x \mid I_0)$ 為特徵 x 值之先前密度機率，假定可完整的以高斯分佈來描述，則

$$P(x \mid I_0) = \frac{1}{u_P\sqrt{2\pi}} \exp\left[-\frac{1}{2}\left(\frac{x-x_0}{u_P}\right)^2\right] = N(x; x_0, u_P^2) \cdots\cdots\cdots （B.2）$$

公式中：

$$x_0 = \frac{T_L + T_U}{2} = 標稱值（位於裕度區中間）。$$

u_P = 執行量測前，x 合理可能值所隨附之標準不確定度。

裕度 $T = T_U - T_L$，加上標準不確定度 u_P（取與製程標準差相等）定義出製程能力指數 C_P。

$$C_P = \frac{T}{6u_P} \quad\text{...}\text{（B.3）}$$

公式（B.1）中，$P(P\overline{C} \mid xI_0)$ 為某一特徵，已知不符合規格，但量測所得結果 x_m，落在由測定界限 (G_L, G_U) 所定義的允收區內，$G_L \leq x_m \leq G_U$，其機率如圖 B.1 所示。

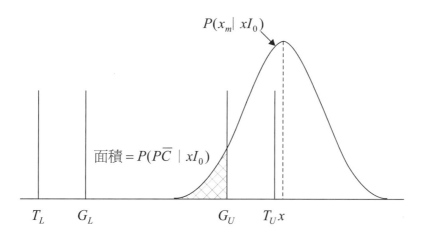

圖 B.1　允收到不符合規格工件之機率圖

給定已知值 x 和量測程序，有一個合理地量測可能結果 x_m 的範圍，和所提供訊息相符，對一個所有已知顯著系統誤差均已被修正的量測程序而言，我們對量測可能結果的範圍，相信的程度可用高斯機率密度函

229

數來描述,而此高斯機率密度函數的標準差即等於量測標準不確定度 u_m。

$$P(x_m \mid xI_0) = \frac{1}{u_P\sqrt{2\pi}}\exp\left[-\frac{1}{2}\left(\frac{x_m-x}{u_m}\right)^2\right] = N(x_m; x, u_m^2) \cdots\cdots \text{(B.4)}$$

裕度 T 和標準不確定度 u_m,定義出量測能力指數 C_m

$$C_m = \frac{T}{4u_m} \cdots\cdots\cdots\cdots \text{(B.5)}$$

公式(B.4)之機率密度函數如圖 B.1 所示。

圖 B.1 說明如下:

(1) 所設定的 x 太長,已超出裕度上限。本圖顯示量測特徵 x 其合理量測結果 x_m 可能值的分佈 $P(x_m \mid xI_0)$。

(2) 特徵通過檢測而允收的機率等於曲線 $P(x_m \mid xI_0)$ 在測定界限 (G_L, G_U) 所定義的允收區內所覆蓋的面積部份,如畫斜線部份。

此特定值之通過誤差,其條件機率 $P(P\overline{C} \mid xI_0)$ 等於在測定界限間,由曲線 $P(x_m \mid xI_0)$ 所覆蓋的面積部份。

$$P(P\overline{C} \mid xI_0) = \int_{G_L}^{G_U} P(x_m \mid xI_0)dx$$

$$= \frac{1}{u_m\sqrt{2\pi}}\int_{G_L}^{G_U}\exp\left[-\frac{1}{2}\left(\frac{x_m-x}{u_m}\right)^2\right]dx \cdots\cdots \text{(B.6)}$$

令

$$W = \frac{x_m-x}{u_m}$$

$$f_0(z) = \frac{1}{\sqrt{2\pi}} \exp\left(-\frac{z^2}{2}\right) \quad （標準常態分配）$$

則

$$P(P\overline{C} \mid xI_0) = \int_{W_L}^{W_U} f_0(z)dW = \phi(W_U) - \phi(W_L) \quad\cdots\cdots\cdots\cdots\cdots\cdots\quad （B.7）$$

公式中

$$W_U = \frac{G_U - x}{u_m} \quad , \quad W_L = \frac{G_L - x}{u_m}$$

$$\phi(W) = 標準常態累積分佈函數 = \int_{-\infty}^{W} f_0(z)dW$$

把公式（B.2）和公式（B.7）代入公式（B.1）中，得到 R_c

$$R_c = \int_{x \in R} P(P\overline{C} \mid xI_0)P(x \mid I_0)dx$$

$$= \int_{x \in R} [\phi(W_U) - \phi(W_L)]P(x \mid I_0)dx$$

$$= \frac{1}{u_P\sqrt{2\pi}} \int_{-\infty}^{T_L} [\phi(W_U) - \phi(W_L)]\exp\left[-\frac{1}{2}\left(\frac{x - x_0}{u_P}\right)^2\right]dx$$

$$+ \frac{1}{u_P\sqrt{2\pi}} \int_{T_U}^{\infty} [\phi(W_U) - \phi(W_L)]\exp\left[-\frac{1}{2}\left(\frac{x - x_0}{u_P}\right)^2\right]dx$$

令

$$Z = \frac{x - x_0}{u_P} \quad ，則上個公式變成：$$

$$R_c = \int_{-\infty}^{Z_L} [\phi(W_U) - \phi(W_L)] f_0(z) dz$$

$$+ \int_{Z_U}^{\infty} [\phi(W_U) - \phi(W_L)] f_0(z) dz \quad\cdots\cdots\cdots\cdots\cdots\cdots\cdots\cdots （B.8）$$

公式中

$$Z_L = \frac{T_L - x_0}{u_P} = -3C_P$$

$$Z_U = \frac{T_U - x_0}{u_P} = +3C_P$$

現在定義保護段倍數因子 h

$$h \equiv \frac{T_U - G_U}{U} \equiv \frac{T_U - G_U}{2u_m}$$

同時令 $\beta = \dfrac{u_P}{u_m}$ ，因為 $x = x_0 + zu_P$，所以參數 W_U 和 W_L 可以寫成 z 的函數

$$W_U = \frac{G_U - x}{u_m} = 2(C_m - h) - \beta z = \alpha - \beta z$$

$$W_L = \frac{G_L - x}{u_m} = -2(C_m - h) - \beta z = -\alpha - \beta z$$

常數 $\alpha = 2(C_m - h)$，則公式（B.8）內中括弧內的量可用下面定義的函數取代之。

$$F(z) = \phi(\alpha - \beta z) - \phi(-\alpha - \beta z) \quad\cdots\cdots\cdots\cdots\cdots\cdots\cdots\cdots （B.9）$$

最後消費者風險 R_c 變成：

$$R_c = \int_{-\infty}^{-3C_P} F(z) f_0(z) dz + \int_{3C_P}^{\infty} F(z) f_0(z) dz \quad \cdots\cdots\cdots\cdots\cdots\cdots \text{（B.10）}$$

B.2　生產者風險 (R_P)：

　　生產者風險 R_P 是不通過誤差機率，其含意為產品符合規格，但因量測誤差之原因導致特徵通不過檢測的機率，令 FC 表示量測特徵符合規格且通不過檢測所共同發生的事件。

　　所提訊息 I_0，其限制條件是要提供描述生產和量測程序的知識，R_P 就是等於事件 F_c 為真的機率。

$$R_P = P(FC \mid I_0)$$

　　和公式（B.1）消費者風險 R_c 一樣，生產者風險可以寫成邊際機率（Marginal probability）。

$$R_P = \int_{T_L}^{T_U} P(FCx \mid I_0) dx = \int_{T_L}^{T_U} P(FC \mid xI_0) P(x \mid I_0) dx \quad \cdots\cdots\cdots\cdots \text{（B.11）}$$

　　積分上下限包括了所有符合規格之數值，也就是裕度區 $T_L \le x \le T_U$，$P(FC \mid xI_0)$ 的量就特徵已經知道符合規格，但因量測之誤差使得量測結果 x_m 超過由 $G_L \le x_m \le G_U$ 所定義允收區的機率，情況如圖 B.2 所示。

　　當量測特徵 x，曲線圖表示量測結果可能值 x_m 的機率分佈 $P(x_m \mid xI_0)$。特徵通不過檢測而被拒收的機率就等於曲線超出由測定界限所定義允收區外所覆蓋面積的部份如圖 B.2 斜線所畫部份。忽略 x_m 小於測定下限 G_L 之機率。

　　所以通過誤差之條件機率 $P(FC \mid xI_0)$，等於曲線 $P(x_m \mid xI_0)$ 超出由測定限界 (G_L, G_U) 所定義的允收區外，其所覆蓋的面積。

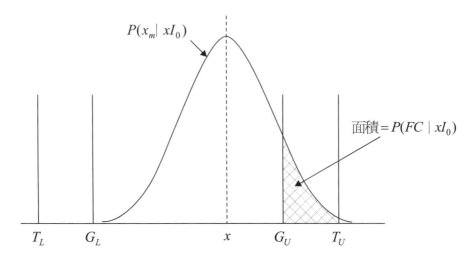

圖 B.2　拒收符合規格工件之機率圖

由公式（B.4）高斯密度函數

$$P(FC \mid xI_0) = \frac{1}{u_m\sqrt{2\pi}} \int_{-\infty}^{G_L} \exp\left[-\frac{1}{2}\left(\frac{x_m - x}{u_m} \right)^2 \right] dx_m$$

$$+ \frac{1}{u_m\sqrt{2\pi}} \int_{G_U}^{\infty} \exp\left[-\frac{1}{2}\left(\frac{x_m - x}{u_m} \right)^2 \right] dx_m \cdots\cdots\cdots （\text{B.12}）$$

令 $W = \dfrac{x_m - x}{u_m}$ ，$f_0(z) = \dfrac{1}{\sqrt{2\pi}} \exp\left(-\dfrac{z^2}{2} \right)$ （標準常態分配）

代入公式（B.12）中，得出

$$P(FC \mid xI_0) = \int_{-\infty}^{W_L} f_0(z)dW + \int_{W_U}^{\infty} f_0(z)dW = \phi(W_L) + 1 - \phi(W_U) \quad （\text{B.13}）$$

公式中 $W_L = \dfrac{G_L - x}{u_m}$ ，$W_U = \dfrac{G_U - x}{u_m}$

因為

$$\frac{1}{\sqrt{2\pi}}\int_{-\infty}^{\infty}\exp\left[-\frac{W^2}{2}\right]dW=1$$

亦即

$$\frac{1}{\sqrt{2\pi}}\int_{-\infty}^{W_U}\exp\left[-\frac{W^2}{2}\right]dW+\frac{1}{\sqrt{2\pi}}\int_{W_U}^{\infty}\exp\left[-\frac{W^2}{2}\right]dW=1$$

$$\frac{1}{\sqrt{2\pi}}\int_{W_U}^{\infty}\exp\left[-\frac{W^2}{2}\right]dW=1-\frac{1}{\sqrt{2\pi}}\int_{-\infty}^{W_U}\exp\left[-\frac{W^2}{2}\right]dW=1-\phi(W_U)$$

利用公式（B.13）和（B.2），則生產者風險 R_P，

公式（B.11）變成：

$$R_P=\frac{1}{u_P\sqrt{2\pi}}\int_{T_L}^{T_U}[1-\phi(W_U)+\phi(W_L)]\exp\left[-\frac{1}{2}\left(\frac{x-x_0}{u_P}\right)^2\right]dx$$

令 $Z=\dfrac{x-x_0}{u_P}$ ，則上個公式變成：

$$R_P=\int_{-3C_p}^{3C_p}[1-\phi(W_U)+\phi(W_L)]f_0(z)dz \quad\cdots\cdots\cdots\cdots\cdots\cdots（B.14）$$

採用和公式（B.9）$F(z)$ 相同的定義，則生產者風險 R_p【公式（B.14）】

就是

$$R_P=\int_{-3C_p}^{3C_p}[1-F(z)]f_0(z)dz \quad\cdots\cdots\cdots\cdots\cdots\cdots\cdots（B.15）$$

當 $h=1$ 及 0.75 時，R_P 及 R_C 的數值計算如附錄 C 中的表 C.1 和 C.2 所示。

附錄 C

風險計算

有些積分無法直接由反導函數求出，在數學中計算曲線下面積近似值有以下三種：

Rectangular Rule，Trapezoidal Rule 及 Simpson's Rule。

假設函數在 f 在 $[a，b]$ 之間可積分，且 $P_n = \{x_1 + x_2 + \cdots + x_n\}$。將

$[a，b]$ 之間分成 n 等分，其中 $a < x_1 < x_2 < \cdots < x_n < b$。

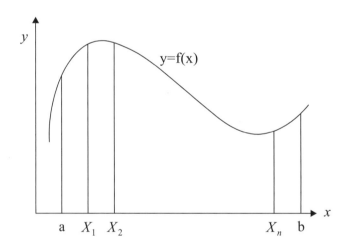

(1)Rectangular Rule

將曲線下個部分分割成矩形計算，如下圖：

計算下圖之曲線下面積公式如下：

$$J = \int_a^b f(x)dx \approx h[f(x_{1*}) + f(x_{2*}) + \cdots + f(x_{n*})] \quad\cdots\cdots\cdots\cdots\cdots \text{（C.1）}$$

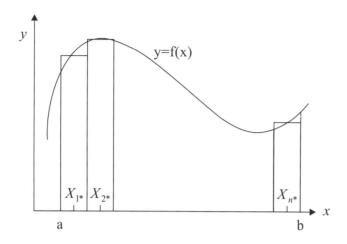

(2)Trapezoidal Rule

利用梯形法則將曲線下面積切割成各個梯形計算，如下圖：

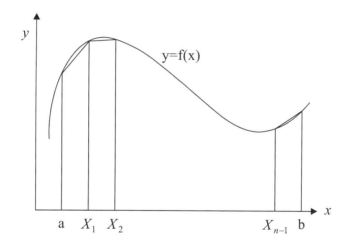

計算上圖曲線下面積公式如下：

$$J = \int_a^b f(x)dx \approx h\left[\frac{1}{2}f(a) + f(x_1) + f(x_2) + \cdots + f(x_{n-1}) + \frac{1}{2}f(b)\right] \quad (C.2)$$

(3)Simpson's Rule

利用辛普森法則將曲線下面積切割計算，如下圖：

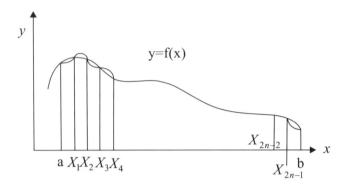

計算上圖曲線下面積公式如下：

$$\int_a^b f(x)dx \approx \frac{h}{3}(f_0 + 4f_1 + 2f_2 + 4f_3 + \cdots + 2f_{2n-2} + 4f_{2n-1} + f_{2n})\ （C.3）$$

1.生產者風險（矩形分割法）

$$R_P = \int_{-3C_P}^{3C_P} [1 - F(Z)]\left(\frac{1}{\sqrt{2\pi}}\right)e^{\left(-\frac{Z^2}{2}\right)}dZ$$

$$= \frac{1}{\sqrt{2\pi}}\int_{-3C_P}^{3C_P} [1 - [\phi(B) - \phi(C)]]e^{\left(-\frac{Z^2}{2}\right)}dZ$$

$$= \frac{1}{\sqrt{2\pi}}\int_{-3C_P}^{3C_P} e^{\left(-\frac{Z^2}{2}\right)}dZ - \frac{1}{\sqrt{2\pi}}\int_{-3C_P}^{3C_P} [\phi(B) - \phi(C)]e^{\left(\frac{Z^2}{2}\right)}dZ$$

$$= \frac{1}{\sqrt{2\pi}}\int_{-3C_P}^{3C_P} e^{\left(-\frac{Z^2}{2}\right)}dZ - \frac{1}{\sqrt{2\pi}}\int_{-3C_P}^{3C_P} \phi(B)e^{\left(-\frac{Z^2}{2}\right)}dZ$$

$$+ \frac{1}{\sqrt{2\pi}}\int_{-3C_P}^{3C_P} \phi(C)e^{\left(-\frac{Z^2}{2}\right)}dZ \cdots\cdots\cdots\cdots\cdots\cdots\cdots\cdots（C.4）$$

式中 $\phi(B) = \phi(\alpha - \beta Z)$，$\phi(C) = \phi(-\alpha - \beta Z)$

將 $\dfrac{1}{\sqrt{2\pi}}\displaystyle\int_{-3C_P}^{3C_P} e^{\left(-\frac{Z^2}{2}\right)}dZ$ 一式代入 matlab 程式中計算可得出 0.9232，因

$\dfrac{1}{\sqrt{2\pi}}\displaystyle\int_{-3C_P}^{3C_P}\phi(B)e^{\left(-\frac{Z^2}{2}\right)}dZ$ 與 $\dfrac{1}{\sqrt{2\pi}}\displaystyle\int_{-3C_P}^{3C_P}\phi(C)e^{\left(-\frac{Z^2}{2}\right)}dZ$ 為雙重積分無法直接

計算，由統計學中計算常態分配曲線下面積的方法，將所求的積分範圍分成五十等份，間距為 h，分別計算每個等份的曲線下面積。詳細的計算過程於下列表格中即可看出。

2.消費者風險（矩形分割法）

$$R_C = \int_{-\infty}^{-3C_P} F(Z)\left(\frac{1}{\sqrt{2\pi}}\right)e^{\left(-\frac{Z^2}{2}\right)}dZ + \int_{3C_P}^{\infty} F(Z)\left(\frac{1}{\sqrt{2\pi}}\right)e^{\left(-\frac{Z^2}{2}\right)}dZ \cdots （C.5）$$

　　由 matlab 計算可得知 $\pm\infty$ 可由 ± 9 代入算式中，詳細計算呈現於下列表格中。

表 C.1　$h=1$ 時之 R_P，R_C

Z	12.125-4.8791Z	12.125-4.8791Z	Z^2	(Z^2)/-2	exp	Q(B)	Q(C)	F(B)		F(C)	
2.895	-1.9999945	-26.2499945	8.381025	-4.19051	0.015139	0.0228	0		0.000345		0
2.7792	-1.43499472	-25.68499472	7.723953	-3.86198	0.021026	0.0756	0	0.00159			0
2.6634	-0.86999494	-25.11999494	7.0937	-3.54685	0.028815	0.1922	0	0.005538			0
2.5476	-0.30499516	-24.55499516	6.490266	-3.24513	0.038963	0.3802	0	0.014814			0
2.4318	0.26000462	-23.98999538	5.913651	-2.95683	0.051984	0.6026	0	0.031325			0
2.316	0.8250044	-23.4249956	5.363856	-2.68193	0.068431	0.7953	0	0.054423			0
2.2002	1.39000418	-22.85999582	4.84088	-2.42044	0.088882	0.9711	0	0.086314			0
2.0844	1.95500396	-22.29499604	4.344723	-2.17236	0.113908	0.9747	0	0.111026			0
1.9686	2.52000374	-21.72999626	3.875386	-1.93769	0.144036	0.9941	0	0.143186			0
1.8528	3.08500352	-21.16499648	3.432868	-1.71643	0.179706	0.999	0	0.179526			0
1.737	3.6500033	-20.5999967	3.017169	-1.50858	0.221223	0.9999	0	0.221201			0
1.6212	4.21500308	-20.03499692	2.628289	-1.31414	0.268704	1	0	0.268704			0
1.5054	4.78000286	-19.46499714	2.266229	-1.13311	0.322029	1	0	0.322029			0
1.3896	5.34500264	-18.90499736	1.930988	-0.96549	0.380795	1	0	0.380795			0
1.2738	5.91000242	-18.33999758	1.622566	-0.81128	0.444288	1	0	0.444288			0
1.158	6.4750022	-17.7749978	1.340964	-0.67048	0.511462	1	0	0.511462			0
1.0422	7.04000198	-17.20999802	1.086181	-0.54309	0.58095	1	0	0.58095			0
0.9264	7.60500176	-16.64499824	0.858217	-0.42911	0.651089	1	0	0.651089			0
0.8106	8.17000154	-16.07999846	0.657072	-0.32854	0.719977	1	0	0.719977			0
0.6948	8.73500132	-15.51499868	0.482747	-0.24137	0.785548	1	0	0.785548			0
0.579	9.3000011	-14.9499989	0.335241	-0.16762	0.845675	1	0	0.845675			0
0.4632	9.86500088	-14.38499912	0.214554	-0.10728	0.898277	1	0	0.898277			0
0.3474	10.43000066	-13.81999934	0.120687	-0.06034	0.941441	1	0	0.941441			0
0.2316	10.99500044	-13.25499956	0.053639	-0.02682	0.973537	1	0	0.973537			0
0.1158	11.56000022	-12.68999978	0.01341	-0.0067	0.993318	1	0	0.993318			0
0	12.125	-12.125	0	0	1	1	0	1			0
-0.1158	12.68999978	-11.56000022	0.01341	-0.0067	0.993318	1	0	0.993318			0
-0.2316	13.25499956	-10.99500044	0.053639	-0.02682	0.973537	1	0	0.973537			0
-0.3474	13.81999934	-10.43000066	0.120687	-0.06034	0.941441	1	0	0.941441			0
-0.4632	14.38499912	-9.86500088	0.214554	-0.10728	0.898277	1	0	0.898277			0
-0.579	14.9499989	-9.3000011	0.335241	-0.16762	0.845675	1	0	0.845675			0
-0.6948	15.51499868	-8.73500132	0.482747	-0.24137	0.785548	1	0	0.785548			0
-0.8106	16.07999846	-8.17000154	0.657072	-0.32854	0.719977	1	0	0.719977			0
-0.9264	16.64499824	-7.60500176	0.858217	-0.42911	0.651089	1	0	0.651089			0
-1.0422	17.20999802	-7.04000198	1.086181	-0.54309	0.58095	1	0	0.58095			0
-1.158	17.7749978	-6.4750022	1.340964	-0.67048	0.511462	1	0	0.511462			0
-1.2738	18.33999758	-5.91000242	1.622566	-0.81128	0.444288	1	0	0.444288			0
-1.3896	18.90499736	-5.34500264	1.930988	-0.96549	0.380795	1	0	0.380795			0
-1.5054	19.46499714	-4.78000286	2.266229	-1.13311	0.322029	1	0	0.322029			0
-1.6212	20.03499692	-4.21500308	2.628289	-1.31414	0.268704	1	0	0.268704			0
-1.737	20.5999967	-3.6500033	3.017169	-1.50858	0.221223	1	1E-04	0.221223			2.21E-05
-1.8528	21.16499648	-3.08500352	3.432868	-1.71643	0.179706	1	0.001	0.179706			0.00018
-1.9686	21.72999626	-2.52000374	3.875386	-1.93769	0.144036	1	0.0059	0.144036			0.00085
-2.0844	22.29499604	-1.95500396	4.344723	-2.17236	0.113908	1	0.0253	0.113908			0.002882
-2.2002	22.85999582	-1.39000418	4.84088	-2.42044	0.088882	1	0.0289	0.088882			0.002569
-2.316	23.4249956	-0.8250044	5.363856	-2.68193	0.068431	1	0.2047	0.068431			0.014008
-2.4318	23.98999538	-0.26000462	5.913651	-2.95683	0.051984	1	0.3974	0.051984			0.020658
-2.5476	24.55499516	0.30499516	6.490266	-3.24513	0.038963	1	0.6198	0.038963			0.02415
-2.6634	25.11999494	0.86999494	7.0937	-3.54685	0.028815	1	0.8078	0.028815			0.023277
-2.7792	25.68499472	1.43499472	7.723953	-3.86198	0.021026	1	0.9244	0.021026			0.019437
-2.895	26.2499945	1.9999945	8.381025	-4.19051	0.015139	1	0.9772		0.015139		0.014793
							21.4401	0.015484	0.108032	0.014793	
								0.007742		0.007397	
2.483659746	0.990836883										
0.013366603	0.005332503										
	0.9962										
Rp=	1.0696%										

Z	12.125-4.8791Z	12.125-4.8791Z	Z^2	(Z^2)/-2	exp	Q(B)	Q(C)	F(B)		F(C)	
-2.895	26.2499945	1.9999945	8.381025	-4.19051	0.015139	1	0.9773		0.015139		0.014795
-3.0171	26.84573261	2.59573261	9.102892	-4.55145	0.010552	1	0.9953	0.010552		0.010502	
-3.1392	27.44147072	3.19147072	9.854577	-4.92729	0.007246	1	0.9993	0.007246		0.007241	
-3.2613	28.03720883	3.78720883	10.63608	-5.31804	0.004902	1	0.9999	0.004902		0.004902	
-3.3834	28.63294694	4.38294694	11.4474	-5.7237	0.003268	1	1	0.003268		0.003268	
-3.5055	29.22868505	4.97868505	12.28853	-6.14427	0.002146	1	1	0.002146		0.002146	
-3.6276	29.82442316	5.57442316	13.15948	-6.57974	0.001388	1	1	0.001388		0.001388	
-3.7497	30.42016127	6.17016127	14.06025	-7.03012	0.000885	1	1	0.000885		0.000885	
-3.8718	31.01589938	6.76589938	14.99084	-7.49542	0.000556	1	1	0.000556		0.000556	
-3.9939	31.61163749	7.36163749	15.95124	-7.97562	0.000344	1	1	0.000344		0.000344	
-4.116	32.2073756	7.9573756	16.94146	-8.47073	0.00021	1	1	0.00021		0.00021	
-4.2381	32.80311371	8.55311371	17.96149	-8.98075	0.000126	1	1	0.000126		0.000126	
-4.3602	33.39885182	9.14885182	19.01134	-9.50567	7.44E-05	1	1	7.44E-05		7.44E-05	
-4.4823	33.99458993	9.74458993	20.09101	-10.0455	4.34E-05	1	1	4.34E-05		4.34E-05	
-4.6044	34.59032804	10.34032804	21.2005	-10.6002	2.49E-05	1	1	2.49E-05		2.49E-05	
-4.7265	35.18606615	10.93606615	22.3398	-11.1699	1.41E-05	1	1	1.41E-05		1.41E-05	
-4.8486	35.78180426	11.53180426	23.50892	-11.7545	7.85E-06	1	1	7.85E-06		7.85E-06	
-4.9707	36.37754237	12.12754237	24.70786	-12.3539	4.31E-06	1	1	4.31E-06		4.31E-06	
-5.0928	36.97328048	12.72328048	25.93661	-12.9683	2.33E-06	1	1	2.33E-06		2.33E-06	
-5.2149	37.56901859	13.31901859	27.19518	-13.5976	1.24E-06	1	1	1.24E-06		1.24E-06	
-5.337	38.1647567	13.9147567	28.48357	-14.2418	6.53E-07	1	1	6.53E-07		6.53E-07	
-5.4591	38.76049481	14.51049481	29.80177	-14.9009	3.38E-07	1	1	3.38E-07		3.38E-07	
-5.5812	39.35623292	15.10623292	31.14979	-15.5749	1.72E-07	1	1	1.72E-07		1.72E-07	
-5.7033	39.95197103	15.70197103	32.52763	-16.2638	8.64E-08	1	1	8.64E-08		8.64E-08	
-5.8254	40.54770914	16.29770914	33.93529	-16.9676	4.28E-08	1	1	4.28E-08		4.28E-08	
-5.9475	41.14344725	16.89344725	35.37276	-17.6864	2.08E-08	1	1	2.08E-08		2.08E-08	
-6.0696	41.73918536	17.48918536	36.84004	-18.42	1E-08	1	1		1E-08		
-6.1917	42.33492347	18.08492347	38.33715	-19.1686	4.73E-09	1	1	4.73E-09		4.73E-09	
-6.3138	42.93066158	18.68066158	39.86407	-19.932	2.21E-09	1	1	2.21E-09		2.21E-09	
-6.4359	43.52639969	19.27639969	41.42081	-20.7104	1.01E-09	1	1	1.01E-09		1.01E-09	
-6.558	44.1221378	19.8721378	43.00736	-21.5037	4.58E-10	1	1	4.58E-10		4.58E-10	
-6.6801	44.71787591	20.46787591	44.62374	-22.3119	2.04E-10	1	1	2.04E-10		2.04E-10	
-6.8022	45.31361402	21.06361402	46.26992	-23.135	8.97E-11	1	1	8.97E-11		8.97E-11	
-6.9243	45.90935213	21.65935213	47.94593	-23.973	3.88E-11	1	1	3.88E-11		3.88E-11	
-7.0464	46.50509024	22.25509024	49.65175	-24.8259	1.65E-11	1	1	1.65E-11		1.65E-11	
-7.1685	47.10082835	22.85082835	51.38739	-25.6937	6.94E-12	1	1	6.94E-12		6.94E-12	
-7.2906	47.69656646	23.44656646	53.15285	-26.5764	2.87E-12	1	1	2.87E-12		2.87E-12	
-7.4127	48.29230457	24.04230457	54.94812	-27.4741	1.17E-12	1	1	1.17E-12		1.17E-12	
-7.5348	48.88804268	24.63804268	56.77321	-28.3866	4.7E-13	1	1	4.7E-13		4.7E-13	
-7.6569	49.48378079	25.23378079	58.62812	-29.3141	1.86E-13	1	1	1.86E-13		1.86E-13	
-7.779	50.0795189	25.8295189	60.51284	-30.2564	7.24E-14	1	1	7.24E-14		7.24E-14	
-7.9011	50.67525701	26.42525701	62.42738	-31.2137	2.78E-14	1	1	2.78E-14		2.78E-14	
-8.0232	51.27099512	27.02099512	64.37174	-32.1859	1.05E-14	1	1	1.05E-14		1.05E-14	
-8.1453	51.86673323	27.61673323	66.34591	-33.173	3.92E-15	1	1	3.92E-15		3.92E-15	
-8.2674	52.46247134	28.21247134	68.3499	-34.175	1.44E-15	1	1	1.44E-15		1.44E-15	
-8.3895	53.05820945	28.80820945	70.38371	-35.1919	5.2E-16	1	1	5.2E-16		5.2E-16	
-8.5116	53.65394756	29.40394756	72.44733	-36.2237	1.85E-16	1	1	1.85E-16		1.85E-16	
-8.6337	54.24968567	29.99968567	74.54078	-37.2704	6.51E-17	1	1	6.51E-17		6.51E-17	
-8.7558	54.84542378	30.59542378	76.66403	-38.332	2.25E-17	1	1	2.25E-17		2.25E-17	
-8.8779	55.44116189	31.19116189	78.81711	-39.4086	7.68E-18	1	1	7.68E-18		7.68E-18	
-9	56.0369	31.7869	81	-40.5	2.58E-18	1	1		2.58E-18		2.58E-18
								0.031795	0.015139	0.03174	0.014795

0.004806423	0.001917485
0.004778709	0.001906429
	1.10563E-05

Z	12.125-4.8791Z	12.125-4.8791Z	Z^2	(Z^2)/-2	exp	Q(B)	Q(C)	F(B)		F(C)	
9	-31.7869	-56.0369	81	-40.5	2.57676E-18	0	0		0		0
8.8779	-31.19116189	-55.44116189	78.81711	-39.4086	7.67507E-18	0	0	0		0	
8.7558	-30.59542378	-54.84542378	76.66403	-38.332	2.25225E-17	0	0	0		0	
8.6337	-29.99968567	-54.24968567	74.54078	-37.2704	6.51143E-17	0	0	0		0	
8.5116	-29.40394756	-53.65394756	72.44733	-36.2237	1.85465E-16	0	0	0		0	
8.3895	-28.80820945	-53.05820945	70.38371	-35.1919	5.20441E-16	0	0	0		0	
8.2674	-28.21247134	-52.46247134	68.3499	-34.175	1.43882E-15	0	0	0		0	
8.1453	-27.61673323	-51.86673323	66.34591	-33.173	3.91894E-15	0	0	0		0	
8.0232	-27.02099512	-51.27099512	64.37174	-32.1859	1.05161E-14	0	0	0		0	
7.9011	-26.42525701	-50.67525701	62.42738	-31.2137	2.78014E-14	0	0	0		0	
7.779	-25.8295189	-50.0795189	60.51284	-30.2564	7.24108E-14	0	0	0		0	
7.6569	-25.23378079	-49.48378079	58.62812	-29.3141	1.85809E-13	0	0	0		0	
7.5348	-24.63804268	-48.88804268	56.77321	-28.3866	4.69736E-13	0	0	0		0	
7.4127	-24.04230457	-48.29230457	54.94812	-27.4741	1.16995E-12	0	0	0		0	
7.2906	-23.44656646	-47.69656646	53.15285	-26.5764	2.87082E-12	0	0	0		0	
7.1685	-22.85082835	-47.10082835	51.38739	-25.6937	6.94016E-12	0	0	0		0	
7.0464	-22.25509024	-46.50509024	49.65175	-24.8259	1.65295E-11	0	0	0		0	
6.9243	-21.65935213	-45.90935213	47.94593	-23.973	3.87859E-11	0	0	0		0	
6.8022	-21.06361402	-45.31361402	46.26992	-23.135	8.9663E-11	0	0	0		0	
6.6801	-20.46787591	-44.71787591	44.62374	-22.3119	2.04211E-10	0	0	0		0	
6.558	-19.8721378	-44.1221378	43.00736	-21.5037	4.58215E-10	0	0	0		0	
6.4359	-19.27639969	-43.52639969	41.42081	-20.7104	1.01294E-09	0	0	0		0	
6.3138	-18.68066158	-42.93066158	39.86407	-19.932	2.20611E-09	0	0	0		0	
6.1917	-18.08492347	-42.33492347	38.33715	-19.1686	4.73363E-09	0	0	0		0	
6.0696	-17.48918536	-41.73918536	36.84004	-18.42	1.00066E-08	0	0	0		0	
5.9475	-16.89344725	-41.14344725	35.37276	-17.6864	2.08403E-08	0	0	0		0	
5.8254	-16.29770914	-40.54770914	33.93529	-16.9676	4.27609E-08	0	0	0		0	
5.7033	-15.70197103	-39.95197103	32.52763	-16.2638	8.644E-08	0	0	0		0	
5.5812	-15.10623292	-39.35623292	31.14979	-15.5749	1.72151E-07	0	0	0		0	
5.4591	-14.51049481	-38.76049481	29.80177	-14.9009	3.37775E-07	0	0	0		0	
5.337	-13.9147567	-38.1647567	28.48357	-14.2418	6.52937E-07	0	0	0		0	
5.2149	-13.31901859	-37.56901859	27.19518	-13.5976	1.24349E-06	0	0	0		0	
5.0928	-12.72328048	-36.97328048	25.93661	-12.9683	2.33312E-06	0	0	0		0	
4.9707	-12.12754237	-36.37754237	24.70786	-12.3539	4.31277E-06	0	0	0		0	
4.8486	-11.53180426	-35.78180426	23.50892	-11.7545	7.85421E-06	0	0	0		0	
4.7265	-10.93606615	-35.18606615	22.3398	-11.1699	1.4092E-05	0	0	0		0	
4.6044	-10.34032804	-34.59032804	21.2005	-10.6002	2.49098E-05	0	0	0		0	
4.4823	-9.74458993	-33.99458993	20.09101	-10.0455	4.33802E-05	0	0	0		0	
4.3602	-9.14885182	-33.39885182	19.01134	-9.50567	7.44285E-05	0	0	0		0	
4.2381	-8.55311371	-32.80311371	17.96149	-8.98075	0.000125809	0	0	0		0	
4.116	-7.9573756	-32.2073756	16.94146	-8.47073	0.000209512	0	0	0		0	
3.9939	-7.36163749	-31.61163749	15.95124	-7.97562	0.000343742	0	0	0		0	
3.8718	-6.76589938	-31.01589938	14.99084	-7.49542	0.000555625	0	0	0		0	
3.7497	-6.17016127	-30.42016127	14.06025	-7.03013	0.000884821	0	0	0		0	
3.6276	-5.57442316	-29.82442316	13.15948	-6.57974	0.001388209	0	0	0		0	
3.5055	-4.97868505	-29.22868505	12.28853	-6.14427	0.002145752	0	0	0		0	
3.3834	-4.38294694	-28.63294694	11.4474	-5.7237	0.003267606	0	0	0		0	
3.2613	-3.78720883	-28.03720883	10.63608	-5.31804	0.004902359	1E-04	0	4.90236E-07		0	
3.1392	-3.19147072	-27.44147072	9.854577	-4.92729	0.007246126	0.0007	0	5.07229E-06		0	
3.0171	-2.59573261	-26.84573261	9.102892	-4.55145	0.010551933	0.0047	0	4.95941E-05		0	
2.895	-1.9999945	-26.2499945	8.381025	-4.19051	0.015138524	0.0227	0		0.000344		0
								5.51566E-05	0.000172	0	0
1.60394E-05	6.3988E-06										
0	0										
	6.3988E-06										
	Rc=	0.0017%									

表 C.2　$h = 0.75$ 時之 R_P，R_C

Z	12.625-4.8791Z	12.625-4.8791Z	Z^2	(Z^2)/-2	exp	Q(B)	Q(C)	F(B)		F(C)	
2.895	-1.4999945	-26.7499945	8.381025	-4.19051	0.015139	0.0668	0		0.001011		0
2.7792	-0.93499472	-26.18499472	7.723953	-3.86198	0.021026	0.1749	0	0.003678		0	
2.6634	-0.36999494	-25.61999494	7.0937	-3.54685	0.028815	0.3557	0	0.01025		0	
2.5476	0.19500484	-25.05499516	6.490266	-3.24513	0.038963	0.5773	0	0.022494		0	
2.4318	0.76000462	-24.48999538	5.913651	-2.95683	0.051984	0.7764	0	0.04036		0	
2.316	1.3250044	-23.9249956	5.363856	-2.68193	0.068431	0.9074	0	0.062094		0	
2.2002	1.89000418	-23.35999582	4.84088	-2.42044	0.088882	0.9706	0	0.086269		0	
2.0844	2.45500396	-22.79499604	4.344723	-2.17236	0.113908	0.993	0	0.113111		0	
1.9686	3.02000374	-22.22999626	3.875386	-1.93769	0.144036	0.9987	0	0.143849		0	
1.8528	3.58500352	-21.66499648	3.432868	-1.71643	0.179706	0.9998	0	0.17967		0	
1.737	4.1500033	-21.0999967	3.017169	-1.50858	0.221223	1	0	0.221223		0	
1.6212	4.71500308	-20.53499692	2.628289	-1.31414	0.268704	1	0	0.268704		0	
1.5054	5.28000286	-19.96999714	2.266229	-1.13311	0.322029	1	0	0.322029		0	
1.3896	5.84500264	-19.40499736	1.930988	-0.96549	0.380795	1	0	0.380795		0	
1.2738	6.41000242	-18.83999758	1.622566	-0.81128	0.444288	1	0	0.444288		0	
1.158	6.9750022	-18.2749978	1.340964	-0.67048	0.511462	1	0	0.511462		0	
1.0422	7.54000198	-17.70999802	1.086181	-0.54309	0.58095	1	0	0.58095		0	
0.9264	8.10500176	-17.14499824	0.858217	-0.42911	0.651089	1	0	0.651089		0	
0.8106	8.67000154	-16.57999846	0.657072	-0.32854	0.719977	1	0	0.719977		0	
0.6948	9.23500132	-16.01499868	0.482747	-0.24137	0.785548	1	0	0.785548		0	
0.579	9.8000011	-15.4499989	0.335241	-0.16762	0.845675	1	0	0.845675		0	
0.4632	10.36500088	-14.88499912	0.214554	-0.10728	0.898277	1	0	0.898277		0	
0.3474	10.93000066	-14.31999934	0.120687	-0.06034	0.941441	1	0	0.941441		0	
0.2316	11.49500044	-13.75499956	0.053639	-0.02682	0.973537	1	0	0.973537		0	
0.1158	12.06000022	-13.18999978	0.01341	-0.0067	0.993318	1	0	0.993318		0	
0	12.625	-12.625	0	1	1	1	0	1		0	
-0.1158	13.18999978	-12.06000022	0.01341	-0.0067	0.993318	1	0	0.993318		0	
-0.2316	13.75499956	-11.49500044	0.053639	-0.02682	0.973537	1	0	0.973537		0	
-0.3474	14.31999934	-10.93000066	0.120687	-0.06034	0.941441	1	0	0.941441		0	
-0.4632	14.88499912	-10.36500088	0.214554	-0.10728	0.898277	1	0	0.898277		0	
-0.579	15.4499989	-9.8000011	0.335241	-0.16762	0.845675	1	0	0.845675		0	
-0.6948	16.01499868	-9.23500132	0.482747	-0.24137	0.785548	1	0	0.785548		0	
-0.8106	16.57999846	-8.67000154	0.657072	-0.32854	0.719977	1	0	0.719977		0	
-0.9264	17.14499824	-8.10500176	0.858217	-0.42911	0.651089	1	0	0.651089		0	
-1.0422	17.70999802	-7.54000198	1.086181	-0.54309	0.58095	1	0	0.58095		0	
-1.158	18.2749978	-6.9750022	1.340964	-0.67048	0.511462	1	0	0.511462		0	
-1.2738	18.83999758	-6.41000242	1.622566	-0.81128	0.444288	1	0	0.444288		0	
-1.3896	19.40499736	-5.84500264	1.930988	-0.96549	0.380795	1	0	0.380795		0	
-1.5054	19.96999714	-5.28000286	2.266229	-1.13311	0.322029	1	0	0.322029		0	
-1.6212	20.53499692	-4.71500308	2.628289	-1.31414	0.268704	1	0	0.268704		0	
-1.737	21.0999967	-4.1500033	3.017169	-1.50858	0.221223	1	0	0.221223		0	
-1.8528	21.66499648	-3.58500352	3.432868	-1.71643	0.179706	1	0.0002	0.179706		3.59E-05	
-1.9686	22.22999626	-3.02000374	3.875386	-1.93769	0.144036	1	0.0013	0.144036		0.000187	
-2.0844	22.79499604	-2.45500396	4.344723	-2.17236	0.113908	1	0.007	0.113908		0.000797	
-2.2002	23.35999582	-1.89000418	4.84088	-2.42044	0.088882	1	0.0294	0.088882		0.002613	
-2.316	23.9249956	-1.3250044	5.363856	-2.68193	0.068431	1	0.0926	0.068431		0.006337	
-2.4318	24.48999538	-0.76000462	5.913651	-2.95683	0.051984	1	0.2236	0.051984		0.011624	
-2.5476	25.04999516	-0.19500484	6.490266	-3.24513	0.038963	1	0.4227	0.038963		0.01647	
-2.6634	25.61999494	0.36999494	7.0937	-3.54685	0.028815	1	0.6443	0.028815		0.018566	
-2.7792	26.18499472	0.93499472	7.723953	-3.86198	0.021026	1	0.8251	0.021026		0.017349	
-2.895	26.7499945	1.4999945	8.381025	-4.19051	0.015139	1	0.9332	0.015139		0.015139	0.014127
									21.47415	0.01615	0.073978	0.014127
								0.008075		0.007064	

2.487641687	0.992425448
0.009384662	0.003743938
	0.9962
Rp=	0.7518%

Z	12.625-4.8791Z	12.625-4.8791Z	Z^2	(Z^2)/-2	exp	Q(B)	Q(C)	F(B)		F(C)	
-2.895	26.7499945	1.4999945	8.381025	-4.19051	0.015139	1	0.9332		0.015139		0.014127
-3.0171	27.34573261	2.09573261	9.102892	-4.55145	0.010552	1	0.9819	0.010552		0.010361	
-3.1392	27.94147072	2.69147072	9.854577	-4.92729	0.007246	1	0.9964	0.007246		0.00722	
-3.2613	28.53720883	3.28720883	10.63608	-5.31804	0.004902	1	0.9995	0.004902		0.0049	
-3.3834	29.13294694	3.88294694	11.4474	-5.7237	0.003268	1	0.9999	0.003268		0.003267	
-3.5055	29.72868505	4.47868505	12.28853	-6.14427	0.002146	1	1	0.002146		0.002146	
-3.6276	30.32442316	5.07442316	13.15948	-6.57974	0.001388	1	1	0.001388		0.001388	
-3.7497	30.92016127	5.67016127	14.06025	-7.03013	0.000885	1	1	0.000885		0.000885	
-3.8718	31.51589938	6.26589938	14.99084	-7.49542	0.000556	1	1	0.000556		0.000556	
-3.9939	32.11163749	6.86163749	15.95124	-7.97562	0.000344	1	1	0.000344		0.000344	
-4.116	32.7073756	7.4573756	16.94146	-8.47073	0.00021	1	1	0.00021		0.00021	
-4.2381	33.30311371	8.05311371	17.96149	-8.98075	0.000126	1	1	0.000126		0.000126	
-4.3602	33.89885182	8.64885182	19.01134	-9.50567	7.44E-05	1	1	7.44E-05		7.44E-05	
-4.4823	34.49458993	9.24458993	20.09101	-10.0455	4.34E-05	1	1	4.34E-05		4.34E-05	
-4.6044	35.09032804	9.84032804	21.2005	-10.6002	2.49E-05	1	1	2.49E-05		2.49E-05	
-4.7265	35.68606615	10.43606615	22.3398	-11.1699	1.41E-05	1	1	1.41E-05		1.41E-05	
-4.8486	36.28180426	11.03180426	23.50892	-11.7545	7.85E-06	1	1	7.85E-06		7.85E-06	
-4.9707	36.87754237	11.62754237	24.70786	-12.3539	4.31E-06	1	1	4.31E-06		4.31E-06	
-5.0928	37.47328048	12.22328048	25.93661	-12.9683	2.33E-06	1	1	2.33E-06		2.33E-06	
-5.2149	38.06901859	12.81901859	27.19518	-13.5976	1.24E-06	1	1	1.24E-06		1.24E-06	
-5.337	38.6647567	13.4147567	28.48357	-14.2418	6.53E-07	1	1	6.53E-07		6.53E-07	
-5.4591	39.26049481	14.01049481	29.80177	-14.9009	3.38E-07	1	1	3.38E-07		3.38E-07	
-5.5812	39.85623292	14.60623292	31.14979	-15.5749	1.72E-07	1	1	1.72E-07		1.72E-07	
-5.7033	40.45197103	15.20197103	32.52763	-16.2638	8.64E-08	1	1	8.64E-08		8.64E-08	
-5.8254	41.04770914	15.79770914	33.93529	-16.9676	4.28E-08	1	1	4.28E-08		4.28E-08	
-5.9475	41.64344725	16.39344725	35.37276	-17.6864	2.08E-08	1	1	2.08E-08		2.08E-08	
-6.0696	42.23918536	16.98918536	36.84004	-18.42	1E-08	1	1	1E-08		1E-08	
-6.1917	42.83492347	17.58492347	38.33715	-19.1686	4.73E-09	1	1	4.73E-09		4.73E-09	
-6.3138	43.43066158	18.18066158	39.86407	-19.932	2.21E-09	1	1	2.21E-09		2.21E-09	
-6.4359	44.02639969	18.77639969	41.42081	-20.7104	1.01E-09	1	1	1.01E-09		1.01E-09	
-6.558	44.6221378	19.3721378	43.00736	-21.5037	4.58E-10	1	1	4.58E-10		4.58E-10	
-6.6801	45.21787591	19.96787591	44.62374	-22.3119	2.04E-10	1	1	2.04E-10		2.04E-10	
-6.8022	45.81361402	20.56361402	46.26992	-23.135	8.97E-11	1	1	8.97E-11		8.97E-11	
-6.9243	46.40935213	21.15935213	47.94593	-23.973	3.88E-11	1	1	3.88E-11		3.88E-11	
-7.0464	47.00509024	21.75509024	49.65175	-24.8259	1.65E-11	1	1	1.65E-11		1.65E-11	
-7.1685	47.60082835	22.35082835	51.38739	-25.6937	6.94E-12	1	1	6.94E-12		6.94E-12	
-7.2906	48.19656646	22.94656646	53.15285	-26.5764	2.87E-12	1	1	2.87E-12		2.87E-12	
-7.4127	48.79230457	23.54230457	54.94812	-27.4741	1.17E-12	1	1	1.17E-12		1.17E-12	
-7.5348	49.38804268	24.13804268	56.77321	-28.3866	4.7E-13	1	1	4.7E-13		4.7E-13	
-7.6569	49.98378079	24.73378079	58.62812	-29.3141	1.86E-13	1	1	1.86E-13		1.86E-13	
-7.779	50.5795189	25.3295189	60.51284	-30.2564	7.24E-14	1	1	7.24E-14		7.24E-14	
-7.9011	51.17525701	25.92525701	62.42738	-31.2137	2.78E-14	1	1	2.78E-14		2.78E-14	
-8.0232	51.77099512	26.52099512	64.37174	-32.1859	1.05E-14	1	1	1.05E-14		1.05E-14	
-8.1453	52.36673323	27.11673323	66.34591	-33.173	3.92E-15	1	1	3.92E-15		3.92E-15	
-8.2674	52.96247134	27.71247134	68.3499	-34.175	1.44E-15	1	1	1.44E-15		1.44E-15	
-8.3895	53.55820945	28.30820945	70.38371	-35.1919	5.2E-16	1	1	5.2E-16		5.2E-16	
-8.5116	54.15394756	28.90394756	72.44733	-36.2237	1.85E-16	1	1	1.85E-16		1.85E-16	
-8.6337	54.74968567	29.49968567	74.54078	-37.2704	6.51E-17	1	1	6.51E-17		6.51E-17	
-8.7558	55.34542378	30.09542378	76.66403	-38.332	2.25E-17	1	1	2.25E-17		2.25E-17	
-8.8779	55.94116189	30.69116189	78.81711	-39.4086	7.68E-18	1	1	7.68E-18		7.68E-18	
-9	56.5369	31.2869	81	-40.5	2.58E-18	1	1		2.58E-18		2.58E-18
								0.031795	0.015139	0.031576	0.014127
0.004806423	0.001917485										
0.004717842	0.001882146										
	3.53388E-05										

Z	12.625-4.8791Z	12.625-4.8791Z	Z^2	(Z^2)/-2	exp	Q(B)	Q(C)	F(B)		F(C)	
9	-31.2869	-56.5369	81	-40.5	2.57676E-18	0	0		0		0
8.8779	-30.69116189	-55.94116189	78.81711	-39.4086	7.67507E-18	0	0	0		0	
8.7558	-30.09542378	-55.34542378	76.66403	-38.332	2.25225E-17	0	0	0		0	
8.6337	-29.49968567	-54.74968567	74.54078	-37.2704	6.51143E-17	0	0	0		0	
8.5116	-28.90394756	-54.15394756	72.44733	-36.2237	1.85465E-16	0	0	0		0	
8.3895	-28.30820945	-53.55820945	70.38371	-35.1919	5.20441E-16	0	0	0		0	
8.2674	-27.71247134	-52.96247134	68.3499	-34.175	1.43882E-15	0	0	0		0	
8.1453	-27.11673323	-52.36673323	66.34591	-33.173	3.91894E-15	0	0	0		0	
8.0232	-26.52099512	-51.77099512	64.37174	-32.1859	1.05161E-14	0	0	0		0	
7.9011	-25.92525701	-51.17525701	62.42738	-31.2137	2.78014E-14	0	0	0		0	
7.779	-25.3295189	-50.5795189	60.51284	-30.2564	7.24108E-14	0	0	0		0	
7.6569	-24.73378079	-49.98378079	58.62812	-29.3141	1.85809E-13	0	0	0		0	
7.5348	-24.13804268	-49.38804268	56.77321	-28.3866	4.69736E-13	0	0	0		0	
7.4127	-23.54230457	-48.79230457	54.94812	-27.4741	1.16995E-12	0	0	0		0	
7.2906	-22.94656646	-48.19656646	53.15285	-26.5764	2.87082E-12	0	0	0		0	
7.1685	-22.35082835	-47.60082835	51.38739	-25.6937	6.94016E-12	0	0	0		0	
7.0464	-21.75509024	-47.00509024	49.65175	-24.8259	1.65295E-11	0	0	0		0	
6.9243	-21.15935213	-46.40935213	47.94593	-23.973	3.87859E-11	0	0	0		0	
6.8022	-20.56361402	-45.81361402	46.26992	-23.135	8.9663E-11	0	0	0		0	
6.6801	-19.96787591	-45.21787591	44.62374	-22.3119	2.04211E-10	0	0	0		0	
6.558	-19.3721378	-44.6221378	43.00736	-21.5037	4.58215E-10	0	0	0		0	
6.4359	-18.77639969	-44.02639969	41.42081	-20.7104	1.01294E-09	0	0	0		0	
6.3138	-18.18066158	-43.43066158	39.86407	-19.932	2.20611E-09	0	0	0		0	
6.1917	-17.58492347	-42.83492347	38.33715	-19.1686	4.73363E-09	0	0	0		0	
6.0696	-16.98918536	-42.23918536	36.84004	-18.42	1.00066E-08	0	0	0		0	
5.9475	-16.39344725	-41.64344725	35.37276	-17.6864	2.08403E-08	0	0	0		0	
5.8254	-15.79770914	-41.04770914	33.93529	-16.9676	4.27609E-08	0	0	0		0	
5.7033	-15.20197103	-40.45197103	32.52763	-16.2638	8.644E-08	0	0	0		0	
5.5812	-14.60623292	-39.85623292	31.14979	-15.5749	1.72151E-07	0	0	0		0	
5.4591	-14.01049481	-39.26049481	29.80177	-14.9009	3.37775E-07	0	0	0		0	
5.337	-13.4147567	-38.6647567	28.48357	-14.2418	6.52937E-07	0	0	0		0	
5.2149	-12.81901859	-38.06901859	27.19518	-13.5976	1.24349E-06	0	0	0		0	
5.0928	-12.22328048	-37.47328048	25.93661	-12.9683	2.33312E-06	0	0	0		0	
4.9707	-11.62754237	-36.87754237	24.70786	-12.3539	4.31277E-06	0	0	0		0	
4.8486	-11.03180426	-36.28180426	23.50892	-11.7545	7.85421E-06	0	0	0		0	
4.7265	-10.43606615	-35.68606615	22.3398	-11.1699	1.4092E-05	0	0	0		0	
4.6044	-9.84032804	-35.09032804	21.2005	-10.6002	2.49098E-05	0	0	0		0	
4.4823	-9.24458993	-34.49458993	20.09101	-10.0455	4.33802E-05	0	0	0		0	
4.3602	-8.64885182	-33.89885182	19.01134	-9.50567	7.44285E-05	0	0	0		0	
4.2381	-8.05311371	-33.30311371	17.96149	-8.98075	0.000125809	0	0	0		0	
4.116	-7.4573756	-32.7073756	16.94146	-8.47073	0.000209512	0	0	0		0	
3.9939	-6.86163749	-32.11163749	15.95124	-7.97562	0.000343742	0	0	0		0	
3.8718	-6.26589938	-31.51589938	14.99084	-7.49542	0.000555625	0	0	0		0	
3.7497	-5.67016127	-30.92016127	14.06025	-7.03013	0.000884821	0	0	0		0	
3.6276	-5.07442316	-30.32442316	13.15948	-6.57974	0.001388209	0	0	0		0	
3.5055	-4.47868505	-29.72868505	12.28853	-6.14427	0.002145752	0	0	0		0	
3.3834	-3.88294694	-29.13294694	11.4474	-5.7237	0.003267606	1E-04	0	3.26761E-07		0	
3.2613	-3.28720883	-28.53720883	10.63608	-5.31804	0.004902359	0.0005	0	2.45118E-06		0	
3.1392	-2.69147072	-27.94147072	9.854577	-4.92729	0.007246126	0.0036	0	2.60861E-05		0	
3.0171	-2.09573261	-27.34573261	9.102892	-4.55145	0.010551933	0.0181	0	0.00019099		0	
2.895	-1.4999945	-26.7499945	8.381025	-4.19051	0.015138524	0.0668	0		0.001011		0
								0.000219854	0.000506	0	0
5.37423E-05	2.14401E-05										
0	0										
	2.14401E-05										
	Rc=	0.0057%									

化學分析量測不確定度評估指引和實例

7.1 前言

　　普通化學分析實驗室，日常作業流程其內容大致涉及的主要工作爲測定檢體中特定物質之濃度，爲確保測試品質，實驗室會建立自屬的內部品保制度、利用標準品配製、檢量線建立和週期查核、QC 重複性試驗、空白試驗、添加品的回收率試驗、實驗室內的再現性試驗，線性度查核及儀具管理…等手段來達成。這些試驗的結果提供化學分析不確定度評估時非常重要的資訊，同時也分別是不確定度的來源。有鑑於此，作者特於本章中詳述不確定度評估時，它們是如何被引入以及背後的理論依據，最後把眾多實際評估的案例附在其後，讓讀者可以非常清晰的瞭解整個的評估過程並能產生一份非常完整又可靠的報告。

　　實例均爲作者輔導公民營實驗室親自建立的評估結果，相關機構爲前衛生署食品藥物管制局各衛生局實驗室、環保署各縣市檢測實驗室、財團法人製藥中心和民間生技公司之實驗室…等。並由作者本人首度引進和介紹 "Eurachen/Citac Guide, Quantify Uncertainty in Analytical Measurment" 【13】不確定度評估方法給化學分析實驗室。

　　本章實例的分析項目均是上述各機構所從事的日常檢驗項目，其中實驗流程及諸如 QC 重複性試驗、空白試驗、添加品的回收率試驗…等所有相關數據亦均由該等機構所提供，由作者親自評估計算後再編成訓練教材予與輔導。因而才得以收錄在本章內以享讀者，原本應逐一向該等機構原負責人徵詢同意，但事隔近十幾年人事已非，只能公開陳述原委，特別在此致上謝意【6】、【7】。

7.2 常態分配

（1） 平均值

$$\bar{x} = \frac{\sum_{i=1}^{n} x_i}{n} \quad\text{...}（7.1）$$

（2） 實驗標準差

$$u(x) = S_x = \left[\frac{\sum_{i=1}^{n} (x_i - \bar{x})^2}{n-1} \right]^{\frac{1}{2}} \quad\text{..............................}（7.2）$$

（3） 實驗平均值標準差

$$u(\bar{x}) = S_{\bar{x}} = \frac{S_x}{\sqrt{n}} \quad\text{...}（7.3）$$

7.3 檢量線誤差（校正曲線）

此部分之誤差，純是由最小平方誤差法的數學模型所引進的不確定度：

$$\hat{y} = a + bx \quad\text{...}（7.4）$$

$\hat{y}$：檢體測試之響應值　　　　　x：所配製標準品之濃度

當檢體液，由測定儀具偵測出其響應值（濃度）後，經由檢量線反

249

推求出對應的檢體真實濃度，此濃度就因前述之理由而有誤差存在。

$$u(x_p) = \frac{S_D}{b}\left[\frac{1}{p} + \frac{1}{n} + \frac{(x_p - \bar{x})^2}{S_{xx}}\right]^{\frac{1}{2}} \quad \cdots\cdots\cdots\cdots\cdots\cdots\cdots\cdots\cdots（7.5）$$

公式中：

$$S_D = \left\{\frac{\sum_{i=1}^{n}(y_i - \hat{y}_i)^2}{n-2}\right\}^{\frac{1}{2}} \quad \cdots\cdots\cdots\cdots\cdots\cdots\cdots\cdots\cdots（7.6）$$

n：建立檢量線時，所用標準品濃度的數目

a：檢量線之截距

b：檢量線之斜率

p：檢體液測定之次數

$S_{xx} = \sum_{i=1}^{n}(x_i - \bar{x})^2$ 標準液之變異

x_i：所配製第 i 個標準液之濃度

$\bar{x}$：所配製標準液之平均濃度

x_p：檢體測定的濃度

7.4 重複性測試誤差（精密度誤差）

（1） 實驗室 QC 管制中，重複性樣本檢測資料共有 p 組，每組均有 n 個數據如表 7.1 所示。

表 7.1　重複性樣本檢測數據表

組別	檢測數據	組別變異數
1	$x_{11}, x_{12}, x_{13}, \cdots, x_{1n}$	$(n_1 - 1)S_{r1}^2$
2	$x_{21}, x_{22}, x_{23}, \cdots, x_{2n}$	$(n_2 - 1)S_{r2}^2$
3	$x_{31}, x_{32}, x_{33}, \cdots, x_{3n}$	$(n_3 - 1)S_{r3}^2$
$\vdots$	$\vdots$	$\vdots$
i	$x_{i1}, x_{i2}, x_{i3}, \cdots, x_{in}$	$(n_i - 1)S_{ri}^2$
$\vdots$	$\vdots$	$\vdots$
p	$x_{p1}, x_{p2}, x_{p3}, \cdots, x_{pn}$	$(n_p - 1)S_{rp}^2$

總變異數 $= \sum_{i=1}^{p}(n_i - 1)S_{ri}^2$ ⋯⋯⋯⋯⋯⋯⋯⋯⋯⋯⋯⋯⋯（7.7）

平均變異 $= \dfrac{\sum_{i=1}^{p}(n_i - 1)S_{ri}^2}{\sum_{i=1}^{p}(n_i - 1)}$ ⋯⋯⋯⋯⋯⋯⋯⋯⋯⋯⋯（7.8）

精密度標準差 $= S_r = \left[\dfrac{\sum_{i=1}^{p}(n_i - 1)S_{ri}^2}{\sum_{i=1}^{p}(n_i - 1)}\right]^{1/2}$ ⋯⋯⋯⋯⋯⋯⋯⋯（7.9）

如果 $n_1 = n_2 = \cdots = n_p = n$，亦即每組檢測的數據其數目均相同，則

$$S_r = \left[\frac{\sum_{i=1}^{p}S_{ri}^2}{p}\right]^{1/2}$$ ⋯⋯⋯⋯⋯⋯⋯⋯⋯⋯⋯⋯⋯⋯（7.10）

（2）　實驗室 QC 管制中，重複性樣本檢測資料如要求相對標準不確定度

其單位爲%時，可改寫公式（7.10）

$$(RS_r)^2 = \frac{\sum_{i=1}^{p}(S_{ri}/\bar{x}_i)^2}{p}$$ ....（7.11）

則相對精密度標準差爲

$$RS_r = \left[\frac{\sum_{i=1}^{p}(RS_{ri})^2}{p}\right]^{1/2}$$ ....（7.12）

公式中 $RS_{ri} = \dfrac{S_{ri}}{\bar{x}_i}$

（3） 一般化學分析實驗室 QC 管制資料中，重複性樣本檢測數據是最好的不確定度評估資料，一般都是執行二個樣本 x_1、x_2，重複試驗經一段時間後，即可累積可觀數據供不確定度評估用，二樣本重複試驗，其標準差可由公式（7.2）計算出來：

$$S_x = \frac{|x_1 - x_2|}{\sqrt{2}}$$ ....（7.13）

相對標準不確定度

$$RS_x = \frac{|x_1 - x_2|}{\sqrt{2}\bar{x}}$$ ....（7.14）

如果很多組資料，則可代入公式（7.10）或（7.11）求出不確定度值。

7.5 標準液之配製

由於檢量線之建立基礎是假設輸入量（標準液濃度）誤差忽略不計，公式（7.4）純粹是採用最小平方法數學模型所產生的，因此標準液之配製誤差（不確定度）必須另外獨立評估，此部份應詳細列出標準液配製流程中的誤差來源，今分別簡述如下：

7.5.1 標準品純度（p）

（1） 標準品純度：可由廠商提供的產品保證書或出廠規格書中查得，如有 99%±1% 者，則 ±1% 即為誤差範圍，可視需要（絕對不確定度或相對不確定度）採用 ±1% 或先化成小數點 0.99±0.01，假設矩形分佈即可求得標準品純度誤差所提供的標準不確定度 $u(p)$。

（2） 如規格描述成純度 ≥99%，則可先化成 99.5%±0.5%，則 ±0.5% 即為誤差範圍，可利用（1）之原理求得 $u(p)$。

7.5.2 流程中所用之所有定容器具（V）

（1） 吸管、定量瓶、燒杯…等

a. 定容器具之製造容差

由產品規格書或儀具外部標示均可查得其製造容差之上下限 ±$h$ml，假設三角形分佈，可求得標準不確定度。

$$u(V_1) = \frac{h}{\sqrt{6}} \quad\cdots\cdots\cdots\cdots\cdots\cdots\cdots\cdots\cdots\cdots\cdots\cdots\cdots\cdots（7.15）$$

b. 溫度效應

環境溫度的變化，使得定容器具內溶液體積 V_2 變化，所導入的標準不確定度。

假設水的體積熱膨脹率係數 $\alpha = 2.1\times10^{-4}\,\mathrm{ml^\circ C^{-1}}$，其他有機溶液的體積熱膨脹率係數 $\alpha = 1\times10^{-3}\,\mathrm{ml^\circ C^{-1}}$。如果實驗室內溫度控制範圍爲 $\pm3^\circ C$，則定容器具所容納液體體積 V_2 之變化範圍是 $\pm3\cdot\alpha\cdot V_2$。假設矩形分佈，則標準不確定度

$$u(V_2) = \frac{3\cdot\alpha\cdot V_2}{\sqrt{3}}\ \dots\dots\dots\dots\dots\dots\dots\dots\dots\dots\dots\dots\dots（7.16）$$

c. filling up 重複性

實驗室所用有品牌的定容器具，其外部有刻度標示其容積值和製造容差，當我們使用該器具時，都是靠眼睛注視容液面到達刻度標線時，認定爲溶液之體積，由於液體之表面張力或者玻璃表面毛細孔現象，如圖 7.1 所示，導致每次讀取其體積時都會有不同值，因此得利用秤液體重及液體密度，求其體積以建立 filling up 時之變異範圍，此爲 A 類不確定度 $u(RP)$。

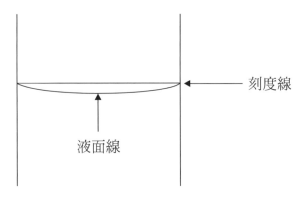

圖 7.1　液面線和刻度線圖

d.定容器具之組合標準不確定度

$$u^2(V) = [u(V_1)]^2 + [u(V_2)]^2 + [u(RP)]^2 \quad\cdots\cdots\cdots\cdots\cdots\cdots\cdots（7.17）$$

7.5.3 標準品秤重 $u(m_s)$

　　標準品秤重是採用精密天平，其誤差來源有：天平之準確性（A），天平解析度（R），天平的偏載（off-load）效應，天平的遲滯效應…等，可從供應商所提供的規格書內找到相關的容差範圍，假設矩形分佈都可求出相對應的標準不確定度，今只列出評估時比較常用的二個誤差源。

（1）　準確度：儀具規格書的準確度 $\pm A$ 或校正報告上的不確定度 U 和擴充因子 K，前者假設矩形分佈，則標準不確定度 $u(A) = \dfrac{A}{\sqrt{3}}$

　　　　後者標準不確定度為：$u(A) = \dfrac{u}{K}$ $\cdots\cdots\cdots\cdots\cdots\cdots\cdots$（7.18）

（2）　解析度：儀具規格書上可查出其數值 H，假設矩形分佈，則標準不確定度 $u(R)$

$$u(R) = \frac{H}{2\sqrt{3}} \quad\cdots\cdots\cdots\cdots\cdots\cdots\cdots\cdots\cdots（7.19）$$

（3）　組合標準不確定度 $u(m_s)$

　　　　如果有重複秤重：

$$u^2(m_s) = \left[\frac{S_x}{\sqrt{n}}\right]^2 + [u(A)]^2 + [u(R)]^2 \quad\cdots\cdots\cdots\cdots（7.20）$$

　　　　公式中 S_x 可用公式（7.2）求出，如無重複秤重情形，則

$$u^2(m_s) = [u(A)]^2 + [u(R)]^2 \quad\cdots\cdots\cdots\cdots\cdots\cdots（7.21）$$

7.5.4 標準品配製之組合標準不確定度

（1） 無稀釋時

$$C_{STD} = \frac{m_s \cdot p}{V} \quad\text{.......................................}\quad（7.22）$$

$$\therefore \left[\frac{u(C_{STD})}{C_{STD}}\right]^2 = \left[\frac{u(p)}{p}\right]^2 + \left[\frac{u(m_s)}{m_s}\right]^2 + \left[\frac{u(V)}{V}\right]^2 \quad\text{............}\quad（7.23）$$

（2） 如果在配製標準品之濃度有稀釋過程，則稀釋效應之不確定度必需考慮進來【5】、【10】。

$$f = \frac{a+b}{a} \quad\text{...}\quad（7.24）$$

公式中

f ：稀釋倍數。

a ：檢液體積，和微量取樣吸管有關。

b ：稀釋液體積，和定量瓶有關。

絕對不確定度 $u(f)$

$$u^2(f) = \left[\frac{\partial f}{\partial a}u(a)\right]^2 + \left[\frac{\partial f}{\partial b}u(b)\right]^2$$

$$= \left[\frac{-b}{a^2}u(a)\right]^2 + \left[\frac{1}{a}u(b)\right]^2 \quad\text{.....................}\quad（7.25）$$

相對標準不確定度 $\dfrac{u(f)}{f}$

$$\left[\frac{u(f)}{f}\right]^2 = \frac{b^2}{(a+b)^2 a^2}u^2(a) + \frac{1}{(a+b)^2}u^2(b) \quad\text{......}（7.26）$$

如果有連續稀釋 k 次

$$W = f_1 \cdot f_2 \cdot f_3 \cdots f_k \quad\text{.......................}（7.27）$$

$$\left[\frac{u(W)}{W}\right]^2 = \left[\frac{u(f_1)}{f_1}\right]^2 + \left[\frac{u(f_2)}{f_2}\right]^2 + \cdots + \left[\frac{u(f_k)}{f_k}\right]^2 \quad\text{............}（7.28）$$

如果連續稀釋時，所有步驟中，a 與 b 的體積值都是一樣，則：

$$f_1 = f_2 = \cdots f_k = f_0$$

$$\left[\frac{u(W)}{W}\right]^2 = k \cdot \left[\frac{u(f_0)}{f_0}\right]^2 \quad\text{.............................}（7.29）$$

此時稀釋溶液之濃度 C_d 與原始溶液濃度 C_{STD}，有如下關係式

$$C_d V_d = C_{STD} V \quad\text{...............................}（7.30）$$

$$C_d = \frac{C_{STD}V}{V_d} = \frac{m_s \cdot P}{V_d} \quad\text{.......................}（7.31）$$

由公式（7.24）知 $V_d = a + b$

$$\therefore V_d = f \cdot a \quad\text{.......................................}（7.32）$$

$$C_d = \frac{m_s \cdot p}{f \cdot a} \quad\text{...}（7.33）$$

稀釋液濃度不確定度

$$u^2(C_d) = \left[\frac{u(m_s)}{m_s}\right]^2 + \left[\frac{u(p)}{p}\right]^2 + \left[\frac{u(f)}{f}\right]^2 + \left[\frac{u(a)}{a}\right]^2 \cdots\cdots\cdots\cdots (7.34)$$

公式（7.34）中，$\left[\dfrac{u(a)}{a}\right]^2$ 項如因爲在稀釋效應不確定度評估時已有納入考慮（見公式 7.26），可將其忽略不計以避免重複評估。所以

$$u^2(C_d) = \left[\frac{u(m_s)}{m_s}\right]^2 + \left[\frac{u(p)}{p}\right]^2 + \left[\frac{u(f)}{f}\right]^2 \cdots\cdots\cdots\cdots\cdots (7.35)$$

7.6 回收率試驗（添加樣品試驗）

實驗室 QC 管制程序中，都會要求定期執行添加樣品回收率試驗，此實驗是屬 Bias 的一種屬於系統不確定度，累積一定程度的資料後，要計算其平均回收率值 $\overline{REC}$ 及回收率平均數之標準差 $u(\overline{REC})$，可利用公式（7.1）～（7.3）計算出來。但此部份所提供之 Bias（系統不確定度）是否要納入不確定度評估，Eurachem / citac Guide【13】中是要經顯著性的的統計檢定（Testing）才能決定。檢定之程序如下：

（1） 計算統計量 t

$$t = \frac{\left|1 - \overline{REC}\right|}{u(\overline{REC})} \cdots\cdots\cdots\cdots\cdots\cdots\cdots (7.36)$$

（2） 95%信心水準下，自由度 $n-1$，從學生分配表中查出對應之 $t_{critical}$ 值，比較公式（7.36）算出的 t 和 $t_{critical}$。

（3） 如果 $t \geq t_{critical}$ 表示 $\overline{REC}$ 顯著的不同於 1，所以 $\overline{REC}$ 必須納入不確定度評估的數學模型中。

（4）　如果 $t \leq t_{critical}$ 表示 $\overline{REC}$ 無顯著不同於 1，所以 $\overline{REC}$ 不須要納入不確定度評估的數學模型中。

7.7 空白實驗

實驗室 QC 管制中所要求例行性的空白試驗亦是屬 Bias 的一種提供系統不確定度的來源，應納入不確定度評估中。可由公式（7.1）～（7.3）計算出 $\overline{B}$ 和 $u(\overline{B})$。

7.8 要因圖（魚骨圖）

化學分析實驗室所建立之資料庫中，有回收率試驗、空白試驗、檢量線建立、樣品重複性試驗、標準品（溶液）之配製…等。由於檢體測試程序中隨機變異（A 類不確定度）已包含於重複性試驗，系統變異（B 類不確定度）已包含於回收率試驗、空白試驗數據中。爲了能清晰標示出所有不確定度來源，慣常採用品管工具－要因圖（魚骨圖）。

（1）　在化學分析實驗室裏，由於量測方程式很多是下列的形態：

$$C_x = \frac{r \cdot s}{g \cdot w}$$ ....（7.37）

因而採用相對不確定度

$$\left[\frac{u(C_x)}{C_x}\right]^2 = \left[\frac{u(r)}{r}\right]^2 + \left[\frac{u(s)}{s}\right]^2 + \left[\frac{u(g)}{g}\right]^2 + \left[\frac{u(w)}{w}\right]^2$$ ....（7.38）

但是有些影響因子量測方程式中並未出現，卻是不確定度的來源，因此處理的方式就是把公式（7.37）做修正，把影響因子以係數乘或除以原來的量測方程式，做爲不確定度評估的依據，公式（7.37）就變成

$$C_x' = \frac{r \cdot s \cdot z}{g \cdot w \cdot v} \quad\text{...}\quad (7.39)$$

$$\left[\frac{u(C_x')}{C_x'}\right]^2 = \left[\frac{u(r)}{r}\right]^2 + \left[\frac{u(s)}{s}\right]^2 + \left[\frac{u(g)}{g}\right]^2$$

$$+ \left[\frac{u(w)}{w}\right]^2 + \left[\frac{u(v)}{v}\right]^2 + \left[\frac{u(z)}{z}\right]^2 \quad\text{..........................}\quad (7.40)$$

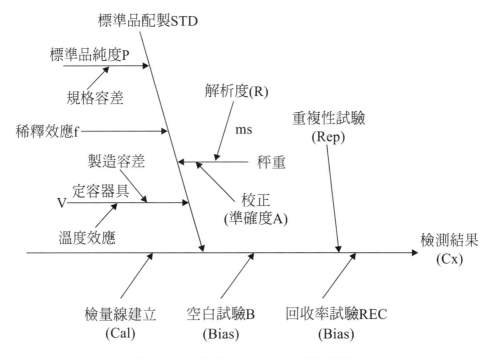

圖 7.2　化學分析不確定來源要因圖

把很明顯地原量測方程式，乘或除以一個係數，在其相對不確定度公

式時各增加一個相對不確定度的平方項而已。這個結果是符合 ISO GUM，不確定度評估是採用 RSS（Root of Sum of Square）方法相一致。

（2）要因圖（魚骨圖）每一個箭頭就代表一個相對不確定度的平方項，線上的分支就代表各分項的平方項，其和就是該線上的輸出結果，如圖 7.2：

$$\left[\frac{u(C_x)}{C_x}\right]^2 = \left[\frac{u(STD)}{STD}\right]^2 + \left[\frac{u(\mathrm{Re}\,p)}{\mathrm{Re}\,p}\right]^2 + \left[\frac{u(\overline{\mathrm{Re}\,c})}{\overline{\mathrm{Re}\,c}}\right]^2$$

$$+\left[\frac{u(\overline{B})}{\overline{B}}\right]^2 + \left[\frac{u(Cal)}{Cal}\right]^2 \quad\cdots\cdots\cdots\cdots\cdots\cdots（7.41）$$

$$而\left[\frac{u(STD)}{STD}\right]^2 = \left[\frac{u(m_s)}{m_s}\right]^2 + \left[\frac{u(V)}{V}\right]^2 + \left[\frac{u(P)}{P}\right]^2 + \left[\frac{u(f)}{f}\right]^2 \quad（7.42）$$

同理

$$\left[\frac{u(m_s)}{m_s}\right]^2 = \left[\frac{u(R)}{R}\right]^2 + \left[\frac{u(A)}{A}\right]^2 \quad\cdots\cdots\cdots\cdots\cdots\cdots\cdots（7.43）$$

$$\left[\frac{u(V)}{V}\right]^2 = \left[\frac{u(Tol)}{Tol}\right]^2 + \left[\frac{u(\Delta V_T)}{\Delta V_T}\right] \quad\cdots\cdots\cdots\cdots\cdots\cdots\cdots（7.44）$$

公式中：

$u(R)$：稱重儀具解析度所引致的不確定度。

$u(A)$：稱重儀具規格書中準確度數值或校正報告準確度數值所引致的不確定度。

$u(Tol)$：定容器具製造容差所引致的不確定度。

261

$u(\Delta T_T)$：定容器具內溶液體積因溫度變化所引致的不確定度。

7.9 評估實例

案例一、水中總懸浮固體量量測不確定度評估

1. 建立不確定度評估數學模式

1.1

$$\omega = 1000 \times \left[(\omega_s - \omega_0)/v \right] \cdots\cdots (1)$$

令 $\Delta\omega = \omega_s - \omega_0$

$$\omega = 1000 \times \Delta\omega / v$$

1.2 不確定度傳播原理（相對不確定度）

$$\frac{u_c^2(w)}{w^2} = \left[\frac{u^2(\Delta w)}{(\Delta w)^2} + \frac{u^2(v)}{(v)^2} \right] \cdots\cdots (2)$$

1.3 將 QC 重複性之變異納入考量

公式(1)修正成：

$$\omega = 1000 \times \left[(\omega_s - \omega_o)/v \right] \cdot f_{\mathrm{Re}\,p} \cdots\cdots (3)$$

相對不確定度：

$$\frac{u_c^2(w)}{w^2} = \left[\frac{u^2(\Delta w)}{(\Delta w)^2} + \frac{u^2(v)}{(v)^2} + \frac{u^2(f_{\mathrm{Re}\,p})}{(f_{\mathrm{Re}\,p})^2} \right] \cdots\cdots (4)$$

262

2. 不確定度成分之量化

2.1 稱重誤差

(a) 精密天秤之解析度：0.1mg

假設矩形分佈，標準不確定度為：$0.05 \big/ \sqrt{3} = 0.03(mg)$

(b) 精密天秤之解析度：±0.1mg

假設矩形分佈，標準不確定度為：$0.1 \big/ \sqrt{3} = 0.06(mg)$

(c) 因為天秤使用兩次故總的秤重誤差

$$u^2(\Delta w) = 2 \times (0.03)^2 + 2 \times (0.06)^2 = 0.009$$

2.2 體積誤差

(a) 100ml 量筒其刻度：1ml（解析度）

假設矩形分佈，標準不確定度為：$0.5 \big/ \sqrt{3} = 0.3(ml)$

(b) 量筒製造容差：±0.5(ml)

假設三角形分佈，標準不確定度為：$0.5 \big/ \sqrt{6} = 0.2(ml)$

(c) 環境溫度變化±5℃

水的體積熱膨脹係數 $\alpha = 2 \times 10^{-4}$

100ml 水的體積變化範圍為 $\pm 100 \times 2 \times 10^{-4} \times 5 = \pm 0.02$

假設矩形分佈，標準不確定度為：$0.02 \big/ \sqrt{3} = 0.012(ml)$

(d) 量筒之體積誤差

$$u^2(v) = (0.3)^2 + (0.2)^2 + (0.012)^2 = 0.13$$

2.3 日常 QC 重複性試驗之標準差

90.01.03～90.12.28 重複性試驗

總的平均數=13.6

重複性標準差

$$\delta_r^2 = \frac{\sum_{i=1}^{p}(x_{i1}-x_{i2})^2}{2P}, \ p=35$$

$$\delta_r^2 = \frac{20.9}{2\times35} = 0.3$$

3. 組合相對標準不確定度

$$\left[\frac{u_c(w)}{w}\right]^2 = \left[\frac{0.009}{(0.5)^2} + \frac{0.13}{(100)^2} + \frac{0.3}{(13.6)^2}\right]$$

$$= 3.6\times10^{-2} + 1.3\times10^{-5} + 1.6\times10^{-3}$$

$$= 3.76\times10^{-2}$$

4. 95%，$K=2$，相對擴張不確定度為

$$0.194\times2 = 3.88 = 4\%$$

案例一、水中總懸浮固體量量測不確定度評估資料

1. 前言

　　本報告係評估本實驗室依環保署公告方式（NIEA 210.55A）進行總懸浮固體量檢測之量測不確定度。檢驗時依照該方法所訂條件下操作，過濾水中懸浮固體物後，經 103～105 烘箱烘乾，冷卻後秤重，計算水中總懸浮固體量。

2. 檢測作業說明

2.1 使用儀器、器皿

（1）電子天平（Mettler AT-200 型）。

（2）烘箱（Memmert ULM-400）。

（3）量筒（100mL）。

（4）乾燥器。

2.2 檢測步驟：

（1）濾片皺面朝上鋪於過濾裝置上，打開抽氣裝置，各以 20mL 試劑水沖洗三次，繼續抽氣至所有水分去除，將濾片取下置於鋁盤，移入烘箱以 103～105℃烘乾一小時，再取出移入乾燥器中冷卻。重複上述烘乾、冷卻、乾燥、秤重步驟，直到前後兩次重量差在 0.5mg 之內並小於前重 4%，濾片保存於乾燥器中備用。

（2）將已秤重之濾片裝於過濾器上，搖晃混合水樣後倒取適量水樣至過濾裝置，再分別以 10mL 試劑水沖洗濾片三次，待洗

液流盡後繼續抽氣三分鐘。將濾片取下置於鋁盤，移入烘箱以 103～105℃ 烘乾一小時，再取出移入乾燥器中冷卻。重複上述烘乾、冷卻、乾燥、秤重步驟，直到前後兩次重量差在 0.5mg 之內並小於前重 4%。

2.3 總懸浮固體量含量（W）計算

$$W = (W_s - W_0) \times 1000 / V (mg/mL)$$

W_0：濾片與鋁盤空重

W_s：樣品、濾片與鋁盤秤重

V：取樣體積（mL）

3. 不確定度來源鑑別與分析

所有會影響量測結果每一參數之不確定度來源。

（1） W_0、W_s

秤重由精密天平執行，主要不確定度來源為

‧精密度（重複性）

‧解析度：0.1mg

‧容差範圍（準確性）±0.1mg

（2） V

水樣用 100mL 量筒取樣，主要不確定來源為

‧精密度（重複性）：每次取樣體積可能不同

‧解析度：最小刻度標示體積1mL

‧容差範圍（準確性）：校正準確度 $0.5mL$

‧溫度：環境溫度不同導溶液體積變化 $\pm 0.5\,℃$

（3）　乾燥溫度

藉烘箱乾燥，主要不確定度來源爲

‧精密度（重複性）

‧解析度（器示值）：$1℃$

‧容差範圍（準確性）：校正準確度 $\pm 1\,℃$

（4）　內部品質資料執行重複性試驗共四次

組別	測值(mg)	平均值	標準差
1	24.5		
2	23.5	24.0	0.408248
3	24.0		
4	24.0		

懸 浮 固 體 量 檢 驗 紀 錄 表

檢驗日期: 91 年 10 月 28 日

樣品編號	取樣體積	空重 A(mg)			總重 B(mg)			A-B(mg)	懸浮固體量 S.S(mg/L)	平均值 (mg/L)	相對差異 (%)
		第一次	第二次	平均值	第一次	第二次	平均值				
W911061	400(492)	1724.5	1724.5	1724.5	1727.3	1727.3	1727.3	2.8	7.0	7.1	1.8
	400(491)	1717.7	1717.7	17.17.7	1720.5	1720.6	1720.55	2.85	7.125		
W911062	200(448)	1720.0	1720.2	1720.1	1726.4	1726.4	1726.4	6.3	31.5	31	2.4
	200(445)	1707.3	1703.3	1703.3	1713.5	1713.4	1713.45	6.15	30.75		
W911063	325(458)	1719.7	1719.8	1719.75	1725.0	1725.1	1725.05	5.3	6.308	17	7.2
	325(457)	1720.3	1720.3	1720.3	1726.0	1726.0	1726.0	5.7	17.538		
W911064	400(470)	1727.7	1727.6	1727.65	1728.9	1728.9	1728.9	1.25	3.125	3.6	24.3
	400(475)	1731.6	1731.5	1731.55	1731.7	1734.6	1733.15	1.6	4.0		
W911065	400(490)	1720.4	1720.4	1720.4	1720.7	1720.8	1720.75	0.35	0.875	<2.0	-
	400(494)	1720.1	1720.1	1720.1	1720.5	1720.5	1720.5	0.4	1.0		
W911066	150(442)	1713.7	1713.8	1713.75	1719.3	1719.7	1719.5	5.75	38.333	37	6.3
	150(101)	1706.4	1706.3	1706.35	1711.8	1711.7	1711.75	5.4	36.0		
W911067	300(112)	1705.4	1705.5	1705.45	1706.9	1706.8	1706.85	1.4	4.667	4.6	3.6
	300(474)	1729.0	1729.1	1729.05	1730.4	1730.4	1730.4	1.35	4.5		
W911068	400(403)	1695.4	1695.3	1695.35	1696.3	1696.3	1696.3	0.95	2.375	2.4	0
	400(B1)	1695.1	1695.1	1695.1	1696.0	1696.1	1696.05	0.95	2.375		
W911069	200(483)	1720.6	1720.6	1720.6	1721.6	1721.5	1721.55	0.95	4.75	5.4	23
	200(486)	1726.3	1726.3	1726.3	1727.5	1727.5	1727.5	1.2	6		
W911070	100(478)	1722.3	1722.4	1722.35	1723.5	1723.5	1723.5	1.15	11.5	12	8.3
	100(473)	1720.0	1719.9	1719.95	1721.2	1721.2	1721.2	1.25	12.5		
W911071	400(456)	1725.8	1725.9	1725.85	1726.8	1726.7	1726.75	0.9	2.25	2.4	15.6
	400(452)	1718.7	1718.8	1719.75	1719.8	1719.8	1719.8	1.05	2.625		
空白	------	------	------		------	------		------	------	------	------
分析	------	------	------		------	------		------	------	------	------

91 年懸浮固體品質管制分析數據表

組數	分析日期	查核樣品濃度	查核樣品分析值	查核樣品回收率	樣品分析值	重複分析值	相對差異	添加回收率
1	900103		1.44	1.2	42.8	44.0	2.8%	43.4
2	900118		0.81	0.9	17.2	18.1	5.1%	17.65
3	900215		0.16	0.4	3.60	3.20	11.8%	3.4
4	900217		0.25	0.5	8.50	9.00	5.7%	8.75
5	900306		1.44	1.2	14.4	13.2	8.7%	13.8
6	900315		0.04	0.2	3.8	4.00	5.1%	3.9
7	900327		0.04	0.2	3.20	3.40	6.1%	3.3
8	900403		1.44	1.2	47.6	48.8	2.5%	48.2
9	900411		1	1	20.6	19.6	5.0%	20.1
10	900417		0.64	0.8	12.8	13.6	6.1%	13.4
11	900430		0.09	0.3	4.10	4.40	7.1%	4.25
12	900507		0.04	0.2	4.10	3.90	5.0%	4.00
13	900515		0.04	0.2	10.4	10.2	1.9%	10.3
14	900528		1	1	11.6	10.6	9.0%	11.1
15	900604		0.81	0.9	13.1	14.0	6.6%	13.55
16	900612		0.16	0.4	3.2	3.6	11.8%	3.4
17	900619		0.04	0.2	3.2	3.4	6.1%	3.3
18	900626		0.16	0.4	16.4	16.0	2.5%	16.2
19	900703		0.25	0.5	10.4	9.9	4.9%	10.15
20	900711		0.25	1.5	37.5	39.0	3.9%	38.25
21	900718		0.64	0.8	9.8	10.6	7.8%	10.2
22	900724		0.09	0.3	8.0	8.3	3.7%	8.15
23	900810		1	1	13.8	14.8	7.0%	14.3
24	900830		0.49	0.7	6.1	6.8	10.9%	6.45
25	900905		0.04	0.2	5	5.2	3.9%	5.1
26	900912		4	2	60	62	3.3%	61
27	900919		0.25	0.5	7.3	6.8	7.1%	7.05
28	900926		0.09	0.3	6.9	7.2	4.3%	7.05
29	901012		0.16	0.4	6.3	6.7	6.2%	6.5
30	901019		1	1	13	14	7.4%	13.5
31	901112		0.04	0.2	7.4	7.6	2.7%	7.5
32	901128		0.01	0.3	4.6	4.9	6.3%	4.75
33	901210		0.25	0.5	8.1	7.6	6.4%	7.85
34	901217		0.09	0.3	6.1	5.8	5.0%	5.95
35	901228		0.64	0.8	20.4	21.2	3.8%	20.8

平均值(X)	5.8%
標準偏差(SD)	2.5%
兩倍標準偏差	5.0%
三倍標準偏差	7.5%
X+SD	8.3%
X+2SD	10.8%
X+3SD	13.3%
X	5.8%
X-SD	-----
X-2SD	-----
X-3SD	-----

案例二、飲用水中大腸桿菌群檢測不確定度評估【5】

1. 建立數學模式

$$y = F \cdot \frac{Z}{v} = F \cdot \frac{\sum z_i}{\sum v_i} \quad \cdots\cdots\cdots\cdots\cdots\cdots\cdots\cdots\cdots\cdots\cdots\cdots\cdots\cdots (1)$$

F：稀釋倍數

Z_I：第 i 盤之計數結果

V_I：最終懸浮液所取用之檢體體積

2. 量測不確定度傳播原理求組合標準不確定度

相對組合標準不確定度

$$w_y = \frac{u(y)}{y} = \left[\left(\frac{u(F)}{F} \right)^2 + \left(\frac{u(V)}{V} \right)^2 + \left(\frac{u(Z)}{Z} \right)^2 \right]^{1/2} = \left[W_F^2 + W_V^2 + W_Z^2 \right]^{1/2} \cdots (2)$$

3. 不確定度成份之量化

3.1 每次四盤連續稀釋之結果如下表

稀　釋	盤　　號		Z_i 總和	v_i
	#1	#2		
10^{-1}	70	60	130	10
	15	20	35	10
10^{-2}	10	6	16	10
	1	2	3	10

$$v = \sum v_i = 40ml$$

$$z = \sum z_i = 184$$

3.2 波松離散之相對標準不確定度 W_z

$$W_z^2 = \frac{1}{184} = 5.4 \times 10^{-3}$$

3.3 樣本檢測體積之相對不確定度

（1）10ml 定容儀具之製造容差為：$\pm 0.02ml$（假設）

假設三角形分佈 $0.02 \Big/ \sqrt{6} = 8.2 \times 10^{-3}$

（2）溫度效應與刻度重複性之變異忽略不計

（3）共使用 4 次故相對不確定度

$$W_V^2 = \frac{4 \times 67.24 \times 10^{-6}}{(10)^2} = 2.7 \times 10^{-6}$$

3.4 稀釋倍數之相對不確定度

稀釋倍數：$f = \dfrac{a+b}{a}$，假設稀釋為取樣 1ml，加入 9ml 無菌稀釋水，

（1）1ml 定容儀具之製造容差為：$\pm 0.006ml$

假設三角形分佈 $0.006 \Big/ \sqrt{6} = 2.45 \times 10^{-3}$

$$u_a = 2.45 \times 10^{-3}$$

$$w_a = 2.45 \times 10^{-3}$$

（2）$9ml$ 定容器具假設與 $10ml$ 定容器有相同的製造容差為：

$\pm 0.02ml$

假設三角形分佈 $0.02 \big/ \sqrt{6} = 8.16 \times 10^{-3}$

$u_b = 8.16 \times 10^{-3}$

$w_b = \dfrac{u_b}{b} = 0.9 \times 10^{-3}$

（3）稀釋相對不確定度 W_f

$$W_f^2 = \dfrac{u_b^2 + b^2 w_a^2}{(a+b)^2}$$

$$= \dfrac{(0.9 \times 10^{-3})^2 + (9)^2 \cdot (2.45 \times 10^{-3})^2}{(10)^2} = 4.87 \times 10^{-6}$$

（4）因為最先發現菌落在 $F = 10$ 稀釋倍數裏

$$W_F^2 = k \cdot w_f^2 = 4.87 \times 10^{-6}$$

4. 組合相對不確定度

$$W_y^2 = \left[5.4 \times 10^{-3} + 2.7 \times 10^{-6} + 4.87 \times 10^{-6} \right]$$

$$W_y = 7.35 \times 10^{-2} = 7.35\%$$

95%，$K = 2$，擴張不確定度為 15%

案例三、水中含金屬C_d（原子吸收光譜法）量測不確定度評估

1. 建立數學模式

$$C_{op} = \frac{C_x \cdot 100}{V}\left(mg\middle/L\right) \quad\text{...(1)}$$

C_X：由檢量線所計算出之濃度$\left(mg\middle/L\right)$

C_{op}：樣品檢測出之濃度

V：樣本體積

2. 量測不確定度評估數模

2.1 數模之修正

考量日常 QC 重複性試驗，回收率實驗，製作檢量線時標準品配置，檢量線數學模型等提供變異源之因子，故將公式(1)利用修正係數修正成：

公式(1)中之樣本體積V的變異已納入f_{REP}中考量

$$C_{op}^{'} = \frac{C_x \cdot 100}{1} \cdot \frac{1}{REC} \cdot f_{REP} \cdot f_{STD} \quad\text{..(2)}$$

2.2 不確定度要因圖如附錄三‧A

3. 相對標準組合不確定度（%）

$$\left[\frac{u_c\left(C_{op}^{'}\right)}{C_{op}^{'}}\right]^2 = \left\{\left[\frac{u(C_x)}{C_x}\right]^2 + \left[\frac{u\left(\overline{REC}\right)}{\overline{REC}}\right]^2 + \left[\frac{u(STD)}{STD}\right]^2\right\} \quad\text{...................(3)}$$

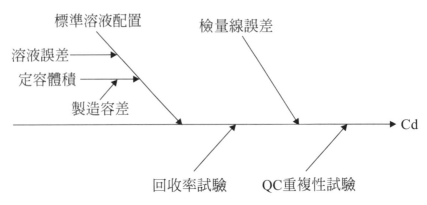

附錄三‧A C_d' 量測不確定度要因圖

4. 不確定度成份之量化

4.1 回收率 REC

（1） 89.04.19～91.01.02 共 15 組回收率試驗結果

回收率平均數 $\overline{REC} = 102.7\% = 1.027$

回收率標準差 $u(\overline{REC}) = 2.5\% = 0.025$

回收率平均數之標準差 $u(\overline{REC})$

$$u(\overline{REC}) = \frac{0.025}{\sqrt{15}} = 6.5 \times 10^{-3} \quad\cdots\cdots\cdots\cdots\cdots\cdots\cdots\cdots\cdots\cdots\cdots\cdots\quad (4)$$

（2） 回收率之檢定

$$t = \frac{\left|1 - \overline{REC}\right|}{u(\overline{REC})} = \frac{\left|1 - 1.027\right|}{6.5 \times 10^{-3}} = 4.15 \quad\cdots\cdots\cdots\cdots\cdots\cdots\cdots\cdots\cdots\quad (5)$$

$$95\% \quad n = 15 - 1 = 14 \quad t_{crit} = 2.145$$

$\because t > t_{crit}$ 回收率所供獻之變異應納入不確度評估因子中

（3） 回收率之相對標準不確定度

274

$$\left[\frac{u(\overline{REC})}{\overline{REC}}\right]^2 = \left[\frac{6.5\times10^{-3}}{1.027}\right]^2 = 6.33\times10^{-6} \quad \cdots\cdots\cdots(6)$$

4.2 QC 重複性試驗

89.04.19～91.01.02 共 14 組樣品二重複結果

平均數=0.013

重複性標準差

$$u^2\left(f_{REP}\right) = \frac{98\times10^{-8}}{2\times15} = 3.3\times10^{-8} \quad \cdots\cdots\cdots\cdots\cdots(7)$$

重複性相對不確定度

$$\left[\frac{u\left(f_{REP}\right)}{F_{ERP}}\right]^2 = \left[\frac{3.3\times10^{-8}}{(0.013)^2}\right] = 1.95\times10^{-4} \quad \cdots\cdots\cdots(8)$$

4.3 檢量線數學模型所提供之不確定度

$$u^2(C_x) = \left(\frac{S_D}{b}\right)^2 \cdot \left[\frac{1}{p} + \frac{1}{n} + \frac{\left(C_X - \overline{C}\right)^2}{S_{CC}}\right] \quad \cdots\cdots\cdots(9)$$

C_X：檢量線求得檢體之濃度（分析濃度）

$$S_D = \left[\frac{\sum\left(y_i - \hat{y}_i\right)^2}{n-2}\right]^{\frac{1}{2}} \quad \cdots\cdots\cdots\cdots\cdots(10)$$

$P = 4$：測試次數

$n = 24$：配置檢量線所用標準品的數目（配 6 個濃度每個配 4 次求平均

275

值）

S_{CC} ：標準品之變異

$$S_{CC} = \sum_{I=1}^{6}\left(C_i - \overline{C}\right)^2 = 0.285 \quad\text{...} (11)$$

$\overline{C}$ ：標準品之平均濃度（6個標準品平均值之平均濃度）

$$\overline{C} = \frac{\sum_{I=6}^{6} C_1}{6} = 0.325$$

檢量線方程式：$\hat{y} = 0.2538x + 0.0012$ ....(12)

$a = 0.0012$，$b = 0.2538$

X	吸光度測定值(y)	檢量線分析值($\hat{y}$)	差$(y_i - \hat{y}_i)$
0	0	0.0012	12×10^{-4}
0.05	0.0133	0.01389	5.9×10^{-4}
0.1	0.0268	0.02658	2.2×10^{-4}
0.3	0.0781	0.07734	7.6×10^{-4}
0.5	0.1277	0.1281	4×10^{-4}
1	0.255	0.255	0
		差值平方和	257.41×10^{-8}

$$S_D^2 = \left[\frac{257.41 \times 10^{-8}}{24 - 2}\right] = 11.7 \times 10^{-8} \quad\text{...}(13)$$

所以

276

$$u^2(C_x) = \frac{11.7 \times 10^{-8}}{(0.2538)^2} \cdot \left[\frac{1}{4} + \frac{1}{24} + \frac{(C_x - 0.325)^2}{0.285} \right]$$

$$= \left(1.83 \times 10^{-6}\right) \cdot \left[0.29 + 3.508 \cdot \left(C_x - 0.325\right)^2 \right] \quad\cdots\cdots\cdots\cdots\cdots (14)$$

依 91 年 10 月 7 日檢驗數據，分析濃度之平均數為

$$C_X = 0.0148$$

$$u^2(C_x) = 1.83 \times 10^{-6} \cdot \left[0.29 + 3.508 \cdot (0.0148 - 0.325)^2 \right] = 1.16 \times 10^{-6}$$

所以：

$$\left[\frac{u(C_x)}{C_x} \right]^2 = \frac{1.16 \times 10^{-6}}{(0.015)^2} = 0.52 \times 10^{-2} \quad\cdots\cdots\cdots\cdots\cdots\cdots\cdots\cdots (15)$$

4.4 標準品配製之不確定度

（1）定容儀具體積之不確定度

由標準品配製流程中獲得各定容儀具使用之次數與製造容差，假設忽略溫度與人員重複塡充定容器具之誤差並假設製造容差爲三角形分佈，各定容器具使用次數及標準不確定度如下表所示：

定容器(ml)	使用次數	製造容差(ml)	標準不確定度
5	2	±0.015	6×10^{-3}
10	6	±0.02	8.2×10^{-3}
20	1	±0.03	1.2×10^{-2}
30	1	±0.03	1.2×10^{-2}
100	6	±0.1	4×10^{-2}

體積之相對不確定度

$$\left[\frac{u(v)}{v}\right]^2 = 2\cdot\left[\frac{6\times10^{-3}}{5}\right]^2 + 6\cdot\left[\frac{8.2\times10^{-3}}{10}\right]^2 + \left[\frac{1.2\times10^{-2}}{20}\right]^2 + \left[\frac{1.2\times10^{-2}}{30}\right]^2$$

$$+ 6\cdot\left[\frac{4\times10^{-2}}{100}\right]^2 = 5.84\times10^{-6} \quad\text{(16)}$$

（2）標準液濃度誤差

從規格書中，取最大誤差為 $\pm3\left(\frac{mg}{l}\right)$

假設矩形分佈：標準差為 $\frac{3}{\sqrt{3}} = 1.732$

相對不確定度為：

$$\left[\frac{u(p)}{p}\right]^2 = \left[\frac{1.732}{1000}\right]^2 = 3\times10^{-6} \quad\text{(17)}$$

（3）標準品配製之相對不確定度

$$\left[\frac{u(STD)}{STD}\right]^2 = \left[\left(\frac{u(p)}{p}\right)^2 + \left(\frac{u(v)}{v}\right)^2\right] = 61.4\times10^{-6}$$

5. 組合相對標準不確定度（對檢測濃度為 $0.015\,mg/l$）

$$\left[\frac{u_c(C_{op})}{C_{op}}\right]^2 = \left[6.33\times10^{-6} + 1.95\times10^{-4} + 0.52\times10^{-2} + 61.4\times10^{-6}\right] = 0.52\times10^{-2}$$

6. 95%，$k=2$

擴張相對不確定度 U=14.4%

案例四、硝酸鹽氮量測不確定度評估

1. 建立數學評估模式

1.1 本檢測爲測試檢體淨吸光度值，由配製之檢量線圖求其濃度，檢測過程中不確定度來源分別爲：檢量線之迴歸分析誤差，Q_c 重複性差異，標準品配置誤差及回收率之修正等納入考量；不確定度要因圖如附錄所示，數學模式爲：

$$y = A_x \cdot f_{REP} \cdot f_{STD} \cdot \frac{1}{\overline{REC}} \quad\cdots\cdots\cdots\cdots\cdots\cdots\cdots\cdots\cdots\cdots\cdots\cdots\cdots (1)$$

y：樣品檢測濃度

A_x：檢量線分析之樣品濃度

f_{REP}：樣品重複試驗變異之修正係數

f_{STD}：標準品配置變異之修正係數

$\overline{REC}$：平均回收率

1.2 量測不確定度傳播原理

樣品檢測濃度之相對不確定度：

$$\left[\frac{u(y)}{y}\right]^2 = \left\{\left[\frac{u(A_x)}{A_x}\right]^2 + \left[\frac{u(f_{REP})}{f_{REP}}\right]^2 + \left[\frac{u(\overline{REC})}{\overline{REC}}\right]^2 + \left[\frac{u(STD)}{STD}\right]^2\right\} \cdots (2)$$

2. 不確定度成份之量化

2.1 QC 重複性變異

由 90.01.08～90.11.05 重複性試驗之 30 組數據，其平均值：1.54

重複性標準差：$S_r^2 = \dfrac{\sum\limits_{i=1}^{30}(x_{i1}-x_{i2})^2}{2P} = 0.87\times10^{-4}$ ·····················(3)

相對標準不確定度：$\left[\dfrac{u(f_{REP})}{f_{REP}}\right]^2 = \dfrac{0.87\times10^{-4}}{(1.54)^2} = 0.37\times10^{-4}$ ·········(4)

2.2 回收率變異

2.2.1　由 90.01.08～90.11.05　30 組回收率數據，

平均回收率 $\overline{REC} = 1.01(101.1\%)$，標準差 $= 0.014(1.4\%)$

平均值標準差 $u(\overline{REC}) = \dfrac{0.014}{\sqrt{30}} = 2.56\times10^{-3}$

相對不確定：

$$\left[\frac{u(\overline{REC})}{\overline{REC}}\right]^2 = 6.55\times10^{-6}$$ ···(5)

2.2.2　回收率變異檢定

$$t = \frac{|1-1.01|}{u(\overline{REC})} = 3.9 \geq t_{critical}$$ ···(6)

95%，自由度 29 $t_{critical} \approx 2.045$，因此回收率變異需納入不確定度評估內。

2.3 檢量線迴歸分析之誤差

檢量線方程式

$$\hat{y} = 0.23955x + 0.00297$$ ···(7)

$a = 0.00297$，$b = 0.23955$

$$u^2(A_x) = (\frac{S_D}{b})^2 \left[\frac{1}{n} + \frac{1}{p} + \frac{(A_x - \overline{C})^2}{S_{cc}} \right] \cdots\cdots\cdots\cdots\cdots\cdots\cdots\cdots(8)$$

P：製作檢量線時，每個標準品測試之次數，$P = 1$

n：標準品配置之數目，$n = 6$

$\overline{C}$：標準品平均濃度，$\overline{C} = 2.2$

S_{cc}：標準品濃度變異，$S_{cc} = \sum\limits_{i=1}^{6}\left(C_i - \overline{C}\right)^2 = 28$

A_x：由檢量線所分析檢體之濃度

S_D：檢量線之標準誤差

$$S_D^2 = \left[\frac{\sum(y_i - \hat{y}_i)^2}{n-2} \right] \cdots\cdots\cdots\cdots\cdots\cdots\cdots\cdots\cdots(9)$$

標準品吸光度 y	標準品濃度 x	檢量線分析值 $\hat{y}$	差值 $(y_i - \hat{y}_i)$	差值平方 $(y_i - \hat{y}_i)^2$
0	0	0.00297	0.00297	8.8×10^{-6}
0.048	0.2	0.05088	0.00288	8.3×10^{-6}
0.242	1	0.24222	0.00022	0.05×10^{-6}
0.491	2	0.48207	0.00893	80×10^{-6}
0.962	4	0.96117	0.00083	0.7×10^{-6}
1.437	6	1.44027	0.00327	10.7×10^{-6}
			總和	108.55×10^{-6}

$$S_D^2 = \left[\frac{108.55}{4} \times 10^{-6}\right] = 2.7 \times 10^{-5}$$

$$u^2(A_x) = \frac{2.7 \times 10^{-5}}{(0.23955)^2} \cdot \left[\frac{1}{6} + 1 + \frac{(A_x - 2.2)^2}{28}\right] \cdots\cdots\cdots (10)$$

公式(10)，$u^2(A_x)$ 會隨檢體分析濃度不同，不確定度亦會不同，假設實驗室日常檢體分析濃度之平均值為 1.54，則

$$\left[\frac{u(A_x)}{A_x}\right]^2 = \frac{1.69 \times 2.7 \times 10^{-5}}{5.76 \times 10^{-2}} = 8.0 \times 10^{-4}$$

2.4 標準品配製之誤差

(a) 標準溶液之誤差 $1000 \pm 3 \ mg/L$

假設矩形分佈 $3/\sqrt{3} = 1.73$

相對不確定度 $\left[\frac{u(P)}{P}\right]^2 = \left[\frac{1.73}{1000}\right]^2 = 3 \times 10^{-6}$

(b) 配製標準品定容體積誤差

假設所有定容器之體積誤差均由製造容差所引起，忽略溫度及人員填充之重複性誤差；且假設為三角形分佈

定容器 mL	製造誤差	使用次數	標準不確定度
1	± 0.006	1	2.45×10^{-3}
5	± 0.015	1	6×10^{-3}
10	± 0.02	1	8.2×10^{-3}
20	± 0.03	1	1.2×10^{-2}
30	± 0.03	1	1.2×10^{-2}
50	± 0.05	6	2.0×10^{-2}

所以

$$\left[\frac{u(V)}{V}\right]^2 = (\frac{2.45}{1} \times 10^{-3})^2 + (\frac{6}{5} \times 10^{-3})^2 + (\frac{8.2}{10} \times 10^{-3})^2 + (\frac{1.2}{20} \times 10^{-2})^2$$

$$+ (\frac{1.2}{30} \times 10^{-2})^2 + 6 \times (\frac{2}{50} \times 10^{-2})^2$$

$$= 9.6 \times 10^{-6}$$

(c) 相對不確定度

$$\left[\frac{u(STD)}{STD}\right]^2 = \left\{\left[\frac{u(P)}{P}\right]^2 + \left[\frac{u(V)}{V}\right]^2\right\} = 12.6 \times 10^{-6}$$

3. 組合相對不確定度（假設檢體分析濃度為 1.54）

$$\left[\frac{u(y)}{y}\right]^2 = \left[0.37 \times 10^{-4} + 6.55 \times 10^{-6} + 8.0 \times 10^{-4} + 12.6 \times 10^{-6}\right]$$

$$= 8.5 \times 10^{-4}$$

$$\left[\frac{u(y)}{y}\right] = 3 \times 10^{-2} = 3\%$$

4. 擴張相對不確定度 95%，$K = 2$，

$$U = 6\%$$

附錄 A：硝酸鹽氮檢測方法

一、儀器設備：

1. 分光光度計：使用波長 220nm 及 275nm，附 1cm（或更長之光徑）之石英樣品槽。MDL=0.0067

2. 移液管：1mL（＋－）、5mL（＋－）、10mL（＋－）、20mL（＋－）、30mL（＋－）、50mL（＋－）

3. 量瓶：50mL（＋－）、100mL（＋－）、1000mL（＋－）

4. 儲備溶液：1000mg/L± mg/L

二、檢測步驟：

檢量線配製

1. 分別取 0.00、1.00、5.00、10.0、20.0 及 30.0mL 硝酸鹽氮中間溶液稀釋至 50.0mL，使檢量線濃度在 0 至 7mg NO_3-N/L 範圍內。

2. 加入 1.0 mL1M 之硝酸溶液，混合均勻以步驟 2.所製備之試劑水將分光光度計歸零或歸 100%透光度，分別讀取 220nm 及 275nm 之吸光度，計算淨吸光度：【吸光度（220nm）-2*吸光度（275nm）】。

3. 繪製一淨吸光度與 NO_3-N 濃度之檢量線。

附錄 B：水樣之測定

1. 取水樣 5.0mL，必要時可將水樣予以稀釋成適當倍數（若水樣混濁，需先以 0.45um 之濾紙過濾），依上頁步驟 2～3 操作。

2. 依測定值之淨吸光度，由檢量線求得硝酸鹽氮濃度（mg/L）。

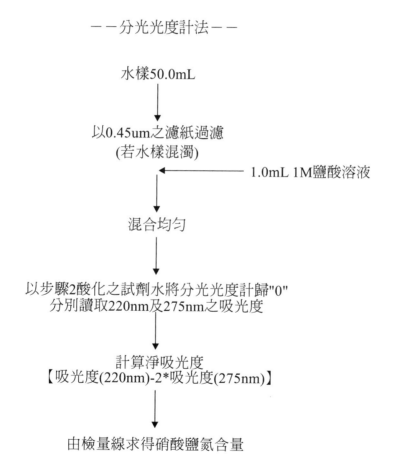

－－分光光度計法－－

水樣50.0mL

以0.45um之濾紙過濾
(若水樣混濁)

1.0mL 1M鹽酸溶液

混合均勻

以步驟2酸化之試劑水將分光光度計歸"0"
分別讀取220nm及275nm之吸光度

計算淨吸光度
【吸光度(220nm)-2*吸光度(275nm)】

由檢量線求得硝酸鹽氮含量

91 年 NO#-N 管制分析數據表

組數	分析日期	查核樣品濃度	查核樣品分析值	查核樣品回收率	樣品分析值	重複分析值	相對差異
1	900108	2.0	2.08	104.2%	0.745	0.75	%
2	900110	2.0	2.08	104.2%	0.96	0.96	%
3	900306	2.0	2.03	101.6%	6.57	6.56	%
4	900312	2.0	2.01	100.7%	1.00	1.01	%
5	900321	2.0	2.02	100.8%	0.93	0.93	%
6	900327	2.0	2.02	100.9%	1.22	1.22	%
7	900402	2.0	2.01	100.6%	0.96	0.97	%
8	900409	2.0	2.01	100.4%	1.51	1.52	%
9	900417	2.0	2.03	101.3%	1.33	1.34	%
10	900501	2.0	2.02	101.1%	0.44	0.43	%
11	900509	2.0	2.01	100.7%	1.06	1.06	%
12	900517	2.0	2.02	101.1%	1.11	1.11	%
13	900521	2.0	2.01	100.7%	0.71	0.70	%
14	900605	2.0	2.01	100.6%	1.01	1.02	%
15	900611	2.0	2.01	100.3%	1.44	1.45	%
16	900619	2.0	2.01	100.7%	1.81	1.80	%
17	900702	2.0	2.03	101.4%	1.59	1.59	%
18	900710	2.0	2.02	100.9%	1.72	1.73	%
19	900718	2.0	2.00	100.1%	2.05	2.06	%
20	900726	2.0	2.04	101.8%	1.57	1.57	%
21	900806	2.0	1.98	99.0%	1.91	1.91	%
22	900814	2.0	2.06	102.9%	1.62	1.63	%
23	900827	2.0	2.04	101.9%	1.81	1.80	%
24	900904	2.0	2.01	100.6%	1.76	1.79	%
25	900910	2.0	1.98	98.9%	1.53	1.55	%
26	900920	2.0	2.04	101.8%	1.69	1.70	%
27	901003	2.0	2.09	104.7%	1.31	1.29	%
28	901016	2.0	1.97	98.5%	1.36	1.35	%
29	901024	2.0	2.01	100.3%	2.07	2.03	%
30	901105	2.0	2.03	101.4%	1.23	1.21	%

平均值(X)	2.022	101.1%	0.59%
標準偏差(SD)	0.03	1.4%	0.51%
兩倍標準偏差	0.06	2.8%	1.02%
三倍標準偏差	0.08	4.2%	1.53%
X+SD	2.25	102.5%	1.10%
X+2SD	2.08	103.9%	1.61%
X+3SD	2.11	105.4%	2.12%
X	2.02	101.1%	0.59%
X-SD	1.99	99.7%	-----
X-2SD	1.97	98.3%	-----
X-3SD	1.94	96.9%	-----

審核：　　　　　製表：

檢 驗 紀 錄 表

檢驗樣品濃度：2.0mg/L　　檢量線確定濃度：2.0mg/L　　　　　　　　　　　檢驗日期：91年10月7日

樣品編號	樣品處理			測定							檢量線	
	取量(mL)	添加量(μg/ml*ml)	最終體積F(mL)	總(稀釋)倍數F/V	吸光度測定值	分析濃度或含量(mg/L)	樣品濃度(mg/L)	平均濃度(mg/L)	相對差異(%)	回收率(%)	標準濃度或含量X((mg/L))	吸光度Y
M9110011	50		50	1	0.392	1.631	1.63	1.63	0.6		0.000	0.000
M9110012	50		50	1	0.207	0.855	0.86				0.200	0.048
M9110013	50		50	1	0.210	0.869	0.87				1.000	0.242
M9110014	50		50	1	0.209	0.864	0.86				2.000	0.491
M9110015	50		50	1	0.290	1.205	1.21				4.000	0.962
M9110016	50		50	1	0.208	0.860	0.86				6.000	1.437
M9110017	50		50	1	0.203	0.840	0.84					
M9110018	50		50	1	0.206	0.851	0.85					
M9110019	50		50	1	0.208	0.861	0.86					
M9110020	50		50	1	0.205	0.849	0.85				相關係數 r=0.999	
空白分析樣品	50		50	1	0.000	0.000	0.00				Y=aX+b	
查驗樣品	50		50	1	0.492	2.046	2.05				a=0.23955	
重複分析樣品	50		50	1	0.390	1.622	1.62				b=0.00297	
添加分析確	49	100*1	50	1	0.703	2.926	2.9				■合格 □不合格	
檢量線定吸光度	0.513			檢量線確認後濃度	2.132 (mg/L)		確認合格否(確認濃度±15%)					

數據出處：91-09-02 冊　001　頁

檢驗員：　　　　　驗算員：

審核員：

287

案例五、BOD 生化需氧量檢測不確定度評估

1. 定義多測量

1.1 定義 D_0 與 D_5 之數學模式

溶氧量 $(\mathrm{mgO_2}/\mathrm{L}) : \mathrm{D_0}$ $\quad or \quad$ $D_5 = \dfrac{A \cdot N \cdot 8000 \cdot V}{V_1 \cdot V_3}$ ....(1)

A：滴定溶液之消耗量

N：滴定溶液之濃度（莫耳濃度）

V_1：滴定用之水樣體積(mL)

V：BOD 瓶之容積(mL)

V_2：加入硫酸亞錳和鹼性碘化物之總體積

$V_3 : V - V_2$

1.2 定義 BOD 生化實際需氧量之數學模式

$BOD = (D_0 - D_5 - f) \cdot F$

$\quad = K \cdot F$ ···(2)

F：稀釋倍數，$K = D_0 - D_5 - f$

D_0：初始溶氧量

D_5：5 天後之溶氧量

f：BOD 瓶植菌溶氧消耗量

1.3 建立 *BOD* 測試量測不確定度評估模式

將日常 *QC* 重複樣品試驗，回收率試驗，空白試驗之變異，以修正係數納入考量，故公式(2)修正成：

$$BODC = \dfrac{BOD \cdot f_{REP} \cdot f_{BIAS}}{\overline{REC}} \quad\text{...(3)}$$

f_{REP}：樣品重複性試驗變異之修正係數

f_{BIAS}：空白試驗變異之修正係數

$\overline{REC}$：平均回收率

1.4 D_0，D_5 及 *BODC* 之要因圖如圖一、圖二所示

2. 量測不確定度傳播原理

2.1 D_0 與 D_5 之組合相對標準不確定度

$$\left[\frac{u(D_0)}{D_0}\right]^2 = \left\{\left[\frac{u(A)}{A}\right]^2 + \left[\frac{u(N)}{N}\right]^2 + \left[\frac{u(V)}{V}\right]^2 + \left[\frac{u(V_1)}{V_1}\right]^2 + \left[\frac{u(V_3)}{V_3}\right]^2\right\} (4)$$

$$u^2(V_3) = u^2(V_2) + u^2(V) \quad\text{................................(5)}$$

2.2 *BOD* 之組合相對標準不確定度

$$\left[\frac{u(BOD)}{BOD}\right]^2 = \left\{\left[\frac{u(K)}{K}\right]^2 + \left[\frac{u(F)}{F}\right]^2\right\} \quad\text{.............................(7)}$$

$$u^2(K) = u^2(D_0) + u^2(D_5) + u^2(f) \quad\text{.............(6)}$$

2.3 修正後之組合相對標準不確定度

$$\left[\frac{u(BODC)}{BODC}\right]^2 = \left\{\left[\frac{u(BOD)}{BOD}\right]^2 + \left[\frac{u(f_{REP})}{f_{REP}}\right]^2 + \left[\frac{u(BIAS)}{BIAS}\right]^2 + \left[\frac{u(\overline{REC})}{\overline{REC}}\right]^2\right\} \quad (8)$$

3. 量測不確定度成份之量化

3.1 D_0 與 D_5 不確定度成份之量化

(a) 各定容器具之標準不確定度

考慮各定容器具之製造公差，溫度效應，而不計液體填充（filling up）重複性時，各定容器具之標準不確定度或相對不確定度值如下表所示：測試時溫度變動範圍 $\pm 3°C$，水之體積熱膨脹係數為：$2 \times 10^{-4} \, mL/°C$，其餘之溶劑為：$1 \times 10^{-3}$

定容器容積 (mL)	使用次數	製造容差(1)（三角形分佈）	溫度效應(2)（矩形分佈）	標準不確定度 $\left[(1)^2 + (2)^2\right]^{1/2}$
$V_1 : 1mL$	2	$\pm 0.016 \left(0.016/\sqrt{6}\right)$	$3 \times 1 \times 10^{-3}/\sqrt{3}$	6.7×10^{-3}
$V_2 : 200mL$	1	$\pm 0.2 \left(0.2/\sqrt{6}\right)$	$200 \times 3 \times 2 \times 10^{-4}/\sqrt{3}$	1.0×10^{-2}
$V : 300mL$	1	$\pm 0.2 \left(0.2/\sqrt{6}\right)$	$300 \times 3 \times 2 \times 10^{-4}/\sqrt{3}$	1.3×10^{-2}
$V_4 : 1000mL$	1	$\pm 0.3 \left(0.3/\sqrt{6}\right)$	$1000 \times 3 \times 2 \times 10^{-4}/\sqrt{3}$	3.7×10^{-1}

(b) 假設滴定溶液消耗量之變異忽略不計：所以

$$\left[\frac{u(A)}{A}\right]^2 = 0 \,, \quad \left[\frac{u(N)}{N}\right]^2 = 6.5 \times 10^{-4} \quad (濃度相對不確定見附錄)$$

$$\left[\frac{u(V)}{V}\right]^2 = \left[\frac{1.3 \times 10^{-2}}{300}\right]^2 = 1.8 \times 10^{-9}$$

$$\left[\frac{u(V_1)}{V_1}\right]^2 = \left[\frac{1\times10^{-2}}{201}\right]^2 = 2.5\times10^{-9}$$

$$u^2(V_3) = u^2(V) + u^2(V_2)$$

$$= \left[1.3\times10^{-2}\right]^2 + 2\cdot\left[6.7\times10^{-3}\right]^2$$

$$= 8.8\times10^{-4}$$

$$\left[\frac{u(V_3)}{V_3}\right]^2 = \frac{8.8\times10^{-4}}{(298)^2} = 1\times10^{-8}$$

$$\therefore \left[\frac{u(D_0)}{D_0}\right]^2 = \left[6.5\times10^{-4} + 1.8\times10^{-9} + 2.5\times10^{-9} + 1.0\times10^{-8}\right]$$

$$= 6.5\times10^{-4}$$

$$\left[\frac{u(D_5)}{D_5}\right]^2 = 6.5\times10^{-4}$$

3.2 BOD 量測不確定度成份之量化

用 91.09.25 之 D_0 及 91.09.30 之 D_5 數據（瓶號 122）

(a) f 之標準不確定度

規範內 f 之範圍限定 $0.6\sim1.0\,mg/L$ 之間，亦即 $(0.8\pm0.2)\,mg/L$

假設矩形分佈,標準不確定度 $0.2/\sqrt{3} = 0.12$

(b)

$$K = D_0 - D_5 - f \text{ , } K = 3.19 - 0.86 = 2.33$$

$$u^2(K) = u^2(D_0) + u^2(f) + u^2(D_5)$$

$$= 6.5 \times 10^{-4} \times (7.16)^2 + 6.5 \times 10^{-4} \times (3.97)^2 + (0.12)^2$$

$$= 5.76 \times 10^{-2}$$

$$\left[\frac{u(K)}{K}\right]^2 = \frac{5.76 \times 10^{-2}}{(2.33)^2} = 1.06 \times 10^{-2}$$

(c) 忽略稀釋倍數之不確定度

$$\left[\frac{u(BOD)}{BOD}\right]^2 = 1.06 \times 10^{-2}$$

3.3 修正模式之量測不確定度成份之量化

把日常 QC 重複性試驗，回收率試驗，空白試驗，納入考量：

(a) 重複性試驗標準不確定度

利用 90.02.27～90.12.31 日樣品二重複共 29 組數據，求重複性標準差：

$$S_r^2 = \frac{\sum(X_{i1} - X_{i2})^2}{2P} = \frac{69}{2 \times 29} = 1.2$$

平均值 $= 11.65$

$$\left[\frac{u(f_{REP})}{f_{REP}}\right]^2 = \frac{1.2}{(11.65)^2} = 8.8 \times 10^{-3}$$

(b) 回收率之標準不確定度

$$\overline{REC} = 88.8\% = 0.888 \text{，標準差} = 2.2\% = 0.022$$

$$u(\overline{REC}) = \frac{0.022}{\sqrt{29}} = 4 \times 10^{-3}$$

(c) 空白試驗之標準不確定度

空白試驗之結果不對檢測結果做修正，故其變異納入不確定度評估中

$\overline{BIAS} = 15\% = 0.15$，標準差 $= 3.3\% = 0.033$

$$u(\overline{BIAS}) = \frac{0.033}{\sqrt{29}} = 6.1 \times 10^{-3}$$

$$\left[\frac{u(\overline{BIAS})}{\overline{BIAS}} \right]^2 = \left[\frac{6.1 \times 10^{-3}}{0.15} \right]^2 = 1.7 \times 10^{-3}$$

4. 瓶號 122（91.09.25 及 91.09.30 之數據）

相對標準不確定度

$$\left[\frac{u(BODC)}{BODC} \right]^2 = \left[1.06 \times 10^{-2} + 8.8 \times 10^{-3} + 2.0 \times 10^{-5} + 1.7 \times 10^{-3} \right]$$

$$= 1.45 \times 10^{-2}$$

$$\frac{u(BODC)}{BODC} = 0.12 = 12\%$$

5. 95%信賴水準下，$K = 2$

相對擴張不確定度 U=24%

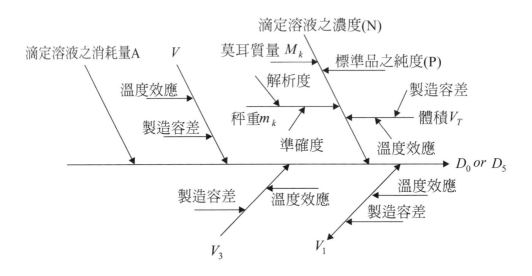

圖一　D_0 與 D_5 不確定度要因圖

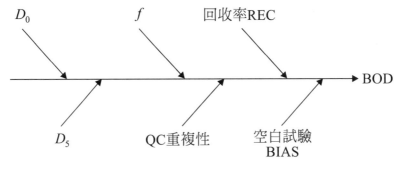

圖二　BODC 不確定度要因圖

案例六、$Na_2S_2O_3$莫耳濃度之不確定度分析

$$C(Na_2S_2O_3) = \frac{1000 \cdot m_k \cdot P_k}{M_K \cdot V_T} \quad \text{..............................(1)}$$

m_K：碘酸氫鉀標準所用之質量(g)

P_K：碘酸氫鉀標準之純度（質量百分比）

M_K：碘酸氫鉀標準之莫耳質量($gmal^{-1}$)

V_T：之滴定體積($20ml$)

1. 假設 $P_K : 100 \pm 0.05\%$ ， $P_K = 1.0000 \pm 0.0005$

   假設矩形分佈，$u(P_K) = 2.9 \times 10^{-4}$

2. $m_K : 0.195$

   精密天平之準確度為 $\pm 0.1mg$，假設矩形分佈，

   $$u(m_K) = \frac{0.1}{\sqrt{3}} = 0.06mg = 0.06 \times 10^{-3}g$$

3. $M_K : KH(IO_3)_2$之莫耳質量

   a. 原子量及誤差值

元素	原子量	誤差值	標準不確定度
K	39.0983	± 0.0001	5.8×10^{-5}
H	1.00794	± 0.00007	4.0×10^{-5}
I	126.90447	± 0.00003	1.7×10^{-5}
O	15.9994	± 0.0003	1.7×10^{-4}

每個元素，其原子量之誤差值可從 IUPAC 原子序表中查得並當成為原

子量之界限，假設矩形分佈，因此標準不確定度為該數值除以 $\sqrt{3}$

b. 莫耳質量及其標準不確定度

	計算	結果	標準不確定度
K	1×39.0983	39.0983	5.8×10^{-5}
H	1×1.00794	1.0079	4.0×10^{-5}
I_2	2×126.90447	253.8089	3.4×10^{-5}
O_6	6×15.9994	95.9964	1.0×10^{-3}

$$M_K = 39.0983 + 1.0079 + 253.8089 + 95.9964 = 389.9115 (gmolL^{-1})$$

$$u(M_K) = \left[(5.8 \times 10^{-5})^2 + (4.0 \times 10^{-5})^2 + (3.4 \times 10^{-5})^2 + (1.0 \times 10^{-3})^2 \right]^{\frac{1}{2}}$$

$$= 1 \times 10^{-3} gmolL^{-1}$$

(4) $V_T : Na_2S_2O_3$ 之滴定體積 $(20mL)$

a. $25mL$ 滴定管之製造容差：$\pm 0.03mL$，假設三角形分佈，標準不確定度為

$$u(Tol) = \frac{0.03}{\sqrt{6}} = 1.2 \times 10^{-2} mL$$

b. 溫度效應：水之體積熱膨脹係數 2.1×10^{-4}，溫度變化 $\pm 3^o C$，假設矩形分佈

$$u(Temp) = \frac{20 \times 2.1 \times 10^{-4} \times 3}{\sqrt{3}} = 0.73 \times 10^{-2} mL$$

$$u(V_T) = \left[(1.2 \times 10^{-2})^2 + (0.73 \times 10^{-2})^2 \right]^{\frac{1}{2}} = 1.4 \times 10^{-2} mL$$

(5)莫耳濃度組合相對標準不確定度

$$C(Na_2S_2O_3) = \frac{1000 \cdot m_K \cdot P_K}{M_K \cdot V_T}$$

$$\left[\frac{u(C)}{C}\right]^2 = \left\{\left[\frac{u(m_K)}{m_K}\right]^2 + \left[\frac{u(P_K)}{P_K}\right]^2 + \left[\frac{u(M_K)}{M_K}\right]^2 + \left[\frac{u(V_T)}{V_T}\right]^2\right\}$$

$$\left[\frac{u(C)}{C}\right]^2 = \left\{\left[\frac{0.06}{0.195}\right]^2 + \left[\frac{2.9 \times 10^{-4}}{1}\right]^2 + \left[\frac{1 \times 10^{-3}}{390}\right]^2 + \left[\frac{1.4 \times 10^{-2}}{20}\right]^2\right\}$$

$$= \left\{(0.3 \times 10^{-3})^2 + (2.9 \times 10^{-4})^2 + (2.56 \times 10^{-6})^2 + (5 \times 10^{-4})^2\right\}$$

$$= 6.5 \times 10^{-4}$$

(6)稀釋倍數相對不確定度之計算

$$f = \frac{a+b}{a} = 1 + \frac{b}{a} \quad , \quad b \text{為添加之稀釋溶液}$$

$$\frac{\partial f}{\partial a} = -\frac{b}{a^2} \quad , \quad \frac{\partial f}{\partial b} = \frac{1}{a}$$

$$u^2(f) = (-\frac{b}{a^2})^2 u^2(a) + \frac{1}{a^2}u^2(b)$$

$$= \frac{b^2 w^2(a) + u^2(b)}{a^2} \quad , \quad w^2(a) = \frac{u^2(a)}{a^2}$$

$$\left[\frac{u(f)}{f}\right]^2 = \frac{1}{(a+b)^2} \cdot \left[b^2 w^2(a) + u^2(b)\right]$$

a. 假設連續稀釋 K 次，每次稀釋步驟均相同，倍數一致則$F = f_1 \cdot f_2 \cdots f_k$, $\left[\dfrac{u(F)}{F}\right]^2 = KW_f^2$

b. 假設稀釋步驟不相同，則

$$\left[\frac{u(F)}{F}\right]^2 = W_1^2 + W_2^2 + W_3^2 + \cdots + W_K^2$$

c. 案例：

$$a = 30 \ , \ b = 270 \ , \ u^2(b) = \left(\frac{0.2}{\sqrt{6}}\right)^2 = 6.7 \times 10^{-4}$$

$$W^2(a) = \frac{u^2(a)}{a^2} \ , \ u^2(a) = \left(\frac{0.03}{\sqrt{6}}\right)^2 = 1.4 \times 10^{-4}$$

$$W_f^2 = \left[\frac{u(f)}{f}\right]^2 = \frac{1}{(300)^2} \cdot \left[(270)^2 \cdot (1.4 \times 10^{-4}) + 6.7 \times 10^{-4}\right]$$

$$= 1.3 \times 10^{-4}$$

案例七、Ciprofloxacin 血漿濃度測定量測不確定度評估

1. 目的

依據 Ciprofloxacin 血漿濃度測定之標準測試方法程序（SIP-0202）執行檢驗，並依照 ISO GUM 及 EURACHEM/CITA Guide 所建議的方法，探討可能導入的不確定度及對測定結果的影響，執行量測不確定度評估，以展示實驗室檢測的準確度及可靠度。

2. 範圍

針對 Ciprofloxacin 血漿濃度之含量確效測定方法。

3. 檢測步驟

3.1 詳細分析 Ciprofloxacin 血漿濃度之操作程序參閱 SIP-0202。

3.2 操作流程如下：

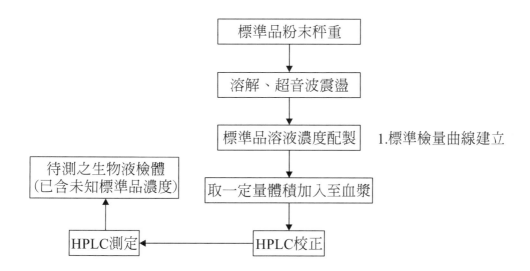

4. 定義受測量

　　將標準品配製、檢量線、檢體安定性試驗及檢體重複性試驗等以修正係數之方式，並考量回收率之測試結果，一併考量在 Ciprofloxacin 血漿濃度之量測不確定度評估中

$$C_P = \frac{C_x \times f_{STD}}{\overline{Rec}} \times f_{SC} \times f_B \times f_{ST} \times f_{RP} \quad\cdots\cdots\cdots\cdots\cdots\cdots (1)$$

C_p：檢體測試濃度(mg/mL)

C_x：標準曲線求得之檢體濃度(mg/mL)

$\overline{Rec}$：檢體之平均回收率

f_{STD}：標準品配製之修正係數

f_{SC}：檢量線之修正係數

f_B：空白試驗之修正係數

f_{ST}：檢體安定性試驗之修正係數

f_{RP}：檢體重複性試驗之修正係數

　　在化學分析領域方面，此特定的數學模式可利用相對不確定度之觀念來表達量測不確定原理，故將公式(1)以相對不確定度表示：

$$\left[\frac{u(C_P)}{C_P}\right]^2 =$$

$$\left\{\left[\frac{u(Cx)}{Cx}\right]^2 + \left[\frac{u(f_{STD})}{f_{STD}}\right]^2 + \left[\frac{u(f_{SC})}{f_{SC}}\right]^2 + \left[\frac{u(f_B)}{f_B}\right]^2 + \left[\frac{u(f_{ST})}{f_{ST}}\right]^2 + \left[\frac{u(f_{RP})}{f_{RP}}\right]^2 + \left[\frac{u(\overline{Rec})}{\overline{Rec}}\right]^2\right\}$$

$$\cdots\cdots\cdots\cdots\cdots\cdots\cdots\cdots\cdots\cdots\cdots\cdots\cdots\cdots\cdots\cdots\cdots (2)$$

5. 量測不確定度來源之要因分析

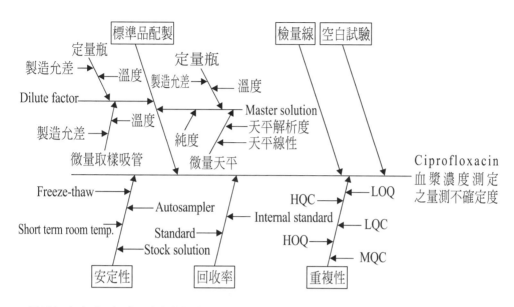

6. 量測不確定度來源之鑑別

6.1 標準品配製

6.1.1　配製標準品溶液程序中主要涉及製備 Master solution 與配製標準品溶液時之 Dilute factor 等變異有關，必須加以評估。

6.1.2　製備 Master solution 時，需將微量天平、定量瓶、標準品純度等相關因素考量在內。

6.1.2.1　微量天平（查閱廠商規格書）

天平解析度：0.1mg

線性：±0.2mg

6.1.2.2　定量瓶（查閱廠商規格書）

使用定量瓶應考量因其製造允差、溶液與環境溫度效應等所產生之變異，而此變異已於配製標準品溶液時之

Dilute factor 評估中。

6.1.2.3 標準品純度

標準品純度＝99.54%　⇒　99.54±0.46%

6.1.3 配製標準品溶液時之 Dilute factor，需將定量瓶及微量取樣吸管等相關因素考量在內。

6.1.3.1 定量瓶（查閱廠商規格書）

標稱體積 10mL：製造允差 ±0.04mL

6.1.3.2 微量取樣吸管（查閱廠商規格書）

標稱體積 1.0 mL：製造允差 ±0.008mL

5.0 mL：製造允差 ±0.025mL

6.2 檢量線

6.2.1 檢量線之建立與標準品之配製及所採用之數學模型有關，但因檢量線建立之相關變異內的標準品配製時之變異已另行評估，故此處僅評估數學模型所引致之不確定度。

6.2.2 從 91.3.18～91.3.27 內共有 7 條檢量線，其結果如表一。

6.3 空白試驗

6.3.1 空白試驗執行的目的是要確認此標準測試方法程序所得之 Ciprofloxacin 血漿濃度不會受到生物檢體的干擾。

6.3.2 空白試驗測定之結果均為 0，故其不予以納入量測不確定度評估中。

6.4 安定性試驗

6.4.1 安定性試驗係依據含量分析確效規範執行，主要分成

Autosampler stability、Short term room temperature stability、Freeze-thaw stability 與 Stock solution stability 等項目評估。

6.4.2　從 91.3.8～91.3.28 執行樣品分析，相關項目之測定結果如表二～表五。

6.5　回收率試驗

6.5.1　將標準品與內部標準品藉由未經萃取處理與經萃取處理過程後所得 Response 分別比較，一般以百分比的方式來表示回收率。

6.5.2　從 91.3.11 執行標準品與內部標準品回收率之分析，測定結果如表六。

6.6　重複性試驗

6.6.1　重複性試驗是藉由同日與異日間的 QC 樣品重複性檢測所得之變異性結果予以評估。

6.6.2　從 91.3.18～91.3.27 執行 QC 樣品之分析，測定結果如表七。

7. 量測不確定度之量化

7.1　標準品配製

7.1.1　製備 Master solution

7.1.1.1　標準品純度不確定度：99.54±0.46%

假設矩形分佈，相對標準不確定度為：

$$\frac{u(P)}{P} = \frac{0.0046}{\sqrt{3}} = 2.656 \times 10^{-3}　（因為已是百分率）$$

7.1.1.2 標準品稱重不確定度

a. 天平解析度 0.1mg

假設矩形分佈，標準不確定度為：$\dfrac{0.05}{\sqrt{3}} = 2.8868 \times 10^{-2}$

b. 天平即依據線性允收規格±0.2mg 來校正，以確保其準確度。

假設矩形分佈，標準不確定度為：$\dfrac{0.2}{\sqrt{3}} = 1.1547 \times 10^{-1}$

c. 標準品稱重重量組合標準不確定度：

$$\dfrac{u(m_{STD})}{m_{STD}} = \dfrac{\left[\left(2.8868 \times 10^{-2}\right)^2 + \left(1.1547 \times 10^{-1}\right)^2\right]^{1/2}}{100 \times 10^3} = 1.2 \times 10^{-6}$$

7.1.1.3 定量瓶不確定度

使用定量瓶應考量因其製造允差、溶液與環境溫度效應等所產生之變異，而此變異已於配製標準品溶液時之 Dilute factor 評估中，故不在另行予以計算。

7.1.2 配製標準品溶液時之 Dilute factor

7.1.2.1 定量瓶不確定度

標稱體積 10mL 定量瓶不確定度：

a. 製造允差 ±0.04mL

假設三角形分佈，標準不確定度為：

$$\dfrac{0.04}{\sqrt{6}} = 1.6330 \times 10^{-2}$$

b. 溫度效應

水之體積膨脹係數：2.1×10^{-4} mL/℃

實驗室溫度變化　±5℃

假設矩形分佈，標準不確定度為：

$$\pm \frac{10 \times 5 \times 2.1 \times 10^{-4}}{\sqrt{3}} = 6.0622 \times 10^{-3}$$

c. 重複性之變異影響，已另行於 QC 樣品重複性檢測試驗中評估，故在此不予以計算。

d. 組合標準不確定度：

$$u(V_1) = \left[(1.6330 \times 10^{-2})^2 + (6.0622 \times 10^{-3})^2 \right]^{1/2}$$

$$= 1.71419 \times 10^{-2}$$

7.1.2.2　微量取樣吸管不確定度

＊標稱體積 5mL 微量取樣吸管不確定度：

a. 溫度效應忽略不計

b. 製造允差　±0.025mL

假設三角形分佈，標準不確定度為：

$$u(V_2) = \frac{0.025}{\sqrt{6}} = 1.0206 \times 10^{-2}$$

＊標稱體積 1mL 微量取樣吸管不確定度：

a. 溫度效應忽略不計

b. 製造允差　±0.008mL

假設三角形分佈，標準不確定度為：

$$u(V_3) = \frac{0.008}{\sqrt{6}} = 3.2660 \times 10^{-3}$$

7.1.2.3 稀釋效應

$$f = \frac{a+b}{a}$$

其中 a：檢液體積，和微量取樣吸管有關

b：稀釋液體積，和定量瓶有關

計算其所導致之標準不確定度：

$$u^2(f) = \left[\frac{\partial f}{\partial a}u(a)\right]^2 + \left[\frac{\partial f}{\partial b}u(b)\right]^2$$

$$= \left[\frac{-b}{a^2}u(a)\right]^2 + \left[\frac{1}{a}u(b)\right]^2$$

$$\left[\frac{u(f)}{f}\right]^2 = \frac{\dfrac{b^2}{a^4}}{\left(\dfrac{a+b}{a}\right)^2}u^2(a) + \frac{\dfrac{1}{a^2}}{\left(\dfrac{a+b}{a}\right)^2}u^2(b)$$

$$= \frac{b^2}{(a+b)^2 a^2}u^2(a) + \frac{1}{(a+b)^2}u^2(b)$$

＊ 連續稀釋

$$w = f_1 \times f_2 \times \cdots\cdots \times f_k$$

$$\left[\frac{u(w)}{w}\right]^2 = \left[\frac{u(f_1)}{f_1}\right]^2 + \left[\frac{u(f_2)}{f_2}\right]^2 + \cdots\cdots\left[\frac{u(f_x)}{f_x}\right]^2$$

當 $f_1 = f_2 \cdots\cdots f_x = f_0$ 則 $\left[\dfrac{u(w)}{w}\right]^2 = k\left[\dfrac{u(f_0)}{f_0}\right]$

7.1.2.3.1 檢量線標準品溶液濃度為 0.025、0.05、0.1、0.25、0.5、1、2、5 及 10mg/mL，其一系列配製標準品溶液的稀釋過程如下所示。

＊標準品溶液濃度 5g/mL：$a = 0.5$，$b = 9.5$，$a + b = 10$

$$u^2(a) = u(V_3)^2 = \left(3.2660 \times 10^{-3}\right)^2 = 1.0667 \times 10^{-5}$$

$$u^2(b) = u(V_1)^2$$

$$= \left(1.6330 \times 10^{-2}\right)^2 + \left(6.0622 \times 10^{-3}\right)^2 = 3.0342 \times 10^{-4}$$

$$\left[\frac{u(f)}{f}\right]^2 = \frac{b^2}{(a+b)^2 a^2} u^2(a) + \frac{1}{(a+b)^2} u^2(b)$$

$$= \frac{(9.5)^2}{10^2 \times 0.5^2} \times \left(1.0667 \times 10^{-5}\right) + \frac{1}{10^2} \times \left(3.0342 \times 10^{-4}\right)$$

$$= 5.4408 \times 10^{-6}$$

	Final Concentration	Volume and Concentration of Source Solution ("M" = Ciprofloxacin Master Standard solution)		Volume of Diluent (mL)	Total Volume (mL)	Diluted Solution
M	100mg/mL	a		b		0.01N HCl
A	10mg/mL	1.0 mL	Of M (100mg/mL)	9.0	10	0.01N HCl
B	5mg/mL	0.5 mL	Of M (100mg/mL)	9.5	10	0.01N HCl
C	2mg/mL	2.0 mL	Of A (10mg/mL)	8.0	10	0.01N HCl
D	1mg/mL	1.0 mL	Of A (10mg/mL)	9.0	10	0.01N HCl
E	0.5mg/mL	0.5 mL	Of A (10mg/mL)	9.5	10	0.01N HCl
F	0.25mg/mL	2.5 mL	Of D (1mg/mL)	7.5	10	0.01N HCl
G	0.1mg/mL	1.0 mL	Of D (1mg/mL)	9.0	10	0.01N HCl
H	0.05mg/mL	0.5 mL	Of D (1mg/mL)	9.5	10	0.01N HCl
I	0.025mg/mL	1.0 mL	Of F (0.25mg/mL)	9.0	10	0.01N HCl

＊標準品溶液濃度 2mg/mL

$a_1 = 1$，$b_1 = 9$，$a_1 + b_1 = 10$

$a_2 = 2$，$b_2 = 8$，$a_2 + b_2 = 10$

$$u^2(a_1) = u(V_3)^2 = (3.2660 \times 10^{-3})^2 = 1.0667 \times 10^{-5}$$

$$u^2(a_2) = u(V_2)^2 = (1.0206 \times 10^{-2})^2 = 1.0417 \times 10^{-4}$$

$$u^2(b) = u(V_1)^2 = (1.6330 \times 10^{-2})^2 + (6.0622 \times 10^{-3})^2 = 3.0342 \times 10^{-4}$$

$$\left[\frac{u(w)}{w}\right]^2 = \left[\frac{u(f_1)}{f_1}\right]^2 + \left[\frac{u(f_2)}{f_2}\right]^2$$

$$\left[\frac{u(f_1)}{f_1}\right]^2 = \frac{9^2}{10^2 \times 1^2} \times (1.0667 \times 10^{-5}) + \frac{1}{10^2} \times (3.0342 \times 10^{-4}) = 1.1674 \times 10^{-5}$$

$$\left[\frac{u(f_2)}{f_2}\right]^2 = \frac{8^2}{10^2 \times 2^2} \times (1.0417 \times 10^{-4}) + \frac{1}{10^2} \times (3.0342 \times 10^{-4})$$

$$= 2.6970 \times 10^{-4}$$

$$\left[\frac{u(w)}{w}\right]^2 = \left[\frac{u(f_1)}{f_1}\right]^2 + \left[\frac{u(f_2)}{f_2}\right]^2$$

$$= 1.1674 \times 10^{-5} + 2.6970 \times 10^{-4}$$

$$= 2.8138 \times 10^{-4}$$

＊標準品溶液濃度 1mg/mL

$$a_1 = 1 \text{，} b_1 = 9 \text{，} a_1 + b_1 = 10$$

$$a_2 = 2 \text{，} b_2 = 8 \text{，} a_2 + b_2 = 10$$

$$u^2(a_1) = u^2(a_2) = u(V_3) = (3.2660 \times 10^{-3})^2 = 1.0667 \times 10^{-5}$$

$$u^2(b) = u(V_1)^2 = (1.6330 \times 10^{-2})^2 + (6.0622 \times 10^{-3})^2 = 3.0342 \times 10^{-4}$$

$$\left[\frac{u(w)}{w}\right]^2 = \left[\frac{u(f_1)}{f_1}\right]^2 + \left[\frac{u(f_2)}{f_2}\right]^2$$

$$\left[\frac{u(f_1)}{f_1}\right]^2 = \left[\frac{u(f_2)}{f_2}\right]^2$$

$$= \frac{9^2}{10^2 \times 1^2} \times \left(1.0667 \times 10^{-5}\right) + \frac{1}{10^2} \times \left(3.0342 \times 10^{-4}\right)$$

$$= 1.1674 \times 10^{-5}$$

$$\left[\frac{u(w)}{w}\right]^2 = \left[\frac{u(f_1)}{f_1}\right]^2 + \left[\frac{u(f_2)}{f_2}\right]^2$$

$$= 1.1674 \times 10^{-5} + 1.1674 \times 10^{-5} = 2.3348 \times 10^{-5}$$

＊標準品溶液濃度 0.5mg/mL

$$a_1 = 1 \text{，} b_1 = 9 \text{，} a_1 + b_1 = 10$$

$$a_2 = 0.5 \text{，} b_2 = 9.5 \text{，} a_2 + b_2 = 10$$

$$u^2(a_1) = u^2(a_2) = u(V_3) = \left(3.2660 \times 10^{-3}\right)^2 = 1.0667 \times 10^{-5}$$

$$u^2(b) = u(V_1)^2 = \left(1.6330 \times 10^{-2}\right)^2 + \left(6.0622 \times 10^{-3}\right)^2 = 3.0342 \times 10^{-4}$$

$$\left[\frac{u(w)}{w}\right]^2 = \left[\frac{u(f_1)}{f_1}\right]^2 + \left[\frac{u(f_2)}{f_2}\right]^2$$

$$\left[\frac{u(f_1)}{f_1}\right]^2 = \frac{9^2}{10^2 \times 1^2} \times \left(1.0667 \times 10^{-5}\right) + \frac{1}{10^2} \times \left(3.0342 \times 10^{-4}\right) = 1.1674 \times 10^{-5}$$

$$\left[\frac{u(f_2)}{f_2}\right]^2 = \frac{(9.5)^2}{10^2 \times (0.5)^2} \times \left(1.0667 \times 10^{-5}\right) + \frac{1}{10^2} \times \left(3.0342 \times 10^{-4}\right)$$

$$= 5.4408 \times 10^{-6}$$

$$\left[\frac{u(w)}{w}\right]^2 = \left[\frac{u(f_1)}{f_1}\right]^2 + \left[\frac{u(f_2)}{f_2}\right]^2 = 1.1674 \times 10^{-5} + 5.4408 \times 10^{-6}$$

$$= 1.7115 \times 10^{-5}$$

＊標準品溶液濃度 0.25mg/mL

$$a_1 = 1 \text{，} b_1 = 9 \text{，} a_1 + b_1 = 10$$

$$a_2 = 0.5 \text{ , } b_2 = 9 \text{ , } a_2 + b_2 = 10$$

$$a_3 = 2.5 \text{ , } b_3 = 7.5 \text{ , } a_3 + b_3 = 10$$

$$u^2(a_1) = u^2(a_2) = u(V_3)^2 = \left(3.2660 \times 10^{-3}\right)^2 = 1.0667 \times 10^{-5}$$

$$u^2(a_3) = u(V_2)^2 = \left(1.0206 \times 10^{-2}\right)^2 = 1.0417 \times 10^{-4}$$

$$u^2(b) = u(V_1)^2 = \left(1.6330 \times 10^{-2}\right)^2 + \left(6.0622 \times 10^{-3}\right)^2 = 3.0342 \times 10^{-4}$$

$$\left[\frac{u(w)}{w}\right]^2 = \left[\frac{u(f_1)}{f_1}\right]^2 + \left[\frac{u(f_2)}{f_2}\right]^2 + \left[\frac{u(f_3)}{f_3}\right]^2$$

$$\left[\frac{u(f_1)}{f_1}\right]^2 = \left[\frac{u(f_2)}{f_2}\right]^2 = \frac{9^2}{10^2 \times 1^2} \times \left(1.0667 \times 10^{-5}\right) + \frac{1}{10^2} \times \left(3.0342 \times 10^{-4}\right)$$

$$= 1.1674 \times 10^{-5}$$

$$\left[\frac{u(f_3)}{f_3}\right]^2 = \frac{7.5^2}{10^2 \times 2.5^2} \times \left(1.0417 \times 10^{-4}\right) + \frac{1}{10^2} \times \left(3.0342 \times 10^{-4}\right)$$

$$= 3.6925 \times 10^{-4}$$

$$\left[\frac{u(w)}{w}\right]^2 = \left[\frac{u(f_1)}{f_1}\right]^2 + \left[\frac{u(f_2)}{f_2}\right]^2 + \left[\frac{u(f_3)}{f_3}\right]^2$$

$$= 1.1674 \times 10^{-5} + 1.1674 \times 10^{-5} + 3.6925 \times 10^{-4}$$

$$= 3.9260 \times 10^{-4}$$

＊標準品溶液濃度 0.1mg/mL

$$a_1 = 1 \text{ , } b_1 = 9 \text{ , } a_1 + b_1 = 10$$

$$a_2 = 1 \text{ , } b_2 = 9 \text{ , } a_2 + b_2 = 10$$

$$a_3 = 1 \text{ , } b_3 = 9 \text{ , } a_3 + b_3 = 10$$

$$u^2(a_1) = u^2(a_2) = u^2(a_3) = u(V_3)^2 = \left(3.2660 \times 10^{-3}\right)^2 = 1.0667 \times 10^{-5}$$

$$u^2(b) = u(V_1)^2 = \left(1.6330 \times 10^{-2}\right)^2 + \left(6.0622 \times 10^{-3}\right)^2 = 3.0342 \times 10^{-4}$$

$$\left[\frac{u(w)}{w}\right]^2 = \left[\frac{u(f_1)}{f_1}\right]^2 + \left[\frac{u(f_2)}{f_2}\right]^2 + \left[\frac{u(f_3)}{f_3}\right]^2$$

$$\left[\frac{u(f_1)}{f_1}\right]^2 = \left[\frac{u(f_2)}{f_2}\right]^2 = \left[\frac{u(f_3)}{f_3}\right]^2$$

$$= \frac{9^2}{10^2 \times 1^2} \times \left(1.0667 \times 10^{-5}\right) + \frac{1}{10^2} \times \left(3.0342 \times 10^{-4}\right)$$

$$= 1.1674 \times 10^{-5}$$

$$\left[\frac{u(w)}{w}\right]^2 = \left[\frac{u(f_1)}{f_1}\right]^2 + \left[\frac{u(f_2)}{f_2}\right]^2 + \left[\frac{u(f_3)}{f_3}\right]^2 = 3 \times 1.1674 \times 10^{-5}$$

$$= 3.5022 \times 10^{-5}$$

＊標準品溶液濃度 0.05mg/mL

$a_1 = 1$，$b_1 = 9$，$a_1 + b_1 = 10$

$a_2 = 1$，$b_2 = 9$，$a_2 + b_2 = 10$

$a_3 = 0.5$，$b_3 = 9.5$，$a_3 + b_3 = 10$

$$u^2(a_1) = u^2(a_2) = u^2(a_3) = u(V_3)^2 = \left(3.2660 \times 10^{-3}\right)^2 = 1.0667 \times 10^{-5}$$

$$u^2(b) = u(V_1)^2 = \left(1.6330 \times 10^{-2}\right)^2 + \left(6.0622 \times 10^{-3}\right)^2 = 3.0342 \times 10^{-4}$$

$$\left[\frac{u(w)}{w}\right]^2 = \left[\frac{u(f_1)}{f_1}\right]^2 + \left[\frac{u(f_2)}{f_2}\right]^2 + \left[\frac{u(f_3)}{f_3}\right]^2$$

$$\left[\frac{u(f_1)}{f_1}\right]^2 = \left[\frac{u(f_2)}{f_2}\right]^2$$

$$= \frac{9^2}{10^2 \times 1^2} \times \left(1.0667 \times 10^{-5}\right) + \frac{1}{10^2} \times \left(3.0342 \times 10^{-4}\right)$$

$$= 1.1674 \times 10^{-5}$$

311

$$\left[\frac{u(f_3)}{f_3}\right]^2 = \frac{9.5^2}{10^2 \times 0.5^2} \times \left(1.0667 \times 10^{-5}\right) + \frac{1}{10^2} \times \left(3.0342 \times 10^{-4}\right)$$

$$= 5.4408 \times 10^{-6}$$

$$\left[\frac{u(w)}{w}\right]^2 = \left[\frac{u(f_1)}{f_1}\right]^2 + \left[\frac{u(f_2)}{f_2}\right]^2 + \left[\frac{u(f_3)}{f_3}\right]^2$$

$$= 2 \times 1.1674 \times 10^{-5} + 5.4408 \times 10^{-6} = 2.8789 \times 10^{-5}$$

＊標準品溶液濃度 0.025mg/mL

$a_1 = 1$，$b_1 = 9$，$a_1 + b_1 = 10$

$a_2 = 1$，$b_2 = 9$，$a_2 + b_2 = 10$

$a_3 = 2.5$，$b_3 = 7.5$，$a_3 + b_3 = 10$

$a_4 = 1$，$b_4 = 9$，$a_4 + b_4 = 10$

$$u^2(a_1) = u^2(a_2) = u^2(a_4) = u(V_3)^2 = \left(3.2660 \times 10^{-3}\right)^2 = 1.0667 \times 10^{-5}$$

$$u^2(a_3) = u(V_2)^2 = \left(1.0206 \times 10^{-2}\right)^2 = 1.0417 \times 10^{-4}$$

$$u^2(b) = u(V_1)^2 = \left(1.6330 \times 10^{-2}\right)^2 + \left(6.0622 \times 10^{-3}\right)^2 = 3.0342 \times 10^{-4}$$

$$\left[\frac{u(w)}{w}\right]^2 = \left[\frac{u(f_1)}{f_1}\right]^2 + \left[\frac{u(f_2)}{f_2}\right]^2 + \left[\frac{u(f_3)}{f_3}\right]^2 + \left[\frac{u(f_4)}{f_4}\right]^2$$

$$\left[\frac{u(f_1)}{f_1}\right]^2 = \left[\frac{u(f_2)}{f_2}\right]^2 = \left[\frac{u(f_4)}{f_4}\right]^2$$

$$= \frac{9^2}{10^2 \times 1^2} \times \left(1.0667 \times 10^{-5}\right) + \frac{1}{10^2} \times \left(3.0342 \times 10^{-4}\right)$$

$$= 1.1674 \times 10^{-5}$$

$$\left[\frac{u(f_3)}{f_3}\right]^2 = \frac{7.5^2}{10^2 \times 2.5^2} \times \left(1.0417 \times 10^{-4}\right) + \frac{1}{10^2} \times \left(3.0342 \times 10^{-4}\right)$$

$$= 3.6925 \times 10^{-4}$$

$$\left[\frac{u(w)}{w}\right]^2 = \left[\frac{u(f_1)}{f_1}\right]^2 + \left[\frac{u(f_2)}{f_2}\right]^2 + \left[\frac{u(f_3)}{f_3}\right]^2 + \left[\frac{u(f_4)}{f_4}\right]^2$$

$$= 3 \times 1.1674 \times 10^{-5} + 3.6925 \times 10^{-4}$$

$$= 4.0427 \times 10^{-4}$$

7.1.2.3.2　標準品溶液稀釋效應的組合標準不確定度

$$\frac{u(f_D)}{f_D} = (5.4408 \times 10^{-6} + 2.8138 \times 10^{-4} + 2.3348 \times 10^{-5} + 1.7115 \times 10^{-5}$$

$$+ 3.9260 \times 10^{-4} + 3.5022 \times 10^{-5} + 2.8789 \times 10^{-5} + 4.0427 \times 10^{-4})^{1/2}$$

$$= \left(1.1880 \times 10^{-3}\right)^{1/2}$$

$$= 3.4467 \times 10^{-2}$$

7.1.3　標準品配製之組合標準不確定度

$$\frac{u(P)}{P} = 2.6560 \times 10^{-3}$$

$$\frac{u(m_{STD})}{m_{STD}} = 1.2 \times 10^{-6}$$

$$\frac{u(f_D)}{f_D} = 3.4467 \times 10^{-2}$$

$$\left[\frac{u(f_{STD})}{f_{STD}}\right]^2 = \left[\frac{u(P)}{P}\right]^2 + \left[\frac{u(m_{STD})}{m_{STD}}\right]^2 + \left[\frac{u^2(f_D)}{f_D}\right]^2$$

$$= \left(2.6560 \times 10^{-3}\right)^2 + \left(1.2 \times 10^{-6}\right)^2 + \left(3.4467 \times 10^{-2}\right)^2$$

$$= 11.96 \times 10^{-4}$$

$$\frac{u(f_{STD})}{f_{STD}} = \sqrt{(11.96 \times 10^{-4})} = 3.46 \times 10^{-2}$$

7.2 檢量線不確定度

標準品濃度 (mg/mL)	平均濃度 (mg/mL)	平均斜率	平均截距	平均方程式
0.025	0.0261			
0.05	0.0496			
0.1	0.0991			
0.25	0.2468	0.32003	-0.00082646	$y = 0.32003x$ $- 0.00082646$
0.5	0.5046			
1	1.0202			
2	1.9700			
5	5.0073			
$\overline{C} = 1.1156$				

計算其所導致之標準不確定度：

$$u(C_x) = \frac{\overline{S_D}}{\overline{b}} \sqrt{\frac{1}{n} + \frac{1}{p} + \frac{(C_x - \overline{C})^2}{\overline{C_{xx}}}} \quad \cdots\cdots\cdots\cdots\cdots\cdots\cdots\cdots\cdots\cdots\cdots (3)$$

其中　　$\overline{b}$：所引用檢量線之平均斜率值

$$S_D : S_D = \sqrt{\frac{\sum_{i=1}^{n}(y_i - \hat{y_i})^2}{n-2}} = \sqrt{\frac{\sum_{i=1}^{n}(y_i - \hat{y_i})^2}{8-2}}$$

（n：建立檢量線時所用標準品數目）$\cdots\cdots\cdots\cdots\cdots\cdots\cdots\cdots\cdots$(4)

$\overline{S_D}$：所有之平均值

n：建立所引用檢量線時所用標準品總數目

p：引用檢量線之條數

314

C_x：測定樣品濃度（檢量線濃度範圍 0.025g/mL～5g/mL）

$\overline{C_{xx}}$：標準品濃度差異（$= \sum\limits_{i=1}^{7} (C_i - \overline{C})^2 = 20.36867$）

$\overline{C}$：配製標準品平均濃度值

故　$u(C_x) = \dfrac{0.016141}{0.32003} \sqrt{\dfrac{1}{56} + \dfrac{1}{7} + \dfrac{(C_x - 1.1156)^2}{20.36867}}$

$\qquad\qquad = 5.04358 \times 10^{-2} \times \sqrt{0.1607142 + \dfrac{(C_x - 1.1156)^2}{20.36867}}$

7.3 安定性試驗

7.3.1 Autosampler stability

7.3.1.1 瞭解經標準測試方法程序（SIP-0202）處理過的樣品，其放置在 cooling system（即 autosamlper）中的安定性情形。

7.3.1.2 Autosampler stability 試驗數據，詳見表二（92.3.27）

7.3.1.3 Autosampler stability 相對標準不確定度

$$u(Auto) = \sqrt{\dfrac{u^2(LQC) + u^2(MQC) + u^2(HQC)}{n}}$$

$$= \sqrt{\dfrac{(0.0088)^2 + (0.0068)^2 + (0.0085)^2}{3}}$$

$$= 8.0740 \times 10^{-3}$$

7.3.2 Short term room temperature stability

7.3.2.1 瞭解尚未經標準測試方法程序（SIP-0202）處理的檢體，其放置在室溫環境下的安定性情形。

7.3.2.2 Short term room temperature stability 試驗數據，詳見表

三（92.3.28）

7.3.2.3 Short term room temperature stability 相對標準不確定度

$$u(STRT) = \sqrt{\frac{u^2(LQC) + u^2(MQC) + u^2(HQC)}{n}}$$

$$= \sqrt{\frac{(0.0122)^2 + (0.0064)^2 + (0.0148)^2}{3}}$$

$$= 1.1646 \times 10^{-2}$$

7.3.3 Freeze-thaw stability

7.3.3.1 瞭解經標準測試方法程序（SIP-0202）處理的檢體，其在未經冷凍程序與經冷凍-解凍處理程序後的安定性情形。

7.3.3.2 Freeze-thaw stability 試驗數據，詳見表四（92.3.27～92.3.28）

7.3.3.3 Freeze-thaw stability 相對標準不確定度

$$u(FT) = \sqrt{\frac{u^2(LQC) + u^2(MQC) + u^2(HQC)}{n}}$$

$$= \sqrt{\frac{(0.0121)^2 + (0.0138)^2 + (0.0210)^2}{3}}$$

$$= 1.6104 \times 10^{-2}$$

7.3.4 Stock solution stability

7.3.4.1 瞭解經標準測試方法程序（SIP-0202）製備的標準品與內部標準品之 Stock solution，其在經多次反覆冷藏－回溫處理程序後的安定性情形。

7.3.4.2　Stock solution stability 試驗數據，詳見表五（92.3.08～92.3.14）

7.3.4.3　Stock solution stability 相對標準不確定度

$$u(STD) = \sqrt{\frac{u^2(I_0) + u^2(II_0) + u^2(I_7)}{n}}$$

$$= \sqrt{\frac{(0.0017)^2 + (0.0031)^2 + (0.0011)^2}{3}}$$

$$= 2.1722 \times 10^{-3}$$

$$u(ISTD) = \sqrt{\frac{u^2(I_0) + u^2(II_0) + u^2(I_7)}{n}}$$

$$= \sqrt{\frac{(0.0033)^2 + (0.0043)^2 + (0.0011)^2}{3}}$$

$$= 3.2237 \times 10^{-3}$$

Stock solution stability 組合標準不確定度：

$$u(SS) = \sqrt{u^2(STD) + u^2(ISTD)}$$

$$= \sqrt{(2.1722 \times 10^{-3})^2 + (3.2237 \times 10^{-3})^2}$$

$$= 3.8872 \times 10^{-3}$$

7.3.5　安定性試驗之組合標準不確定度

$$u(Auto) = 8.0740 \times 10^{-3}$$

$$u(STRT) = 1.1646 \times 10^{-2}$$

$$u(FT) = 1.6104 \times 10^{-2}$$

$$u(SS) = 3.8872 \times 10^{-3}$$

$$u^2(f_{ST}) = u^2(Auto) + u^2(STRT) + u^2(FT) + u^2(SS)^2$$

$$= \left(8.0740 \times 10^{-3}\right)^2 + \left(1.1646 \times 10^{-2}\right)^2$$

$$+ \left(1.6104 \times 10^{-2}\right)^2 + \left(3.8872 \times 10^{-3}\right)^2$$

$$= 4.7527 \times 10^{-4}$$

$$u(f_{ST}) = \sqrt{(4.7527 \times 10^{-4})} = 2.1801 \times 10^{-2}$$

7.4 回收率之不確定度

7.4.1 將標準品與內部標準品藉由未經萃取處理與經萃取處理過程後所得 Response 分別比較，一般以百分比的方式來表示回收率。

7.4.2 回收率試驗數據，詳見表六（92.3.11）

7.4.3 回收率平均值之標準不確定度：

$$u(STD) = \sqrt{\frac{u^2(STD)}{n}} = \sqrt{\frac{(0.0904)^2}{15}} = 2.3341 \times 10^{-2}$$

$$u(ISTD) = \sqrt{\frac{u^2(ISTD)}{n}} = \sqrt{\frac{(0.0285)^2}{15}} = 7.3587 \times 10^{-3}$$

回收率之組合標準不確定度

$$u(\overline{Rec}) = \sqrt{u^2(STD) + u^2(ISTD)}$$

$$= \sqrt{\left(2.3341 \times 10^{-2}\right)^2 + \left(7.3587 \times 10^{-3}\right)^2}$$

$$= 2.4478 \times 10^{-2}$$

＊為了確認回收率之影響程度，利用 t 檢定：

$$t = \frac{\left|1 - \overline{\mathrm{Re}\,c}\right|}{u\left(\overline{\mathrm{Re}\,c}\right)} = \frac{\left|1 - 0.7770\right|}{0.024478} = 9.1102$$

在自由度 $n = 14$，95%信賴水準下，$t_{crit} = 2.14$

因 $t > t_{crit}$，所以此部份之不確定度需予以計算。

7.5 重複性試驗之標準不確定度

7.5.1 藉由標準測試方法程序（SIP-0202）重覆測定標準品，以此評估標準品的變動差異程度。一般以同日或同次分析（Intra-day）與異日或異次分析（Inter-day）的量測結果變異係數（%CV）來表示。

7.5.2 重複性試驗數據，詳見表七（91.3.18～91.3.27）

7.5.3 重複性試驗之標準不確定度：

$$u(Interday) = \sqrt{\frac{u^2(LOQ) + u^2(LQC) + u^2(MQC) + u^2(HQC) + u^2(HCC)}{n}}$$

$$= \sqrt{\frac{(0.0694)^2 + (0.0177)^2 + (0.0112)^2 + (0.0349)^2 + (0.0310)^2}{5}}$$

$$= 3.8540 \times 10^{-2}$$

$$u(Intraday) = \sqrt{\frac{u^2(LOQ) + u^2(LQC) + u^2(MQC) + u^2(HQC) + u^2(HCC)}{n}}$$

$$= \sqrt{\frac{(0.0347)^2 + (0.0084)^2 + (0.0106)^2 + (0.0074)^2 + (0.0080)^2}{5}}$$

$$= 1.7351 \times 10^{-2}$$

重複性試驗之組合標準不確定度：

$$u(f_{RP}) = \sqrt{u^2(Interday) + u^2(Intraday)}$$

319

$$= \sqrt{(3.8540 \times 10^{-2})^2 + (1.7351 \times 10^{-2})^2} = 4.2266 \times 10^{-2}$$

8. Ciprofloxacin 血漿濃度之量測不確定度

由上述各項考量因子之結果可知：評估 Ciprofloxacin 血漿濃度之量測不確定度時，需把回收率測試結果與標準品配製、檢體安定性試驗及檢體重複性試驗修正係數結果等均考量在內。

則 $C_P = \dfrac{C_x \times f_{STD}}{Rec} \times f_{SC} \times f_{ST} \times f_{RP}$

即 $\left[\dfrac{u(C_P)}{C_P}\right]^2 =$

$$\left\{ \left[\frac{u(Cx)}{Cx}\right]^2 + \left[\frac{u(f_{STD})}{f_{STD}}\right]^2 + \left[\frac{u(f_{SC})}{f_{SC}}\right]^2 + \left[\frac{u(f_{ST})}{f_{ST}}\right]^2 + \left[\frac{u(f_{RP})}{f_{RP}}\right]^2 + \left[\frac{u(\overline{Rec})}{\overline{Rec}}\right]^2 \right\}$$

$$\frac{u(f_{STD})}{f_{STD}} = 3.46 \times 10^{-2}$$

$$u(Cx) = 5.04358 \times 10^{-2} \times \sqrt{0.1607142 + \frac{(Cx - 1.1156)^2}{20.36867}} \quad ;$$

$f_{SC} = 1$，因 $u(f_{SC})$ 已經是相對不確定度

$u(f_{ST}) = 2.1801 \times 10^{-2}$ ；$f_{ST} = 1$，因 $u(f_{ST})$ 已經是相對不確定度

$u(\overline{Rec}) = 2.4478 \times 10^{-2}$

$u(f_{RP}) = 4.2266 \times 10^{-2}$ ；$f_{RP} = 1$，因 $u(f_{RP})$ 已經是相對不確定度

當 $Cx = 4.9000\ mg/mL$

$$\left[\frac{u(C_P)}{C_P}\right]^2$$

$$= \left\{\left[\frac{u(Cx)}{Cx}\right]^2 + \left[\frac{u(f_{STD})}{f_{STD}}\right]^2 + \left[\frac{u(f_{ST})}{f_{ST}}\right]^2 + \left[\frac{u(f_{RP})}{f_{RP}}\right]^2 + \left[\frac{u(\overline{\mathrm{Re}c})}{\mathrm{Re}c}\right]^2\right\}$$

$$= \left[\frac{5.04358\times10^{-2}\times(0.1607142+\dfrac{(4.9000-1.1156)^2}{20.36867})^{1/2}}{4.9000}\right]^2$$

$$+ (3.46\times10^{-2})^2$$

$$+ (2.1801\times10^{-2})^2 + (4.2266\times10^{-2})^2 + (\frac{2.4478\times10^{-2}}{0.7770})^2$$

$$= 9.1520\times10^{-5} + 11.9716\times10^{-4} + 4.7528\times10^{-4}$$

$$+ 1.7864\times10^{-3} + 9.9245\times10^{-4}$$

$$= 45.43\times10^{-4}$$

$$\frac{u(C_P)}{C_P} = 6.74\times10^{-2}$$

假設在 95%之信賴區間　　擴充係數 $k = 2$

則擴充不確定度 $(U) = 2\cdot u(C_P) = 0.66\ mg/mL$

所以 Ciprofloxacin 血漿濃度在 $4.9000\ mg/mL$ 時，其量測不確定度結果
為 $4.9000 \pm 0.66\ mg/mL$

9. 分析結果之討論

9.1 本分析針對 Ciprofloxacin 血漿濃度之量測不確定度進行評估，建立不確定度分析模式，可作爲其他藥物進行血漿濃度含量確效量測不確定度評估之參考。

9.2 配製標準品溶液時，是採用添加 0.01N HCl 水溶液溶解並定容至刻度。本研究以水的膨脹係數來評估定量瓶之體積差異，兩者或許有些微差異，但應影響不大。

9.3 結果發現配製標準品之不確定度差異最大，顯示在配製過程中使用太多次之微量取樣吸管及定量瓶，稀釋次數愈多，則誤差愈大。

10. 參考資料

10.1 Guide to the Expression of Uncertainty in Measurement, 2nd edition,1995.(ISO GUM)

10.2 Quantifying Uncertainty in Analytical Measurement, EURACHEM /CITAC Guide, 2nd edition, 2000.

10.3 ISO 5725-6 Accuracy (trueness and precision) of measurement methods and results — Part 6：Use in practice of accuracy values, 1st edition, ISO 1994.

10.4 量測不確定度評估理論與實務，工研院量測技術發展中心，90 年 7 月出版。

10.5 量測不確定度簡介，古瓊忠博士，84 年 11 月。

10.6 量測不確定度評估原理，古瓊忠博士，84 年 5 月 25 日。

10.7 化學測試領域認證特定規範 3.3(9)

表一：Ciprofloxacin 檢量線數據表

單位(mg/mL)

標準品理論濃度	標準品實測濃度						
	Interday1	Interday2	Interday3	Interday4	Interday5	Interday6	Intraday
0.025	0.0278	0.0278	0.0271	0.0283	0.0224	0.0280	0.0211
0.050	0.0521	0.0525	0.0532	0.0506	0.0438	0.0509	0.0444
0.100	0.0963	0.0983	0.1025	0.0997	0.0958	0.1027	0.0984
0.250	0.2454	0.2436	0.2438	0.2515	0.2442	0.2497	0.2492
0.500	0.4940	0.5087	0.5060	0.5007	0.5085	0.5063	0.5077
1.000	1.0263	1.0103	1.0181	1.0137	1.0233	1.0238	1.0257
2.000	1.9796	1.9775	1.9495	1.9726	1.9872	1.9497	1.9741
5.000	5.0035	5.0062	5.0150	5.0079	4.9999	5.0140	5.0043
平均值濃度=	1.1156						
截拒	-1.5532E-03	-1.3237E-03	-1.6309E-03	-1.1741E-03	2.8392E-04	-1.2020E-03	8.1479E-04
斜率	3.1352E-01	3.2164E-01	3.2286E-01	3.2014E-01	3.2037E-01	3.2635E-01	3.1533E-01
S_D	1.4161E-02	1.1434E-02	2.3088E-02	1.3006E-02	1.2079E-02	2.3627E-02	1.5593E-02
平均截拒=	-8.2646E-04						
平均斜率=	3.2003E-01						
平均S_D=	1.6141E-02						

表二：Ciprofloxacin Autosampler 數據表

單位(mg/mL)

標準品理論濃度	0.075	2	4
標準品實測濃度	0.0709	1.9894	3.6866
	0.0701	1.9616	3.6865
	0.0703	1.9642	3.7235
	0.0700	1.9718	3.6326
	0.0716	1.9785	3.6503
	0.0711	1.9496	3.6675
	0.0711	1.9868	3.6823
	0.0717	1.9811	3.6482
	0.0705	1.9846	3.6252
Mean	0.0708	1.9742	3.6670
SD	0.0006	0.0134	0.0311
CV	0.0088	0.0068	0.0085

表三：Ciprofloxacin Short term room temperature 數據表

單位(mg/mL)

標準品理論濃度	0.075	2	4
標準品實測濃度	0.0706	1.9203	3.5305
	0.0701	1.9256	3.6999
	0.0686	1.9338	3.5821
	0.0694	1.8982	3.5758
	0.0685	1.9109	3.5938
	0.0687	1.9203	3.6447
	0.0685	1.9318	3.5729
	0.0685	1.9073	3.5828
	0.0695	1.8969	3.5479
	0.0700	1.9113	3.5845
	0.0677	1.9096	3.5096
	0.0693	1.9041	3.5217
Mean	0.0691	1.9142	3.5789
SD	0.0008	0.0122	0.0528
CV	0.0122	0.0064	0.0148

表四：Ciprofloxacin Freeze-thaw 數據表

單位(mg/mL)

標準品理論濃度	0.075	2	4
標準品實測濃度	0.0709	1.9894	3.6866
	0.0701	1.9616	3.6865
	0.0703	1.9642	3.7235
	0.0701	1.9203	3.5305
	0.0693	1.9256	3.6999
	0.0685	1.9338	3.5821
Mean	0.0699	1.9492	3.6515
SD	0.0008	0.0269	0.0767
CV	0.0121	0.0138	0.0210

表五：Ciprofloxacin Stock solution 數據表

	STD			ISTD		
	I_0	II_0	I_7	I_0	II_0	I_7
	6581041	6555258	6596200	13050673	12993068	13065828
	6604895	6568389	6596648	13104484	13019256	13081911
	6584427	6562418	6603161	13027590	12999577	13097484
	6605913	6600804	6603694	13138340	13108640	13083176
	6590471	6596651	6585726	13080209	13102699	13061118
Mean	6593349	6576704	6597086	13080259	13044648	13077903
SD	11517	20687	7256	43617	56572	14619
CV	0.0017	0.0031	0.0011	0.0033	0.0043	0.0011

表六：Ciprofloxacin 回收率數據表

	STD			ISTD		
	Extracted	Unextracted	Ratio	Extracted	Unextracted	Ratio
	49544	74019	0.6693	5637669	7046382	0.8001
	50958	72364	0.7042	5695067	6877150	0.8281
	46151	68132	0.6774	5796971	6699061	0.8653
	46798	70868	0.6604	5341875	6626891	0.8061
	47316	66662	0.7098	5497852	6766391	0.8125
	3537154	4392398	0.8053	5492468	6762490	0.8122
	3592374	4425896	0.8117	5562406	6725427	0.8271
	3637753	4441317	0.8191	5682083	6760949	0.8404
	3605797	4444709	0.8113	5575071	6758532	0.8249
	3601847	4395426	0.8195	5620958	6690651	0.8401
	8755871	10227664	0.8561	5514257	6448614	0.8551
	8505157	10140838	0.8387	5084783	6414039	0.7928
	8529285	10295939	0.8284	5329980	6594192	0.8083
	8607929	10245888	0.8401	5421934	6452561	0.8403
	8209822	10207717	0.8043	5043800	6455379	0.7813
Mean			0.7770			0.8223
SD			0.0703			0.0234
CV			0.0904			0.0285

表七：Ciprofloxacin Validation-Interday 數據表

單位(mg/mL)

No.\Conc. (g/mL)	0.025	0.075	2	4	5
Interday 1	0.0266	0.0758	2.0028	3.7449	4.6445
Interday 2	0.0259	0.0777	1.9792	3.9628	4.8877
Interday 3	0.0288	0.0749	1.9560	3.5917	5.0655
Interday 4	0.0263	0.0740	1.9502	3.7351	5.0469
Interday 5	0.0236	0.0752	1.9823	3.7290	4.9091
Interday 6	0.0282	0.0768	1.9471	3.6236	4.8698
Mean	0.0266	0.0757	1.9696	3.7312	4.9039
SD	0.0018	0.0013	0.0220	0.1303	0.1519
CV	0.0694	0.0177	0.0112	0.0349	0.0310

表八：Ciprofloxacin Validation-Intraday 數據表(continued)

單位(mg/mL)

No.\Conc. (g/mL)	0.025	0.075	2	4	5
Set 1	0.0216	0.0713	1.9774	3.7015	4.8181
Set 2	0.0214	0.0712	2.0316	3.6914	4.8482
Set 3	0.0234	0.0707	1.9766	3.6369	4.8494
Set 4	0.0220	0.0720	1.9791	3.6415	4.8906
Set 5	0.0217	0.0711	1.9859	3.6634	4.8310
Set 6	0.0227	0.0723	1.9885	3.6479	4.9208
Mean	0.0221	0.0714	1.9899	3.6638	4.8597
SD	0.0008	0.0006	0.0210	0.0270	0.0387
CV	0.0347	0.0084	0.0106	0.0074	0.0080

8 微生物定量測試不確定度評估指引和實例

8.1 前言

本章的指引，目的是協助實驗室從事例行性微生物分析時，來計算測試結果的不確定度，而且僅適用於計數菌落或其他計數非連續性個體的實驗【5】、【23】。

有不同的方法和技術來估算樣本的微生物含量，本章所考慮的培養細菌技術，是依據估計或計數在樣本的測試部份或樣本的稀釋溶液內的微生物數目。不論是何種情況，測試的懸浮液將被稱為最終懸浮液，本章"使用方法"或"微粒偵測方法"是對任何"試管"或"器皿"系統來估計最終懸浮液內的顆粒濃度而用的通用名稱。而且標準不確定度在微生物領域裏採用的單位為："per gram（每公克）"，"per mel（每毫升）"或"per 100ml（每百毫升）"。

從廣泛的計量觀點，所有標準微生物測試方法都是採相同的工作方式，其程序包含樣本的拌合或均勻化，並以水容液的方式保留量測的部份，懸浮液可能須要進一步稀釋到濃度適合量測儀具來計數或偵測到微粒，首次能可靠計數的懸浮液（稀釋）就被稱為最終懸浮液。

APLAC 於 2001 年 10 月公佈有關量測不確定度評估指引和政策文件中，提及微生物檢測實驗室有 4 種主要的微生物測試型態，分別是一般定量程序、MPN 程序、定性程序和特殊試驗（如藥學的實驗），同時也提利用波松分配會低估不確定度的值，該文件建議還是參照 Eurachem Guide 的方法較適合。微生物測試裏，最主要的不確定度分量是中間精密度（Intermediate Precision）可以從 ISO 5725【3】中找到估算的方法和公式，所以本章將把微生物測試所用到的統計方法像波松分配、二項次分配及 MPN 做詳盡的介紹，以方便讀者參考。另外本章僅對測試結果做不

確定度評估的原理做介紹，至於詳細的測試步驟不屬作者之專長，尚請
參閱相關的規範及專業著作。

8.2 基本統計

（1）　波松分配（Poisson Distribution）

平均值為：μ

事件的觀察數目：n

n 的機率：

$$\Phi_p(n,\mu) = \frac{\mu^n}{n!}e^{-\mu} \quad\cdots\cdots\cdots\cdots\cdots\cdots\cdots（8.1）$$

$$n = 0，\Phi_p = e^{-\mu} \quad\cdots\cdots\cdots\cdots\cdots\cdots\cdots\cdots\cdots（8.2）$$

$$n = 1，\Phi_p = 1 - e^{-\mu} \quad\cdots\cdots\cdots\cdots\cdots\cdots\cdots（8.3）$$

平均值 $= \mu$

變異數：$\sigma^2 = \mu$

標準差 $= \left[\mu^{\frac{1}{2}} \right]$

（2）　二項式分配（Binomial Distribution）

基本假設

➢ 只有兩個可能：成功或失敗

> n 個試驗，n 是常數

> 每個試驗，成功的機率都相同

> 每個試驗，彼此互相獨立

> P 是成功的機率，$(1-P)$ 是失敗的機率

$$S.S.S.\cdots S.F.F.F.\cdots F$$
$$\overset{\longmapsto}{\quad x \quad}\overset{\longmapsto}{\quad n-x \quad}$$

這個序列事件的機率是單獨事件機率的乘積

$$P^x(1-P)^{n-x}$$

x 序列的排列述序可以是：

$$n\cdot(n-1)\cdots(n+x-1)$$

或者是 $x\cdot(x-1)\cdots 2\cdot 1$

因此在 N 個實驗裏，n 個成功機率為：

$$\Phi_p(n\,;\,\mathrm{P},\mathrm{N})=\binom{N}{n}\cdot P^n\cdot(1-P)^{N-n} \quad\cdots\cdots\cdots\cdots\cdots\cdots\cdots\cdots\cdots\cdots (8.4)$$

此機率分配函數的平均值 μ

$$\mu=\sum_{n=0}^{N}n\cdot\frac{N\,!}{n\,!(N-n)!}\cdot P^n\cdot(1-P)^{N-n}$$

$$=N\cdot P\left[\sum_{n=1}^{N}\frac{(N-1)!}{(n-1)!(N-n)!}\cdot P^{n-1}\cdot(1-P)^{N-n}\right]=N\cdot P \quad (8.5)$$

此機率分配函數的變異數 σ^2

$$\sigma^2 = \sum (x-\mu)^2 \cdot f(x) = \sum \left[x^2 \cdot f(x) \right] - \mu^2 \quad\cdots\cdots\cdots\cdots\cdots\cdots \text{（8.6）}$$

$$\sigma^2 = \sum n^2 \cdot \frac{N!}{n!(N-n)!} \cdot P^n \cdot (1-P)^{N-n} - (N\cdot P)^2$$

$$= \sum n \cdot \frac{N\cdot P\cdot (N-1)!}{(n-1)!(N-n)!} \cdot P^{n-1} \cdot (1-P)^{(N-1)-(n-1)} - (N\cdot P)^2$$

令 $y = n-1$，$m = N-1$，則

$$\sigma^2 = N\cdot P \sum_{y=0} (y+1) \cdot \frac{m!}{y!(m-y)!} \cdot p^y \cdot (1-P)^{m-y} - (N\cdot P)^2$$

$$= N\cdot P[m\cdot P+1] - (N\cdot P)^2$$

$$= N\cdot P\cdot (1-P) \quad\cdots\cdots\cdots\cdots\cdots\cdots\cdots\cdots\cdots\cdots\cdots \text{（8.7）}$$

（3） 對數－常態分配

$$f(x) = \frac{1}{\sqrt{2\pi}\cdot\beta} \cdot x^{-1} \cdot e^{-(\ln\chi-\alpha)^2/2\beta^2} \quad \chi>0 ， \beta>0 \quad\cdots\cdots\cdots \text{（8.8）}$$

$$P(a\le x\le b) = \int_a^b \frac{1}{\sqrt{2\pi}\beta} \cdot x^{-1} \cdot e^{-(\ln\chi-\alpha)^2/2\beta^2} \, dx$$

令　$y=\ln x$，$dy = x^{-1}dx(0<a<b)$，則 y 為常態分配

$$P(a\le x\le b) = \int_{\ln a}^{\ln b} \frac{1}{\sqrt{2\pi}} \cdot \frac{1}{\beta} \cdot e^{-(y-a)^2/2\beta^2} \, dy$$

$$\because x = e^y \text{ , } dx = e^y dy$$

$$E(x) = \exp\left[\alpha + \frac{\beta^2}{2}\right] \text{ （平均值）}$$

$$V(x) = \left\lfloor e^{(2\alpha + \beta^2)} \right\rfloor \cdot \left\lfloor e^{\beta^2} - 1 \right\rfloor \text{ （變異數）}$$

常態分配

$$f(x) = \frac{1}{\sqrt{2\pi}} \cdot \frac{1}{\sigma} \cdot e^{-\frac{1}{2}\left(\frac{x-\mu}{\sigma}\right)^2} \text{ .... （8.9）}$$

$$F(Z) = \frac{1}{\sqrt{2\pi}} \int_{-\alpha}^{Z} e^{-\frac{1}{2}t^2} dt \text{ , } \mu = 0 \text{ , } \sigma = 1$$

$$P(a \le Z \le b) = F(b) - F(a) \text{ .... （8.10）}$$

$$F(-Z) = 1 - F(Z)$$

$$\text{令 } Z = \frac{x-\mu}{\sigma} \text{ , } \mu = 0 \text{ , } b = 2\sigma \text{ , } \sigma = 1$$

則 $Z_1 = 2$, $Z_2 = -2$

$$P(-2 \le Z \le 2) = F(2) - [1 - F(2)]$$
$$= 2F(2) - 1$$
$$= 0.9544$$

如果 $P(-a \le Z \le a) = 0.90 = 2F(a) - 1 = 0.90$

$$\therefore F(a) = 0.95 \text{ ，常態分配表中可查出 } a = 1.65$$

如果 $\alpha = \mu = 0$ ， $\beta = \sigma = 1$（對數常態分配）

$$P\left(-b \leq x \leq b\right) = F\left(\frac{\ln b - \alpha}{\beta}\right) - F\left(\frac{\ln a - \alpha}{\beta}\right) \quad\cdots\cdots\cdots\cdots\cdots\cdots\cdots \text{（8.11）}$$

（4） 鋸齒形分配

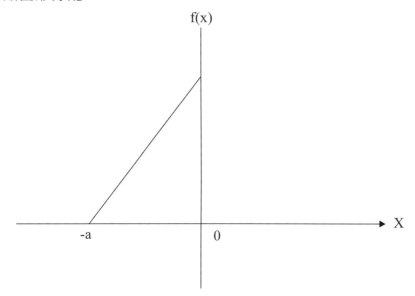

$$f\left(x\right) = \frac{x}{a^2} + \frac{1}{a} \qquad -a \leq x \leq 0 \quad\cdots\cdots\cdots\cdots\cdots\cdots\cdots\cdots\cdots \text{（8.12）}$$

平均值 $\mu = \dfrac{a}{3}$ $\cdots\cdots\cdots\cdots\cdots\cdots\cdots\cdots\cdots\cdots\cdots\cdots\cdots\cdots\cdots\cdots$ （8.13）

變異數 $\sigma^2 = \dfrac{a^2}{18}$ $\cdots\cdots\cdots\cdots\cdots\cdots\cdots\cdots\cdots\cdots\cdots\cdots\cdots\cdots$ （8.14）

　　這種型式的機率分配函數，主要是針對測試樣本在冰箱貯存，按理說此種貯存方式應該會保持微生物的密度不會改變，但是如果冷藏貯存過程中樣本母體的密度改變了，僅有的可能就是細胞死亡了（最多為 $a\%$）。

8.3 最大可能數（Most Probable Number）：MPN【10】、【11】

微生物培養法裏最簡單的形式就是稀釋計數法（Dilution Count Method），過程包括連串的稀釋最初的培養物，接著把每一個稀釋物取適當的體積接種到一個或多個內有培養基的試管內，經潛伏期後記錄顯示有菌體在培養基內長成、肉湯變混濁、產生氣體或酸味試管的數目。顯示不會成長的培養物就假定未曾接受到活的菌體，亦即接受到小於 1 個以下活的細胞或細胞粒；如果任何培養物顯示有成長，就假定已經接收到至少 1 個以上活的菌體。如果每一個活的菌體都假設能產生成長的反應，則在任何一個稀釋培養液裏經平均水準為 m 的菌體接種量後，卻未接受到活的菌體，其百分比（$P_{(x=0)}$），為波松擴展後的第一個值，亦即

$$P_{(x=0)} = e^{-m} \quad\text{......}\quad (8.15)$$

同樣的有反應的百分比為

$$P_{(x \geq 1)} = 1 - e^{-m} \quad\text{......}\quad (8.16)$$

8.3.1 多個試管稀釋測試（Multiple Tube Dilution Test）

如果在某一給定稀釋位準下，有多個試管予以接種，要不是所有試管都呈現陽性或陰性反應，否則就是某些試管仍保持無菌而其他的試管則呈現增長。對單一稀釋位準，我們可以證明在一個樣本體積為 v，單位體積有機物的密度為 m 菌體／單位體積，發生沒有有機體的機率為 $P = e^{-vm}$；如果有 n 個樣本，每個體積均為 v，加以測試，有 S 個樣本為無菌，則無菌樣本的百分比可提供來估算 P

因此

$$P_0 = \frac{S}{n} = e^{-vm} \quad\text{...}\quad (8.17)$$

如果一個樣本是無菌的機率為 P_0，則 $\frac{S}{n}$ 個樣本無菌的機率為二項式展開，亦即有 n 個試驗，S 個樣本是無菌（陰性反應），則

$$P = \frac{n!}{S!(n-S)!} \cdot P_0^S \cdot (1-P_0)^{n-S} \quad\text{.................................}\quad (8.18)$$

$$= \frac{n!}{S!(n-S)!} \cdot e^{-vmS} \cdot \left(1-e^{-vm}\right)^{n-S} \quad\text{..........................}\quad (8.19)$$

以上公式推導是針對單一稀釋位準多個試管而言，如果是對多個稀釋位準而言，假定對 i 個稀釋位準，我們有如下的無菌培養物的百分比分別為：

$$S_1\!\!\Big/\!\!n_1 \;,\; S_2\!\!\Big/\!\!n_2 \;,\; \ldots \;,\; S_i\!\!\Big/\!\!n_i$$

則這些事件同時發生的機率就等於每單個事件發生機率的乘積

$$P = \frac{n_1!}{S_1!(n_1-S_1)!} \cdot e^{-mS_1v_1} \cdot \left(1-e^{-mv_1}\right)$$

$$\cdot \frac{n_2!}{S_2!(n_2-S_2)!} \cdot e^{-mS_2v_2} \cdot \left(1-e^{-mv_2}\right)^{(n_2-S_2)} \cdots\cdots$$

$$\frac{n_i!}{S_i!(n_i-S_i)!} \cdot e^{-mS_iv_i} \cdot \left(1-e^{-mv_i}\right)^{(n_i-S_i)} \quad\text{................................}\quad (8.20)$$

出現最大機率的數值 m，我們取之並稱之為最大可能數（MPN），此

MPN 值可由最大可能性方法中找到，公式（8.20）即爲最大可能性函數 $\mathcal{L}(m)$ 。

$$\mathcal{L}(m) = C_1 e^{-mS_1V_1}\left(1-e^{-mV_1}\right)^{(n_1-S_1)} \cdot \ \cdots \ \cdot C_i e^{-mS_iV_i}\left(1-e^{-mi}\right)^{(n_i-S_i)} \cdot \qquad（8.21）$$

對公式（8.21）取對數 ln

$$W = \ln[\mathcal{L}(m)]$$

$$= C \cdot \left[\left(-mS_1V_1\right)+\left(n_1-S_1\right)\ln\left(1-e^{-mV_1}\right)+\cdots+\left(-mS_iV_i\right)+\left(n_i-S_i\right)\ln\left(1-e^{-mV_i}\right)\right]$$
$$\cdots\cdots\cdots\cdots\cdots\cdots\cdots\cdots\cdots\cdots\cdots\cdots\cdots\cdots\cdots\cdots（8.22）$$

出現機率最大的值爲

$$\frac{\partial W}{\partial m} = 0$$

$$\left(S_1V_1 + S_2V_2 + \cdots S_iV_i\right) = \left(n_1-S_1\right)\cdot\frac{V_1 e^{-mV_1}}{1-e^{-mV_1}}$$

$$+\cdots+\left(n_i-S_i\right)\cdot\frac{V_i e^{-mV_i}}{1-e^{-mV_i}}\cdots\cdots\cdots\cdots（8.23）$$

公式（8.23）可利用電腦軟體或數值分析法求解，即可得到多重稀釋位準多重試管測試之 MPN 值。

8.3.2 多個試管單一稀釋位準時

當 $i=1$

則公式（8.23）變成

$$S_1 V_1 = \left(n_1 - S_1\right) \cdot \frac{v_1 e^{-mV_1}}{1 - e^{-mV_1}} \quad\cdots\cdots\cdots\cdots\cdots\cdots\cdots\cdots\cdots\cdots（8.24）$$

$$S_1 V_1 \cdot \left(1 - e^{-mV_1}\right) = n_1 V_1 e^{-mV_1} - S_1 V_1 e^{-mV_1}$$

$$\frac{S_1}{n_1} = -e^{mV_1} \quad,\quad \log_a x = \frac{\ln x}{\ln a}$$

$$\therefore MPN = m = -\frac{1}{V_1}\ln\frac{S_1}{n_1} = \frac{1}{V_1}\ln\frac{n_1}{S_1}$$

$$= -\frac{1}{V_1}\left[2.303\log_{10}\left(\frac{n_1}{S_1}\right)\right]\cdots\cdots\cdots\cdots\cdots\cdots（8.25）$$

公式中

n_1：總的試管數目

S_1：陰性試管數目

V_1：測試部份的體積或測試部份的量(g)

8.3.3　多重稀釋位準多重試管 MPN 之標準誤（標準差）

從最大可能性方法中〔2.4.2 節〕，標準差和最大可能函數 W 的關係式

$$\frac{\partial^2 W}{\partial m^2} = -\frac{1}{\sigma_m^2}$$

$$\sigma_m = \left[-\frac{\partial^2 W}{\partial m^2}\right]^{-\frac{1}{2}}\cdots\cdots\cdots\cdots\cdots\cdots\cdots\cdots\cdots（8.26）$$

因此我們對函數 W 微分兩次，並把 σ_m 獨立出來，可得到下列求標準差的公式

$$\sigma_m = P_1 V_1^2 e^{-mV_1} \cdot \left[1 - e^{-mV_1}\right]^{-2} + P_2 V_2^2 e^{-mV_2} \cdot \left[1 - e^{-mV_2}\right]^{-2}$$

$$+ \cdots + P_i V_i^2 e^{-mV_i} \cdot \left[1 - e^{-mV_i}\right]^{-2} \quad\cdots\cdots\cdots\cdots\cdots\cdots\quad (8.27)$$

此公式與 Haldane【11】方法所用公式相一致，公式中

    P_i：第 i 個稀釋位準下，陽性反應的試管數

    V_i：第 i 個稀釋位準下，測試部份的體積或測試部份的量 (g)

而對 $\log_{10} MPN$ 之標準誤 Standard Error（標準差）【5】即為

$$S.E \ of \ \log_{10} MPN = \frac{1}{2.303 \cdot MPN \cdot \left[\sigma_m\right]^{1/2}} \quad\cdots\cdots\cdots\cdots\quad (8.28)$$

因而在 95% 之信賴區間下，$\log_{10} MPN$ 之上下限範圍：

$$\log_{10} MPN \pm 1.96 \ （標準誤） \quad\cdots\cdots\cdots\cdots\cdots\quad (8.29)$$

利用公式（8.23）解 m 結果取 $\log_{10} MPN$，加上公式（8.27）、（8.28）及（8.29）就可建構出 MPN 表中，95% 信賴區間其上下限之值。

8.3.4 單一稀釋位準多重試管時 *MPN* 之標準誤（標準差）

從公式（8.27），當 $i = 1$ 時

$$\sigma_m = P_1 V_1^2 e^{-mV_1} \cdot \left[1 - e^{-mV_1}\right]^{-2} \quad\cdots\cdots\cdots\cdots\cdots\cdots\quad (8.30)$$

MPN 的計算公式參照公式（8.25）

$$S.E \ of \ \log_{10} MPN = \frac{1}{\left\{ 2.303 \cdot MPN \cdot \left[\sigma_m \right]^{\frac{1}{2}} \right\}} \quad \cdots\cdots\cdots\cdots\cdots\cdots（8.31）$$

95%之信賴區間爲：

$$\log_{10} MPN \pm 1.96 \cdot \left(S.E \ of \ \log_{10} MPN \right)$$

8.4 量測基本公式

對所有定量培養法，計算測試結果的基本公式爲：

$$y = FC \quad \cdots\cdots\cdots\cdots\cdots\cdots\cdots\cdots\cdots\cdots\cdots\cdots\cdots\cdots\cdots\cdots（8.32）$$

y：樣本顆粒濃度的估算值

F：稀釋因子

C：最終懸浮液顆粒濃度的估算值

8.5 計量的形式

共有 4 種方法（Instrument）最常用來決定最終懸浮液的顆粒濃度。

（1）單盤方法（The one plate instrument）

最終懸浮液微生物濃度的估算是依據最終懸浮液單一測試的部份（體積爲 V）所觀察到的菌落數目（Z），如圖 8.1 所示。

$$C = \frac{Z}{V} \quad \cdots\cdots\cdots\cdots\cdots\cdots\cdots\cdots\cdots\cdots\cdots\cdots\cdots\cdots\cdots（8.33）$$

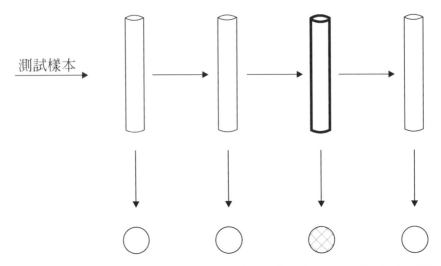

圖 8.1　單盤方法：圓柱體代表稀釋的燒杯或試管，圓圈代表皮特培養皿（Petri plates），箭頭表示液體的轉移，不管做了多少次稀釋，試驗結果僅是讀取在所謂最終懸浮液（粗黑線）那一培養皿（斜線陰影）內的數值，空的圓圈意味著無資訊或者不可能而加以捨棄。

（2）　多盤方法（The multiple-plate instrunment）

　　　　最終懸浮液顆粒濃度的估算是依據從相同懸浮液的平行培養皿及或從不同稀釋溶液的平行培養皿中菌落的計數 $(z_1, z_2, \cdots)$ 如圖 8.2 所示。

在最終懸浮液裏，顆粒的加權平均濃度（Weighted average concentration）是：

$$C = \frac{\sum Z_i}{\sum V_i} = \frac{Z}{V} \quad\cdots\cdots\cdots\cdots\cdots\cdots\cdots\cdots\cdots\cdots\cdots\cdots\cdots\cdots\cdots \text{（8.34）}$$

Z_i：第 i 個培養皿（盤）的讀數

V_i：最終懸浮液第 i 個測試部份的體積（或測試量 g）

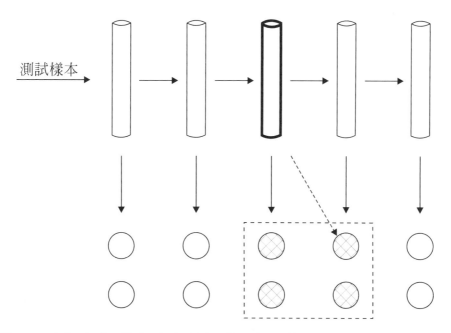

圖 8.2　多盤方法：從來至不同稀釋的一組培養皿，選取部份培養皿（方框內斜線陰影）來讀取，具有可讀取數值的第一個稀釋液就是最終懸浮液（粗黑線），從最終懸浮液更進一步的稀釋而獲得的接種看作是更小一點體積的最終懸浮液（虛線箭頭），在數學上是可被接受的。

（3）　單一稀釋 *MPN* 方法（The single-dilution MPN instrument）

　　　　從最終懸浮液取出系列等體積 V 的測試部份，被接種到 n 個反應容器或是無菌培養液的反應裝置，當接種後 1 到 $n-1$ 個反應裝置仍就是無菌，則定量估算最終懸浮液的顆粒密度是可行的，計算公式為：

$$C = \frac{1}{V}\ln\left(\frac{n}{S}\right) \quad\text{（8.35）}$$

V：測試部份的體積（或測試量 g）

n：接種的反應裝置數目

S：接種後仍就是無菌的反應裝置數目

從計量的觀點，單一稀釋 MPN 系統和單盤菌落計數法是對等的，陽性或陰性裝置的確實計數已包括在內，但是公式（8.29）所計算得到的 C 值常被認為僅僅是所隱藏真實濃度的估計值，對在相同裝置裏有好些顆粒的可能性所導致的平均系統誤差因為使用上述公式而在數學上已被做修正。而菌落計數裏，並沒有做相對的修正。

（4） 多重稀釋 MPN 方法（The multiple-dilution MPN instrument）

從數個稀釋位準和每個稀釋有數個平行試管（容器、裝置）的系統，其 MPN 的估算並沒有確切的解決方案，它的計算是依賴計算機【參考公式（8.23）】程式，測試結果如下公式所述：

$$C = MPN = f(n_i, Z_i, k) \quad\text{...}\quad (8.36)$$

k：稀釋的數目

n_i：懸浮液平行的盤數

Z_i：陽性反應的試管數目

計量方面，其對等的菌落計數法就是不同稀釋多盤法。

8.6 組合不同計量型態不確定度的原理

計算微生物測試結果的公式，其最簡單的形式包括 2 到 3 個因子的乘積，組合不確定度就由這些因子的不確定度來建構。MPN 法或菌落計數法的組合不確定度是稀釋因子不確定度和密度計算不確定度的函數。

所有微生物活體的計算都是依據觀察菌落數目，大都數情況下，這些基本的觀察都是仰賴人的眼睛和精神，在讀取結果的本身由於人的因素或多或少都有不確定性存在，如果由同一個人去讀取測試結果第二次計數結果不會相同，但評估組合標準不確定度時，讀數的不確定度要避免重複計算。

8.7 量測尺度的轉換（Transformation of the scale of Measurement）

Myrberg 於 1952 年在不確定度計算時發現數學表現的原理爲「某量的相對誤差幾乎等於該量自然對數尺度上的絕對誤差，在不確定度上的概念，意思就是正常計算出的相對標準差和用自然對數尺度上計算出的絕對標準差在數值上幾乎是相同。」此段話就用下面的例子做計算上的說明：

➤ 某均質測試樣本，連串隨機系列平行盤之菌落讀數如下表所示。

表 8.1　隨機觀察結果　　　　　　　　　　$\overline{\overline{x}} = \dfrac{\sum \ln x_i}{n}$

數據 x_i	平均值 $\overline{x}$	$(x_i - \overline{x})$	$(x_i - \overline{x})^2$	$\ln x_i$	平均值 $\overline{\overline{x}}$	$\ln x_i - \overline{\overline{x}}$	$\left(\ln x_i - \overline{\overline{x}}\right)^2$
30	86.6	-56.6	3.203×10^3	3.401	4.175	-0.774	0.599
30		-56.6	3.203×10^3	3.401		-0.774	0.599
31		-55.6	3.091×10^3	3.434		-0.741	0.549
34		-52.6	2.766×10^3	3.526		-0.649	0.421
48		-38.6	1.489×10^3	3.871		-0.304	0.092
53		-33.6	1.128×10^3	3.970		-0.205	0.042
97		10.4	1.081×10^3	4.575		0.4	0.16

164		77.4	5.990×10^3	5.099		0.924	0.854
166		79.4	6.304×10^3	5.112		0.937	0.878
213		126.4	15.97×10^3	5.361		1.186	1.406

$$\sum_{i=1}^{10}\left(x_i - \bar{x}\right)^2 = 44.225 \times 10^3 \qquad\qquad \sum_{i=1}^{10}\left(\ln x_i - \overline{\overline{x}}\right)^2 = 5.6$$

公式 $S_x = \left[\dfrac{\sum_{i=1}^{n}\left(x_i - \bar{x}\right)^2}{n-1}\right]^{1/2}$

$$= 0.701 \times 10^2 = 70.1$$

相對標準差 $\dfrac{u(x)}{\bar{x}} = \dfrac{70.1}{86.6} = 0.809$

$$S_x = \left[\dfrac{5.6}{9}\right]^{1/2} = 0.7887 = 0.79$$

（絕對標準差）

※兩者數值上幾乎相等

8.8 不確定度成份的估算

8.8.1 讀數的不確定度

（1） 單盤讀值的平均不確定度

建議在做人員不確定度的估算時，在日常例行的工作中，要不時對單盤讀取 2 次數據，第一次讀數後，最好是隨機的選取另外盤做第二次計數，而且不要選取有問題的案例。

很難避免低估不確定度遲滯效應，人員可能記得第一次的計算結果而強迫第二次計數時去接近它，因此在第二次讀取數據時，要允許有時間上的裕度。第一次做計算後應隨機選取重複讀數的培養皿。

讀值的平均相對不確定度 W_t 和菌落的數目關聯性很小，當超過 30 個計數結果後，不確定度的估算就變得很可靠。

　　例行性 QC 執行樣本兩重複性試驗結果如表 8.2 所示。

表 8.2　QC 人員平常執行樣本兩重複性試驗判讀資料表

盤號	Z_1	Z_2	$\ln Z_1$	$\ln Z_2$	$(\ln Z_1 - \ln Z_2)^2$
1	—	—	—	—	—
2	—	—	—	—	—
3	—	—	—	—	—
⋮	⋮	⋮	⋮	⋮	⋮
J	—	—	—	—	—

總和 $=\sum$　　平均數 $=\mu$

重複性相對標準差（理由見 8.7 節）

$$W_t^2 = \frac{\sum_{i=1}^{J}(\ln Z_1 - \ln Z_2)^2}{2 \cdot J} \quad\quad (8.37)$$

或者

$$W_t^2 = \frac{2}{J}\sum_{i=1}^{J}\left(\frac{Z_1 - Z_2}{Z_1 + Z_2}\right)^2 \quad\quad (8.38)$$

（2）多盤讀值的組合不確定度

　　在多盤方法，讀取計數和的相對標準不確定度平方可由下公式來計算：

$$W_T^2 = W_t^2 \cdot \frac{\sum Zi^2}{\left(\sum Zi\right)^2} \quad\quad (8.39)$$

W_T^2：讀取菌落計數和的組合標準不確定度

347

T_t^2：單盤讀取的相對不確定度

Zi：第 i 盤菌落的計數

（3） MPN 測試結果讀取的不確定度

在 MPN 系統裏讀取陽性或陰性反應容器的數目正常情況下，大都認爲沒有不確定度隨附於其中，眞實情況可能不是那麼簡單，但是欠缺有關不確定度的資訊。也就是說 MPN 系統之讀值本身並沒有不確定度的資訊，要靠測試工程師另外去做估算。（MPN 表中僅有在 95%信賴水準下，MPN 的上下限值）

8.8.2 單一菌落計數的波松離散

波松離散是一個慣常的表述用來代表在一系列充分拌合微粒懸浮液整個無失誤量測中，所觀察到微粒數目的變化。相對標準差的平方亦即相對不確定度爲（參閱 8.1 基本統計）

$$W_Z^2 = \frac{1}{Z} \qquad\qquad (8.40)$$

Z：菌落觀察到的數目或平均數

8.8.3 菌落計數和之波松離散

在多盤方法中，微生物濃度的估算是計算加權平均數（Weighted），所有菌落的計算加總起來再除以總的測試部份體積，因此計數和之波松離散亦即相對變異數，即爲

$$W_Z^2 = \frac{1}{\sum Zi} = \frac{1}{Z} \qquad\qquad (8.41)$$

8.8.4 測試部份其體積的不確定度

體積的不確定度主要有 3 個分量。

> 定容器具重複性充填與淨空時的變異

此部份之不確定評估應可從 QC 常例性重複試驗中取得相關數據加以評估 u_{fill}。

> 定容器具製造商之出廠規格（產品上會標示標稱體積的上下限，製造容差）

此部份可假設爲三角形分佈，不確定度爲：

$u_{Tol} = \dfrac{H}{\sqrt{3}}$ ，H 爲產品規格範圍的一半

> 溫度對溶液體積的效應，假設矩形分佈

$$u_T = \frac{\alpha \cdot \Delta T \cdot V_i}{\sqrt{3}}$$

α：溶液的熱體積膨脹係數

ΔT：實驗室溫度控制允許的變動範圍

V_i：第 i 個測試部份溶液的體積

組合標準不確定度

$$u^2(V_i) = u_{fill}^2 + u_{Tol}^2 + u_T^2 \cdots\cdots\cdots\cdots\cdots\cdots\cdots\cdots\cdots\cdots\cdots\cdots\cdots\cdots\cdots\cdots（8.42）$$

相對組合標準不確定度爲

$$\left[\frac{u(V_i)}{V_i}\right]^2 = \left[\frac{V_{fill}}{V_i} \cdot \frac{u(fill)}{V_{fill}}\right]^2 + \left[\frac{V_{Tol}}{V_i} \cdot \frac{u(Tol)}{V_{Tol}}\right]^2 + \left[\frac{V_T}{V_i} \cdot \frac{u(V_T)}{V_T}\right]$$

$$W_{V_i}^2 = \left[\frac{V_{fill}}{V_i} \cdot W_{fill} \right]^2 + \left[\frac{V_{Tol}}{V_i} \cdot W_{Tol} \right]^2 + \left[\frac{V_T}{V_i} \cdot W_T \right]^2 \text{.....................} (8.43)$$

公式中

W_{Vi}：第 i 個測試部份其體積的相對不確定度

W_{fill}：充填體積的相對不確定度

W_{Tol}：定容器具製造容差的相對不確定度

W_T：溫度效應對溶液體積的相對不確定度

V_{fill}：充填或淨空重複性試驗體積的平均值

$u(fill)$：重複性試驗體積平均值之標準差

測試部份的組合總體積的相對不確定度

$$W_V^2 = W_{V1}^2 + W_{V2}^2 + \cdots + W_{Vn}^2 \text{...} (8.44)$$

8.8.5 稀釋效應之不確定度

參閱第七章化學分析不確定度評估指引中對稀釋效應之不確定度推導，稀釋因子 f：

$$f = \frac{a+b}{a} \text{..} (8.45)$$

則不確定度

$$u_f = \frac{u_b^2}{a^2} + \frac{b^2 u_a}{a^4} \text{...} (8.46)$$

相對不確定度為：

$$W_f^2 = \frac{1}{(a+b)^2}\left[u_b^2 + \left(\frac{b}{a}\right)^2 u_a^2\right] = \frac{u_b^2 + b^2 W_a^2}{(a+b)^2} \quad\text{·····················}\quad (8.47)$$

公式中

a：從懸浮液中移轉的體積

b：稀釋用的空白液體積

u_a：體積 a 的標準不確定度

u_b：體積 b 的標準不確定度

W_a：體積 a 的相對不確定度（%）

如果總的稀釋過程，是由 k 個相同稀釋因子的步驟所組成，則總的稀釋效應相對不確定度為：

$$W_F^2 = KW_f^2 \quad\text{··}\quad (8.48)$$

如果總的稀釋過程中，有不同的稀釋因子，則總稀釋效應的相對不確定度為：

$$W_F^2 = W_{f1}^2 + W_{f2}^2 + \cdots + W_{fk}^2 \quad\text{··}\quad (8.49)$$

8.9　定量微生物測試結果的數學模型及其不確定度

8.9.1　單盤方法（The one plate instrument）

定量測試結果的估算公式

$$y = F \cdot \frac{Z}{V} \quad\text{··}\quad (8.50)$$

F：稀釋因子

Z：盤中觀察到的菌落數目

V：測試部份的體積（ml 之最終懸浮液）

不包含人員讀數的不確定度，組合相對不確定度為：

$$W_y = \left[W_F^2 + W_Z^2 + W_V^2 \right]^{1/2} \quad\text{（8.51）}$$

W_F：稀釋因子的相對不確定度

W_Z：菌落計數時，波松離散的相對不確定度

W_V：測試部份的體積，其相對不確定度

如果把人員讀取菌落數時之相對不確定度納入考量，此部分應屬常例性重複試驗，則將公式（8.50）乘上一個因子 t 修正數學模型 y 成為 $\hat{y}$。

$$\hat{y} = F \cdot t \cdot \frac{Z}{V} \quad\text{（8.52）}$$

公式中

t：人員菌落讀數的平均值

組合相對不確定度為

$$W_{\hat{y}} = \left[W_F^2 + W_Z^2 + W_V^2 + W_t^2 \right]^{1/2} \quad\text{（8.53）}$$

公式中

W_t：人員讀數之相對不確定度

8.9.2 多盤方法（The multiple-plate instrument）

測試結果的估算公式

$$y = F \cdot \frac{\sum Zi}{\sum Vi} = F \cdot \frac{Z}{V} \quad\cdots\cdots（8.54）$$

公式中

F：稀釋因子

Zi：第 i 盤的菌落計數

V_i：第 i 盤測試部份的體積（ml 之最終懸浮液）

組合相對不確定度為

$$W_y = \left[W_F^2 + W_Z^2 + W_V^2 \right]^{1/2} \quad\cdots\cdots（8.55）$$

公式中

W_F：稀釋因子的的相對不確定度

W_Z：菌落計數和的相對不確定度

W_V：測試部份的體積和，其相對不確定度

8.9.3 單一稀釋 MPN 方法（The single- dilution MPN instrument）

測試結果的計算公式

$$y = F \cdot \frac{1}{V} \ln\left(\frac{n}{S}\right) \quad\cdots\cdots（8.56）$$

353

公式中

y：原始樣本中每單位體積有機物濃度的估算數

F：稀釋因子（最終懸浮液）

V：一個測試部份的體積（平均值）

n：反應容器或試管的總數

S：接種後反應容器仍就是無菌狀態的數目（陰性反應的數目）

（1）平均測試體積的不確定度

稀釋因子 F，體積量測就是一般的量測不確定度，n 是選定的常數沒有不確定度，S 是隨機變數，而且是二項式分配，此情況下 v 是指平均體積，其不確定度是由下列公式來計算：

$$W_V^2 = \frac{nv^2 W_v^2}{V^2} = \frac{nv^2 W_v^2}{(nv)^2} = \frac{W_v^2}{n} \quad\cdots\cdots\cdots\cdots\cdots\cdots\cdots（8.57）$$

W_V：測試部份的總體積相對不確定度

n：MPN 系列中有成長反應的試管數目

v：某單一測試部份的體積

W_v：單一測試部份的體積相對不確定度

V：所有測試部份的體積和

（2）MPN 估算值的相對不確定度

MPN 表所提供的訊息為 95% 之信賴區間，因此 MPN 估算值或是最終測試結果的相對不確定度可以從 MPN 表所提供上下限的對數轉換（logarithmic transformation）來獲得。而 S.E $\log_{10} MPN$ 可從公式（8.31）利用電腦程式計算出來。而要估算 *MPN* 的相對標準差可從下述三種計算方式擇一選用之：

a. 從 MPN 表內 95%信賴區間其上下界限 X_U 和 X_L，則相對不確定度是從區間的一半再除以 2（都用 ln 尺度）

$$W_{MPN} = \frac{\ln(X_U) - \ln(X_L)}{4}$$ ……………………（8.58）

b. 從電腦程式中計算出 $\log_{10} MPN$ 之標準誤（Standard Error），參考公式（8.30）和公式（8.31）。然後轉換成自然對數的形式，就可獲得 *MPN* 的相對不確定度

$$W_{MPN} = 2.303 \left[\text{S.E} \ \log_{10} MPN \right]$$ ……………………（8.59）

c. 如果無任何資訊之下，相對不確定度的計算可假設陰性反應的試管數目 *S* 是一個隨機變數而且是二項式分配的機率函數，因此其變異為 $\frac{S(n-S)}{n}$ 。

MPN 估算的上下界限（68%信賴水準）可從下列公式中計算出來

$$x = \frac{1}{v} \ln \left[\frac{n}{S \pm \sqrt{\frac{S(n-S)}{n}}} \right]$$ ……………………（8.60）

括弧公式裏分母中的正號即為下限 X_L，負號即為上限 X_H，*MPN* 的相對不確定度即為

$$W_{MPN} = \frac{\ln(X_H) - \ln(X_L)}{2} \quad \cdots\cdots\cdots\cdots\cdots\cdots\cdots\cdots\cdots\cdots \quad （8.61）$$

（3）　單一稀釋 MPN 相對不確定度

$$W_y^2 = W_{MPN}^2 + W_F^2 + W_v^2 \quad \cdots\cdots\cdots\cdots\cdots\cdots\cdots\cdots\cdots\cdots\cdots \quad （8.62）$$

8.9.4 多重稀釋 MPN 方法（The multiple dilution MPN instrument）

測試結果的計算公式

$$y = F \cdot MPN \quad \cdots\cdots\cdots\cdots\cdots\cdots\cdots\cdots\cdots\cdots\cdots\cdots\cdots\cdots \quad （8.63）$$

公式中 F 是稀釋因子，MPN 是多個稀釋位準下連串平行試管所觀察到的陽性反應容器的數目和分佈；當使用 MPN 表時，通常是假設 3 個稀釋位準，如果利用電腦軟體計算時，對稀釋位準數目、每個稀釋位準下平行試管的數目以及稀釋步驟並無任何的限制【見公式（8.23）】。

在 MPN 系統裏要特別強調的基本假設是方法內的所有稀釋和體積量測是沒有任何系統和隨機的不確定度，同時所有步驟裏的懸浮液是拌合非常均勻而整個呈現波松分配

如果不是呈現波松分配，則 MPN 統計量最重要的基本假設就不再有效，當然就無法接受其估算的結果。但是一般來說，當使用 MPN 系統時，波松分配的假設是沒有問題的，某些現代的 MPN 表，當波松分配有效時，會考慮到把極度不可能的試管組合排除的問題，而電腦軟體【公式（8.23）】計算出所有陽性試管（positive tube）組合的結果，而可能提報出所觀察到的測試結果的眞實性。此種情況下，就取決於由使用者來決定這些結果接受與否。

組合相對不確定度計算公式：

$$W_y = \left[W_{MPN}^2 + W_F^2 \right]^{1/2} \quad\text{⋯⋯⋯⋯⋯⋯⋯⋯⋯⋯（8.64）}$$

目前並沒有任何簡單的計算來解決 MPN 的估算和其不確定度，使用者僅能依賴已建好的 MPN 表或電腦軟體，這二個來源提供 95%信賴區間的上下界限。而 MPN 的相對不確定度可從 8.9.3 節公式（8.58）計算出來。

最後可利用 Cochran's（1950）【5】近似公式計算 $\log_{10} MPN$ 的標準不確定度

$$S_{\log MPN} \approx 0.58 \left[\frac{\log_{10} f}{n} \right]^{1/2} \quad\text{⋯⋯⋯⋯⋯⋯⋯⋯⋯⋯（8.65）}$$

公式中

f ：兩連續稀釋間的稀釋因子

n ：稀釋位準下平行試管的數目

MPN 的相對標準不確定度，可由上公式標準不確定度乘上 2.303 轉換成自然對數尺寸而獲得

$$W_{MPN} = 2.303 \cdot S_{\log MPN} \quad\text{⋯⋯⋯⋯⋯⋯⋯⋯⋯⋯（8.66）}$$

上面所述不確定度的模式，並不包括隨附於稀釋和體積量測的任何不確定度，其實它們都可以估算出來，不過有證據顯示在組合不確定度中，它們的效應不重要。

8.10 微生物定量測試不確定度評估案例

本節中所列舉的不確定評估案例一、二、三是引用文件【5】中的例子做詳細的說明，而案例四【23】是作者輔導環保署相關檢測實驗室中實際測試數據的不確定評估，上述四個例子供讀者瞭解本章裏相關公式的使用以及評估的步驟。

8.10.1 案例一、各種測試型態不確定度各別成份及組合標準不確定度的估算

1. 單一計數波松離散相對不確定度 W_z^2

假設單盤計數結果為 $z = 36$

$$W_z^2 = \frac{1}{36} = 0.0278 \quad\text{……………………………………………（1）}$$

2. 多重計數波松離散 W_z^2

稀釋	計數		和
10^{-4}	185	156	341
10^{-5}	17	22	39

總和 $Z = 380$

相對變異：

$$W_Z^2 = \frac{1}{380} = 0.026 \quad\text{……………………………………(2)}$$

3. 人員計數重複性 W_t^2

某實驗室技術人員平常 QC 執行兩重複判讀之資料如下：

盤號	z_1	z_2	$\ln z_1$	$\ln z_2$	$(\ln z_1 - \ln z_2)^2$
1	343	337	5.84	5.82	0.0004
2	40	39	3.96	3.66	0.0009
3	57	62	4.04	4.13	0.0081
4	399	397	5.99	5.98	0.0001
5	112	130	4.72	4.87	0.0225
6	349	325	5.86	5.78	0.0064
7	85	84	4.44	4.43	0.0001
8	129	122	4.86	4.80	0.0036
9	16	17	2.77	2.83	0.0036
10	27	27	3.30	3.30	0.0000

總和：0.0457　平均數：0.00457

重複性實驗標準差 S_r^2

$$S_r^2 = \frac{\sum (x_1 - x_2)^2}{2P} \cdots\cdots\cdots\cdots\cdots\cdots\cdots\cdots\cdots\cdots\cdots\cdots\cdots\cdots\cdots （3）$$

由 8.7 節知由對數尺度上算出來的絕對標準差的數值幾乎和原始尺度計算出的相對標準差的數值幾乎一樣，所以

$$W_t^2 = \frac{0.0457}{2 \times 10} = 0.0023 \cdots\cdots\cdots\cdots\cdots\cdots\cdots\cdots\cdots\cdots\cdots\cdots\cdots （4）$$

4. 稀釋樣本·多盤

條件：

(1) 10^{-5}，10^{-6} 獲得一系列計數結果如下表

(2) 稀釋條件：$1：10\left(1ml + 9ml\right)$

(3) 首次可數之盤為 10^{-5}，此為最終懸浮液

(4) 結果如下：

稀釋	v_i ....a)	z_i ....b)	和
10^{-5}	1	122	288
	1	74	
	1	92	
10^{-6}	0.1	12	37
	0.1	15	
	0.1	10	
	總和：3.3		325

測試體積，單位為 ml

colony 計數數目

5. 試驗結果

稀釋倍數 $F = 10^5$

總觀察數目 $Z = 325$

$$y = F \cdot \frac{Z}{V} = 10^5 \cdot \frac{325}{3.3} = 98 \times 10^5 \, ml^{-1} \quad\text{...}\quad （5）$$

6. 不確定度考慮之因子

(1) Z 之波松離散

(2) 總體積 V 之不確定度

(3) 稀釋倍數 F 之不確定度

(4) 人員日常 QC 之重複性不確定度

7. 評估之數學模型

$$y = F \cdot T \cdot \frac{Z}{V}$$

360

$$W_y = \left[W_F^2 + W_T^2 + W_Z^2 + W_V^2\right]^{1/2} \cdots\cdots\cdots\cdots\cdots\cdots\cdots（6）$$

8. 不確定度因子之量化

(1) W_Z

$$\because Z = 325$$

$$W_Z^2 = \frac{1}{325} = 0.003077 \cdots\cdots\cdots\cdots\cdots\cdots\cdots\cdots\cdots（7）$$

(2) W_V

總體積 $V = 3.3ml$

假設 $1ml$ 及 $0.1ml$ pipettes 之不確定度分別爲 $0.025\ ml$ 及 $0.0025\ ml$

$u_V^2 = 3 \cdot (0.025)^2 + 3 \cdot (0.0025)^2 = 0.001894$ 相對不確定度 W_V

$$W_V^2 = \frac{u_V^2}{V^2} = 0.000174 \cdots\cdots\cdots\cdots\cdots\cdots\cdots\cdots（8）$$

(3) 連續稀釋 5 次 (10^{-5})，每次稀釋倍數相同 $(1ml + 9ml)$，W_F

$$W_F^2 = \frac{u^2(b) + b^2 w_a^2}{(a+b)^2} \qquad a = 1ml，b = 9ml$$

$W(b) = 0.025$，$u(b) = 0.024ml$ （假設 Dispersing pump 重複 filling 之結果）

$$W_F^2 = \frac{(0.024)^2 + (9)^2 \cdot (0.025)^2}{(1+9)^2} = 0.000512$$

$$W_F^2 = 5 \cdot (0.000512) = 0.002560 \cdots\cdots\cdots\cdots\cdots\cdots\cdots（9）$$

(4) 人員 QC 重複性 W_T^2

利用第 3 節之重複性結果

$$W_t^2 = 0.0023$$

$$W_T^2 = W_t^2 \cdot \frac{\sum Z_i^2}{\left(\sum Z_i\right)^2}$$

$$= 0.00230 \left[\frac{(122)^2 + (74)^2 + (92)^2 + (12)^2 + (15)^2 + (10)^2}{(325)^2} \right]$$

$$= 0.000638 \quad\text{……………………………………………}（10）$$

9. 組合標準不確定度

$$Wy = \left[W_Z^2 + W_V^2 + W_F^2 + W_T^2 \right]^{1/2} = 0.0803 \text{……………………}（11）$$

10. 測試成果

$$Y = 10^5 \cdot \left(\frac{325}{3.3} \right) = 9.8 \times 10^6 \text{………………………………}（12）$$

相對標準不確定度為 8.0%

95%，相對擴張不確定度為 16%

8.10.2 案例二、MPN 單一稀釋不確定度評估

假設有某個單一稀釋 *MPN* 案子，$n = 15$ 試管，測試部份的體積為 $v = 5ml$ 未稀釋的水樣本（在每個試管內）。假設接種後，有 10 個試管為陽性反應（position），$S = 5$ 試管為陰性反應。試評估水樣品中微生物含量及測試結果的不確定度。

最終懸浮液中細菌含量與水樣品中是同樣的，所以從公式（8.35）

$$MPN = x = \frac{1}{5}\ln\left(\frac{15}{5}\right) = 0.22 ml^{-1}$$

有 3 種不同的起始點來估算不確定度：利用電腦軟體求 $\log_{10} MPN$ 的標準差【公式（8.30）和公式（8.31）】，從 MPN 表中找出 95% 信賴區間，或者依據基本的觀察值和設計值（S 和 n）獨立計算。

1. 電腦軟體計算出公式（8.28）$\log_{10} MPN$ 的標準差為 0.14435，把 $\log_{10} MPN$ 轉化成自然對數 ln 就求得相對不確定度

$$W_{MPN} = 2.303 \times 0.14435 = 0.332$$

2. MPN 表中 95% 信賴區間範圍（Niemela 1983 年），上限為 0.426，下限為 0.096，從公式（8.58）

$$W_{MPN} = \frac{\ln(0.426) - \ln(0.096)}{4} = 0.3725$$

3. 從基本觀察結果 68% 信賴界限【公式（8.60）】分別為

上限 X_H 為

$$X_H = \frac{1}{5}\ln\left[\frac{15}{5 - \sqrt{\frac{5 \cdot 10}{15}}}\right] = 0.3106$$

上限 X_L 為

$$X_L = \frac{1}{5}\ln\left[\frac{15}{5 + \sqrt{\frac{5 \cdot 10}{15}}}\right] = 0.1575$$

從公式（8.61）

$$W_{MPN} = \frac{\ln(X_H) - \ln(X_L)}{2} = 0.340$$

此例，測試結果為 $y = 0.22ml^{-1}$，相對不確定度由於計算公式不同分別為 0.33，0.37，0.34。

8.10.3 案例三、MPN 多重稀釋不確定度評估

1. 假設有個樣本首先稀釋到 10^{-6}，從最終懸浮液取 5 個 $1ml$ 的液體，然後進一步稀釋到 1：10 和 1：100，並加以做細菌培養。假設在此 3 個稀釋位準下，系列陽性反應的試管數目為 5-2-0。

2. 我們的工作是估算最初樣本的細菌含量和測試結果的相對不確定度。

3. 引用不同來源的 MPN 表，會有不同的細菌密度 x 的 MPN 估算值和不同的最終懸浮液 95%信賴區間 (X_U, X_L)。

x	X_U	X_L	來源【10】
4.9	14.9	1.5	deMan（1983）

4. 如果 MPN 的不確定度要和其他分量的不確定度做組合，例如和稀釋不確定度做組合，我們就需要 MPN 的相對不確定度，利用第 8.8.3 節（2）公式（8.58）

$$W_{MPN} = \frac{\ln(14.9) - \ln(1.5)}{4} = 0.57$$

5. 如果基本設計參數 (f, n) 做獨立計算（Cochran 1950），其近似解利用第 8.8.4 節公式（8.65）

$$S_{\log MPN} \approx 0.58 \left[\frac{\log_{10} 10}{5} \right]^{1/2} = 0.259$$

$$W_{MPN} = 2.303 \times 0.259 = 0.60$$

6. 另外考慮稀釋因子 $F = 10^{-6}$ 的相對不確定度

　　由於本案例中並無詳細的稀釋到 10^{-6} 的步驟，如果有則參照第 8.7.5 節公式（8.48）計算 W_F^2，現今參考本例子中的數值 $W_F = 0.10$。

7. 組合標準不確定度

$$y = F \cdot MPN \quad （量測方程式）$$

$$W_y = \left[W_{MPN}^2 + W_F^2 \right]^{1/2} = \left[(0.60)^2 + (0.10)^2 \right]^{1/2} = 0.61$$

8.10.4 案例四、飲用水中大腸桿菌群檢測不確定度評估

1. 建立數學模式

$$y = F \cdot \frac{Z}{v} = F \cdot \frac{\sum z_i}{\sum v_i} \quad \cdots\cdots\cdots\cdots\cdots\cdots\cdots\cdots\cdots\cdots\cdots\cdots\cdots \text{（1）}$$

　　F：稀釋倍數

　　Z_i：第 i 盤之計數結果

　　V_i：最終懸浮液所取用之檢體體積

2. 量測不確定度傳播原理求組合標準不確定度

　　相對組合標準不確定度

$$w_y = \frac{u(y)}{y} = \left[\left(\frac{u(F)}{F}\right)^2 + \left(\frac{u(V)}{V}\right)^2 + \left(\frac{u(Z)}{Z}\right)^2\right]^{1/2}$$

$$= \left[W_F^2 + W_V^2 + W_Z^2\right]^{1/2} \dots\dots\dots\dots\dots\dots\dots\dots (2)$$

3. 不確定度成份之量化

3.1 每次四盤連續稀釋之結果如下表

稀釋	盤 號		Z_i 總和	v_i
	#1	#2		
10^{-1}	70	60	130	10
	15	20	35	10
10^{-2}	10	6	16	10
	1	2	3	10

$$v = \sum v_i = 40ml$$

$$z = \sum z_i = 184$$

3.2 波松離散之相對標準不確定度 W_z

$$W_Z^2 = \frac{1}{184} = 5.4 \times 10^{-3}$$

3.3 樣本檢測體積之相對不確定度

(a) $10ml$ 定容儀具之製造容差為：$\pm 0.02ml$ （假設）

假設三角形分佈 $0.02/\sqrt{6} = 8.2 \times 10^{-3}$

(b) 溫度效應與刻度重複性之變異忽略不計

(c) 共使用 4 次故相對不確定度

$$W_V^2 = \frac{4 \times 67.24 \times 10^{-6}}{(10)^2} = 2.7 \times 10^{-6}$$

3.4 稀釋倍數之相對不確定度 W_F^2

稀釋倍數：$f = \dfrac{a+b}{a}$，假設稀釋爲取樣 $1ml$，加入 $9ml$ 無菌稀釋水，

$a = 1ml$ ， $b = 9ml$

(a) $1ml$ 定容儀具之製造容差爲： $\pm 0.006ml$

假設三角形分佈 $0.006 \big/ \sqrt{6} = 2.45 \times 10^{-3}$

$u_a = 2.45 \times 10^{-3}$

$w_a = 2.45 \times 10^{-3}$

(b) $9ml$ 定容器具假設與 $10ml$ 定容器有相同的製造容差爲：
$\pm 0.02ml$

假設三角形分佈 $0.02 \big/ \sqrt{6} = 8.16 \times 10^{-3}$

$u_b = 8.16 \times 10^{-3}$

$w_b = \dfrac{u_b}{b} = 0.9 \times 10^{-3}$

(c) 稀釋相對不確定度 W_f

$$W_f^2 = \frac{u_b^2 + b^2 w_a^2}{(a+b)^2} = \frac{\left(0.9 \times 10^{-3}\right)^2 + (9)^2 \cdot \left(2.45 \times 10^{-3}\right)^2}{(10)^2} = 4.87 \times 10^{-6}$$

(d) 因爲最先發現菌落在 $F = 10$ 稀釋倍數裏

$$W_F^2 = k \cdot w_f^2 = w_f^2 = 4.87 \times 10^{-6}$$

4. 組合相對不確定度

$$W_y^2 = \left[5.4 \times 10^{-3} + 2.7 \times 10^{-6} + 4.87 \times 10^{-6} \right]$$

$$W_y = 7.35 \times 10^{-2} = 7.35\%$$

95%，$K = 2$，擴張相對不確定度為 $U = 15\%$

9 電性領域RF量測不確定度評估指引和實例

9.1 前言

輻射測試，無論是驗證程式或者特定參數的量測，都是由兩階段組成。驗證程式的第一階段是設定參考位準，接著第二階段則量測兩天線間的路徑損耗。EUT 的測試第一階段是量測 EUT，接著第二階段是把量測結果和已知標準或參考標準做比較，這種方法其結果就是量測不確定度的產生，其對任何測試的兩個階段都很常見，某些不確定度本身會相互抵消，其他的包括可能貢獻一次甚至兩次的不確定度。

本章主要是參考 ETSI TR100028-1 V1.4.1 和 ETSI TR100028-2 V1.4.1（2001-12）【24】、【25】文件的內容做精簡的介紹。這兩份檔對 RF 量測的不確定度評估有非常詳盡的說明和計算例子，是 RF 不確定度評估不可多得的參考文件。作者在此僅做提綱挈領式的呈現，最後是以藍芽自動測試系統當成實際應用的案例，該案例為作者輔導海博爾科技股份有限公司的實例；不過由於簽有相互保密協定，因此部份較敏感的計算步驟並未完全呈現，但讀者從其不確定度分量架構中，並由上述參考的二份檔中，可找到對應的計算方式。

9.2 專有名詞定義和說明【31】

本章中有很多屬 RF 的專有名詞，故於本節中將其和不確定度評估有關的名詞做完整的呈現和說明。

（1） 自由場測試場所（Free Field Test Sites）：就是無響室，其有地平面和開域測試場所二種型態。

（2） 帶狀線（Stripline）：類似同軸電纜一樣的傳輸線，射線（RF）的能量是以橫向電磁波的特性傳導,此種電磁波僅由單一電性和磁性所組成,彼此互相垂直而且也垂直於波的傳導方向,電場的行程是由平行的兩極版所構成。

（3）　驗證（Verification）：關係到量測,測試場所和其理論模型的比較。

（4）　測試方法（Test Methods）：僅用於除驗證程式外,所有的輻射量測。

（5）　發射和接收天線（Transmitting and Receiving Antennas）：僅使用在驗證程式中,所有其他用到的天線（替代、量測、測試）都是為測試方法而用。

（6）　反射性（Reflectivity）：在無響室吸波的鑲板反射信號位準（level）,會干擾到所需場強的分佈。

a. EUT 到測試天線

b. 替代或量測天線到測試天線

c. 發射天線到接收天線

（7）　相互耦合（Mutual Coupling）：當把 EUT 或天線置放於靠近傳導面或其他天線時,其電性行為產生改變的一種機制,這些效應包括失調、增益變化、輸入阻抗和輻射圖形的改變。

（8）　指向性（Reflectivity）：在無響室（有或無地平面）所反射的信號位準會干擾所需場強的分佈。

（9）　範圍長度（Range Length）：任何輻射測試執行的範圍長度應永遠適合於遠場測試,因而範圍被定義成 EUT 的相位中心點和測試天線的水準距離。

（10）　射頻電纜線（Radio Frequency Cables）：在 RF 覽線裏,有幾個輻射機制會在輻射量測時引入不確定度。

371

    a. 洩漏。

    b. 作用成天線的寄生元件。

    c. 引入共模式電流。

（11）相位中心定位（phase center positioning）：EUT 和天線的相位中心是一個點，元件從這個點輻射。如果元件是繞著這個點旋轉，則固定天線所看到的信號相位不會改變，因此（a）找出 EUT 或天線的相位中心（b）在測試場中正確的定位就很重要。

（12）環境信號（Ambient Signals）：環境信號是屬局部的輻射傳輸源，在開域測試場和無遮護的無響無波暗室及帶狀線場強，做測試時會把不確定度引進測試結果裏。

（13）不匹配（Mismatch）：兩個或多個的 RF 測試元件連結在一起時會產生一定程度的不匹配，當精確的交互作用不清楚時，隨附於不匹配就有不確定度成份產生，不匹配的估算是利用 S 參數來計算，而且量測包括連串聯結的成份，諸如：電纜、衰減器、天線…等。對在這條鏈狀線上的每個單獨成份，衰減和 VSWR 必須要知道或予以假設，雖然整個擴大頻寬內最糟的值可以知道；但 VSWR 的正確值通常是測試的精密頻率是未知的，這些最糟情況下的值被用來計算。我們使用的這種方法一般會使得計算的不匹配之不確定度會遠比眞正的值要糟。

（14）信號產生器（Signal Geserator）：信號產生器用來當成傳輸源，信號產生器有 2 個特性會對量測的擴充不確定度提供貢獻，那就是它的絕對位準和位準的穩定性。

（15）插入損耗（Insertion Losses）：測試裝備的組件像衰減器、電纜線、接頭…等特定頻率下都有插入損耗作用成系統的偏差，知道損耗可以使得結果用偏差校正，然而插入損耗所隨附的不確定度等同於損耗量測的不確定度。

（16）天線（Antenna）：在自由場測試場上，天線是用來發射或接收輻射場，它有好幾種方式來貢獻不確定度。例如：增益和/或天線因數、調變（tuning）…等。

（17）接收元件（Receiving Device）：接收元件（量測用接收器或頻譜分析儀）是用來量測所接收信號的絕對位準或是參考位準，它以兩種方式提供量測不確定度的分量：絕對位準的準確性及非線性。一種另外的接收元件（功率量測接收器）是在鄰近頻道功率測試方法中使用。

（18）測試件（Equipment Under Test）：基於下述理由，EUT 有其隨附的不確定度：

a. 溫度效應：由於環境溫度的不確定而導致的不確定度。

b. 退化量測（Degradation Measurement）：它的貢獻是隨附量測不確定度中 RF 位準的不確定度，20dB SINAD，10^{-2} bit stream or 80%信息允收比。

c. 電源供應效應：這是一種由電源供應電壓不確定性所導致的不確定度。

d. 與電源線的相互耦合。

（19）頻率計數器（Frequency Counter）：這種不確定度僅貢獻到使用頻率計數器來執行的測試方法中的頻率誤差，它就是頻率量測的不確定度。

（20）測試夾具：

　　a. 測試夾具是屬測試場所的一種類型，它可以使天線和 EUT 的組合體在極端條件下執行功能的量測。

　　b. 測試夾具通常建構來測試特定的 EUT，它包括一個 50Ω RF 接頭（Connector）和電磁耦合到 EUT 的一個元件。他也內置有可使 EUT 重複定位的工具，典型的測試夾具圖如【31】part6，圖 1 所示。

　　c. 測試夾具加上 EUT 的整個組合件通常是非常堅小，可稱為一個迷你型的測試場所，他的堅小特性，使得整個組合件適合放進完全被極端條件所圍繞的測試櫃內（通常是氣候設施）。

　　d. 不確定度的來源有兩個，一個是測試夾具對 EUT 的影響，另一個則是氣候設施對 EUT 的影響。

9.3 量測不確定度（Measurement Uncertainty）簡介【28】、【29】、【30】、【31】

9.3.1 常用名詞解釋

（1）　不確定度（Uncertainty）是量測結果表示的一部份，它是說明真值之估計值所落在的範圍。

（2）　準確性（Accuracy）是量測值與真值接近程度的一種估算。一個準確的量測其實是不確定度很小，不要和精密度或重複性混淆。精密度或重複性是描述量測系統對相同輸入量重複應用時給出相同指示或響應的一種能力。

　　正確量測出一個量是一種理想狀況，實務上是無法做到，在每個量測裏，在眞值與量測值間都存在差異，這種差異稱爲「量測的絕對誤差」，這種誤差定義如下：

絕對誤差=量測值減眞值

由於眞值無法正確的知道，所以絕對誤差也不可能正確的知道，上述的公式是絕對誤差和眞值的定義描述，兩者都不可能知道，因而建議這些名詞不要再使用。

實務上，量測的許多情形是可加以控制，諸如溫度、供應電壓、信號產生器的輸出位準…等。透過分析特定量測的建立，整體的不確定度可加以評估，這就提供不確定度上下界限，而眞值就落於其中。

9.3.2 不確定度的主要來源

整個量測不確定度的主要貢獻者包括：

（1）　系統不確定度：這些不確定度是方法中所使用到的測試設備其與生就具有的（儀器、衰減器、電纜線、放大器…等）。這些不確定度雖然是一個常數值，總是無法去除掉，但經常可以減少。

（2）　相關影響量（Influence Quantities）的不確定度：這些不確定度的大小和 EUT 功能或參數有關。這些不確定度所貢獻的大小是可加以計算，例如從接收機「dB RF 位準」對「dB SINAD」的曲線圖中的斜率，或是從電源供應電壓對載波輸出功率或頻率變化的效應斜率。

（3）　隨機不確定度：這些不確定度是由於機會事件平均來看它們有可能或者是不可能發生，而且一般來說是屬超出工程的控制。

9.3.3 其他的來源

對總的量測不確定度,其他貢獻者可能和標準(standard)本身有關。

(1) 量測型態(直接場強、替代或傳導)和測試方法會有不確定度的效應,這些可能是不確定度分量評估上最難的部份,如果相同的量測量使用相同的方法在不同的實驗室,或者不同的方法在相同的實驗室或不同實驗室,其測試結果經常是離散很大,這就顯示不同量測型態和測量方法可能的不確定度。

(2) 直接場量測(A Direct Measurement)僅包括單一階段而已,而所需求的參數(ERP、靈敏度…等)是間接測定接收機的接收位準或信號產生器的輸出位準,隨後經由包括天線增益、量測距離…等的知識加以計算後,才轉換成 ERP、場強度,雖是短時間,本方法一點也不會出現容許測試場的瑕疵(反射、相互耦合…等),因而可能導致很大的總不確定度值。

(3) 替代技術(The Substitution Technique)是一種兩階段的量測程式,EUT 的未知性能(第一階段加以量測)是和已知性能的某些標準(通常是天線)直接做比較,因此此種技術是使 EUT 和已知標準承受反射、互相耦合…等一樣的外部影響,它們在不同的元件上,其效應被認為都是相同,結果是這些場效應被視為相互抵消掉。然而仍有某些殘留效應存在,但比起在直接場量測的不確定度而言要小很多,本章所述的所有測試方法都是替代量測。

(4) 對標準而言,測試方法可能含有不夠精確和不清楚的說明而可能容易形成不同解讀。

(5) 量測量不夠完整的描述本身就是量測不確定度的一種來源,實務上除非有無限多的資訊，量測量是無法完整的加以描述，由於量測量定義的不夠完整，在量測結果上會引入一個不確定度的分量，這個分量相對於量測總的不確定度而言，可能或者不很重要。

量測量的定義不完整可能因為：

a. 未加以證明就假設某些參數其影響可忽略不計，而對該參數不做詳述（諸如：與地面的耦合、從吸收物質的反射…等）。

b. 留下許多其他不確定的事情，它們可能影響到量測（諸如：供應電壓、功率、天線電纜線的佈局…等）。

c. 可能暗示條件無法全部滿足，而它們不完美的實現要加以考慮非常困難（諸如：無限而完美的傳導平面、自由空間的環境…等）。

9.3.4 個別不確定成份的估算

在 9.3.2 節裏有提到不確定度的成份可以分類為「隨機」和「系統」不確定度，如此分類不確定度的成份可能會產生混淆，例如在某一量測的不確定度隨機成份可能會變成另一個量測不確定度的系統成份。例如當第一個量測結果用來當作第二個量測的成份時，依據評估不確定度成份的方法而不是依據成份本身來加以分類，應能避開這種混淆。

不用「系統」和「隨機」誤差。不確定度貢獻的形態分類成兩類：

A 類不確定度：利用統計方法來估算者。

B 類不確定度：利用統計以外的方法來估算者。

區分成 A 類 B 類不是指這些成份的本質有什麼不同，只不過是依據他們估算的方式加以區別。兩類的不確定度都具有機率分配，而從這兩類結果的不確定度成份都是用標準差予以量化。

9.3.5 A 類不確定度的估算

當我們執行多次量測時，會發現其結果會不同，就會產生下面的問題：

（1） 怎麼處理這些結果？

（2） 多大的變化量是可接受的？

（3） 什麼時候我們懷疑量測系統有錯誤？

（4） 條件是可重覆嗎？

在重複量測中的變化量都假設是由於影響量測結果的影響量和隨機量，它們無法維持完全不變（常數），因此無任何這些結果需要加以修正。實務上，相同量測量的重複量測可以協助我們估算 A 類不確定度，把這些結果做統計分析，我們可以得到平均值和標準差值。然後標準差就是標準不確定度而併入組合標準不確定度的計算中。

由重複量測所測定的不確定度經常被認為是統計地精確，因此絕對是正確的，這意味著它們的估算不需要應用到某些判斷，有時這是錯誤地，例如：

a. 當執行系列量測時，量測結果是否代表完全獨立的重複或是它們有某種的偏異（biase）？

如果所有量測是在單一 EUT 上執行，然而需求是針對抽樣的話，則觀察就不是獨立地重複，在這種條件下，從 EUT 產品的可能差異而引起的不確定度評估值，應該和單一儀具上重複觀察計算出的標準差一起併入到組合標準不確定度的計算中。

b. 我們是企圖評估量測系統的隨機性呢？還是評估單獨 EUT 的隨機性呢？還是評估在所有產製 EUT 的隨機性？

如果儀具和內建參考標準的校正是屬量測程式的一部份，在觀察期間縱使知道這種漂移很小，則這個校正是屬每個重複的一部份而應加以執行。

c. 平均值和標準差是常數嗎？重複量測中，未量測到影響量的值
或許會有一些飄移呢？

在測試場上做輻射測試時，如果 EUT 是旋轉，和讀取方向
角對每次重複量測時，EUT 亦應旋轉和讀取方向角值，縱使所
有事情看起來都維持不變，對接收位準和方向角的讀值兩者都
會有變化。

d. 對環境條件而言，結果是穩定的嗎？

如果在相同 EUT／不同型態 EUT 已經執行很多的量測，但
兩組間隔一段時間，第一組和第二組量測結果的數學平均值以
及他們的實驗平均值和標準差，可計算和比較。這可以使我們
做出判斷，是否有任何時間的變化效應在統計上是顯著地。

9.3.6 B 類不確定度的估算

某些 B 類不確定度的例子如：

a. 不匹配（參照附錄 C）。
b. 電纜線和組件的損耗（losses）。
c. 儀具的非限性。
d. 天線因數。

B 類不確定度無法顯示本身如 A 類不確定度一樣的變動，它們只能
用小心分析測試和校正資料來加以評估。

為併入整個分析裏，B 類不確定度的大小和機率分配可依據下述的
資訊予以評估。

> ➤ 測試構件時有關儀具和組件，供應商所提供的資訊和規格書。
> ➤ 校正報告的資料。
> ➤ 對儀具狀態的經驗。

9.3.7 有關影響量的不確定度

關於影響量的不確定度，均歸屬於 B 類不確定度，某些影響量的例子如：

a. 電源供應（power supply）。

b. 環境溫度（Ambient Temperature）。

c. 時間／任務週期（Time／Duty Cycle）。

它們的效應是利用量測參數（比如：輸出功率）和影響量（比如：供應電壓）之間的某些關係（Relationahip）來加以估算。

相關函數（例如：輸出功率和變動量的關係式），應使用來計算所考慮效應的性質。相關函數的清單，請參閱附錄 D。

9.3.8 總量測不確定度估算的方法

量測不確定度是許多成份（分量）的組合。這些成份中的某些成份要從序列量測結果的統計分佈予以評估（A 類不確定度）。其他成份則依據經驗或其他資訊來假設機率分配函數來加以評估（B 類不確定度）。

通常量測結果的確實誤差，不知道也不可能知道，我們能做的僅是評估對組合標準不確定度有貢獻的所有量的估算而已，知道他們各別的標準不確定度，才有可能計算出量測的組合標準不確定度。

9.3.9 量測模型（Measurement Model）

量測結果受許多變數的影響，如下圖所示：

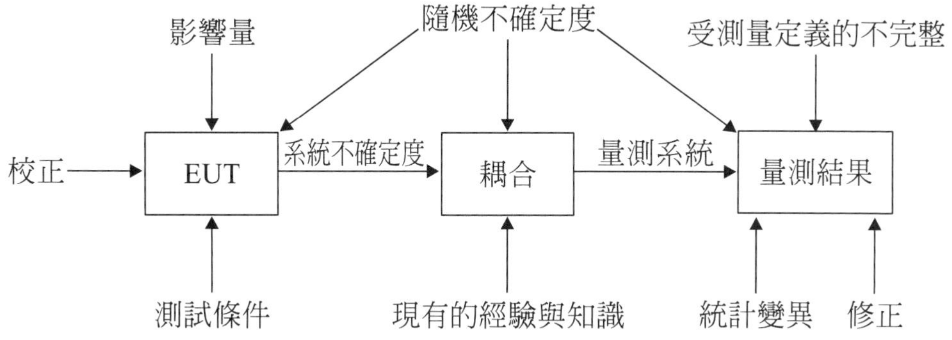

圖 9.1　量測模型圖

9.4 量測不確定度的分析

在輻射量測裏，計算量測不確定度我們採用的是 BIPM 方法。1981 年 CIPM（Comit Interation des Poindset Mesures ）建議在量測上表示不確定度的方法，該方法建構在 INC-1 工作小組於不確定說明的建議上，該工作小組因為委員會要求而於 1980 被國際度量衡局（BIPM）合併，對量測上不確定度的表示該局研究的問題已達成國際間的共識。

9.4.1 The BIPM 方法

依據 BIPM 的方法，貢獻於總的量測不確定度其每個成份都是以估計標準差來表示，並稱之為標準不確定度符號 u。

所有個別不確定度又區分為 A 類不確定度或 B 類不確定度。

A 類不確定度，符號為 u_i，利用重複量測，經統計方法而估算；B 類不確定度，符號為 u_j，則是經由所獲得資訊和經驗而估算者。

量測的組合標準不確定度（Combined Standard uncertainty），u_c，是

結合已鑑別出的每個供獻者的不確定度加以計算，當基礎的實際效應是相加性之情況下，假設所有供獻者都是彼此互相獨立，我們就採用 RSS（Root of the Sum of the Squares）的方法來處理。

　　組合標準不確定結果乘上常數 K_{xx} 就獲得不確定度的界限（limits），稱為擴充不確定度（Expanded uncertainty），符號為 U，當組合標準不確定對應常態分配時，擴充不確定度就對應於 $xx\%$ 的信賴水準。

　　這就是本章所採用分析方法的大概輪廓，當使用基本的 BIPM 規則量測時，仍有些實際的問題，例如：

　　> 不同單位（dB，%voltage，%power）的不確定度如何組合在一起。

　　> 是否有個別不確定度是真值的函數（例如：Bit error ratios）。

　　> 個別不確定度是非對稱分佈時，如何處理。

　　> 標準不確定度不是常態分配時，如何估算其信賴水準。

（1）　A 類不確定度計算

A 類不確定度是以統計的方法來估算其標準差（標準不確定度）。

（2）　B 類不確定度計算

　　B 類不確定度的估計有不同的方法。在 RF 量測裏，經常可鑑別出的不確定度分佈型態如圖 9.2 所示。

　　不匹配（Mismatch）不確定度具有 U 型分佈，如果界限是 ±a，則標準不確定度為：

$$u_j = \frac{2}{\sqrt{a}}$$

　　除非真正的分佈已知，否則對稱的不確定度都假設成矩形分佈，如果界限是 ±a，則標準不確定度為：

$u_j = \dfrac{a}{\sqrt{3}}$ ，常態分佈的標準不確定度即為其標準差。

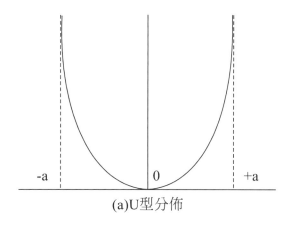

(a)U型分佈

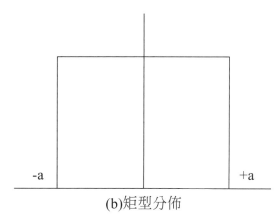

(b)矩型分佈

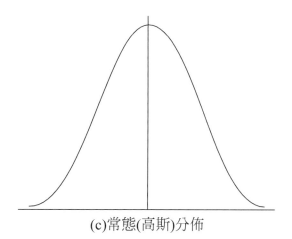

(c)常態(高斯)分佈

圖 9.2　不確定度分佈型態圖

383

9.4.2 不同單位的個別標準不確定度之組合

BIPM 方法對任何測試，其組合不確定度的計算是以 RSS 的方式把單獨標準不確定度組合在一起。公式為

量測不確定度：（相加性）

$$y = x_1 + x_2 + \cdots + x_n \quad\cdots\cdots\cdots\cdots\cdots\cdots\cdots\cdots\cdots\cdots\cdots\cdots\cdots\cdots\cdots (9.1)$$

組合標準不確定度：（RSS）

$$u_c(y) = \left[u_{i1}^2 + u_{i2}^2 + \cdots + u_{i(n-1)}^2 + u_{in}^2 + u_{j1}^2 + u_{j2}^2 + \cdots + u_{j(n-1)}^2 + u_{jn}^2 \right]^{1/2} \quad (9.2)$$

公式（9.1）中主參數 $x_1, x_2, \cdots, x_n$ 彼此互相獨立，當然實際量測模型（方程式）是有加有減，例如在 EMC/EMI【29】和校正領域【28】裏，但不影響不確定度的計算，因為是採用 RSS 方法。而公式（9.2）中是假設主參數中 $x_1, x_2, \cdots, x_n$ 有的參數在量測時與所使用的儀具及測試環境有關，可能有一個或數個 A 類和 B 類不確定度或者僅具一個 A 類或數個 B 類不確定度而已，經綜合歸類後寫成公式（9.2）。

然而，僅當所有個別機率分佈（以它們的標準差表示）

（1）以相加性來組合；同時

（2）表示成相同的量測單位

公式（9.2）才是正確。

個別分佈是相加性組合時，對標準不確定度用公式（9.2）時，僅能使用線性項，例如電壓、百分率…等。這是 RSS 組合依據的本質，亦是大都數量測的情況。

個別分佈是相乘性組合時，對標準不確定度用公式（9.2）時，僅只

能用對數項，它們就能以相加性來組合。而當不確定度相乘發生時，這亦是 RSS 組合依據的本質，諸如增益/損耗（例如衰減器、放大器、天線…等），以及在 RF 量測時模組（例如衰減器、電纜線、RF 量測儀具…等）互相連結時的不匹配。

在量測時，如果所有的參數和其隨附的不確定度都用相同的量測單位，同時以相加來組合，則 RSS 方法可直接應用。

表 9.1　標準不確定度轉換因數

從在…的標準不確定度轉換：	轉換因數乘以	到在…的標準不確定度轉換：
dB	11.5	voltage%
dB	23.0	power%
power%	(1/23)0.0435	dB
power%	(1/2)0.5	voltage%
voltage%	(1/0.5)2.0	power%
voltage%	(1/11.5)0.087	dB

但對小的不確定度（＜30%或 2.5 dB），假設在計算組合標準不確定度前，先轉換成相同的單位，則對相加或相乘的分佈都可以併入同一計算裏，單位轉換因數如表 9.1 所示。

表 9.1 顯示以一階近似來轉換標準不確定度，所使用的轉換因數，例如：標準不確定度是 1.5dB，轉換成電壓%，所對應的標準不確定度為 $1.5 \times 11.5\% = 17.3\%$。

9.4.3 擴充不確定度

從公式（9.2）計算出組合標準不確定度 u_c，它被期望所對應的機率分配函數是常態分配，則這不確定度界限具有的信賴水準是 68.3%。

當組合標準不確定度 u_c 所對應的機率分配函數不是常態分配時，u_c

乘上"擴充因數",可得到其他的信賴水準。95%信賴水準下,擴充不確定度 $U = u_c$,擴充因數為 2,此為國際共識。

9.4.4 不同的參數當他們的互相影響與 EUT 相關,其標準不確定度的組合

(1) EUT dependant function(Influence quantity),參見附錄 D。許多量測中,影響量之變異,測試信號,測試條件,使得測量的不確定度為 EUT 特性的函數。

    a. 與一般測試條件相關的不確定度有:

      －環境溫度
      －冷熱效應
      －電源供應之電壓
      －電源供應之阻抗
      －測試儀具之接頭阻抗（VSWR）

    b. 與施加的測試信號和測定值相關的不確定度有:

      －位準
      －頻率
      －調變
      －失真
      －雜訊

(2) 試驗結果之不確定度隨 EUT 性能不同而不同

    例如:

    a. 接收器雜訊與 RF 輸入信號位準有關
    b. 輸入與輸出接頭之阻抗（VSWR）

c. 接收器雜訊分佈

d. 測試條件與信號改變與 EUT 性能參數相關

e. 調變器限制函數，例如最大差異限定

（3） 理論探討

a. EUT 因某些相關參數 K 的控制並不完善，所以對量測結果有影響。

b. 相當於兩隨機變數相乘

$$z = xy \quad\cdots\cdots\cdots\cdots\cdots\cdots\cdots\cdots\cdots\cdots\cdots\cdots\cdots\cdots\cdots（9.3）$$

平均值：$m_z = m_x m_y$

標準差：$\sigma_z^2 + m_z^2 = \left(\sigma_y^2 + m_y^2\right) \cdot \left(\sigma_x^2 + m_x^2\right)$

c. 應用：溫度效應 kdT

　　dT：隨機變數，矩形分佈

　　k：已知，平均值 m_k，標準差 σ_k

$$\sigma_z^2 + m_z^2 = \left(\sigma_{dT}^2 + m_{dT}^2\right)\left(\sigma_k^2 + m_k^2\right)$$

　　dT 定義平均值 $m_{dT} = 0 \rightarrow m_z = 0$

$$\therefore \sigma_z^2 = \sigma_{dT}^2\left(\sigma_k^2 + m_k^2\right)\cdots\cdots\cdots\cdots\cdots\cdots\cdots\cdots\cdots（9.4）$$

d. k：影響量：像溫度，電源電壓，會因 EUT 不同，影響其輸出功能參數

　　σ_{dT}：因影響量 T 變異而受到影響的功能參數（受測量）

387

e. 影響量變異的平均值與標準差可查表（EUT 相關函數）（參照附錄 D）

f. 計算公式

$$uj\ converted = \left[u_{ji}^2\left(A^2 + u_{ja}^2\right)\right]^{1/2} \quad\text{...}\quad (9.5)$$

影響量之平均值爲 A，標準差爲 u_{ja}

u_{ja}：被轉換的標準差

公式（9.5）計算可由附錄 D 表中查得相關係數，俾用來將影響量之不確定度轉換成受測量的不確定度。

（4） 案例說明：

a. RF 信號位準之量測結果會受到 SINAD 不確定度之影響，所以將 SINAD 之不確定度透過 EUT 之相關函數轉換成 RF Level 之不確定度。

SINAD meter： $\pm 1.0dB$ （矩形分佈）

EUT 相關函數平均值爲 $1dB$ （假設）

標準差爲 $0.3dB$ （假設）

$$\therefore uj_{RFlevel} = \left[\left(\tfrac{1}{3}\right)^2 \cdot \left(1.0^2 + 0.3^2\right)\right]^{1/2} = 0.60dB$$

b. 功率量測之不確定度會受到測試時溫度不確定度及電壓供應不確定度之影響：

假設：溫度不確定度 $\pm 1°C$（矩形分佈）

電壓不確定度 $\pm 0.1V$（矩形分佈）

EUT 之相關函數：

溫度：平均值 4.0%／℃（附錄 D 表中查出）

標準差 1.2%／℃（附錄 D 表中查出）

$$ujpower / temperature = \frac{1}{23.0}\left[\frac{1.0^2}{3}\left(4^2 + 1.2^2\right)^{1/2}\right] = 0.105dB$$

EUT 之相關函數：

電壓：平均值 10%／V（附錄 D 表中查出）

標準差 3%／V（附錄 D 表中查出）

電壓不確定度 ± 0.1V（矩形分佈）

$$ujpower / V = \frac{1}{23.0}\left[\frac{(0.1)^2}{3}\cdot\left(10^2 + 3^2\right)\right]^{1/2} = 0.206dB$$

$$u_{total} = \left[(0.105)^2 + (0.026)^2\right]^{1/2} = 0.108dB$$

9.5 RF 量測的不確定度成份

　　有關無線電設施輻射測試之不確定度，在評估的執行上仍有某些缺失。我們相信某些量測，其不確定度有高達 ±15dB 的不確定度，這意味著製造商所生產的儀具僅能以此爲其極限。有可能客戶依據對實驗室的瞭解會送測試件去不同的實驗室，企圖測試能合格，有些實驗室宣稱其類似的測試不確定度爲 2～3dB。當檢視所提供的評估資料內容，會發現不同的工程師所考慮的不確定度成份不同。目前並無標準的清單來列舉所應涵蓋的不確定度成份，而且目前對特定測試其所應包括不確定度成份的數目變化很大。目前國際間的共識是個別不確定度必須用 BIPM 的方法去做組合，但對個別成份的數目並未達成共識，因而留給實驗室自行決定不確定度的貢獻者，而使得相同的測試，實驗間的變異很大，而且非常仰賴於測試工程師的經驗。

有鑑於此，ETSI 公佈了 TR102273【31】和 TR100028【24】、【25】三份文件，對 RF 測試所應考慮的成份總共有 $u_{j01} \sim u_{j61}$（B 類不確定度）以及 u_{i01}（A 類不確定度），並列舉說明 RF 各種特定測試項目所應納入的不確定度成份和各種成份的評估方式，有些要由公式計算，有些要由廠商所提供資料中獲得，有些則是 ETSI 透過長期之監測而建立的建議採用的數值。此部份請詳細參考本章附錄 A、附錄 B、附錄 C 和附錄 D 之內容，另則為確保量測能維持在允許品質之內對 RF 各特定量測，也規定出最大可接受的不確定度值，請參閱附錄 E。

9.6 評估案例：藍牙自動測試系統不確定度分析【30】

9.6.1 藍牙自動測試系統基本上其量測方式與手動相同

（1） 功率量測

功率量測是將 EUT 透過組合網路（內含 cables' attenuators 及 filtes）與功率量測儀具連結，測得功率，修正因數，俾獲得測試結果。

（2） 接收機量測

一台或多台之信號產生器，透過組合網路與 EUT 連結，每次量測時利用修正因數來調整信號產生器之輸出位準。

（3）　自動與手動之差異

　　　　兩者最主要之差異是修正因數之獲取，全自動測試系統主要是執行「路徑補償」（Path Compensation），俾獲取修正因數。設計成熟的自動測試系統，這些修正因數能消除所有之誤差，僅留下不匹配（Mismatch）和穩定性（stability）誤差而已。

（4）　量測不確定度

　　　　自動測試系統裏，路逕補償程式其實是實際量測（含 EUT）與局部系統週期量測同時間執行量測之組合所以包括在路徑補償與 EUT 量測中之不確定度應視爲同一程式所產生。

9.6.2 測試系統之特性

（1）　自動測試系統內含一組測試儀具外尙包括一組開關元件（sscu），並利用 RF 控制器（PC）及測試軟體來配置 sscu 內之 attenuators, power combiners, filters, amplifiers 和 cables。

（2）　測試項目

　　a. Transmitter tests: out power, timing, modulation, output spectrum, and spurious emissions.

　　b. Receiver tests：1,2,3, signal measurement.

　　c. BER, S/N measurement：(Not shown)

　　　　自動測試系統內之信號分析儀可量測 power，modulation 和 frequency，本評估方法中僅以 power 量測爲例。

（3）　操作步驟

a. EUT 透過連結器（Connector）連到測試系統。

b. 操作人員選擇及啓動測試模式。

c. 依據系統之特性，操作人員可隨時控制 EUT。

d. 與測試相關之路逕補償如果屬測試之一部份，依據系統軟體及 sscu 之特性，可先執行。

9.6.3 量測不確定度

（1） 全自動與手動之差異在於如可取得修正因數,從量測不確定度的觀點,這非常重要,因爲這是實際量測 EUT 時,RF 位準不確定度主要來源之一。

另名不確定度之來源分別爲：

儀具之穩定性（stability）

儀具之線性（linearity）

EUT 與測試系統間之 Mismatch

RF switch repeatability

路徑補償最主要之儀具就是 power meter,它必須能追溯至國際 SI 單位。

（2） 修正因數之不確定度與如何量測修正因數有關,不確定度之來源有：

Absolute power meter 之不確定度

儀具穩定性

儀具線性

儀具與 sscu 內每個組件間之 Mismatch

不同頻率下修正因數,因內插而產生之誤差

由上可知，不確定度之分析以 Mismatch 爲最複雜，另外自動測試系統之不確定度較手動爲大，因爲需要更多的 cables、switches，來提供所需之彈性。

9.6.4 自動測試系統

9.6.4.1 簡化後之自動測試系統如下圖所示：

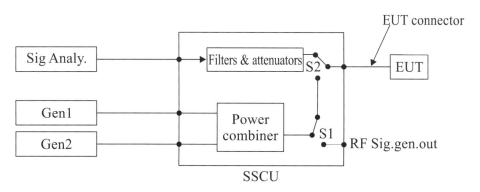

圖 9.3　自動測試系統簡化圖

9.6.4.2 Transmitter Measurement.

（1）路逕補償

－S1，使 Gen 連接到 RF Sig.gen.out 之接頭

－S2，使 Signal Analyser 連接到 EUT 接頭

（2）自動量測步驟之作動分析

量測 1：

a. Power meter 經由 cable，10dB attenuator 接到 RF out 之接頭。

b. RF Generator 調整至適當位準，讀出 power meter 之讀

值，頻寬內執行連串量測，每一頻率 power mater 之讀值存於系統中。

量測 2：

a. 移除 Power meter，10dB attenuator 開路端用一 cable 連到 EUT 所用之接頭端。

b. 對所有之 frequency 及 Generator 所設定之位準，利用 Signal Analyser 量測 power level 讀值存於系統中。

c. 對每一 frequency，修正因數為信號分析儀與 power meter 讀值之差（dB）。

量測 3：

a. 將 EUT 連到 EUT 之連結器上。

b. 量測 EUT 所產生信號之 Power level，信號分析儀之讀值存於系統中。

c. 計算最後之測試結果，亦即步驟（2）之結果減去修正因數（適當之頻率）。

9.6.5 誤差源之分析

整個量測，從上面之分析，結合路逕補償和 EUT 測試後，形成三個單獨之量測，整個程式之誤差源，為了分析有如下假設：

（1） 對量測 1，Generator 有靜態誤差：Egen（*dB*）（對比於 Generator 位準之設定）

（2） 量測 1 與量測 2，generator 有漂移（drift）誤差：dEgen（*dB*）

（3）　General 與 RF signal out 有 attenuation：Att1（*dB*）

（4）　量測 1 與量測 2 間有 attenuation 之變化：dAtt1（*dB*）

　　　　－主要是 Generator 與 RF signal out 間之網路

（5）　外部 cable 與 10dB attenuator 之 attenuation：Att2（*dB*）

（6）　量測 1 與量測 2 外部接線之 attenuation 變化：dAtt2（*dB*）

（7）　power meter 之靜態誤差：Epow（*dB*）

（8）　EUT 接頭與信號分析儀間之 attenuation：Att3（*dB*）

（9）　量測 2 與量測 3，EUT 接頭與信號分析儀間網路 attenuation 之變化為：dAtt3（*dB*）

（10）信號分析儀之靜態誤差：Esa（*dB*）

（11）量測 2 與量測 3，信號分析儀之 drift：dEsa（*dB*）

（12）EUT 之 out power：Pour（*dBm*）

（13）Generator 位準於量測 1 與 2 時均設定為：Pgen（*dBm*）

（14）如果量測 2 與量測 3，信號分析儀之讀值有不同，則信號分析儀有線性誤差：*dE*log

9.6.6 量測讀值

（1）量測 1 之數學模式

Power meter 之讀值為 P1：

$$P1 = Pgen + Egen - Att1 - Att2 + Epow(dBm) \quad\cdots\cdots\cdots\cdots\cdots\cdots\cdots（1）$$

（2）量測 2 之數學模式

信號分析儀之讀值為 P2：

$$P2 = Pgen + Egen + dEgen - Att1 - dAtt1 - Att2$$
$$- dAtt2 - Att3 + Esa(dBm)$$

因此修正因數為

$$C = P2 - P1 = dEgen - dAtt1 - dAtt2 - Att3 + Esa - Epow \cdots\cdots （2）$$

（3） 量測 3 之數學模式

信號分析儀之讀值為 P3：

$$P3 = Pout - (Att3 + dAtt3) + Esa + dEsa + dE\log \cdots\cdots\cdots\cdots （3）$$

（4） 考量修正因數後，最終量測結果

$$PmesaPmesa = P3 - C = Pout + dAtt3 + dEsa + dE\log - dEgen$$
$$+ dAtt1 + dAtt2 + Epow(dBm) \cdots\cdots\cdots\cdots\cdots （4）$$

（5） 分析結果之說明

從上分析可看出，最終量測結果，除了 power meter 之靜態誤差外所有儀具之靜態誤差均抵消掉，僅剩各儀具之漂移和線性度誤差。

其他之誤差尚有：

*power meter 之絕對位準誤差

*不同量測間，信號分析之漂移

*不同量測間，信號產生器之漂移

*sscu 之重複性

*不量測間 Attenuation 之變異（insertion loss or gain）

＊修正因數因不同頻率其內插之誤差

＊Mismatch

9.6.7 Mismatch 不確定度

（1）　每一量測，Mismatch 不確定度為信號源與量測儀具間，路逕上所有元件匹配不確定度之組合。

Measurement 1：

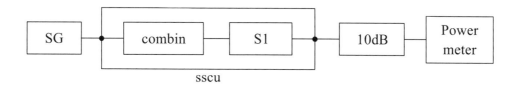

Measurement 2：

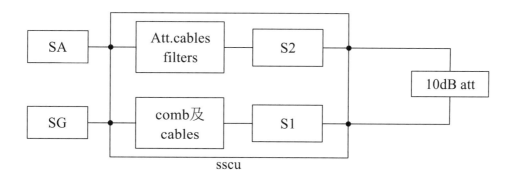

Measurement 3：

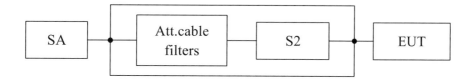

（2） 整個自動測試程式是由 Measurement 1、2、3 之組合，許多 Mismatch uncertainty 可互相抵消，簡化之後之 Mismatch uncertainty 計算方式爲：

a. 測 10dB attenuator 自由端之反射係數 Rg.

b. 測 Power meter 之反射係數 Rp

c. 測 SSCU 上 EUT 接頭上之反射係數 Ri

d. 測 EUT 之反射係數 R_{EUT}

則總的 Mismatch uncertainty 爲下列成份的組合：

$$- R_i \times R_p / \sqrt{2}$$

$$- R_g \times R_i / \sqrt{2}$$

$$- R_{EUT} \times R_i / \sqrt{2}$$

（3） 簡化測試

由以上分析可知自動測試系統的量測不確定度評估，可簡化如下類似手動之測試：

把路逕補償成爲 SSCU 中之單一元件

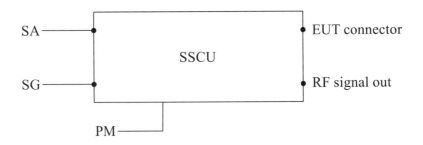

9.6.8 結論

（1） 自動測試系統量測不確定度評估，由於 SSCU 內部元件非常多，如果知道每個元件之 VSWR 則可以評估 Mismatch 之總不確定度，否則需要把 SSCU 拆開來量測，實際上辦不到。

（2） 為了簡化量測不確定度之評估，把原屬 path 補償之網路當成為 SSCU 內部之某一組件，唯不同之測試，補償路逕並不相同，對此部份之 Mismatch 計算得依賴日後，軟體之發展才能解決。

（3） 保守之計算方式，用 SSCU 之反射係數，傳輸係數（gain）來計算 Mismatch。

（4） 保守之計算不確定度之成份，應先獲得之資訊分別為

　　－SSCU 外部每個儀具之反射係數：

　　　可由規格書中查得或實際量測，或由 VSWR 之值推算。

　　－SSCU 要量其反射及傳輸係數（EUT connector 端）

　　－power meter：絕對位準之誤差

　　　Signal generator：儀具穩定度、線性度、位準誤差

　　　Signal Analyser：儀具穩定度、線性度、位準誤差

　　－利用 RSS method 將所有誤差源所計算之標準不確定度組合

$$U_c = \left(x_1^2 + x_2^2 + \cdots x_n^2 \right)^{1/2}$$

x_i：第 i 個標準不確定度

附錄 A：RF 測試不確定度成份清單

AP：適用　NA：不適用　1：驗證　2：測試

不確定度成份代碼	說　明	RF 的試驗	Striplines 極板型帶狀傳輸線	不確定度量化值
u_{J01}	吸收材料的反射度：EUT 到測試場所。(自由場測試天線)	1.NA 2.NA	1.NA 2.NA	如果測試是替代量測的一部份，則 u_{j01} 為 0.00dB，否則 u_{j01} 值參照表【A‧1】。
u_{J02}	吸收材料的反射度：替代或量測天線到測試天線。(自由場測試場所)	1.NA 2.AP	1.NA 2.NA	$u_{j02} = 0.50dB$。
u_{J03}	吸收材料的反射度：發射天線到接收天線。(自由場測試場所)	1.AP 2.NA	1.NA 2.NA	u_{j03} 值參照表【A‧2】。
u_{J04}	相互耦合：EUT 和在吸收材料上的鏡像。(自由場測試場所)	1.NA 2.AP	1.NA 2.NA	$u_{j04} = 0.50dB$。
u_{J05}	相互耦合：吸收材料對 EUT 的失調影響。(自由場測試場所)	1.NA 2.AP	1.NA 2.NA	吸收鑽板和 EUT 距離>1m 且鑽板的回復耗損>6dB，則 $u_{j05} = 0.00Hz$；如回復耗損<6dB，則 $u_{j05} = 5.00Hz$。
u_{J06}	相互耦合：替代、量測或測試天線和它們在吸收材料上的鏡像。(自由場測試場所)	1.NA 2.AP	1.NA 2.NA	一測試天線：試驗兩階段均為相同高度 $u_{j06} = 0.00dB$，否則為 $0.50dB$。一替代或量測天線：$u_{j06} = 0.50dB$。
u_{J07}	相互耦合：發射或接收天線和它們在吸收材料上的鏡像。(自由場測試場所)	1.AP 2.NA	1.NA 2.NA	一發射天線：$u_{j07} = 0.50dB$。一接收天線：$u_{j07} = 0.50dB$。
u_{J08}	相互耦合：測試天線對 EUT 的振幅效應。(自由場測試場所)	1.NA 2.AP	1.NA 2.NA	u_{j08} 值參照表【A‧3】。
u_{J09}	相互耦合：測試天線對 EUT 的失調效應。(自由場測試場所)	1.NA 2.AP	1.NA 2.NA	測試天線和 EUT 間隔 $>(d_1+d_2)^2/4\lambda$，則 $u_{j09} = 0.00Hz$，d_1 和 d_2 為 EUT 和天線的最大尺寸，若小於則 $u_{j09} = 5.00Hz$。

附錄 A：RF 測試不確定度成份清單（續）

AP：適用　NA：不適用　1：驗證　2：測試

不確定度成份代碼	說明	RF 的試驗	Striplines 極板型帶狀傳輸線	不確定度量化值
u_{J10}	相互耦合：發射天線對接收天線。（自由場試場所）	1.AP 2.NA	1.NA 2.NA	－ ANSI 雙極天線，$u_{J10} = 0.00dB$。 －非 ANSI 雙極天線，u_{J10} 值參照表 [A．4]。
u_{J11}	相互耦合：替代或量測天線對測試天線。（自由場測試場所）	1.NA 2.AP	1.NA 2.NA	－ ANSI 雙極天線，$u_{J11} = 0.00dB$。 －非 ANSI 雙極天線，u_{J11} 值參照表 [A．5]。
u_{J12}	相互耦合及不匹配損耗修正係數的內插。（自由場測試場所）	1.AP（V） 2.AP（V）	1.NA 2.NA	u_{J12} 值參照表 [A．6]。
u_{J13}	相互耦合：EUT 對其在地平面鏡像。（自由場測試場所）	1.NA 2.AP	1.NA 2.NA	u_{J13} 值參照表 [A．7]。
u_{J14}	相互耦合：替代、量測或測試天線對它們在地平面的鏡像（image）（自由場測試場所）	1.NA 2.AP	1.NA 2.NA	u_{J14} 值參照表 [A．8]。
u_{J15}	相互耦合：發射或接受天線對其在地平面鏡像。（自由場測試場所）	1.AP 2.NA	1.NA 2.NA	－ ANSI 雙極天線，$u_{J15} = 0.00dB$。 －其他的雙極天線，u_{J15} 值參照表 [A．9]。
u_{J16}	範圍長度（Range length）：EUT 或天線的範圍長度 $\geq 2(d_1+d_2)^2/\lambda$，$d_1$、$d_2$ 是天線的最大尺寸。	1.AP（V） 2.AP	1.NA 2.NA	－ ANSI 雙極天線，$u_{J16} = 0.00dB$。 －其他天線，u_{J16} 值參照表 [A．10]。
u_{J16}	範圍長度（Range length）：EUT 或天線的範圍長度 $\geq 2(d_1+d_2)^2/\lambda$，$d_1$、$d_2$ 是天線的最大尺寸。	1.AP 2.AP（V）	1.NA 2.NA	對 EUT 到量測天線到測試階段，u_{J16} 值參照表 [A．11]。 對替代或量測天線到測試階段，如屬 ANSI 雙極 $u_{J16} = 0.00dB$，否則 u_{J16} 值參照表 [A．11]。

附錄 A：RF 測試不確定度成份清單（續）

AP：適用　NA：不適用　1：驗證　2：測試

不確定度成份代碼	說明	RF 的試驗	Striplines 極板型帶狀傳輸線	不確定度量化值
u_{f17}	修正：仰角平面上的準向偏角（off boresight angle）。（自由場測試場所）	1.NA 2.AP	1.NA 2.NA	對任何天線 －在測試的兩階段中，天線在天線架上的最佳高度兩者都一樣，$u_{f17}=0.00dB$。 －對垂直極化的偶極天線，在測試的兩階段中，天線在天線架上的最佳高度不一樣時，$u_{f17}=0.10dB$。 －對水平或垂直極化的 LPDA，天線在天線架上的最佳高度於測試的兩階段不一樣，$u_{f17}=0.50dB$。 －其他天線且經明確對該天線使用修正後，在測試的兩階段中，天線在天線架上的最佳高度不一樣時，$u_{f17}=0.50dB$。
u_{f18}	修正：量測距離。（自由場測試場所）	1.NA 2.AP	1.NA 2.NA	在試驗兩個階段裡，天線在架上之高度均一樣，$u_{f18}=0.00dB$，如果高度不一樣 $u_{f18}=0.10dB$。
u_{f19}	電纜線因子（Cable factor）。（自由場測試場所）	1.AP（V） 2.AP	1.AP 2.AP	－傳導量測時，所有場強都有包覆時 $u_{f19}=0.00dB$。 －輻射量測時，小心謹慎 $u_{f19}=0.5dB$，否則 $u_{f19}=4.0dB$。
u_{f19}	電纜線因子（Cable factor）。（自由場測試場所）	1.AP 2.AP（V）	1.AP 2.AP	小心謹慎 $u_{f19}=0.5dB$，否則 $u_{f19}=4.0dB$。
u_{f19}	電纜線因子（Cable factor）。（Striplines 測試場所）	1.AP 2.AP	1.AP（V） 2.AP	－傳導量測時，所有場強都有包覆時 $u_{f19}=0.00dB$。 －輻射量測時，小心謹慎 $u_{f19}=0.5dB$，否則 $u_{f19}=4.0dB$。

附錄 A：RF 測試不確定度成份清單（續）

AP：適用　NA：不適用　1：驗證　2：測試

不確定度成份代碼	說　明	RF 的試驗	Striplines 極板型帶狀傳輸線	不確定度量化值
u_{J19}	電纜線因子（Cable factor）。（Striplines 測試場所）	1.AP 2.AP	1.AP 2.AP（V）	小心謹慎 $u_{J19}=0.5dB$，否則 $u_{J19}=4.0dB$。
u_{J20}	相位中心的定位：EUT 體積內。（自由場測試場所）	1.NA 2.AP	1.NA 2.NA	上下限範圍由公式【B.1】計算，並假設矩形分佈求 u_{J20}（EUT 之相位中心不知道時）。
u_{J21}	相位中心的定位：在 EUT 內，橫過轉盤旋轉軸。	1.NA 2.AP	1.NA 2.NA	僅適用於 EUT 測試階段，最大值由公式【B.2】計算，假設矩形分佈，計算出標準不確定度 u_{J21}。
u_{J22}	相位中心的定位：量測、替代、接收、發射或測試天線。（自由場測試場所）	1.AP（V） 2.AP	1.NA 2.NA	－發射天線，最大值由公式【B.3】計算，假設矩形分佈。 －接收天線（在無回響室裏），最大值由公式【B.3】計算，假設矩形分佈。
u_{J22}	相位中心的定位：量測、替代、接收、發射或測試天線。（自由場測試場所）	1.AP 2.AP（V）	1.NA 2.NA	－地面上的接收天線，最大值由公式【B.3】計算，假設矩形分佈。 －量測和替代天線，最大值由公式【B.4】計算，假設矩形分佈。 －在無回響暗室中的測試天線，最大值由公式【B.4】計算，假設矩形分佈。 －地平面上的觀測天線，最大值由公式【B.4】計算，假設矩形分佈。
u_{J23}	相位中心的定位：LPDA（Log Periodic Dipole Antenna）。（自由場測試場所）	1.AP（V） 2.AP	1.NA 2.NA	最大值由公式【B.5】計算，假設矩形分佈。
u_{J23}	相位中心的定位：LPDA（Log Periodic Dipole Antenna）。（自由場測試場所）	1.AP 2.AP（V）	1.NA 2.NA	－測試天線，$u_{J23}=0.00dB$。 －替代或量測 LPDA 最大值由公式【B.6】計算，假設矩形分佈。

附錄 A：RF 測試不確定度成份清單（續）

AP：適用　NA：不適用　1：驗證　2：測試

不確定度成份代碼	說　明	RF 的試驗	Striplines 極板型帶狀傳輸線	不確定度量化值
u_{J24}	stripline：EUT 和它在極板鏡像之相互耦合。	1.NA 2.NA	1.NA 2.AP	u_{J24} 值參照表 [A．12]。
u_{J25}	stripline：3 軸探針和它在極板鏡像之相互耦合。	1.NA 2.NA	1.NA 2.AP	$u_{J25}=0.29dB$。
u_{J26}	stripline：特性阻抗。	1.NA 2.NA	1.NA 2.AP	$u_{J26}=0.58dB$。
u_{J27}	stripline：場強分佈的非平面本質。	1.NA 2.NA	1.NA 2.AP	$u_{J27}=0.29dB$。
u_{J28}	stripline：以 3 軸探針測定的場強強度量測。	1.NA 2.NA	1.NA 2.AP	從製造商的資料中獲取資訊並轉換成標準不確定度。
u_{J29}	stripline：轉換因子。	1.NA 2.NA	1.NA 2.AP	如果使用驗證程序的結果，則 u_{J29} 等於驗證程序的組合標準不確定度。
u_{J30}	stripline：轉換因子的內插。	1.NA 2.NA	1.NA 2.AP	測試頻率和驗證程序設定的頻率相一致時，$u_{J30}=0.00dB$。其他頻率時，$u_{J30}=0.29dB$。
u_{J31}	stripline：單極的天線因子。	1.NA 2.NA	1.NA 2.AP	$u_{J31}=1.15dB$。
u_{J32}	stripline：EUT 尺寸之修正因子。	1.NA 2.NA	1.NA 2.AP	EUT 固定於 stripline 之中間，則 u_{J32} 值參照表 [A．13]。
u_{J33}	stripline：場所效應的影響。	1.NA 2.NA	1.NA 2.AP	場強量測的任何方法，假設無任何吸收材料環繞 stripline 或場強量測是試測的一部分 $u_{J33}=0.00dB$。如果這種安排有所改變，則 $u_{J33}=3.00dB$。
u_{J34}	環境效應。	1.AP (V) 2.AP	1.AP 2.AP	u_{J34} 值參照表 [A．14]。

附錄 A：RF 測試不確定度成份清單（續）

AP：適用　NA：不適用　1：驗證　2：測試

不確定度成份代碼	說明	RF 的試驗	Striplines 極板型帶狀傳輸線	不確定度量化值
u_{j34}	環境效應。	1.AP / 2.AP (V)	1.AP / 2.AP	u_{j34} 值照表 [A，14]。
u_{j34}	環境效應。	1.AP / 2.AP	1.AP (V) / 2.AP	u_{j34} 值參照表 [A，14]。
u_{j34}	環境效應。	1.AP / 2.AP	1.AP / 2.AP (V)	u_{j34} 值參照表 [A，14]。
u_{j35}	不匹配：直接衰減量測。（自由場測量所）	1.AP (V) / 2.NA	1.AP / 2.NA	參照附錄 C 及參考文獻 [26]、[34]
u_{j35}	不匹配：直接衰減量測。	1.AP / 2.NA	1.AP (V) / 2.NA	參照附錄 C 及參考文獻 [26]、[34]
u_{j36}	不匹配：發射組件（信號產生器、電纜線、衰減器、天線安裝）。（自由場測試場所）	1.AP (V) / 2.AP	1.AP / 2.AP	參照附錄 C 及參考文獻 [26]、[34]
u_{j36}	不匹配：發射組件（信號產生器、電纜線、衰減器、天線安裝）。（自由場測試場所）	1.AP / 2.AP (V)	1.AP / 2.AP	參照附錄 C 及參考文獻 [26]、[34]
u_{j36}	不匹配：發射組件（信號產生器、電纜線、衰減器、天線安裝）。（Striplines 測試場所）	1.AP / 2.AP	1.AP (V) / 2.AP	參照附錄 C 及參考文獻 [26]、[34]
u_{j36}	不匹配：發射組件（信號產生器、電纜線、衰減器、天線安裝）。（Striplines 測試場所）	1.AP / 2.AP	1.AP / 2.AP (V)	參照附錄 C 及參考文獻 [26]、[34]
u_{j37}	不匹配：接收組件（天線、電纜線、衰減器、接收元件的安裝）。（自由場測試場所）	1.AP (V) / 2.AP	1.AP / 2.AP	參照附錄 C 及參考文獻 [26]、[34]

附錄 A：RF 測試不確定度成份清單（續）

AP：適用　NA：不適用　1：驗證　2：測試

不確定度成份代碼	說明	RF 的試驗	Striplines 極板型帶狀傳輸線	不確定度量化值
u_{J37}	不匹配：接收組件（天線、電纜線、衰減器、接收元件的安裝）。（自由場測試場所）	1.AP 2.AP (V)	1.AP 2.AP	參照附錄 C 及參考文獻 [26]、[34]
u_{J37}	不匹配：接收組件（天線、電纜線、衰減器、接收元件的安裝）。（Striplines 測試場所）	1.AP 2.AP	1.AP (V) 2.AP	參照附錄 C 及參考文獻 [26]、[34]
u_{J37}	不匹配：接收組件（天線、電纜線、衰減器、接收元件的安裝）。（Striplines 測試場所）	1.AP 2.AP (V)	1.AP 2.AP (V)	參照附錄 C 及參考文獻 [26]、[34]
u_{J38}	信號產生器：絕對輸出位準（level）。（自由場測試場所）	1.AP (V) 2.AP	1.AP 2.AP	$u_{J38} = 0.00dB$。
u_{J38}	信號產生器：絕對輸出位準（level）。（自由場測試場所）	1.AP 2.AP (V)	1.AP 2.AP	從製造商的資料中獲取資訊並轉換成標準不確定度。
u_{J38}	信號產生器：絕對輸出位準（level）。（Striplines 測試場所）	1.AP (V) 2.AP	1.AP 2.AP (V)	$u_{J38} = 0.00dB$。
u_{J38}	信號產生器：絕對輸出位準（level）。（Striplines 測試場所）	1.AP 2.AP	1.AP 2.AP (V)	從製造商的資料中獲取資訊並轉換成標準不確定度。
u_{J39}	信號產生器：輸出位準的穩定性。（自由場測試場所）	1.AP (V) 2.AP	1.AP 2.AP	從製造商的資料中獲取資訊並轉換成標準不確定度。
u_{J39}	信號產生器：輸出位準的穩定性。（自由場測試場所）	1.AP 2.AP (V)	1.AP 2.AP	如果已包含在絕對位準的不確定度，則 $u_{J39} = 0.00dB$。
u_{J39}	信號產生器：輸出位準的穩定性。（Striplines 測試場所）	1.AP 2.AP	1.AP (V) 2.AP	從製造商的資料中獲取資訊並轉換成標準不確定度。
u_{J39}	信號產生器：輸出位準的穩定性。（Striplines 測試場所）	1.AP 2.AP	1.AP 2.AP (V)	如果已包含在絕對位準的不確定度，則 $u_{J39} = 0.00dB$。

附錄 A：RF 測試不確定度成份清單（續）

AP：適用　NA：不適用　1：驗證　2：測試

不確定度成份代碼	說明	RF 的試驗	Striplines 極板型帶狀傳輸線	不確定度量化值
u_{j40}	插入損耗：衰減器。（自由場測試場所）	1.AP (V) 2.AP	1.AP 2.AP	$u_{j40}=0.00dB$。
u_{j40}	插入損耗：衰減器。（自由場測試場所）	2.AP 2.AP (V)	1.AP 2.AP	一隨附於測試天線的衰減器，$u_{j40}=0.00dB$。 一隨附於替代或量測天線的衰減器，u_{j40} 由廠商的資料中獲得。
u_{j40}	插入損耗：衰減器。（Striplines 測試場所）	1.AP 2.AP	1.AP (V) 2.AP	$u_{j40}=0.00dB$。
u_{j40}	插入損耗：衰減器。（Striplines 測試場所）	1.AP 2.AP	1.AP 2.AP (V)	一隨附於 stripline input，u_{j40} 由廠商的資料中獲得。 一單獨或 3 軸探針測定場強隨附於 stripline input，$u_{j40}=0.00dB$。 一單獨測定場強隨附於單極天線，u_{j40} 由廠商的資料中獲得。
u_{j41}	插入損耗：電纜線。（自由場測試場所）	1.AP (V) 2.AP	1.AP 2.AP	$u_{j41}=0.00dB$。
u_{j41}	插入損耗：電纜線。（自由場測試場所）	1.AP 2.AP (V)	1.AP 2.AP	一隨附於替代或量測天線的 cable，u_{j41} 由廠商的資料中獲得。 一隨附於測試天線的 cable，$u_{j41}=0.00dB$。
u_{j41}	插入損耗：電纜線。（Striplines 測試場所）	1.AP 2.AP	1.AP (V) 2.AP	$u_{j41}=0.00dB$。
u_{j41}	插入損耗：電纜線。（Striplines 測試場所）	1.AP 2.AP	1.AP 2.AP (V)	一在 stripline 內的場強，隨附於信號產生器上的 cable，u_{j41} 由廠商的資料中獲得。 一使用單極或 3 軸探針來測定場強隨附於信號產生器上的 cable，$u_{j41}=0.00dB$。 一使用單極來測定場強隨附於單極天線的 cable，u_{j41} 由廠商的資料中獲得。

附錄 A：RF 測試不確定度成份清單（續）

AP：適用　NA：不適用　1：驗證　2：測試

不確定度成份代碼	說明	RF 的試驗	Striplines 極板型帶狀傳輸線	不確定度量化值
u_{j42}	插入損耗：接頭（adapter）。（自由場測試場所）	1.AP（V） 2.NA	1.AP 2.NA	u_{j42} 由廠商的資料中獲得。
u_{j42}	插入損耗：接頭（adapter）。（Striplines 測試場所）	1.AP 2.NA	1.AP（V） 2.NA	u_{j42} 由廠商的資料中獲得。
u_{j43}	插入損耗：antenna balum。（自由場測試場所）	1.AP（V） 2.AP	1.NA 2.NA	$u_{j43} = 0.17dB$。
u_{j43}	插入損耗：antenna balum。（自由場測試場所）	1.AP 2.AP（V）	1.NA 2.NA	$u_{j43} = 0.17dB$。
u_{j44}	天線、接收或量測天線的天線因子。（自由場測試場所）	1.AP（V） 2.AP	1.NA 2.NA	－ANSI 偶極天線，u_{j44} 值參照表〔A‧15〕。 －其他形式的天線，從製造商資料中找相關數值，如無相關數值，則 $u_{j44} = 1.0dB$。
u_{j44}	天線：發射、接收或量測天線的天線因子。（自由場測試場所）	1.AP 2.AP（V）	1.NA 2.NA	由製造商資料中找相關數值，如無，則 $u_{j44} = 1.0dB$。
u_{j45}	天線：測試或替代天線的增益（gain）。（自由場測試場所）	1.NA 2.AP	1.NA 2.NA	－ANSI 偶極天線，u_{j45} 值參照表〔A‧16〕。 －其他種類的天線，由製造商資料中找相關數值，如無，則 $u_{j45} = 1.0dB$。
u_{j46}	天線：微調（tuning）。（自由場測試場所）	1.AP（V） 2.AP	1.NA 2.NA	$u_{j46} = 0.06dB$。
u_{j46}	天線：微調（tuning）。（自由場測試場所）	1.AP 2.AP（V）	1.NA 2.NA	－測試天線，$u_{j46} = 0.00dB$。 －替代或量測天線，$u_{j46} = 0.06dB$。
u_{j47}	接收元件：絕對位準。（自由場測試場所）	1.AP 2.AP	1.AP 2.AP	絕對位準不適用於階段 1，如果接收元件的輸入衰減器有改變就應包括在階段 2 內，u_{j47} 應從資料中獲得並加以轉換。
u_{j47}	接收元件：絕對位準。（自由場測試場所）	1.AP（V） 2.AP（V）	1.AP 2.AP	對接收設備而言，僅適用於電場強度，u_{j47} 應從製造商資料中獲得並加以轉換。

附錄 A：RF 測試不確定度成份清單（續）　　　　　　　　　　AP：適用　NA：不適用　1：驗證　2：測試

不確定度成份代碼	說明	RF 的試驗	Striplines 板板型帶狀傳輸線	不確定度量化值
u_{J47}	接收元件：絕對位準。(Striplines 測試場所)	1.AP 2.AP	1.AP (V) 2.AP	同自由場測試場所之不確定度說明。
u_{J47}	接收元件：絕對位準。(Striplines 測試場所)	1.AP 2.AP	1.AP 2.AP (V)	同自由場測試場所之不確定度說明。
u_{J48}	接收元件：線性。(自由場測試場所)	1.AP (V) 2.NA	1.AP 2.NA	如果接收元件的輸入衰減器已經變更，則 u_{J48} 應從製造商的資料中加以計算。如沒有變更，則 $u_{J48}=0.00dB$；。
u_{J48}	接收元件：線性。(Striplines 測試場所)	1.AP 2.NA	1.AP (V) 2.NA	同上。
u_{J49}	接收元件：功率量測接收機。(自由場測試場所)	1.NA 2.AP	1.NA 2.AP	和傳導案例相同。
u_{J50}	EUT：環境溫度對載波 ERP 的影響。(自由場測試場所)	1.NA 2.AP	1.NA 2.NA	當對 EUT 做量測，僅適用在階段 1，u_{J50} 應由 "EUT 相關函數和不確定度" 來計算。參見附錄 [D]。
u_{J51}	EUT：環境溫度對雜散放射位準的影響。(自由場測試場所)	1.NA 2.AP	1.NA 2.NA	當對 EUT 做量測，僅適用在階段 1，u_{J51} 應由 "EUT 相關函數和不確定度" 來計算。參見附錄 [D]。
u_{J52}	EUT：退化量測 (degradation measurement)。(自由場測試場所)	1.NA 2.AP (V)	1.NA 2.AP	u_{J52}之大小可從 ETR028 [34] 中獲得。
u_{J52}	EUT：退化量測 (degradation measurement)。(Striplines 測試場所)	1.NA 2.AP	1.NA 2.AP (V)	u_{J52}之大小可從 ETR028 [34] 中獲得。
u_{J53}	EUT：電源供應的設定對載波 ERP 的影響。(自由場測試場所)	1.NA 2.AP	1.NA 2.NA	當對 EUT 做量測，僅適用在階段 1，u_{J53} 應由 "EUT 相關函數和不確定度" 來計算。參見附錄 [D]。

附錄 A：RF 測試不確定度成份清單（續）

AP：適用　NA：不適用　1：驗證　2：測試

不確定度成份 代碼	說　明	RF 的試驗	Striplines 極板型帶狀傳輸線	不確定度量化值
u_{J54}	EUT：電源供應對雜散放射位準的影響。(自由場測試場所)	1.NA 2.AP	1.NA 2.NA	當對 EUT 做量測，僅適用在階段 1，u_{J54} 應由 "EUT 相關函數和不確定度" 來計算，參見附錄 [D]。
u_{J55}	EUT：和電源線的耦合。(自由場測試場所)	1.NA 2.AP (V)	1.NA 2.AP	小心謹慎，例如 Cable 包覆鑽珠，$u_{J55} = 0.5dB$，否則 $u_{J55} = 2.0dB$。
u_{J55}	EUT：和電源線的耦合。(Striplines 測試場所)	1.NA 2.AP	1.NA 2.AP (V)	小心謹慎，例如 Cable 包覆鑽珠，$u_{J55} = 0.5dB$，否則 $u_{J55} = 2.0dB$。
u_{J56}	頻率計數器：絕對讀值。(自由場測試場所)	1.NA 2.AP	1.NA 2.NA	頻率量測的不確定度 u_{J56}，由製造商的資料中獲得。
u_{J57}	頻率計數器：平均讀值的估算。(自由場測試場所)	1.NA 2.AP (V)	1.NA 2.AP	u_{J57} 由公式 [B.7] 計算。
u_{J57}	頻率計數器：平均讀值的估算。(Striplines 測試場所)	1.NA 2.AP	1.NA 2.AP (V)	u_{J57} 由公式 [B.7] 計算。
$u_{J58}\sim u_{J59}$，不在本表中說明，請參閱 ETSI TR100028-2 [25]。				
u_{J60}	夾具：對 EUT 的影響。			最大不確定度：±0.5dB，標準不確定度 $u_{J60} = 0.29dB$
u_{J61}	夾具：氣候設施對 EUT 的影響。			最大不確定度：±0.5dB，標準不確定度 $u_{J61} = 0.29dB$
u_{J61}	隨機不確定度。			對相同的量測量，執行重複性試驗，利用統計方法計算其標準不確定度。

表 A・1：不確定度成份：吸收材料的反射度

EUT 到測試天線 $\left(u_{j01}\right)$

吸收材料的反射度	標準不確定度
反射度 $<10dB$	4.76 dB
$10dB \le$ 反射度 $<15dB$	3.92 dB
$15dB \le$ 反射度 $< 20dB$	2.56 dB
$20dB \le$ 反射度 $< 30dB$	1.24 dB
反射度 $\ge 30dB$	0.74 dB

表 A・2：不確定度成份：吸收材料的反射度

發射天線到接收天線 $\left(u_{j03}\right)$

吸收材料的反射度	標準不確定度
反射度 $<10dB$	4.76 dB
$10dB \le$ 反射度 $<15dB$	3.92 dB
$15dB \le$ 反射度 $< 20dB$	2.56 dB
$20dB \le$ 反射度 $< 30dB$	1.24 dB
反射度 $\ge 30dB$	0.74 dB

表 A・3：不確定度成份：相互耦合

測試天線對 EUT 的振幅影響 $\left(u_{j08}\right)$

範圍長度（Range Length）	標準不確定度
$0.62\left[\left(d_1+d_2\right)^3/\lambda\right]^{1/2} \le$ Range Length $< 2\left(d_1+d_2\right)^2/\lambda$	0.50 dB
Range Length $\ge 2\left(d_1+d_2\right)^2\big/\lambda$	0.00 dB
註：d_1 和 d_2 為 EUT 和測試天線的最大尺寸。λ 為輻射波的波長	

表 A‧4：不確定度成份：相互耦合

發射天線到接收天線 (u_{j10})

頻率 MHz	標準不確定度（3m 範圍）	標準不確定度（10m 範圍）
30MHz ≤ 頻率 < 80MHz	1.73 dB	0.60 dB
80MHz ≤ 頻率 < 180MHz	0.60 dB	0.00 dB
頻率 ≥ 180MHz	0.00 dB	0.00 dB

表 A‧5：不確定度成份：相互耦合

替代或量測天線和測試天線 (u_{j11})

頻率 MHz	標準不確定度（3m 範圍）	標準不確定度（10m 範圍）
30MHz ≤ 頻率 < 80MHz	1.73 dB	0.60 dB
80MHz ≤ 頻率 < 180MHz	0.60 dB	0.00 dB
頻率 ≥ 180MHz	0.00 dB	0.00 dB

表 A‧6：不確定度成份：相互耦合

不匹配損耗和相互耦合修正因數的內插 (u_{j12})

頻率 MHz	標準不確定度
表中給定單點的頻率	0.00 dB
30MHz ≤ 頻率 < 80MHz	0.58 dB
80MHz ≤ 頻率 < 180MHz	0.17 dB
頻率 ≥ 180MHz	0.00 dB

表 A・7：不確定度成份：相互耦合

EUT 和它在地平面上的鏡像 $\left(u_{j13}\right)$

EUT 和地平面的距離	標準不確定度
垂直極化的 EUT	
距離 $\leq 1.25\lambda$	$0.15\ dB$
距離 $> 1.25\lambda$	$0.00\ dB$
水準極化的 EUT	
距離 $< \dfrac{\lambda}{2}$	$1.15\ dB$
$\dfrac{\lambda}{2} \leq$ 距離 $< \dfrac{3\lambda}{2}$	$0.58\ dB$
$\dfrac{3\lambda}{2} \leq$ 距離 $< 3\lambda$	$0.29\ dB$
距離 $\geq 3\lambda$	$0.15\ dB$

表 A・8：不確定度成份：相互耦合

替代、量測或測試天線和它在地平面上的鏡像 $\left(u_{j14}\right)$

天線和地平面的距離	標準不確定度
垂直極化的天線	
距離 $\leq 1.25\lambda$	$0.15\ dB$
距離 $> 1.25\lambda$	$0.06\ dB$
水準極化的天線	
距離 $< \dfrac{\lambda}{2}$	$1.15\ dB$
$\dfrac{\lambda}{2} \leq$ 距離 $< \dfrac{3\lambda}{2}$	$0.58\ dB$
$\dfrac{3\lambda}{2} \leq$ 距離 $< 3\lambda$	$0.29\ dB$
距離 $\geq 3\lambda$	$0.15\ dB$

表 A・9：不確定度成份：相互耦合

發射或接收天線和它在地平面上的鏡像 (u_{j15})

天線和地平面的距離	標準不確定度
垂直極化的天線	
距離 $\leq 1.25\lambda$	$0.15\ dB$
距離 $> 1.25\lambda$	$0.06\ dB$
水準極化的天線	
距離 $< \lambda/2$	$1.15\ dB$
$\lambda/2 \leq$ 距離 $< 3\lambda/2$	$0.58\ dB$
$3\lambda/2 \leq$ 距離 $< 3\lambda$	$0.29\ dB$
距離 $\geq 3\lambda$	$0.15\ dB$

表 A・10：不確定度成份：範圍長度（驗證） (u_{j16})

範圍長度（相位中心間的水準距離）	標準不確定度
$(d_1+d_2)^2/4\lambda \leq$ 範圍長度 $< (d_1+d_2)^2/2\lambda$	$1.26\ dB$
$(d_1+d_2)^2/2\lambda \leq$ 範圍長度 $< (d_1+d_2)^2/\lambda$	$0.30\ dB$
$(d_1+d_2)^2/\lambda \leq$ 範圍長度 $< 2(d_1+d_2)^2/\lambda$	$0.10\ dB$
範圍長度 $< 2(d_1+d_2)^2/\lambda$	$0.00\ dB$
註：d_1 和 d_2 是天線的最大尺寸（EUT 和天線或天線間）。	

表 A‧11：不確定度成份：範圍長度（測試）(u_{j16})

範圍長度（相位中心間的水準距離）	標準不確定度
$(d_1+d_2)^2/4\lambda \le$ 範圍長度 $< (d_1+d_2)^2/2\lambda$	1.26 dB
$(d_1+d_2)^2/2\lambda \le$ 範圍長度 $< (d_1+d_2)^2/\lambda$	0.30 dB
$(d_1+d_2)^2/\lambda \le$ 範圍長度 $< 2(d_1+d_2)^2/\lambda$	0.10 dB
範圍長度 $< 2(d_1+d_2)^2/\lambda$	0.00 dB
註：d_1 和 d_2 是階段 1，EUT 和天線的最大尺寸，其他階段則為兩天線的最大尺寸。	

表 A‧12：不確定度成份：Stripline 相互耦合

EUT 和它在極板的鏡像 (u_{j24})

EUT 尺寸相對兩極板的間距	標準不確定度
尺寸／極板間距 $< 33\%$	1.15 dB
$33\% \ge$ 尺寸／極板間距 $< 50\%$	1.73 dB
$55\% \ge$ 尺寸／極板間距 $< 70\%$	2.89 dB
$70\% \ge$ 尺寸／極板間距 $\le 87.5\%$	5.77 dB

表 A‧13：不確定度成份：Stripline

EUT 尺寸的修正因數 (u_{j32})

EUT 高度（在 E 平面上）	標準不確定度
高度 $< 0.2m$	0.30 dB
$0.2m \le$ 高度 $< 0.4m$	0.60 dB
$0.4m \le$ 高度 $< 0.7m$	1.20 dB

表 A‧14：不確定度成份：環境效應

$$(u_{j34})$$

信號產生器關閉，接收元件雜訊最低標準是位於期間	標準不確定度
3 dB（量測的）	1.57 dB
3 dB～6 dB（量測的）	0.80 dB
6 dB～10 dB（量測的）	0.30 dB
10 dB～20 dB（量測的）	0.10 dB
20 dB～更多（量測的）	0.00 dB

表 A‧15：不確定度成份：天線

發射、接收或量測天線的天線因數 (u_{j44})

頻率	標準不確定度
30 MHz≤頻率＜80 MHz	1.73 dB
80 MHz≤頻率＜180 MHz	0.60 dB
頻率≥180 MHz	0.30 dB

表 A‧16：不確定度成份：天線

測試或替代天線的增益（gain）(u_{j45})

頻率	標準不確定度
30 MHz≤頻率＜80 MHz	1.73 dB
80 MHz≤頻率＜180 MHz	0.60 dB
頻率≥180 MHz	0.30 dB

附錄 B：不確定度成份：範圍上下限的計算公式

1. 公式【B.1】：$\left(u_{j20}\right)$

$$\frac{\pm 元件的最大尺寸}{2倍範圍長度}\times 100\%$$

假設矩形分佈，求出標準不確定度。

2. 公式【B.2】：最大值的計算 $\left(u_{j21}\right)$

$$\frac{\pm 對旋轉軸偏離的估算}{範圍長度}\times 100\%$$

假設矩形分佈，求出標準不確定度。

3. 公式【B.3】：最大值的計算 $\left(u_{j22}\right)$（驗證）

－發射天線

$$\frac{\pm 對旋轉軸偏離的估算}{範圍長度}\times 100\%$$

－在無響室內的接收天線

$$\frac{\pm 範圍長度能設定的不確定度}{範圍長度}\times 100\%$$

－在地平面上的接收天線

$$\frac{\pm 天線架頂點偏離垂直線的最大位移}{範圍長度}\times 100\%$$

上述各值；假設矩形分佈，求出標準不確定度。

4. 公式【B.4】：最大值的計算 (u_{j22})（測試）

－量測和替代天線

$$\frac{\pm 對旋轉軸偏離的估算}{範圍長度} \times 100\%$$

－在無響室內的測試天線

$$\frac{\pm 範圍長度能設定的不確定度}{範圍長度} \times 100\%$$

－在地平面上的測試天線

$$\frac{\pm 天線架頂點偏離垂直線的最大位移}{範圍長度} \times 100\%$$

上述各值；假設矩形分佈，求出標準不確定度。

5. 公式【B.5】：最大值的計算（驗證）

$$\frac{\pm 元件的最大尺寸}{2倍範圍長度} \times 100\%$$

假設矩形分佈，求出標準不確定度。

6. 公式【B.6】：最大值的計算（測試）

$$\frac{\pm LPDA的長度}{2倍範圍長度} \times 100\%$$

假設矩形分佈，求出標準不確定度。

7. 公式【B.7】

$$0.33 \times (最高頻率 - 最低頻率) / 2$$

418

附錄 C：不匹配之量測不確定度【24】、【25】、【26】

1. 簡介

不匹配之量測不確定度評估都是透過 RF 量測中各元件的反射係數來做計算，依據 ANSI/EIA-364-108 2000 年版【26】規範有關反射係數、反射損耗（Reture Loss）及電壓駐波比（VSWR）之量測公式，看出彼此之間和反射係數的關係。

1.1 反射係數

任意點，反射電壓與入射電壓的比定義出反射係數

$$Gamma(\Gamma) = \frac{V_{reflected}}{V_{incident}} = S_{11} \quad\text{（C.1）}$$

1.2 反射損耗（Return Loss）

入射到阻抗不連續處的功率和從阻抗不連續處反射的功率比值，單位為 dB。

$$Return\ Loss = 20\log_{10}|\Gamma| = 20\log_{10}|S_{11}| \quad\text{（C.2）}$$

1.3 VSWR（Voltage Standing Wave Ratio）：電壓駐波比

在一條線路上電壓的最大值和最小值的比

$$VSWR = \frac{(1+|\Gamma|)}{(1-|\Gamma|)} \quad\text{（C.3）}$$

1.4 反射損耗（Return Loss）、VSWR 和反射係數

$$|S_{11}| = 10^{\frac{Return\ Loss}{20}} \quad\text{...}\quad (C.4)$$

從公式（C.2）測出反射損耗（Return Loss）值帶入公式（C.4）中，可求得可求得反射係數；但代入公式時要注意 Return Loss 之值為負數。

$$傳輸係數 = |S_{21}| = |S_{12}| = 10^{-\frac{attenuation值(dB)}{20}} \quad\text{...........................}\quad (C.5)$$

從公式（C.3）

$$|S_{11}| = |\varGamma| = \frac{VSWR-1}{VSWR+1} \quad\text{..}\quad (C.6)$$

從公式（C.5）和（C.6）量測 attenuation 值、VSWR 值或都從廠商規格書資料計算出反射係數和傳輸係數，可做為量測不確定評估之用。Return Loss、VSWR 和反射係數的轉換如表 C.1 所列。

2. 不匹配（Mismatch）

希臘字母 $\varGamma$ 是複數反射係數，ρ_x 是反射係數的大小

$$\rho_x = |\varGamma_x|$$

在量測配置中，當有兩個組件或元件連結在一起，如果匹配不理想，經由連結處通過的 RF 信號位準就會產生不確定度，其大小和兩連結件接面的 VSWR 有關。

在連結接面不匹配的不確定度界限可由下公式計算：

$$不匹配界限 = |\varGamma_g| \times |\varGamma_L| \times |S_{21}| \times |S_{12}| \times 100\%\ Voltage \quad\text{............}\quad (C.7)$$

公式中：

$|\Gamma_g|$是信號產生器複數反射係數的模數。

$|\Gamma_L|$是負載（接收元件）複數反射係數的模數。

$|S_{21}|$在兩反射係數間之網絡的前向增益。（傳輸係數）

$|S_{12}|$在兩反射係數間之網絡的後項增益。（傳輸係數）

如果兩元件直接連結 S_{21} 和 S_{12} 為 1，在線性網狀線路中 $S_{21} = S_{12}$。不匹配界限的分佈是 U 型分佈，所以標準不確定度為

$$u_{j\text{不匹配，個別元件}} = \frac{|\Gamma_g| \times |\Gamma_L| \times |S_{21}| \times |S_{12}| \times 100\%}{\sqrt{2}} (Voltage\%) \cdots\cdots （C.8）$$

轉換成 dB

$$u_{j\text{不匹配，個別元件}} = \frac{|\Gamma_g| \times |\Gamma_L| \times |S_{21}| \times |S_{12}| \times 100\%}{\sqrt{2} \times 11.5} dB \cdots\cdots\cdots （C.9）$$

2.1 元件串聯

2.1.1　名詞定義

（1）　階（order）：兩相鄰元件間的反射稱為第一階反射，兩元件間有一個其他元件，則這兩元件的反射稱為 2 階反射，依此類推。

（2）　u_i：由於第 i 階反射的標準量測不確定度。

（3）　r_e：元件 e 的反射係數。

（4）　a_e：元件 e 的穿透（傳輸）係數。

421

2.1.2　n 個元件串聯不匹配之不確定度

EUT 和 Spectrum Analyzer 之間有 n 個其他元件串聯在一起，如圖 C.1 所示：

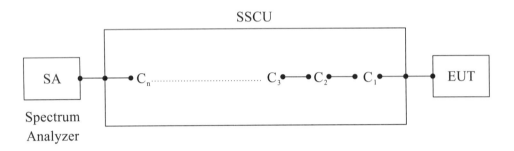

圖 C.1　元件串聯圖

（1）第一階反射（相鄰元件間的反射）：

$$u_{1,EUT-C_1} = \frac{r_{EUT} \cdot r_{C_1} \cdot 100\%}{\sqrt{2} \times 11.5}(dB)$$

$$u_{1,C_1-C_2} = \frac{r_{C_1} \cdot r_{C_2} \cdot 100\%}{\sqrt{2} \times 11.5}(dB)$$

$$u_{1,C_2-C_3} = \frac{r_{C_2} \cdot r_{C_3} \cdot 100\%}{\sqrt{2} \times 11.5}(dB)$$

$$\vdots$$

$$\vdots$$

$$u_{1,C_n-spec.} = \frac{r_{C_n} \cdot r_{C_{spec.}} \cdot 100\%}{\sqrt{2} \times 11.5}(dB)$$

（2）第二階反射：

$$u_{2,EUT-C_2} = \frac{r_{EUT} \cdot r_{C_2} \cdot a_{C_1}^2 \cdot 100\%}{\sqrt{2} \times 11.5}(dB)$$

$$u_{2,C_1-C_3} = \frac{r_{C_1} \cdot r_{C_3} \cdot a_{C_2}^2 \cdot 100\%}{\sqrt{2} \times 11.5}(dB)$$

$$u_{2,C_2-C_4} = \frac{r_{C_2} \cdot r_{C_4} \cdot a_{C_3}^2 \cdot 100\%}{\sqrt{2} \times 11.5}(dB)$$

$$\vdots$$

$$\vdots$$

$$u_{2,C_n-spec.} = \frac{r_{C_{n-1}} \cdot r_{spec.} \cdot a_{C_n}^2 \cdot 100\%}{\sqrt{2} \times 11.5}(dB)$$

（3）　第 n+2 階反射：

$$u_{n+2,EUT-spec.}$$

$$= \frac{r_{EUT} \cdot r_{spec} \cdot a_{C_1}^2 \cdot a_{C_2}^2 \cdot a_{C_3}^2 \cdot \cdots \cdot a_{C_n}^2 \cdot 100\%}{\sqrt{2} \times 11.5}(dB)$$

（4）　Mismatch 之組合標準不確定度 u_C

$$u_C = \left[\sum_{i=1}^{n+2} x_i^2\right]^{1/2}, i = 1, 2, \cdots, n+2$$

x_i^2：第 i 階反射的所有分量不確定度的平方和。

表 C.1：Return Loss、VSWR 和 Voltage Reflection Coefficient (Γ)

轉換表

Return Loss（dB）	VSWR	Voltage Reflection Coefficient (Γ)
1	17.39096	0.89125
2	8.72423	0.79433
3	5.84804	0.70795
4	4.41943	0.63096
5	3.56977	0.56234
6	3.00952	0.50119
7	2.61457	0.44668
8	2.32285	0.39811
9	2.09988	0.35481
10	1.92495	0.31623
11	1.78489	0.28184
12	1.67090	0.25119
13	1.57689	0.22387
14	1.49852	0.19953
15	1.43258	0.17783
16	1.37668	0.15849
17	1.32898	0.14125
18	1.28805	0.12589
19	1.25276	0.11220
20	1.22222	0.10000
21	1.19569	0.08913
22	1.17257	0.07943
23	1.15238	0.07079
24	1.13469	0.06310
25	1.11917	0.05623
26	1.10553	0.05012
27	1.09351	0.04467

28	1.08292	0.03981
29	1.07357	0.03548
30	1.06531	0.03162
31	1.05800	0.02818
32	1.05153	0.02512
33	1.04580	0.02239
34	1.04072	0.01995
35	1.03621	0.01778
36	1.03221	0.01558
37	1.02866	0.01413
38	1.02550	0.01259
39	1.02270	0.01111
40	1.02020	0.01000

說明：

1. 本表是利用公式（C.3）和（C.4）計算

$$|\Gamma| = 10^{-\frac{Re\,turn\,Loss}{20}}$$ 得到第三欄位之值

$$VSWR = \frac{(1+|\Gamma|)}{(1-|\Gamma|)}$$ 得到第二欄位之值

2. 當 Attenuations 之值與 Return Loss 之數值（dB）相同時，則第三欄位之反射係數就變成傳輸係數，其數值相等。

3. 本表方便計算不匹配的不確定度，計算時可直接查此表，以獲得反射係數或傳輸係數。

4. 當 $VSWR$ 已知時，則應由公式（C.6）計算反射係數，本表並無相關數值可查。

$$|\Gamma| = \frac{VSWR-1}{VSWR+1}$$

附錄 D：影響量相關函數

表 D.1 是影響量相關函數和不確定度的清單，它們僅和 EUT 相關。但是，它們並不需要去計算絕對不確定度。

本表包括了 3 種類型的的參數：

> 不匹配之不確定度計算所需的反射係數

> 從影響量轉換成受測量不確定度的相關系數

> 由影響量造成的另外不確定度

執行量測的測試實驗室，應使用另外的量測來估計自屬的影響量相關性；如果沒有，就應採用表 D.1 的數值。

表 D.1 是依據儀具型態的多樣性做量測，每個相關性均表示成平均值和反應 EUT 間變異的標準差。某些相關性關係到一般測試條件（供應電壓、環境測試…等），理論上會影響所有量測的結果，但是在某些量測上，它們影響很小，可忽略不計。

表 D.1　EUT－相關函數和不確定度

測試項目及相關函述說明	平均值	標準差
頻率誤差：（7.1.1 of TR100028-1【24】）溫度相關性	0.02	0.01ppm/℃
載波功率：（7.1.2 of TR100028-1【24】） ·反射係數 ·溫度相關性 ·時間－任務週期誤差 ·供電電壓相關性	0.5 4.0% 0 10	0.2 1.2%/℃ 2%(P) 3%(P)/V

頻率偏差：（7.1.9 of TR100028-1【24】） 溫度相關性	0.02	0.01ppm/℃
鄰近頻道功率：（7.1.3 of TR100028-1【24】） ‧偏差相關性 ‧濾波器位置相關性 ‧時間－任務週期誤差	0.05 15 0	0.02%(P)/Hz 4dB/KHz 2%(P)
傳導雜散發射（7.1.4 of TR100028-1【24】） ‧反射係數 ‧時間－任務週期誤差 ‧供電電壓相關性	0.7 0 10	0.1 2%(P) 2%(P)/V
互調變衰減（7.1.5 of TR100028-1【24】） ‧反射係數 ‧時間－任務週期誤差 ‧供電電壓相關性	0.5 0 10	0.2 2%(P) 3%(P)/V
發射機啟動／釋放時間（7.1.6 和 7.1.7 of TR100028-1【24】） ‧時間／頻率誤差梯度 ‧時間／功率位準梯度	1.0 0.3	0.3ms/KHz 0.1ms/%
量測可用的靈敏度（4.1.1 of TR100028-2【25】） ‧反射係數 ‧溫度相關性 ‧雜訊梯度（below the knee point） ‧雜訊梯度（above the knee point） ‧雜訊梯度（直接載波調度）	0.2 0.5 0.375 1.0 1.0	0.05 1.2% / ℃ 0.075%level/%SINAD 0.2%level/%SINAD 0.2%level/%SINAD
振幅特性（4.1.8 of TR100028-2【25】） ‧反射係數 ‧RF 位準相關性	0.2 0.05	0.05 0.02%/%level
兩信號量測（4.1.2、4.1.3、4.1.4 和 4.1.6 of TR100028-2【25】） ‧反射係數（in band）	0.2	0.05

·反射係數（out of band）	0.8	0.1
·雜訊梯度	0.7	0.2%level/%SINAD
·偏差相關性	0.05	0.02%/Hz
·絕對 RF 位準相關性	0.5	0.02%/%level
互調變響應（4.1.5 of TR100028-2【25】）		
·反射係數	0.2	0.05
·雜訊梯度（不要的信號）	0.5	0.1%level/%SINAD
·偏差相關性	0.05	0.02%/Hz
·捕獲率相關性	0.1	0.03%/%level
傳導雜散發射（4.1.7 of TR100028-2【25】）		
·反射係數	0.7	0.1
·供電電壓相關性	10	3%/V
減靈敏度（雙 I）（5.2 of TR100028-2【25】）（Desensitization, Duplex）		
·反射係數	0.2	0.05
·溫度相關性	2.5	1.2% / ℃
·雜訊梯度（below the knee point）	0.375	0.075%level/%SINAD
·雜訊梯度（above the knee point）	1.0	0.2%level/%SINAD
·雜訊梯度（直接載波調度）	1.0	0.2%level/%SINAD
雜散響應抗擾性（雙 I）（5.1 of TR100028-2【25】）（Spurious response rejection, Duplex）		
·反射係數（in band）	0.2	0.05
·反射係數（out of band）	0.8	0.1
·雜訊梯度	0.7	0.2%level/%SINAD
·偏差相關性	0.05	0.02%/Hz
·絕對 RF 位準相關性	0.5	0.02%/%level

註：

1. 平均值的單位和標準差的單位相同。

2. a%level/%SINAD 之標準差亦可表示成 a dB level/dB SINAD (5.1.4 of【34】)。

附錄 E：最大累積量測不確定度

用來量測參數的測試系統，其累積的量測不確定度不可超過表 E.1
之值，主要是確保量測仍舊維持在允許品質之內。

表 E.1　建議最大可接受的不確定度值

RF 頻率（見附註 1）	$\pm 1 \times 10^{-7}$（見附註 2）
RF 功率（適用到 100W）（見附註 1）	$\pm 0.75 dB$（見附註 2）
最大頻率偏離 ・300Hz～6KHz 的成音頻率（見附註 1） ・6KHz～25KHz 的成音頻率（見附註 1）	$\pm 5\%$（見附註 2） $\pm 3 dB$（見附註 2）
偏離限制（見附註 1）	$\pm 5\%$（見附註 2）
發射機成音頻率響應（見附註 1）	$\pm 0.5 dB$（見附註 2）
鄰近頻道功率（見附註 1）	$\pm 3 dB$（見附註 2）
發射機傳導放射（見附註 1）	$\pm 4 dB$（見附註 2）
發射機失真（見附註 1）	$\pm 2\%$（見附註 2）
發射機調度（見附註 1）	$\pm 2 dB$（見附註 2）
成音輸出功率（見附註 1）	$\pm 0.5 dB$（見附註 2）
接收機成音頻率響應（見附註 1）	$\pm 1 dB$（見附註 2）
接收機限制器振幅特性（見附註 1）	$\pm 1.5 dB$（見附註 2）
電氣雜音（見附註 1）	$\pm 2 dB$（見附註 2）
接收機失真（見附註 1）	$\pm 2\%$（見附註 2）
靈敏度（見附註 1）	$\pm 3 dB$（見附註 2）
接收機傳導放射（見附註 1）	$\pm 4 dB$（見附註 2）
雙信號量測（見附註 1）	$\pm 4 dB$（見附註 2）
參信號量測（見附註 1）	$\pm 3 dB$（見附註 2）
發射機輻射放射（見附註 1）	$\pm 6 dB$（見附註 2）
接收機輻射放射（見附註 1）	$\pm 6 dB$（見附註 2）
附註 1：根據相關公告的測試方法。 附註 2：不確定度的數字適於 95%信賴水準。	

附錄 F：BER

1. BER 定義

   BER=有誤差之 Bits 數目／接收 Bits 之總數

2. 在 N 個接收 Bits 數中有 X 個 Bits 有誤差之機率分配函數

   （二項式分配）為：

   $$P_X = \frac{N!}{X!(N-X)!} \cdot BER^X \cdot (1-BER)^{N-X}$$

   平均值：$BER \cdot N$

   標準差：$[BER \cdot (1-BER)]^{\frac{1}{2}} \cdot (N)^{\frac{1}{2}}$

   常態化（除 N）之平均值：BER

   標準差：$uj_{BER} = \left[\frac{BER \cdot (1-BER)}{N} \right]^{\frac{1}{2}}$

10 其他相關領域
定量測試不確定度
評估實例

10.1 圓錐量熱儀熱釋放率量測不確定度評估

10.2 圓錐量熱儀軟體查驗實例

10.3 固體材料所生煙霧之比光學密度試驗
不確定度評估

10.4 防火門遮煙試驗量測不確定度評估

10.5 銷樣規量測未知直徑圓形孔不確定度評估

10.6 粗細粒料篩分析不確度評估

10.7 排烟、防火閘門洩漏量不確定評估

10.8 液晶數位投影機亮度測試不確定度評估

　　本章所舉不確定度分析所涉及的領域，包括防火試驗、數位投影機之光學性能試驗、防火排烟閘門的洩漏試驗及機械領域之檢測試驗和營建材料之粒料篩分析試驗…等。不確定度分析的理論基礎都是本書第一到第五章的內容，只不過應用於不同領域而已，讀者可從這些案例找到相對應的分析技巧。僅有案例 10.7 防火排烟閘門的洩漏試驗是採用美國 ANSI 系統中有關 B 類不確定度的處理方法，因為該試驗是採用 ANSI 的標準測試程序，該標準提及不確定度之評估是要用 ANSI 系統而非 ISO GUM 系統。如果讀者詳讀本書第四章，應能清楚瞭解其中差異，亦能得心應手的去執行 ANSI 所要求的不確定度分析工作【2】、【6】、【7】、【15】、【16】、【22】。

10.1 圓錐量熱儀熱釋放率量測不確定度評估【49】

1. 目的：

　　評估利用圓錐量熱儀執行熱釋放率實驗之量測不確定度以展示量測結果的可靠性及其準確度的範圍。

2. 適用範圍：

　　適用於本實驗室利用圓錐量熱儀所執行的建築材料熱釋放率實驗。

3. 引用文件：

（1）實驗室量測不確定度評估作業程序

（2）圓錐量熱儀實驗操作手冊

（3）FTT User's Guide for the Cone Calorimeter

（4）CNS 14705 A3386 "91 年板建築材料燃燒熱釋放效率實驗－圓錐量

熱儀法"。

4. 試驗步驟：

　　依據本實驗是圓錐量熱儀（Durl Cone）實驗操作手冊所規定之步驟、執行熱釋放率和質量損失率之量測。

5. 量測不確定度評估：

5.1 熱釋放率量測不確定度評估。

　　5.1.1　量測模型：

$$q(t) = \left(\frac{\Delta hc}{r_0}\right) \times (1.10) \times C \times \sqrt{\frac{\Delta P}{Te}} \times \left(\frac{X^0 - X}{1.105 - 1.5X}\right) \cdots\cdots\cdots (1.1)$$

公式中：

$q(t)$：建築材料燃燒之熱釋放效率（Kw）

Te：限流孔內氣體之絕對溫度（k）（STACK temperature）

ΔP：限流孔壓力差（Pa）

X^0：氧氣分析儀起始讀值為氧氣所估之摩爾比例

X：氧氣分析儀讀值為氧氣所估之摩爾比例

C：限流孔流量計校正常數（$m^{\frac{1}{2}} \times kg^{\frac{1}{2}} \times k^{\frac{1}{2}}$）

Δhc：淨燃燒熱

Ro：The stoichiometric oxygen to fuel mas ratio

本評估分析中$\left(\frac{\Delta hc}{r_0}\right) = 13.1 \times 10^3 \, {KJ}\!\big/\!{Kg}$

5.1.2 利用量測不確定度傳遞原理，求組合標準不確定度

$$q(t) = f\left[\frac{\Delta he}{r_0}, c, \Delta P, Te, X\right] \quad\text{...}\quad (1.2)$$

公式（1.2）中忽略 X^0 之不確定度。

所以

$$\delta q(t) = \left\{\left[\frac{\partial q(t)}{\partial\left(\frac{\Delta hc}{r_o}\right)} \times \delta\left(\frac{\Delta hc}{r_o}\right)\right]^2 + \left[\frac{\partial q(t)}{\partial(c)} \times \delta(c)\right]^2 + \left[\frac{\partial q(t)}{\partial(\Delta P)} \times \delta(\Delta P)\right]^2\right.$$

$$\left.+ \left[\frac{\partial q(t)}{\partial(Te)} \times \delta(Te)\right]^2 + \left[\frac{\partial q(t)}{\partial(X)} \times \delta(X)^2\right]\right\}^{\frac{1}{2}} \quad\text{........................}\quad (1.3)$$

5.1.3 計算敏感係數

$$S_1(t) = \frac{\partial}{\partial\left(\frac{\Delta hc}{r_o}\right)} q(t) = (1.10) \times C \times \sqrt{\frac{\Delta P}{Te}\left(\frac{0.2095 - X}{1.105 - 1.5X}\right)} \quad\text{..........}\quad (1.4)$$

$$S_2(t) = \frac{\partial}{\partial c} q(t) = \left(\frac{\Delta hc}{r_o}\right) \times (1.10) \times \sqrt{\frac{\Delta p}{Te}\left(\frac{0.2095 - X}{1.105 - 1.5X}\right)}$$

$$= 14.41 \times 10^3 \times \sqrt{\frac{\Delta P}{Te}\left(\frac{0.2095 - X}{1.105 - 1.5X}\right)} \quad\text{................................}\quad (1.5)$$

$$S_3(t) = \frac{\partial}{\partial(\Delta P)} q(t) = \frac{1}{2} \left(\frac{\Delta hc}{r_o} \right) \times (1.10) \times C \times \sqrt{\frac{1}{Te \times \Delta P} \left(\frac{0.2095 - X}{1.105 - 1.5X} \right)}$$

$$= 7.205 \times 10^3 \times C \times \sqrt{\frac{1}{Te \times \Delta P} \left(\frac{0.2095 - X}{1.105 - 1.5X} \right)} \quad\text{...............} (1.6)$$

$$S_4(t) = \frac{\partial}{\partial(Te)} q(t) = -\frac{1}{2} \left(\frac{\Delta hc}{r_o} \right) \times (1.10) \times C \times \sqrt{\frac{\Delta P}{Te^3} \left(\frac{0.2095 - X}{1.105 - 1.5X} \right)} \times C$$

$$= -7.205 \times 10^3 \times C \times \sqrt{\frac{\Delta P}{Te^3} \left(\frac{0.2095 - X}{1.105 - 1.5X} \right)} \quad\text{...............} (1.7)$$

$$S_5(t) = \frac{\partial}{\partial X} q(t) = -\left(\frac{\Delta hc}{r_o} \right) \times (1.10) \times C \times \sqrt{\frac{\Delta P}{Te} \left[\frac{0.7905}{(1.105 - 1.5X)^2} \right]}$$

$$= -14.41 \times 10^3 \times C \times \sqrt{\frac{\Delta P}{Te} \left[\frac{0.7905}{(1.105 - 15X)^2} \right]} \quad\text{...............} (1.8)$$

（a） C 量測之變異爲 ±0.003（FTT page10，pra13）

假設矩形分佈標準不確定度爲：

$$\delta(C) = \frac{0.003}{\sqrt{3}} = 1.732 \times 10^{-3} \quad\text{...} (1.9)$$

（b） $\frac{\Delta hc}{r_o}$ 量測之變異範圍 ±5%（CNS 14705，A3386 page10 及

Cone Calc softwere user's Guide page i） $\frac{\Delta hc}{r_o} = 13.1 \times 10^3$

所以其變易範圍爲：$13.1 \times 10^3 \times 0.05 = 655 \left(\frac{kj}{kg} \right)$，假設矩形分

佈，標準不確定度爲

$$\delta\left(\frac{\Delta hc}{r_o}\right)=\frac{655}{\sqrt{3}}=378.2(KJ/KG)\ \cdots\cdots\cdots\cdots\cdots（1.10）$$

（c）溫度量測所用之 K 型熱電偶依據（ANSI/AMCA210）規範對流量量測所用儀之通用規格要求其變異範圍計算如下：

$$F=(K-273)\times\frac{9}{5}+32$$

$$\delta F=\frac{9}{5}\delta K$$

$$\delta K=\frac{5}{9}\delta F\ \cdots\cdots\cdots\cdots\cdots\cdots\cdots\cdots\cdots\cdots\cdots（1.11）$$

因為 F 之變異範圍規定為 $\pm 2F^o$，所以 K 之變異範圍則為 $\pm 1.1\,K$，假設矩形分佈，標準不確定度為：

$$\delta(Te)=\frac{1.1}{\sqrt{3}}=0.635\ \cdots\cdots\cdots\cdots\cdots\cdots\cdots\cdots（1.12）$$

（d）依據 ANSI / AMCA 210 對氣體量測所用之壓力量測儀具之適用規格其變異範圍 $\pm 1Pa$，假設矩形分佈，標準不確定度為：

$$\delta(\Delta P)=\frac{1}{\sqrt{3}}=0.577\ \cdots\cdots\cdots\cdots\cdots\cdots\cdots（1.13）$$

（e）依據氧氣分析儀性能規格 4100 C Pm1158 O_2 control、Xentra Analyser page 7.6 線性誤差 $\pm 0.05\%$，輸出變化誤差 $\pm 0.05\%$，同時 CNS 14705、A3386 3.11 規定氧氣分析儀之雜訊及漂移規範 $\pm 50\,ppm$，假設矩形分佈，組合標準不確定

度：

$$(\delta X)^2 = \left(\frac{0.0005}{\sqrt{3}}\right)^2 + \left(\frac{0.0005}{\sqrt{3}}\right)^2 + \left(\frac{50 \times 10^{-6}}{\sqrt{3}}\right)^2$$

$$\delta(X) = 4.1 \times 10^{-4} \quad \cdots\cdots\cdots\cdots\cdots\cdots\cdots\cdots\cdots\cdots\cdots\cdots（1.14）$$

5.1.4 組合標準不確定度：

（a）從電腦軟體系統中，測試資料之讀取爲每 5sec 一筆數據，將每筆資料中之 X（含氧量），Te（Stack Temperature），ΔP（限流孔壓力差）及執行測試前所得校正常數 e 代入能感係數公式（1.4）～公式（1.8），及公式（1.3）中即可計算出每 5sec 量測資料之組合標準不確定度，亦可繪製隨量測時間變化的組合標準不確定度圖。

（b）上節所計算結果其熱釋放和組合不確定度單位爲 kw，爲配合測試儀具內建軟體，熱釋放率其量測單位爲 kw/m^2

$$q''(t)\frac{q(t)}{As} \quad \cdots\cdots\cdots\cdots\cdots\cdots\cdots\cdots\cdots\cdots\cdots\cdots\cdots（1.15）$$

式中 $As = 0.01m^2$，並假設忽略試體面積之變異，則

$$\delta q(t) = \left\{ \left[\frac{\partial q''(t)}{\partial q(t)}\delta q(t)\right]^2 + \left[\frac{\partial q(t)}{\partial As}\delta As\right]^2 \right\}^{\frac{1}{2}} \quad \cdots\cdots\cdots\cdots\cdots（1.15）$$

$\because \delta As = 0$，所以

$$\delta q''(t) = \frac{1}{As}\delta q(t) = 100\delta q(t) = 100\,\delta q(t) \quad \cdots\cdots\cdots\cdots\cdots（1.17）$$

因此此部分計算結果，亦可利用與（a）相同概念，每 5sec 計算 $q(t)$ 及 $\delta q(t)$ 並作圖，可獲得熱釋放率量測時其組合不確定度 $\delta q(t)$ 與時間之關係圖如圖 10.1 所示。

5.1.5　相對組合標準不確定度：

（a）　相對組合標準不確定度的定義

$$RU = \frac{\delta q(t)}{q(t)} = \frac{\delta q(t)/As}{q(t)/As} = \frac{\delta q(t)}{q(t)} \,(\%) \quad\text{................}\,(1.18)$$

此相對不確定度亦是隨測試時間而不同，可依照 5.1.4 節之方式繪出其與時間之關係圖如圖 10.1 所示

（b）　瞭解不確定度成份對總的不確定度所貢獻程，應分別計算及每個分量的關係圖，就可掌握變異的來源。

（c）　由公式（1.3）與公式（1.18），獲得相對不確定度成份如下：

$$[RU]^2 = \frac{[\delta q(t)]^2}{[q(t)]^2}$$

$$= \frac{1}{[q(t)]^2}\left\{ \left[\frac{\partial q(t)}{\partial\left(\frac{\Delta hc}{r_o}\right)}\delta\left(\frac{\Delta hc}{r_o}\right)\right]^2 + \left[\frac{\partial q(t)}{\partial c}\times\delta(c)\right]^2 + \left[\frac{\partial q(t)}{\partial Te}\delta(Te)\right]^2 \right.$$

$$\left. + \left[\frac{\partial q(t)}{\partial X}\delta(X)\right]^2 \right\} \quad\text{................}\,(1.19)$$

$$[RU]^2 = [RU_1]^2 + [RU_2]^2 + [RU_3]^2 + [RU_4]^2 + [RU_5]^2 \quad\text{................}\,(1.20)$$

438

$$RU_1 = \frac{1}{q(t)} \times \left[\frac{\partial}{\partial\left(\frac{\Delta hc}{r_o}\right)} q(t) \times \delta\left(\frac{\Delta hc}{r_o}\right) \right] = \frac{S_1(t)}{q(t)} \times \delta\left(\frac{\Delta hc}{r_o}\right) \cdots\cdots （1.21）$$

$$RU_2 = \frac{1}{q(t)} \left[\frac{\partial q(t)}{\partial c} \delta(c) \right] = \frac{S_2(t)}{q(t)} \times \delta(C) \cdots\cdots\cdots\cdots\cdots\cdots\cdots （1.22）$$

$$RU_3 = \frac{1}{q(t)} \left[\frac{\partial q(t)}{\partial(\Delta P)} \times \delta(\Delta P) \right] = \frac{S_3(t)}{q(t)} \times \delta(\Delta P) \cdots\cdots\cdots\cdots （1.23）$$

$$RU_4 = \frac{1}{q(t)} \left[\frac{\partial q(t)}{\partial(Te)} \times \delta(Te) \right] = \frac{S_4(t)}{q(t)} \times \delta(Te) \cdots\cdots\cdots\cdots\cdots （1.24）$$

$$RU_5 = \frac{1}{q(t)} \left[\frac{\partial q(t)}{\partial X} \delta(X) \right] = \frac{S_5(t)}{q(t)} \times \delta(X) \cdots\cdots\cdots\cdots\cdots\cdots （1.25）$$

（d）　繪製各成份 $RU_1, RU_2, RU_3 \cdots\cdots RU_5$ 對時間之變化圖單位％，
　　　每 5sec 計算一次，繪在同一張圖中如圖 10.1 所示，即可看
　　　出其變化。

5.2　質量損失率不確定度評估：

5.2.1　量測數學模型

$$MLR = \frac{m_{10} - m_{90}}{t_{90} - t_{10}} \times \frac{1}{As} \left(g / s \cdot m^2\right) \cdots\cdots\cdots\cdots\cdots\cdots\cdots\cdots\cdots\cdots （1.26）$$

$$\Delta m = m_i - m_f \cdots\cdots\cdots\cdots\cdots\cdots\cdots\cdots\cdots\cdots\cdots\cdots\cdots\cdots\cdots\cdots\cdots\cdots\cdots\cdots （1.27）$$

公式（1.26）、（1.27）中，

m_j ＝引燃時質量

m_f ＝結束時質量

$$m_{10} = m_j - 0.10\Delta m \quad \cdots\cdots\cdots\cdots\cdots\cdots\cdots\cdots\cdots\cdots\cdots\cdots\cdots\cdots\cdots\cdots\cdots\quad (1.28)$$

$$m_{90} = m_j - 0.90\Delta m \quad \cdots\cdots\cdots\cdots\cdots\cdots\cdots\cdots\cdots\cdots\cdots\cdots\cdots\cdots\cdots\cdots\quad (1.29)$$

$$m_{10} - m_{90} = \left(m_j - 0.10\Delta m\right) - \left(m_j - 0.90\Delta m\right) = 0.80\left(m_j - m_f\right)\cdots \quad (1.30)$$

$$t_{90} = t_j + 0.90\Delta t \quad \cdots\cdots\cdots\cdots\cdots\cdots\cdots\cdots\cdots\cdots\cdots\cdots\cdots\cdots\cdots\cdots\cdots\quad (1.31)$$

$$t_{10} = t_j + 0.10\Delta t \quad \cdots\cdots\cdots\cdots\cdots\cdots\cdots\cdots\cdots\cdots\cdots\cdots\cdots\cdots\cdots\cdots\cdots\quad (1.32)$$

$$\Delta t = t_f - t_j \quad \cdots\cdots\cdots\cdots\cdots\cdots\cdots\cdots\cdots\cdots\cdots\cdots\cdots\cdots\cdots\cdots\cdots\cdots\quad (1.33)$$

$$t_{90} - t_{10} = \left(t_j + 0.90\Delta t\right) - \left(t_j + 0.10\Delta t\right)$$
$$= 0.80\left(t^f - t_j\right)\cdots\cdots\cdots\cdots\cdots\cdots\cdots\cdots\cdots\cdots\cdots\cdots\quad (1.34)$$

$$MLR = \frac{1}{As} \times \frac{\left(m_j - m_f\right)}{\left(t_f - t_j\right)} = f\left(As, m_j, m_f t_f, t_j\right) \quad \cdots\cdots\cdots\cdots\cdots\cdots\quad (1.35)$$

假設忽略試樣面積量測之不確定度，則

$$\left[\delta(MLR)\right]^2 = \left[\frac{\partial f}{\partial m_j}\delta(m_j)\right]^2 + \left[\frac{\partial f}{\partial m_f}\delta(m_f)\right]^2 + \left[\frac{\partial f}{\partial t_j}\delta(t_j)\right]^2 + \left[\frac{\partial f}{\partial t_f}\delta(t_f)\right]^2$$
$$\cdots\cdots\cdots\cdots\cdots\cdots\cdots\cdots\cdots\cdots\cdots\cdots\cdots\cdots\cdots\cdots\cdots\quad (1.36)$$

5.2.2 求敏感係數

$$S_6(t) = \frac{\partial f}{\partial m_j} = \frac{1}{As} \times \frac{1}{t_f - t_j} = \frac{1}{As \times \Delta t} \quad \cdots\cdots\cdots\cdots\cdots\cdots\cdots\quad (1.37)$$

$$S_7(t) = \frac{\partial f}{\partial m_f} = -\frac{1}{As} \times \frac{1}{t_f - t_j} = -\frac{1}{As \times \Delta t} \quad \cdots\cdots\cdots\cdots\cdots\cdots\quad (1.38)$$

$$S_8(t) = \frac{\partial f}{\partial t_f} = \frac{\Delta m}{As} \times \frac{(-1)}{(t_f - t_j)^2} = -\frac{\Delta m}{As \times (\Delta t)^2} \quad\text{.................}\quad (1.39)$$

$$S_9(t) = \frac{\partial f}{\partial t_j} = \frac{\Delta m}{As(\Delta t)} \quad\text{.................................}\quad (1.40)$$

上述公式中 $As = 0.01m^2$

5.2.3. 量測不確定度各組成成份之量化：

（a）　依據 CNS 14705 A3386 規定量測質量所有天平其解析度為 0.1g，準確度為 $\pm 0.5g$，假設矩形分佈，則標準不確定度為：

$$\delta(m_j) = \delta(m_f) = \left[\left(\frac{0.05}{\sqrt{3}}\right)^2 + \left(\frac{0.5}{\sqrt{3}}\right)^2\right]^{\frac{1}{2}} = 2.887 \times 10^{-1} \quad\text{.........}\quad (1.41)$$

（b）　引用與（a）相同規範時間之準確度要求 $\pm 1sec$，假設矩形分佈，則標準不確定度為：

$$\delta(t_j) = \delta(t_f) = \frac{1}{\sqrt{3}} = 0.577 \quad\text{.................................}\quad (1.42)$$

5.2.4　求組合標準不確定度：

利用公式（1.37）～（1.40），能感係數中之 $\Delta t = 5sec$。此為測試軟體數據讀取之時間間隔，$As = 0.01m^2$ 此為測試試體面積，而 $\Delta m = m_j - m_f$ 則為每 $5sec$ 軟體讀取資料時，起始時間量得試體之質量減，第 $5sec$ 結束後，量得試體質量，每段時間間隔將軟體所讀取之量測資料代入公式（1.37）～（1.40），再利用公式（1.41）、（1.42）最後利用公式（1.36），即可求得 $\delta(MLR)$ 和時間之關係圖。

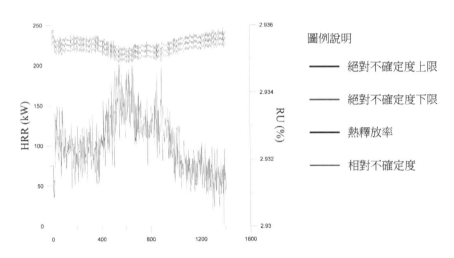

圖 10.1　絕對不確定度，相對不確定度與時間關係圖

6. 討論：

6.1　本評估報告僅對量測之 B 類不確定度做分析，不考慮隨機性之 A 類不確定度，諸如測試樣品間變異，樣品重複性變異等，此程 A 類不確定度可透過實驗間之比對才能獲得可靠的數據而非其單獨實驗室能力所及。

6.2　依據 ISO 5660-1 及 ASTM1354 利用圓錐量熱儀量測熱釋放效率之公式是假設乾燥空氣不考慮 CO、CO_2、H_2O 之量測，所得不確定度之結果會高估不確定的數值。要完整精確評估量測不確定度其公式如下：

$$q = \left[E\phi - (E_{CO} - E) \times \frac{1-\phi}{2} \times \frac{X_{CO}}{X_{O_2}} \right] \frac{m_e}{1+\phi(x-1)} \times \frac{Mr(O_2)^O}{Mr(E)}$$

$$\times \left(1 - X_{H_2O}^O \right) \times X_{O_2}^O \quad\cdots\cdots\cdots\cdots\cdots\cdots\cdots\cdots \text{（1.43）}$$

$$m_e = C \times \sqrt{\frac{\Delta P}{Te}} \quad \text{...（1.44）}$$

$$\phi = \frac{X_{O_2}^O \left(1 - X_{CO_2} - X_{CO}\right) - X_{O_2} \times \left(1 - X_{CO_2}^O\right)}{X_{O_2}^O \left(1 - X_{O_2} - X_{CO_2} - X_{CO}\right)} \quad \text{.......................（1.45）}$$

$$X_{H_2O}^O = \frac{RH_{amb}}{100}$$

$$\times \frac{\left(0.6107 + 0.06052 Tamb - 0.0002088 T^2 amb - 0.00007376 T^4 amb\right)}{Pamb}$$

q ＝熱是放率（KW）

$Tamb$ ＝大氣溫度（293.13K）

$Pamb$ ＝大氣壓力（101.3kpa）

$RHamb$ ＝大氣相對溼度（50%）

∂ ＝燃燒擴展係數（1.105）

E ＝每消耗單位氧氣質量之熱釋放值（13.1MJ/kg of O_2）

E_{CO} ＝CO 燒然轉成 CO_2 消耗單位氧氣質量之熱釋放值
　　　（17.6MJ/Kg of O_2）

$Mr(E)$ ＝排放氣體之分子質量（28.97kg/kmol）

$Mr(O_2)$ ＝氧氣之分子質量（32 kg/kmol）

$X_{O_2}^O$ ＝大氣空氣（進氣）中 O_2 所佔之模擬比例

$X_{CO_2}^O$ ＝大氣空氣 CO_2 所佔之模擬比例

X_{CO}^O ＝大氣空氣中 CO 所佔之模擬比例

X_{O_2} ＝排放氣體中所量得 O_2 所佔之模擬比例

443

X_{CO_2} ＝排放氣體中所量得 CO_2 所佔之模擬比例

X_{CO} ＝排放氣體中所量得 CO 所佔之模擬比例

6.3 如果兩測設備使用乾燥空氣，亦即用 $X^O_{H_2O} = 0$，氣體分析儀有量測排放氣體之 X_{O_2}、X_{CO_2}、X_{CO}，同時 $X^O_{O_2} = 0.2095$，$X^O_{CO_2} = 0.0004$ 則公式（1.43）、（1.44）、（1.45）可用來作比較準確的熱是放率和量測不確定度的評估。

10.2 圓錐量熱儀軟體查驗實例

1. 目的：

查驗圓錐量熱儀內建較對營建材料燃燒熱是放率量測計算結果之準確性，並比較實測與理論計算結果之差異。

2. 理論計算公式：

$$q(t) = \left[E\phi - (E_{CO} - E) \times \frac{1-\phi}{2} \times \frac{X_{CO}}{X_{O2}} \right]$$

$$\times \frac{me}{1+\phi(\alpha-1)} \times \frac{Mr(O_2)}{Mr(E)} \times \left(1 - X^O_{H_2O}\right) \times \left(X^O_{O_2}\right) \cdots\cdots\cdots\cdots （2.1）$$

$$m_e = C\sqrt{\frac{\Delta P}{Te}} \cdots\cdots\cdots\cdots\cdots\cdots\cdots\cdots\cdots\cdots\cdots\cdots\cdots\cdots\cdots\cdots\cdots\cdots （2.2）$$

$$\phi = \frac{X^O_{O_2}\left(1 - X_{CO_2} - X_{CO}\right) - X_O \times \left(1 - X^O_{CO_2}\right)}{X^O_{O_2}\left(1 - X_{O_2} - X_{CO_2} - X_{CO}\right)} \cdots\cdots\cdots\cdots\cdots\cdots （2.3）$$

對乾燥空氣 $X^O_{H_2O} = 0$

$$\frac{Mr(O_2)}{Mr(E)} = 1.10$$

公式（2.1）變化

$$q(t) = \left[E\phi - (E_{CO} - E) \times \frac{1-\phi}{2} \times \frac{X_{CO}}{X_{O_2}} \right]$$

$$\times (1.10) \times C \times \sqrt{\frac{\Delta P}{Te}} \times \frac{X_{O_2}^O}{1 + \phi(\alpha - 1)} \quad \cdots\cdots\cdots\cdots\cdots\cdots\cdots\cdots\cdots (2.4)$$

$$\therefore \alpha = 1.105 \text{，} E = 13.1 \times 10^3 \text{，} E_{CO} = 17.6 \times 10^3$$

$$X_{O_2}^O = 20.95 \times 10^{-2} \text{，} X_{CO_2}^O = 0.04 \times 10^{-2}$$

引用測試數據（940429PMMA）

校正常數 C = 0.0395

（a）$t = 35 sec$ 時

$$X_{O_2} = 20.65 \times 10^{-2} \text{，} \Delta P = 117.592 \text{，} Te = 331.799 \text{，}$$

$$X_{CO} = 38.442 \times 10^{-6} \text{，} X_{CO_2} = 0.7475 \times 10^{-2} \text{，}$$

所以

$$\phi = \frac{20.95 \times 10^{-2} (1 - 0.7475 \times 10^{-2}) - 20.65 \times 10^{-2} (1 - 4 \times 10^{-4})}{20.95 \times 10^{-2} (1 - 20.65 \times 10^{-2} - 0.7475 \times 10^{-2})}$$

$$= \frac{20.79 \times 10^{-2} - 20.65 \times 10^{-2}}{16.47 \times 10^{-2}} = 8.5 \times 10^{-3}$$

$$\frac{X_{CO}}{X_{O_2}} = \frac{38.441 \times 10^{-6}}{20.65 \times 10^{-2}} = 1.86 \times 10^{-4}$$

$$q(t) = \left[13.1 \times 10^3 \times 8.5 \times 10^{-3} - 4.5 \times 10^{-3} \times \left(\frac{1 - 8.5 \times 10^{-3}}{2} \right) \times 1.86 \times 10^{-4} \right]$$

$$\times (1.1) \times (0.03925) \times \left[\frac{117.592}{331.799} \right]^{\frac{1}{2}} \times \frac{20.95 \times 10^{-2}}{1 + 0.105 \times 8.5 \times 10^{-3}}$$

$$= 0.5955 (kw)$$

$$q''(t) = \frac{q(t)}{As} = 59.55 \left(\frac{kw}{m^2} \right)$$

實驗值爲 $64.78 \frac{kw}{m^2}$，差異百分比

$$UR = \frac{64.78 - 59.55}{64.78} = 8.07\%$$

（b） $t = 200 sec$

$$X_{O_2} = 18.7977 \times 10^{-2} \quad , \quad \Delta P = 98.4777 \quad , \quad Te = 429.341$$

$$X_{CO} = 172.007 \times 10^{-6} \quad , \quad X_{CO_2} = 2.11618 \times 10^{-2}$$

$$\phi = \frac{20.95 \times 10^{-2} \left(1 - 2.11618 \times 10^{-2} \right) - 18.7977 \times 10^{-2} \left(1 - 4 \times 10^{-4} \right)}{20.95 \times 10^{-2} \left(1 - 18.795 \times 10^{-2} - 2.116 \times 10^{-2} \right)}$$

$$= \frac{20.5058 \times 10^{-2} - 18.7977 \times 10^{-2}}{16.567 \times 10^{-2}} = 1.03 \times 10^{-1}$$

$$\frac{X_{CO}}{X_{O_2}} = \frac{172.007 \times 10^{-6}}{18.7977 \times 10^{-2}} = 9.15 \times 10^{-4}$$

$$q(t) = \left[13.1 \times 10^3 \times 1.03 \times 10^{-1} - 4.5 \times 10^3 \times \left(\frac{1 - 1.03 \times 10^{-1}}{2} \right) \times 9.15 \times 10^{-4} \right]$$

$$\times (0.03925) \times (1.1) \quad \times \left[\frac{98.4777}{429.341} \right]^{\frac{1}{2}} \times \frac{20.95 \times 10^{-2}}{1 + 0.105 \times 1.03 \times 10^{-1}}$$

$$= 5.75348 (kw)$$

$$q(t) = \frac{q(t)}{As} = 575.348 \left(\frac{kw}{m^2} \right)$$

實測值　　$q(t) = 572.781 \left(\frac{kw}{m^2} \right)$

$$UR = \frac{572.781 - 575.348}{572.781} = 0.45\%$$

3. 依據 NISTIR 6509 文獻，理論計算值與實測值間，最大差異約近 20%，平均為 7%，實驗室可將相關數據代入公式（2.1）～（2.4）應可評估出理論計算值和實測值間之最大差異以查核內建軟體之準確性。

4. 根據 ASTM 1354，ISO5660-1，熱釋放率理論計算公式為：

$$q(t) = \left(\frac{\Delta hc}{r_o} \right) \times (1.10) \times C \times \sqrt{\frac{\Delta P}{Te}} \times \left(\frac{X_{O_2}^O - X_{O_2}}{1.105 - 1.5 X_{O_2}} \right)$$

$$= 0.03925 \times 14.41 \times 10^3 \times \sqrt{\frac{\Delta P}{Te}} \times \left(\frac{20.95 \times 10^{-2} - X_{O_2}}{1.105 - 1.5 X_{O_2}} \right)$$

$$= 0.5656 \times 10^3 \times \sqrt{\frac{\Delta P}{Te}} \times \left(\frac{20.95 \times 10^{-2} - X_{O_2}}{1.105 - 1.5 X_{O_2}} \right) \cdots\cdots\cdots\cdots （2.5）$$

數據查核：

$$t = 35\,sec$$

$$\Delta P = 117.592 \ , \ Te = 331.779 \ , \ X_{O_2} = 20.65 \times 10^{-2}$$

$$q(t) = 0.5656 \times 10^3 \times \left[\frac{117.592}{331.779} \right]^{\frac{1}{2}} \times \left(\frac{20.95 \times 10^{-2} - 20.65 \times 10^{-2}}{1.105 - 1.5 \times 20.65 \times 10^{-2}} \right)$$

$$= 0.5656 \times 10^3 \times 0.5953 \times 3.772 \times 10^{-3} = 1.27\,(kw)$$

$$q(t) = \frac{q(t)}{As} = 127 \left(kw \middle/ m^2 \right)$$

由上述數據查核可看出利用公式（2.5）所計算出的熱釋放率比利用公式（2.4）所算出的結果高出許多。亦即 ASTM 1354，ISO 5660-1 熱釋放率之計算非常保守，會高估營建材料燒然時熱釋放率值。

10.3 固體材料所生煙霧之比光學密度試驗不確定度評估

1. 目的：

　　執行固體材料燃燒時所產生眼霧之比光學密度試驗之量測不確定度評估展示試驗數據之準確度和其可靠性。

2. 適用範圍：

　　適用於固體材料燃燒時所產生煙霧的比光學密度試驗。

3. 引用文件：

（1）"Standard Teat Method for specific optial deusity of Smore Gemwrated by Solid Materials" ASTM E662, 1983。

（2）實驗標準測試程序。

4. 各詞解釋：

無

5. 內容：

（1）建立量測不確定度評估數學模型

$$Ds = G\left[log_{10}\left|\frac{100}{T}\right| + F\right]$$ ·· （3.1）

公式中：

$$G = \frac{V}{AL}$$

V：爐子體積（m^3）

A：試片暴露面積（m^2）

L：透過煙霧的光束路竟長度（m）

F：濾光片相關常數

加熱爐如照標準規範的要求則其誤差可忽略不計，

$G = 132$，並且 $F = 0$，所以

$$Ds = G\left[log_{10}\frac{100}{T}\right]$$ ·· （3.2）

（2）求組合標準不確定度

$$\left[S_{DS}\right]^2 = \left[\frac{\partial f}{\partial G}\delta G\right]^2 + \left[\frac{\partial f}{\partial T}\delta T\right]^2 \quad\cdots\cdots\cdots\cdots\cdots\cdots\cdots\cdots\cdots\cdots\cdots\cdots\cdots\cdots\cdots\quad（3.3）$$

忽略 G 之變異，亦即 $\delta G = 0$，所以

$$\left[S_{DS}\right]^2 = \left[\frac{\partial f}{\partial T}\partial T\right]^2 \quad\cdots\cdots\cdots\cdots\cdots\cdots\cdots\cdots\cdots\cdots\cdots\cdots\cdots\cdots\cdots\quad（3.4）$$

（3）求敏感係數：

$$\frac{\partial f}{\partial T} = G\frac{\partial}{\partial T}\left[\log_{10}\frac{100}{T}\right] = G\frac{\partial}{\partial T}\left[\frac{\ln\left(\frac{100}{T}\right)}{\ln 10}\right] \quad\cdots\cdots\cdots\cdots\cdots\quad（3.5）$$

$$\frac{\partial f}{\partial T} = G\times\frac{1}{\ln 10}\times\frac{1}{\dfrac{100}{T}}\times\frac{\partial}{\partial T}\left[\frac{100}{T}\right] = -\frac{G}{T\ln 10} \quad\cdots\cdots\cdots\quad（3.6）$$

所以

$$\left[S_{DS}\right] = \frac{G}{T\ln 10}\delta T = \frac{G}{\ln 10}\times\frac{\delta T}{T} \quad\cdots\cdots\cdots\cdots\cdots\cdots\cdots\cdots\quad（3.7）$$

$\dfrac{\delta T}{T}$：為量測透光率時之相對不確定度

$$S_{DS} = \frac{132}{2.3025}\times\frac{\delta T}{T} = 57.33\times\frac{\delta T}{T} \quad\cdots\cdots\cdots\cdots\cdots\cdots\cdots\cdots\quad（3.8）$$

由公式（3.8）中可看出，量測比光學密度時，量測儀具對透光率有影響之相關參數規格提供誤差來源，而與其他因素無關。

（4）不確定度成份的量化：

光學密度分析儀規格描述，光學系統線性度 ±1%，穩定度 ±1%，準確度 ±1%，均假設矩形分佈，所以相對標準不確定度利用 RSS method 加以組合，因此

$$\left(\frac{\delta T}{T}\right) = \left(\frac{1}{\sqrt{3}}\right)^2 + \left(\frac{1}{\sqrt{3}}\right)^2 + \left(\frac{1}{\sqrt{3}}\right)^2 = 1\% \quad\text{（3.9）}$$

（5）求組合標準不確定度：

a.

$$S_{DS} = 57.33 \times 0.01 = 0.57 \quad\text{（3.10）}$$

b.

以試驗時最低透光率代入公式（3.2）中求最大光學比密度 Dm，因為採用與 Ds 相同公式，所以

$$\delta Dm = 0.57 \quad\text{（3.11）}$$

c.

$$D'm = \text{校正值}$$

$$D'm = Dm - Ds$$

$$\left[\delta(D'm)\right]^2 = (\delta Dm)^2 + \left[\delta Ds\right]^2 = (0.57)^2 + (0.57)^2 \quad\text{（3.12）}$$

$$\delta D'm = 0.8 \quad\text{（3.13）}$$

（6）擴充不確定度

$$U = 2u_c \quad\cdots\cdots\cdots\cdots\cdots\cdots\cdots\cdots\cdots\cdots\cdots\cdots\cdots\cdots\cdots\cdots\cdots\cdots（3.14）$$

$\therefore 95\%$ ，$k = 2$ ，擴充不確定度分別爲：

$$U(Ds) = 1.14 \text{，} U(Dm) = 1.14 \text{，} U(D'm) = 1.6$$

（7）6 個試體之平均值 $\overline{Dm}$ 之標準不確定度

先計算 6 個試體 D_{mi} 之標準差 S_{Dm}

$$S_{Dm} = \sqrt{\dfrac{\sum_{i=1}^{6}\left(Dm_i - \overline{Dm}\right)^2}{6-1}} \quad\cdots\cdots\cdots\cdots\cdots\cdots\cdots（3.15）$$

$$S_{\overline{Dm}} = \dfrac{S_{Dm}}{\sqrt{6}} \quad\cdots\cdots\cdots\cdots\cdots\cdots\cdots\cdots\cdots\cdots\cdots\cdots\cdots\cdots（3.16）$$

總的標準不確定度：$\delta_t(D'm)$

$$\left[\delta_t(D'm)\right]^2 = \left[\dfrac{S_{Dm}}{\sqrt{6}}\right]^2 + \left[\delta D'm\right]^2 \quad\cdots\cdots\cdots\cdots\cdots（3.17）$$

5. 結論：

（1）本評估分析中，由於光學密度分析儀之相關規格均是以百分率表示，意味著，在儀具量測範圍內所提供的量測相對誤差均具有相同的百分率，而不像絕對規格時，其相對誤差百分率會隨其量測範圍而改變。

（2）所以利用公式（3.7）所計算出的不確定度對 Dm ，Dc 都有相同之數值，$\delta(Dm) = \delta(Dc) = 0.57$ 。

（3）僅當求樣品重複性試驗時才會利用公式（3.17），把重複性標準差以

RSS 方法組合起來。

10.4 防火門遮煙試驗量測不確定度評估

1. 目的：

　　建立遮煙試驗量測不確定度評估，展示實驗室測試能力和確保試驗數據的可靠性。

2. 適用範圍：

　　適用於防火門遮煙試驗。

3. 引用文件：

（1）CNS11227

（2）遮煙試驗標準試驗程序

4. 各詞解釋：

　　無

5. 內容：

（1）建立量測不確定度評估之數學模型

$$V = k\left[\frac{2}{\delta}Vp\right]^{1/2}\left(m/s\right) \quad\cdots\cdots\cdots\cdots\cdots\cdots\cdots\cdots\cdots\cdots \text{（4.1）}$$

$$Q = 60 \times A \times V\left(m^3/min\right) \quad\cdots\cdots\cdots\cdots\cdots\cdots\cdots\cdots\cdots\cdots \text{（4.2）}$$

　　公式中：

$V = $ 風速 (m/s)

$k = 0.7$ （流量計 $AE-100$ 之係數）

A（流量計之面積）$= 0.00785 \left(m^2 \right)$

$$\delta \text{（空氣密度）} = 1.293 \frac{273}{273+T} \left(\frac{kg}{m^3} \right) \cdots\cdots\cdots\cdots\cdots\cdots（4.3）$$

$$Vp = \Delta P_2 \times 0.981 (Pa) \cdots\cdots\cdots\cdots\cdots\cdots\cdots\cdots\cdots（4.4）$$

所以

$$Q = 60 \times A \times k \times \left[\frac{2}{\delta} Vp \right]^{\frac{1}{2}} (m/s) \cdots\cdots\cdots\cdots\cdots（4.5）$$

換算成在 1 atm，20℃時漏煙量忽略飽和蒸氣壓力之影響近似

公式變成

$$Q' = Q \times \frac{(Pa + \Delta P)}{101325} \times \frac{293.15}{Ta + 273.15} \cdots\cdots\cdots\cdots\cdots（4.6）$$

公式中：

Q：實際測得之漏煙量

Q'：修正後之漏煙量

Ta：漏煙之溫度（T30 量測溫度）

Pa：該漏煙溫度下之氣體壓力

ΔP：試體兩測之壓力差

（2）求組合標準不確定度

　　　依不確定度傳遞原理利用，公式（4.5），求組合標準不確定度

$$Q = 60 \times A \times k \times \left[\frac{2Vp}{p} \right]^{\frac{1}{2}} = f(A, k, Vp, p) \quad \text{............................（4.7）}$$

$$(\delta Q)^2 = \left[\frac{\partial f}{\partial A} \delta A \right]^2 + \left[\frac{\partial f}{\partial k} \delta k \right]^2 + \left[\frac{\partial f}{\partial Vp} \delta Vp \right]^2 + \left[\frac{\partial f}{\partial p} \delta p \right]^2 \quad \text{...........（4.8）}$$

因為 A，k，為常數，忽略其不確定度，亦即 $\delta A = \delta k = 0$

公式（4.8）變成

$$(\delta Q)^2 = \left[\frac{\partial f}{\partial Vp} \delta Vp \right]^2 + \left[\frac{\partial f}{\partial p} \delta p \right]^2 \quad \text{.................................（4.9）}$$

（3）計算敏感係數

$$\frac{\partial f}{\partial Vp} = 60 \times A \times k \times \frac{1}{2} \times \left[\frac{2Vp}{p} \right]^{-\frac{1}{2}} \times \frac{2}{p} \quad \text{.............................（4.10）}$$

$$\frac{\partial f}{\partial p} = 60 \times A \times k \times \frac{1}{2} \times \left[\frac{2Vp}{p} \right]^{-\frac{1}{2}} \times \left[-\frac{2Vp}{p^2} \right] \quad \text{................（4.11）}$$

（4）求相對組合標準不確定度：

$$\left[\frac{\delta Q}{Q} \right]^2 = \left[\frac{\frac{1}{p}}{\frac{2Vp}{p}} \delta Vp \right]^2 + \left[\frac{-\frac{Vp}{p^2}}{\frac{2Vp}{p}} \delta p \right]^2$$

所以

$$\left[\frac{\delta Q}{Q}\right]^2 = \left[\frac{1}{2}\times\frac{\delta Vp}{Vp}\right]^2 + \left[\frac{1}{2}\times\frac{\delta p}{p}\right]^2 \quad\text{............................}（4.12）$$

$$\because Vp = \Delta P_2 \times 9.81$$

$$\delta Vp = 9.81\delta\left(\Delta P_2\right) \quad\text{...}（4.13）$$

$$\delta p = -\frac{353}{\left(273+T\right)^2}\times\delta T \quad\text{...........................}（4.14）$$

$$\frac{\delta Vp}{Vp} = \frac{\delta\left(\Delta P_2\right)}{\Delta P_2} \quad\text{...}（4.15）$$

$$\frac{\delta p}{p} = \frac{\delta\left(273+T\right)}{273+T} = \frac{\delta\left(T\hbar\right)}{T\hbar} \quad\text{..............}（4.16）$$

相對組合標準不確定度

$$\left[\frac{\delta Q}{Q}\right]^2 = \left[\frac{1}{2}\times\frac{\delta\left(\Delta P_2\right)}{\Delta P_2}\right]^2 + \left[\frac{1}{2}\times\frac{\delta\left(T\hbar\right)}{T\hbar}\right]^2 \quad\text{...............}（4.17）$$

（5）量測不確定度成份的量化

依據流體壓力與溫度量測通用儀具之一般規格要求壓力量測儀具之準確度 ±1Pa，溫度量測儀具之準確度 ±1K，假設矩形分佈，標準不確定度分別為：

$$\delta\left(\Delta P_2\right) = \frac{1}{\sqrt{3}} = 0.577 \quad\text{...}（4.18）$$

$$\delta\left(T\hbar\right)=\frac{1.1}{\sqrt{3}}=0.635 \ \cdots\cdots\cdots\cdots\cdots\cdots\cdots\cdots\cdots\cdots\cdots\cdots \ （4.19）$$

（6）組合相對標準不確定度評估結果

把公式（4.18），（4.19）代入公式（4.17）中，分別對 $A=10cm^2$，$20cm^2$，$30cm^2$ 做評估，評估結果如下表所示。

（a）$A=10cm^2$

$T\hbar$	ΔP_2	$\delta\left(\Delta P_2\right)\big/\Delta P_2$	$\delta T\hbar\big/T\hbar$	$\delta Q\big/Q(\%)$
305	0	x	0.002	x
305	0.981	0.588	0.002	09.4%
305	1.962	0.3	0.002	15%
305	3.924	0.15	0.002	7.5%
305	5.886	0.1	0.002	5%
305	7.848	0.074	0.002	3.7%
305	9.81	0.06	0.002	3%

（b）$A=20cm^2$

$T\hbar$	ΔP_2	$\delta\left(\Delta P_2\right)\big/\Delta P_2$	$\delta T\hbar\big/T\hbar$	$\delta Q\big/Q(\%)$
305	0	x	0.002	x
305	3.924	0.15	0.002	7.5%
305	7.848	0.074	0.002	3.7%
305	**12.753**	**0.045**	0.002	**2.25%**
305	**17.658**	**0.033**	0.002	**1.65%**
305	**22.563**	**0.026**	0.002	**1.3%**
305	**28.449**	**0.020**	0.002	**1%**

（c） $A = 30cm^2$

$T\hbar$	ΔP_2	$\delta(\Delta P_2)/\Delta P_2$	$\delta T\hbar/T\hbar$	$\delta Q/Q(\%)$
305	3.924	0.15	0.002	7.5%
305	7.848	0.074	0.002	3.7%
305	16.677	0.0346	0.002	1.73%
305	26.487	0.022	0.002	1.1%
305	36.297	0.016	0.002	0.8%
305	46.07	0.013	0.002	0.65%
305	55.917	0.01	0.002	0.5%

6. 討論：

（1）本試驗之不確定度評估，並不考慮 A 類之隨機不確定度諸如測試本重復性試驗之部分，此部份應透過實驗室之比對方能獲得可信賴之數據，故僅考慮 B 類不確定度，諸如測試儀具之準確度，解析度及環境之影響。

（2）上述評估結果爲相對組合標準不確定度，在 95%信賴水準下，相對擴充不確定度 $RU = 2RUc$。

（3）從分析結果，相對不確定度大部分是由壓力差量測儀具之準確度所提供，溫度量測儀具準確度影響較小。

（4）隨著排煙量之增加，量測總的不確定與排煙量呈反比。

（5）溫度與壓力差量測儀具尚有會提供量測誤差之因子諸如解析度，漂移、重複性，線性等如要納入考量則採用 RSS method（Root-sum-squares）加以整合則

$$[\delta(\Delta P_2)]^2 = (\delta E_A)^2 + (\delta E_R)^2 + (\delta E_D)^2 + (\delta E_{RP})^2 + (Er)^2$$

$$[\delta T\hbar]^2 = (ST_A)^2 + (ST_R)^2 + (ST_D)^2 + (ST_{ep})^2 + (ST_L)^2$$

【遮煙試驗數據】

(試體開口面積)　　　　　　(吸引風扇開度)

Specimen	Temp.(no.35)	Man.Out(%)	$\Delta P_2 (mmH_2O)$	$\Delta P_2 (mmH_2O)$
10	30	6.4	3	0
	30	14.2	5	0.1
	30	28.3	10	0.2
	30	40	15	0.4
	30	49.4	20	0.6
	30	58	25	0.8
	30	65.7	30	1
20	122		3	0
	123		5	0.4
	124		10	0.8
	125		15	1.3
	126		20	1.8
	126		25	2.3
	127		30	2.9
30	225	4.5	3	0.4
	225	12.8	5	0.8
	230	27.7	10	1.7
	231	39	15	2.7
	231	48.7	20	3.7
	231	56.9	25	4.7
	232	64.6	30	5.7

（漏煙溫度）			（排氣部份）	（後段速）	（後段流量）
Temp(no.30)	ΔP1(Pa)	ΔP2(Pa)	Density(kg/m^3)	V(m/s)	Q(m^3/min)
32	29.43	0	1.16	0.00	0.000
32	49.05	0.981	1.16	0.91	0.429
32	98.1	1.962	1.16	1.29	0.607
32	147.15	3.924	1.16	1.82	0.859
32	196.2	5.886	1.16	2.23	1.052
32	245.25	7.848	1.16	2.58	1.214
32	294.3	9.81	1.16	2.88	1.357
32	29.43	0	1.16	0.00	0.000
32	49.05	3.924	1.16	1.82	0.859
32	98.1	7.848	1.16	2.58	1.214
32	147.15	12.753	1.16	3.29	1.548
32	196.2	17.658	1.16	3.87	1.821
32	245.25	22.563	1.16	4.37	2.059
32	294.3	28.449	1.16	4.91	2.312
32	29.43	3.924	1.16	1.82	0.859
32	49.05	7.848	1.16	2.58	1.214
32	98.1	16.677	1.16	3.76	1.770
32	147.15	26.487	1.16	4.74	2.231
32	196.2	36.297	1.16	5.54	2.611
32	245.25	46.107	1.16	6.25	2.943
32	294.3	55.917	1.16	6.88	3.241

10.5 銷樣規量測未知直徑圓形孔不確定度評估

　　利用銷樣規（Pin Gauge）來量測圓形孔之未知直徑而銷樣規長度要比直徑略小，孔之直徑為 D，使用之銷樣規長為 L，放入孔內，以 A 為支點可左右搖擺 $W/2$ 之距離，求孔徑及量測之不確定度。量測方式如圖一所示：

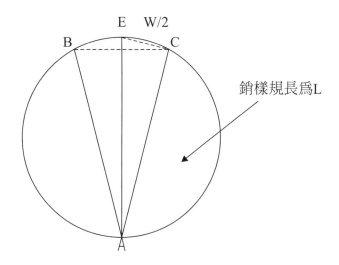

使用儀具：銷樣規（Tubular Inside Micrometers）

標稱長度：400mm

準確度：$\pm(3+n+L/50)\mu m$，$n = 3$ Rods.

解析度：0.01mm

1. 建立量測程序之數學模式

$$D = L + \delta \quad\text{（5.1）}$$

　　由直角三角關係：

$$L^2 + \left(\frac{W}{2}\right)^2 = (L+\delta)^2 \quad\cdots\cdots\cdots\cdots\cdots (5.2)$$

當搖擺量很小時 $\Rightarrow \delta \to 0$

$$\delta = \frac{W^2}{8L} \quad\cdots\cdots\cdots\cdots\cdots\cdots\cdots (5.3)$$

所以得：

$$D = L + \frac{W^2}{8L} \quad\cdots\cdots\cdots\cdots\cdots (5.4)$$

2. 不確定度傳遞原理

$$D = f(L,W) = L + \frac{W^2}{8L}$$

$$U_C^2(D) = \left[\frac{\partial f}{\partial L}\right]^2 U^2(L) + \left[\frac{\partial f}{\partial W}\right]^2 U^2(W)$$

$$= \left[1 - \frac{W^2}{8L^2}\right]^2 U^2(L) + \left[\frac{W}{4L}\right]^2 U^2(W) \quad\cdots\cdots (5.5)$$

3. 儀具解析度及準確性

　　量測圓孔之未知徑時，接量測不確定度之評估原理，須利用重覆性量測之方法求出輸入量 L 及 W 之平均值 L 和 W 及其相對之標準差 S_L 和 S_W。

　　本例中僅使用銷樣規而已，知其標稱尺寸 $L = 400mm$ 準確度為 $\pm14\mu m$，所以準確度假設成距形分配則 $L = 400mm$，$S_L = 0.29 \times 28\mu m$，另外 W 之量測理應靠量具來測量，今假設重覆量測後得 $W = 50mm$，最大誤

差範圍爲 $\pm 1mm$，假設誤差亦是矩形分配，則 $W = 50mm$，$S_W = 0.29 \times 2mm$。
此時量測 W 所用量具之準確性效應已包含在最大誤差範圍內。

4. 敏感係數及不確定組成成份值

（1）求敏感係數

$$C(L) = \frac{\partial f}{\partial L} = 1 = \frac{\overline{W^2}}{8\overline{L}^2} = 0.998$$

$$C(W) = \frac{\partial f}{\partial W} = \frac{\overline{W}}{4\overline{L}} = 0.031$$

$$U(L) = S_{\overline{L}} = 8.12 \times 10^{-3}\,mm$$

$$U(W) = S_{\overline{W}} = 0.58mm$$

（2）計算組合不確定度

$$U_C^2(D) = [C(L)]^2 U^2(L) + [C(W)]^2 U^2(W)$$

$$= [65.67 + 0.0327] \times 10^{-6}\,mm^2$$

$$U_C^2(D) = 8.1 \times 10^{-3}\,mm$$

（3）求擴張不確定度

$$U = KU_C(D) = 0.016mm$$

5. 表列所有計算結果：

不確定度計算表

不確定度成份	類別	標準不確定度 (cm)	敏 感 係 數 [C(D)]	敏 感 係 數 [C(H)]	來 源
1.內徑量測			0.998		
(1)L 量測	A	0			標準樣規，不確定度假設為零。
(2)儀具準確度	B	$8.12×10^{-3}$			製造廠產品規格書。
2.搖擺量量測				0.031	
(1)W 量測	A	58			重覆量測最大誤差量矩形分佈。
(2)儀具準確度	B	0			儀具準確度與解析度已包含於最大誤差量內。
組合不確定度 U_C					$8.1×10^{-3}$mm
擴展不確定度 U					0.016mm

6. 結果表示：

　　量測結果及隨附之不確定度

$$\overline{D} = 400.780 \pm 0.016mm$$

7. 範例討論：

（1）本例是任一圓孔，而不知其內徑值，今選用較孔徑小的銷樣規來量測，只要銷樣規能於圓孔內任意擺動則可評估出測試件之孔徑及隨附之量測不確定度。

（2）由評估結果知大部份量測不確定度之量，都是由樣規本身之準確度所提供，而與擺動量之大小幾乎無關（敏感係數可檢視出來）。所以採用此法量測未知孔徑時，銷樣規之精度非常重要。

（3）如果是加工產品，已知孔徑範圍，而求其量測不確定度值時，其評估方式僅需重覆對工件量測內徑，並求其平均值及標準差，而所用儀具之準確性與解析度，可採用累積效應予以納入考量即可。

10.6　粗細粒料篩分析不確度評估

1. 建立量測程序之數學模型：

　　依據 CNS 486 A3005 規範內，對測試結果之要求必須計算：留篩質量百分率，累積留篩質量百分率及過篩質百分率。令總粒料重為 T，各篩留篩重為 W_i。

（1）留篩質量百分比 R_I

$$R_i = \frac{W_i}{T} \quad\text{……………………………………………}（6.1）$$

（2）累積留篩質量百分比

$$S_k = \sum_{i=1}^{k} R_i \text{ , } k \text{ 為整數 } k \geq 1 \text{……………………}（6.2）$$

（3）過篩質量百分比

$$P_k = 100 - S_k \text{ , } k \text{ 為整數且 } k \geq 1 \text{…………………}（6.3）$$

2. 不確定度傳遞原理：

$$U_C^2(R_i) = \sum_{i=1}^{k} C^2(T)U^2(T) + C^2(W_i)U^2(W_i) \quad\text{.............................}(6.4)$$

$$U_C^2(S_k) = \sum_{i=1}^{k} U_C^2(R_i) \quad\text{...}(6.5)$$

$$U_C^2(P_k) = \sum_{i=1}^{k} U_C^2(S_k) \quad\text{...}(6.6)$$

3. 儀具解析度及準確性：

（1）粒料篩析使用磅稱執行稱重，CNS 486 A3005 對該儀具之規定如下：

細粒料：	解析度：	0.1g
	準確度：	±0.1g
粗粒料：	解析度：	0.5g
	準確度：	±0.5g

（2）有關篩網部份，因孔目與線徑誤差所引起的粒料過篩或留篩質量變化忽略不計。同時篩析時間已驗證可滿足規範要求。

4. 敏感係數及不確定度組成之成份值：

（1）敏感係數

$$C(T) = \frac{\partial R_i}{\partial T} = \frac{\overline{W_i}}{T^2} \quad\text{...}(6.7)$$

$$C(W_i) = \frac{\partial R_i}{\partial W_i} = -\frac{1}{T} \quad\text{...}(6.8)$$

（2）不確定度組成成份

求 $U(W_i)$ 及 $U(T)$ 時，應將篩好之粒料，執行重覆測試計算出粒

466

料平均總重 T，標準差 S_T 和各篩號上粒料平均重 W_i，標準差 S_{W_i} 儀具解析度與準確性所引起的不確定度，都假設爲矩形分配，故得

細粒料用磅秤：

$$U_1(r) = 0.29 \times 0.1g$$

$$U_1(a) = 0.29 \times 0.2g$$

粗粒料用磅秤：

$$U_2(r) = 0.29 \times 0.5g$$

$$U_2(a) = 0.29 \times 1g$$

而且此部份之不確定度是以累加效應之方式納入 W_i 與 T 之量測中。

細粒料：

$$U^2(W_i) = S\frac{2}{w_i} + U_1^2(r) + U_1^2(a) \quad\cdots\cdots\cdots\cdots\cdots\cdots\cdots\cdots（6.9）$$

$$U^2(T) = S\frac{2}{T} + U_1^2(r) + U_1^2(a) \quad\cdots\cdots\cdots\cdots\cdots\cdots\cdots\cdots（6.10）$$

粗粒料：

$$U^2(W_i) = S\frac{2}{w_i} + U_2^2(r) + U_2^2(a) \quad\cdots\cdots\cdots\cdots\cdots\cdots\cdots\cdots（6.11）$$

$$U^2(T) = S\frac{2}{T} + U_2^2(r) + U_2^2(a) \quad\cdots\cdots\cdots\cdots\cdots\cdots\cdots\cdots（6.12）$$

a. 量測不確定度

$$U_c^2(R_i) = [C(T)]^2 \left[S\frac{2}{T} + U_1^2(r) + U_1^2(a) \right]$$

$$+ [C(W_i)]^2 \left[S\frac{2}{w_i} + U_1^2(r) + U_1^2(a) \right] \quad\text{..........................（6.13）}$$

此公式適用於細粒料，而粗粒料公式亦相同。

b. 由 CNS 486 規範中獲知，測試報告應含蓋留篩百分比，累計留篩百分比及過篩百分比。同時規範規定測試結果整修至整數位，而通過#200 號篩之質量百分比則要整修至小數點後一位，由於進位的問題故會引起不確定度，此部份稱為進位不確定度（Round-off Uncertainty），其值計算如下：假設 Round-off 之範圍為 1%（整數位）

$$U_i(RO) = 0.29 \times 1\% = 0.29\% \qquad i = 1,2,3\cdots\cdots k \quad\text{..............（6.14）}$$

表示計算第 i 個篩網時之累計留篩百分率，其量測標準不確定度即為 $U_i(RO)$，而且對粗細粒料均適用。

c. 規範中亦有單人操作時精密度之標準差，依據 ISO 5725-6：1994 第 26 頁及參考文獻【2】技術篇第三章 "量測方法準確性" 所探討結果，單人操作精密度之標準差其實即為獨立實驗裏，在操作人員儀具環境條件不變下，極短時間量測之標準不確定度。亦即是純由標準方法本身所產生的 "標準不確定度"，表示成 $U_k(m)$。$U_k(m)$ 則依第 k 個篩網所量測之累積留篩百分率數值範圍選擇規範中所對應之標準差。

（3）總的組合不確定度計算

　　a. 個別留篩百分率

　　　　第 i 個篩網留篩百分率量測（包括進位）的組合標準不確定度。

$$U_c^2(G_i) = U_c^2(R_i) + U_i^2(RO) \quad\text{……………………（6.15）}$$

　　b. 累積留篩百分率（第 k 個篩序）

$$U_S^2(k) = \sum_{i=1}^{k} U_c^2(G_i) + U_k^2(m) = U_c^2(S_k) + \sum_{i=1}^{k} U_i^2(RO) + U_k^2(m)$$

$$= U_c^2(S_k) + (0.0029)^2 K + U_k^2(m) \quad\text{……………………（6.16）}$$

　　c. 累積通過百分率（第 k 個篩序）

$$U_p^2(k) = U_c^2(S_k) + (0.0029)^2 k + U_k^2(m) \quad\text{……………………（6.17）}$$

5. 粒料篩分析試驗數據：

篩號 樣品編號	#4	#8	#16	#30	#50	#100	試樣總重 (T)
NO.1	8.4	16.9	53.2	56.8	38.4	18.7	205.3
NO.2	7.2	17.2	54.7	62.8	36.7	23.0	211.5
平均	7.80	17.05	53.95	59.80	37.55	20.85	208.40
標準差	0.60	0.15	0.75	3.00	0.85	2.15	3.10

6. 量測不確定度計算表：

6.1 磅秤校正報告之擴充不確定度為 0.29(g)，其標準不確定為 <u>0.145(g)</u>

6.2 計算結果修整至整數位假設範圍為 1%則 $u(R_O) = (0.5/100)/\sqrt{3} =$ 0.0029

6.3 篩分析留篩百分率(W_i)量測不確定度計算表

不確定度來源		類別	來源	敏感係數Ci		標準不確定度Ui	Ui*Ci	(Ui*Ci)²
				Cw(1/g)	C_T			
#4	1.留篩百分率(Wi)	A與B						
	a.留篩試樣重(W#4)	A	重複試驗	4.798E-03		0.424	2.036E-03	4.145E-06
	b.磅秤(U)	B	矩型分配			0.145	6.958E-04	4.841E-07
	2.試樣總重(T)	A與B						
	a.試樣總重平均值	A	重複試驗		-1.796E-04	2.192	-3.937E-04	1.550E-07
	b.磅秤(U)	B	矩型分配			0.145	-2.604E-05	6.782E-10
	3.計算結果修整(R_O)							
	a.至整數位(1%)	B	矩型分配			2.887E-03		8.333E-06
總合								1.312E-05
組合標準不確定度U(W#4)=√ Σ(Ui*Ci)²								3.622E-03
擴充係數K (95%信賴區間)								2
擴充不確定度U=U(W#4)*K (%)								0.724

不確定度來源		類別	來源	敏感係數Ci		標準不確定度Ui (g)	Ui*Ci	(Ui*Ci)²
				Cw(1/g)	C_T			
#8	1.留篩百分率(Wi)	A與B						
	a.留篩試樣重(W#8)	A	重複試驗	4.798E-03		0.106	5.090E-04	2.590E-07
	b.磅秤(U)	B	矩型分配			0.145	6.958E-04	4.841E-07
	2.試樣總重(T)	A與B						
	a.試樣總重平均值	A	重複試驗		-3.926E-04	2.192	-3.937E-04	1.550E-07
	b.磅秤(U)	B	矩型分配			0.145	-2.604E-05	6.782E-10
	3.計算結果修整(R_O)							
	a.至整數位(1%)	B	矩型分配			2.887E-03		8.333E-06
總合								9.232E-06
組合標準不確定度U(W#8)=√ Σ(Ui*Ci)²								3.038E-03
擴充係數K (95%信賴區間)								2
擴充不確定度U=U(W#8)*K (%)								0.608

不確定度來源		類別	來源	敏感係數Ci		標準不確定度Ui (g)	Ui*Ci	(Ui*Ci)²
				Cw(1/g)	C_T			
#16	1.留篩百分率(Wi)	A與B						
	a.留篩試樣重(W_{#16})	A	重複試驗	4.798E-03		0.530	2.545E-03	6.476E-06
	b.磅秤(U)	B	矩型分配			0.145	6.958E-04	4.841E-07
	2.試樣總重(T)	A與B						
	a.試樣總重平均值	A	重複試驗		-1.242E-03	2.192	-3.937E-04	1.550E-07
	b.磅秤(U)	B	矩型分配			0.145	-2.604E-05	6.782E-10
	3.計算結果修整(R_O)							
	a.至整數位(1%)	B	矩型分配			2.887E-03		8.333E-06
總合								1.545E-05
組合標準不確定度U(W_{#16})=√ Σ(Ui*Ci)²								3.931E-03
擴充係數K (95%信賴區間)								2
擴充不確定度U=U(W_{#16})*K (%)								0.786

不確定度來源		類別	來源	敏感係數Ci		標準不確定度Ui	Ui*Ci	(Ui*Ci)²
				Cw(1/g)	C_T			
#30	1.留篩百分率(Wi)	A與B						
	a.留篩試樣重(W_{#30})	A	重複試驗	4.798E-03		2.121	1.018E-02	1.036E-04
	b.磅秤(U)	B	矩型分配			0.145	6.958E-04	4.841E-07
	2.試樣總重(T)	A與B						
	a.試樣總重平均值	A	重複試驗		-1.377E-03	2.192	-3.937E-04	1.550E-07
	b.磅秤(U)	B	矩型分配			0.145	-2.604E-05	6.782E-10
	3.計算結果修整(R_O)							
	a.至整數位(1%)	B	矩型分配			2.887E-03		8.333E-06
總合								1.126E-04
組合標準不確定度U(W_{#30})=√ Σ(Ui*Ci)²								1.061E-02
擴充係數K (95%信賴區間)								2
擴充不確定度U=U(W_{#30})*K (%)								2.122

不確定度來源	類別	來源	敏感係數Ci		標準不確定度Ui (g)	Ui*Ci	(Ui*Ci)²
			Cw (1/g)	C_T			
#50 1.留篩百分率(Wi)	A與B						
a.留篩試樣重(W#50)	A	重複試驗	4.798E-03		0.601	2.884E-03	8.318E-06
b.磅秤(U)	B	矩型分配			0.145	6.958E-04	4.841E-07
2.試樣總重(T)	A與B						
a.試樣總重平均值	A	重複試驗		-8.646E-04	2.192	-3.937E-04	1.550E-07
b.磅秤(U)	B	矩型分配			0.145	-2.604E-05	6.782E-10
3.計算結果修整(R_O)							
a.至整數位(1%)	B	矩型分配				2.887E-03	8.333E-06
總合							1.729E-05
組合標準不確定度U(W#50)=√ Σ(Ui*Ci)²							4.158E-03
擴充係數K (95%信賴區間)							2
擴充不確定度U=U(W#50)*K (%)							0.832

不確定度來源	類別	來源	敏感係數Ci		標準不確定度Ui (g)	Ui*Ci	(Ui*Ci)²
			Cw (1/g)	C_T			
#100 1.留篩百分率(Wi)	A與B						
a.留篩試樣重(W#100)	A	重複試驗	4.798E-03		1.520	7.295E-03	5.322E-05
b.磅秤(U)	B	矩型分佈			0.145	6.958E-04	4.841E-07
2.試樣總重(T)	A與B						
a.試樣總重平均值	A	重複試驗		-4.801E-04	2.192	-3.937E-04	1.550E-07
b.磅秤(U)	B	矩型分佈			0.145	-2.604E-05	6.782E-10
3.計算結果修整(R_O)							
a.至整數位(1%)	B	矩型分佈				2.887E-03	8.333E-06
總合							6.219E-05
組合標準不確定度U(W#100)=√Σ(Ui*Ci)²							7.886E-03
擴充係數K (95%信賴區間)							2
擴充不確定度U=U(W#100)*K (%)							1.577

6.4 計算結果 "修整至整數位" 假設範圍為 1%則標準不確定度 $(R_o)^2 = \left((0.5/100)/\sqrt{3}\right)^2 = \underline{8.333E-06}$，且累加時各篩號不確定度同時累加

篩號	#4	#8	#16	#30	#50	#100
各篩組合標準不確定度U(W$_S$)	3.622E-03	3.038E-03	3.931E-03	1.061E-02	4.158E-03	7.886E-03
修整至整數位(R$_O$)^{2}之倍數	1	2	3	4	5	6
累積留篩組合標準不確定度U(W$_S$)	3.622E-03	3.038E-03	3.931E-03	1.061E-02	4.158E-03	7.886E-03
擴充係數K (95%信賴區間)	2	2	2	2	2	2
擴充不確定度 U=U(W$_S$)*K (%)	0.724	0.608	0.786	2.122	0.832	1.577

6.5. 累積通過百分率(W_P)為$100-$累積留篩百分率(W_S)其量測不確定度
即為累積留篩百分率(W_S)之量測不確定度。

7. 範例討論：

（1）利用 ISO 5725-1,2,6 國際標準所採用方式評估量測方法之精密度
　　　（重覆性和再現性）時，都先假設測試樣品之變異性不納入考量，
　　　以避免其變異性影響評估結果。而 SIO/IEC Guide 43 實驗室間比對
　　　之能力試都是先確保測試樣品之均勻性後，才能執行比對計劃。因
　　　此當採用 ASTM 或 AASHTO 標準測試方法執行實驗時；有關單人
　　　操作精密度（重覆性）之標準差也是基於上述假設下的結果。尤其
　　　許多破壞性試驗，要評估不確定度時，測試樣品之變異性通常要排
　　　除在外，所以本範例之評估僅適用於當時準備之測試件而言。

（2）ASTM C136 與 AASHTO T27 對粒料篩分析所標示的單人操作精密
　　　度標準差，其評估的對像不同；前者針對過篩百分率而後者則針對
　　　累積留篩百分率。CNS 本國規範與 AASHTO T27 相同。如果把標
　　　準方法本身所導致的不確定度（單人操作精密度標準差），併入不
　　　確定度評估裏，測試引用 ASTM 規範評估出的結果會與 AASHTO
　　　不同，因為公式（4.16）裏之$U_k^2(m)$項於 ASTM C136 規範中是不存
　　　在的。該項僅存在於累積通過百分率中。

（3）ASTM C136 和 AASHTO T27 對篩分析報告內容之要求事項，僅需
　　　依據施工規格對該材料之使用方式，可於留篩百分率或累積留篩百

分率或者是累積過篩百分率三者任選其一出具報告即可。至於選那一種？須考量二個重要因素：

a. 四捨五入之誤差

試驗結果之計算要整修至整數位數，此部份會有 $U_i(RO)$ 之不確定度外，像 CNS 486 要求三者同時併例於報告中，會導致運算結果彼此不符的現象出現，解決方法就是選定任一測試結果整修至整數位後，其餘則使用該項結果來計算，因為彼此不是獨立而是相關。

b. 方法本身之不確定度

規範不同，評估單人操作精密度標準差所適用之對象不同，因而導致不確定度評估結果會不相同。

（4）實際粗細粒料不確定度評估結果如計算表所示，由評估結果可知儀具解析度、準確性及重覆稱重時所產生的不確定度非常小，幾乎可忽略不計。絕大部份的不確定度都是由進位和單人操作精密度所提供。

10.7 排烟、防火閘門洩漏量不確定評估【4】

1. 目的：

　　本量測不確定度評估報告是建立洩漏量定量測試之不確定度評估步驟和不確定度成份分析。

2. 應用範圍：

　　應用於排煙閘門、防火閘門及排煙防火閘門*等相關產品*之洩漏量測

474

試。

3. 參考資料：

（1）"Test uncertainty" ASME PTC19.1-1998。

（2）"Laboratory Methods of Testing Fans for Aerodynamic performance Rating" ANSI/AMCA 210-99，1999。

4. 名詞解釋：

4.1 隨機誤差：重複量測時之變異屬量測總誤差之部分，源自於量測系統之不重複性、環境條件、量測方法和數據處理之技術。

4.2 系統誤差：重複測量時維持不變之量，屬量測總誤差之部分，源自於校正之不完美、數據擷取、系統儀具誤差。

4.3 隨機誤差之不確定度：隨機誤差是由於重複性量測參數時之變異或離散產生，因此隨機誤差之不確定度可由標準差予以評估。

$$S_X = \left[\frac{\sum_{K=1}^{N} \left(X_K - \overline{X} \right)^2}{N-1} \right]^{1/2} \quad \text{..................................} (7.1)$$

$$S_{\overline{X}} = \frac{S_X}{\sqrt{N}} \quad \text{..} (7.2)$$

N：為量測次數

$\overline{X}$：量測結果之平均數

4.4. 系統誤差之不確定度

　　4.4.1　系統不確定度

由於系統誤差在重複量測時是個常數，且無法予以絕對的加以量化，所以系統誤差的不確定度必須估算，系統不確定度 B 就定義成系統誤差在 95%信賴水準之估算值。

其估算之方法通常是依據工程判斷或系統誤差源之分析而獲得相關資訊下述為供參考之資訊來源：

（a）實際測試環境下，儀具與標準之比較。

（b）依據不同原理，獨立量測之比較。

（c）儀具校正報告內之資訊。

（d）儀具之製造規格。

（e）工程判斷或經驗。

（f）測試規範內之不確定度評估方法。

4.4.2. 系統不確定度之量化。

ANSI/ASME 處理系統不確定度 B 之方法，基本上與 ISO GUM 不同，ANSI 假設系統不確定度為常態分配，不像 ISO GUM 有其他幾率分配的可能，因此儀具製造商所宣告之規格範圍 $\pm B$ 就被認定具有 95%之信賴水準。

$$\pm B = \pm 2S_B \Rightarrow S_B = \frac{B}{2} \quad\text{...} (7.3)$$

S_B：即為標準差

4.5 相對不確定度（%）

$$e_X = \frac{B}{X} \quad (95\%信心水準) \quad\text{...} (7.4)$$

X：為量測參數

4.6 總不確定度（ISO GUM 稱為擴充不確定度）

量測之總不確定度是系統誤差所產生不確定度和隨機誤差所產生不確定度的組合。95%信賴水準之總不確定度U_{95}計算方式如下：

$$U_{95} = \left[B^2 + \left(2S_{\overline{X}} \right)^2 \right]^{\frac{1}{2}} \quad \cdots\cdots\cdots\cdots\cdots\cdots\cdots\cdots\cdots\cdots \text{（7.5）}$$

或

$$U_{95} = 2 \left[\left(\frac{B}{2} \right)^2 + \left(S_{\overline{X}} \right)^2 \right]^{\frac{1}{2}} \quad \cdots\cdots\cdots\cdots\cdots\cdots\cdots\cdots \text{（7.6）}$$

5. 評估步驟：

5.1 數學模型之建立

$$y = x_1 + x_2 + x_3 + x_4 \cdots\cdots x_n \quad \cdots\cdots\cdots\cdots\cdots\cdots\cdots\cdots\cdots \text{（7.7）}$$

$$U^2(y) = u^2(x_1) + u^2(x_2) + u^2(x_3) + u^2(x_4) \cdots\cdots u^2(x_n) \quad \cdots\cdots\cdots \text{（7.8）}$$

式中 $x_1, x_2, x_3, x_4 \cdots\cdots x_n$ 為貢獻不確定度之因子；

$u(x_1), u(x_2), u(x_3), u(x_4), \cdots\cdots u(x_n)$ 為隨機不確定度或系統不確定度或兩者之組合。

5.2. 不確定度成份分析

依據 ANSI/AMCA 210-99 "Laboratory Methods of Testing Fans for Aerodynamic performance Rating" 附錄 E，各相對不確定

度成份分述如下：

（1） 氣壓量測：氣壓計之準確度規格要求 $\pm170Pa$

相對系統不確定度： $e_b = 1.70\big/P_b$

（2） 乾球溫度量測：溫度計之準確度規格要求 $\pm1℃$

相對系統不確定度： $e_d = 1.0\big/(t_d + 273.15)$

（3） 濕球溫度量測：溫度計之準確度規格要求 $\pm1℃$

相對系統不確定度： $e_W = 1.0\big/(t_d - t_w)$

（4） 轉速控制在 0.5%裕度範圍內

相對系統不確定度： $e_N = 0.005$

（5） 噴嘴吐出係數可依據 ISO/R541 資料及製造規格誤差，要求在 1.2%裕度範圍內。

相對系統不確定度： $e_c = 0.012$

（6） 流量量測時如直徑之量測在 0.2%誤差範圍內，測截面積誤差則在 0.5%裕度範圍內。

相對系統不確定度： $e_A = 0.005$

（7） 測定流量時，壓力量測之裕度規定為試驗最大讀值之 1%，此部分可利用校正來達成，此外對讀值之跳動而做之平均值計算之裕度亦應加以估算，此部分估算出為 1%讀數，利用註腳 m 代表最大讀數，相對系統不確定度為：

$$e_f = \left\{(0.01)^2 + \left[0.01\left(\frac{Q_m}{Q}\right)^2\right]^2\right\}^{1/2} \quad\cdots\cdots（7.9）$$

（8）風門壓力量測時，亦包括儀具最大讀值之 1%，和讀值跳動求平均值時，裕度為 1%之最大讀值，及風門動壓力量測時，因摩擦係數壓力感知器偏移及其他可能提供不確定因子之影響。

相對系統不確定度：

$$e_g = \left\{ (0.01)^2 + \left[0.01\left(\frac{P_m}{P}\right)\right]^2 + \left[0.1\left(\frac{P_v}{P}\right)\right]^2 \right\}^{\frac{1}{2}} \quad\text{……………………（7.10）}$$

5.3　組合不確定度

（1）空氣密度包括各種溫度量測，其近似公式為：

$$\rho = \left(0.4645 \cdot P_b \cdot V\right) \big/ \left(t_d + 273.15\right) \quad\text{……………………（7.11）}$$

公式中

$$V = \left\{ 1.0 - 0.378 \left[P_e \big/ P_b - \left(t_d + t_w\right)\big/1500 \right]\right\} \quad\text{……………………（7.12）}$$

對於公式中乘積和隨機之不確定度因子，其相對組合不確定度，依下列公式求得：

$$\Delta\rho\big/\rho = \left\{ \left(\Delta 0.4645 \big/ 0.4645\right)^2 + \left(\Delta P_b \big/ P_b\right)^2 + \left(\Delta V \big/ V\right)^2 + \left(\Delta R \big/ R\right)^2 \right.$$

$$\left. + \left[\Delta t_d \big/ \left(t_d + 273.15\right)\right]^2 \right\}^{\frac{1}{2}} \quad\text{……………………（7.13）}$$

忽略氣體常數及公式中常數項之不確定度，則相對組合不確定度變成：

$$e_\rho = \left\{ e_b^2 + e_v^2 + e_d^2 \right\}^{1/2} \quad\text{..}\quad (7.14)$$

式中

$$e_v^2 = \left[(0.00002349 t_w - 0.0003204) \cdot \Delta(t_d - t_w) \right]^2 \quad\text{.....................}\quad (7.15)$$

（2） 流量量測之相對組合不確定度

流量直接與量測站之截面積、噴嘴吐出效率、壓力量測之平方根、空氣密度之平方根有關，如果利用風機定律來轉換上述變數之不確定度可依下述公式加以組合：

$$e_Q = \left[e_c^2 + e_A^2 + \left(\frac{e_f}{2} \right)^2 + \left(\frac{e_\rho}{2} \right)^2 + e_N^2 \right]^{1/2} \quad\text{...............................}\quad (7.16)$$

（3） 風門壓力量測相對組合不確定度

風門壓力直接與壓力量測有關，如果利用風機定律做轉換，空氣密度對風門壓力唯一次方效應，而風機轉速對壓力則有二次方的效應，上述因子對不確定度之貢獻可利用下述公式加以組合：

$$e_p = \left\{ e_g^2 + e_\rho^2 + (2e_N)^2 \right\}^{1/2} \quad\text{..}\quad (7.17)$$

6. 洩漏測試不確定度評估：

（1） 洩漏量與流量及壓力量測有關

6.1 環境條件：

$$P_b = 1014.89hpa \qquad t_d = 18°C \qquad t_w = 14.5°C$$

6.2 系統相對不確定度數值：

參數	e_b	e_d	e_w	e_c	e_A
相對系統不確定度	0.00168	0.00343	0.2857	0	0.005

參數	e_v	e_ρ	e_N	e_g （忽略摩擦效應）	e_f
相對系統不確定度	0.000071	0.00382	0	0.0185	0.0185

註1：閘門無轉速問題，故 $e_N = 0$。

註2：計算噴嘴時，e_A 已考量截面積計算，以 e_A 為噴嘴之量測不確定度，故 $e_c = 0$。

（2）風門洩漏量測試及系統相對不確定度（95%）：

風門洩漏量 Q(cmm)	風門靜壓 P_s (mmAq)	流量不確定度 e_Q(%)	壓力不確定度 e_P(%)
0.8340	27.94	0.93%	1.89%
1.6728	58.42	0.91%	1.89%
2.8742	109.22	0.89%	1.89%
5.2411	172.72	0.90%	1.89%

符號定義：

P_m：風機壓力最大值　　P：風機壓力平均值

P_e：飽和濕氣氣壓　　P_b：氣壓計氣壓讀值

P_v：風機流速壓力

481

10.8 液晶數位投影機亮度測試不確定度評估

1. 目錄

（1）目的

本評估報告是對液晶數位投影機亮度測試內定量測試項目執行量測不確定度評估。

（2）使用儀具

亮度測試所使用之儀具、型號和規格如下：

a. 照度計－

型號：Minolta T10

規格：準確度　±2%　±1digit of value displayed

溫度飄移　±3%　±1digit of value displayed

濕度飄移　±3%　±1digit of value displayed

b. 色度計－

型號：Minolta CL100

規格：色座標(x, y)：±0.004

（3）名詞解釋

請參考 2

（4）量測步驟

詳細之測試步驟參照"液晶數位投影機亮度量測程序"內之規定執行。

（5）評估步驟

　　請參考 3

（6）評估結果

2. 名詞解釋

（1）標準不確定度

　　與受測量相關的一個參數，該參數代表量測結果離散的程度，奇量化的指標就是標準差。

（2）A 類標準不確定度

　　利用統計方法，對量測數據求標準差者。

（3）B 類標準不確定度

　　依據驗證假設機率分配函數求標準差者，本評估報告均假設機率分配函數為矩形分佈，所以標準差 S_D 為：

$$S_D = \frac{H}{\sqrt{3}} \text{，} H \text{為分佈範圍的一半}$$

（4）組合標準不確定度 U_C

　　利用不確定度傳遞原理所求得之不確定度

（5）相對不確定度

$$\text{相對不確定度} = \frac{U(X)}{X}$$

（6）擴充相對不確定度 U

　　$U = KU_C$，K 為擴充係數，國際間採用在 95%信心水準下，$K = 2$。

3. 評估步驟

（1）建立數學模型（量測模型）

$$y = f(x_1, x_2, \cdots\cdots x_n)$$

（2）假設輸入量 $x_1, x_2 \cdots\cdots, x_n$ 互不相關，則利用量測不確定度傳遞原理；組合標準不確定度

$$U_C^2(y) = \sum_{i=1}^{n} \left[\frac{\partial f}{\partial x_i} u(x_i) \right]^2$$

（3）把環境、儀具效應納入考量，則

$$U^2(X_i) = U^2(\overline{X_i}) + U_i^2(R) + U_i^2(A) + U_i^2(Temp) + U_i^2(Rh\%) + \cdots$$

式中 i 表量測輸入量 X_i 時所使用儀具，環境之影響分別爲：

$U_i(R)$ ＝儀具解析度所導致的標準不確定度（B 類不確定度）

$U_i(A)$ ＝儀具準確性所導致的標準不確定度（B 類不確定度）

$U_i(Temp)$ ＝溫度效應所導致的標準不確定度（B 類不確定度）

$U_i(Rh\%)$ 相對濕度所導致的標準不確定度（B 類不確定度）

（4）計算各輸入量 X_i 之標準不確定度 $U(X_i)$

（5）計算敏感係數 $\dfrac{\partial f}{\partial x_i}$

（6）利用量測不確定度傳遞原理，求組合標準不確定度 $U_C(y)$

（7）95%信心水準下，擴充係數 $k = 2$

（8）求擴充不確定度 U

$$U = 2U_C$$

4. ANSI Lumens 量測不確定度評估

平均照度

$$\overline{L} = \frac{\sum_{i=1}^{9} Pi}{9} = f(p1, p2, \cdots\cdots, p9)$$

$$U^2(\overline{L}) = \sum_{i=1}^{9}\left[\frac{\partial f}{\partial Pi}U(Pi)\right]^2 = \sum_{i=1}^{9}\left[\frac{1}{9}U(Pi)\right]^2 = \left(\frac{1}{9}\right)^2 \times 9U^2(P) = \frac{U^2(P)}{9}$$

$$U(\overline{L}) = \frac{U(P)}{3}$$

$$W(\overline{L}) = \frac{U(P)}{3L} \quad （相對不確定度）$$

ANSI　Lumens 不確定度分析

照度計規格：

a. Accuracy（準確度）〔±2%±1digit〕　of value displayed

b. Temperature drift　〔±3%±1digit〕　of value displayed

c. Humidity　〔±3%±1digit〕　of value displayed

$$U^2(P) = U^2(A) + U^2(T) + U^2(RH)$$

假設矩形分佈

$$\therefore U(P) = \left[\left(\frac{0.02 \times 350 + 1}{\sqrt{3}}\right)^2 + \left(\frac{0.03 \times 350 + 1}{\sqrt{3}}\right)^2 + \left(\frac{0.03 \times 350 + 1}{\sqrt{3}}\right)^2\right]^{\frac{1}{2}}$$

$$= \left[\frac{8^2 + 11.5^2 + 11.5^2}{3}\right]^{\frac{1}{2}}$$

$$\therefore U(P) = 10.5$$

$$\therefore W(\overline{L}) = \frac{10.5}{3 \times 350} = 1\%$$

95%擴充相對不確定度，$K = 2$

$$U = 2\%$$

上述不確定度評估是忽略 L（長）與（高）量測之不確定度

$$\because AL = \frac{\overline{L}}{L \times H}$$

$$\left[\frac{U(AL)}{AL}\right]^2 = \left[\frac{U(\overline{L})}{\overline{L}}\right]^2 + \left[\frac{U(L)}{L}\right]^2 + \left[\frac{U(H)}{H}\right]^2$$

$$\because U(L) = 0，U(H) = 0$$

$$\therefore \left[\frac{U(AL)}{AL} = \frac{U(\overline{L})}{\overline{L}} = W(\overline{L})\right]$$

5. ANSI 亮度均勻度量測不確定度評估

（1）$BD = \frac{LB - \overline{L}}{\overline{L}} = f(LB, \overline{L})$：

BD：最亮之均勻度偏離值

LB：$P1 \sim P13$ 最亮點照度值

$\overline{L}$：$P1 \sim P9$ 平均照度值

$$U^2(BD) = \left[\frac{\partial f}{\partial LB} U(LB)\right]^2 + \left[\frac{\partial f}{\partial \overline{L}} U(\overline{L})\right]^2$$

$$\frac{\partial f}{\partial LB} = \frac{1}{\overline{L}}$$

$$\frac{\partial f}{\partial \overline{L}} = -\frac{LB}{\overline{L}^2}$$

相對不確定度

$$\left[\frac{U(BD)}{BD}\right] = \left[\frac{1}{LB-\overline{L}}\right]^2 \times \left[U^2(LB) + LB^2 W^2(\overline{L})\right]$$

（2）$DD = \dfrac{LD-\overline{L}}{\overline{L}} = f(LD,\overline{L})$

　　DD：最暗之均勻度偏離值

　　LB：$P1\sim P13$最暗點照度值

　　$\overline{L}$：$P1\sim P9$平均照度值

$$U^2(DD) = \left[\frac{\partial f}{\partial LD}U(LD)\right]^2 + \left[\frac{\partial f}{\partial \overline{L}}U(\overline{L})\right]^2$$

$$\frac{\partial f}{\partial LD} = \frac{1}{\overline{L}}$$

$$\frac{\partial f}{\partial \overline{L}} = -\frac{LD}{\overline{L}^2}$$

相對不確定度

$$\left[\frac{U(DD)}{DD}\right] = \left(\frac{1}{LD-\overline{L}}\right)^2 \times \left[U^2(LD) + (LD)^2 W^2(\overline{L})\right]$$

（3）最亮之均勻度偏離值量測不確定度評估

$$\overline{L} = 350 \quad , \quad LB = 445 \quad , \quad LD = 152$$

$$\left[\frac{U(BD)}{BD}\right] = \left(\frac{1}{LB - \overline{L}}\right)^2 \times \left[U^2(LB) + (LB)^2 W^2(\overline{L}) \right]$$

$$U^2(LB) = U^2(A) + U^2(T) + U^2(RH)$$

$U(A)$：照度計準確度導致之不確定度

$U(RH)$：照度計因濕度效應導致之不確定度

$U(T)$：照度計因溫度效應導致之不確定度

假設矩行分佈

$$\therefore U^2(LB) = \left[\left(\frac{0.02 \times 445 + 1}{\sqrt{3}}\right)^2 + \left(\frac{0.03 \times 445 + 1}{\sqrt{3}}\right)^2 + \left(\frac{0.03 \times 445 + 1}{\sqrt{3}}\right)^2 \right]$$

$$= \left[\frac{(9.9)^2 + (14.35)^2 + (14.35)^2}{3} \right]$$

$$= \left[\frac{98.01 + 206 + 206}{3} \right] = 170$$

$$\therefore \left[\frac{U(BD)}{BD}\right]^2 = \left[\frac{1}{445 - 350}\right]^2 \times \left[170 + (445)^2 \times (0.01)^2\right]$$

$$= 1.1 \times 10^{-4} \times 170 + 1.1 \times 10^{-4} \times 1.98 \times 10^5 \times 1 \times 10^{-4} = 1.87 \times 10^{-2}$$

$$\therefore \frac{U(BD)}{BD} = 13.7\%$$

95%，$K = 2$，擴充相對不確定度，$U = 27\%$

（4）最暗之均勻度偏離值量測不確定度評估

$$\left[\frac{U(DD)}{DD}\right]^2 = \left(\frac{1}{LD-\overline{L}}\right)^2 \times \left[U^2(LD)+(LD)^2 W^2(\overline{L})\right]$$

$LD = 152$ ， $\overline{L} = 350$ ， $W^2(\overline{L}) = (1)^2$

$W(\overline{L})$ ：平均照度之相對不確定度

$$U^2(LD) = U^2(A) + U^2(T) + U^2(RH)$$

假設矩形分佈

$$U^2(LD) = \left[\left(\frac{0.02 \times 152 + 1}{\sqrt{3}}\right)^2 + \left(\frac{0.03 \times 152 + 1}{\sqrt{3}}\right)^2 + \left(\frac{0.03 \times 152 + 1}{\sqrt{3}}\right)^2\right]$$

$$= \left[\frac{(4)^2 + (5.56)^2 + (5.56)^2}{3}\right] = 26$$

$$\therefore \left[\frac{U(DD)}{DD}\right]^2 = \left[\frac{1}{152.350}\right]^2 \times \left[26 + (152)^2 \times (0.01)^2\right]$$

$$= 2.55 \times 10^{-5} \times 26 + 2.55 \times 10^{-5} \times 2.3 \times 10^4 \times 1 \times 10^{-4}$$

$$= 6.63 \times 10^{-4}$$

$$\frac{U(DD)}{DD} = 2.57\%$$

95%， $K = 2$ ，擴充相對不確定度， $U = 5.1\%$

6. ANSI 對比度量測不確定度評估

$$C = \frac{\frac{\sum_{i=1}^{8} Wi}{8}}{\frac{\sum_{i=1}^{8} Bi}{8}} = \frac{\overline{W}}{\overline{B}} = f(\overline{W}, \overline{B})$$

W_i：8 點白場照度值

Bi：8 點黑場照度值

$$U^2(C) = \left[\frac{\partial f}{\partial \overline{W}} U(\overline{W})\right]^2 + \left[\frac{\partial f}{\partial \overline{B}} U(\overline{B})\right]^2$$

$$\frac{\partial f}{\partial \overline{W}} = \frac{1}{\overline{B}} \qquad \frac{\partial f}{\partial \overline{B}} = \frac{\overline{W}}{\overline{B}^2}$$

$$\therefore U^2(C) = \left[\frac{1}{\overline{B}} U(\overline{W})\right]^2 + \left[\frac{\overline{W}}{\overline{B}} U(\overline{B})\right]^2$$

相對不確定度

$$\left[\frac{U(C)}{C}\right]^2 = \left[\frac{U(\overline{W})}{\overline{W}}\right]^2 + \left[\frac{U(\overline{B})}{\overline{B}}\right]^2$$

$\overline{W} = 336.5$，$\overline{B} = 2.1$

$$U^2(\overline{W}) = \frac{U^2(W)}{8}$$

$$U^2(\overline{B}) = \frac{U^2(B)}{8}$$

$$U^2(W) = U^2(A) + U^2(T) + U^2(RH)$$

490

假設矩形分佈

$$U^2(W) = \left[\left(\frac{0.02 \times 336.5 + 1}{\sqrt{3}}\right)^2 + \left(\frac{0.03 \times 336.5 + 1}{\sqrt{3}}\right)^2 + \left(\frac{0.03 \times 336.5 + 1}{\sqrt{3}}\right)^2\right]$$

$$= \left[\frac{(7.73)^2 + (11.1)^2 + (11.1)^2}{3}\right] = 102.05$$

$$U^2(B) = U^2(A) + U^2(T) + U^2(RH)$$

$U(A)$：照度計準確度導致之確定度

$U(RH)$：照度計因相對濕度效應導致之不確定度

$U(T)$：照度計因溫度效應導致之不確定度

假設矩形分佈

$$U^2(B) = \left[\left(\frac{0.02 \times 2.1 + 0.1}{\sqrt{3}}\right)^2 + \left(\frac{0.03 \times 2.1 + 0.1}{\sqrt{3}}\right)^2 + \left(\frac{0.03 \times 2.1 + 0.1}{\sqrt{3}}\right)^2\right]$$

$$= 0.085$$

$$U^2(\overline{W}) = \frac{102.05}{8} = 12.7563$$

$$U^2(\overline{B}) = \frac{0.085}{8} = 0.0106$$

相對不確定度

$$\left[\frac{U(C)}{C}\right]^2 = \frac{12.7563}{(336.5)^2} + \frac{0.0106}{(2.1)^2} = 1.1265 \times 10^{-4} + 2.4036 \times 10^{-3}$$

$$\left[\frac{U(C)}{C}\right] = 5\%$$

$95\% \cdots\cdots K = 2 \cdots\cdots$ 擴充相對不確定度

7. 色度均勻性量測不確定度評估

色座標 (x, y)：規格 ± 0.0004〔儀具規格書〕

矩形分佈：

$$\therefore U(x_i) = \frac{0.004}{\sqrt{3}} = 2.31 \times 10^{-3}$$

$$U(y_i) = \frac{0.004}{\sqrt{3}} = 2.31 \times 10^{-3}$$

九點色座標平均值 $\left(\overline{W}_0', \overline{V}_0'\right)$

$$\overline{W}_0' = \frac{W_1' + \cdots + W_9'}{9} \quad\cdots\cdots\cdots\cdots\cdots\cdots\cdots\cdots\cdots\cdots\cdots\cdots （8.1）$$

$$U^2\left(\overline{W}_0'\right) = \frac{1}{9}\left[U^2(W_1') + \cdots\cdots + U^2(W_9')\right]$$

$$U\left(\overline{W}_0'\right) = \frac{1}{3}\left[U^2(W_1') + \cdots + U^2(W_9')\right]^{\frac{1}{2}} \quad\cdots\cdots\cdots\cdots\cdots\cdots （8.2）$$

$$\overline{V}_0' = \frac{V_1' + \cdots + V_9'}{9} \quad\cdots\cdots\cdots\cdots\cdots\cdots\cdots\cdots\cdots\cdots\cdots （8.3）$$

$$U\left(\overline{V}_0'\right) = \frac{1}{3}\left[U^2(V_1') + \cdots\cdots + U^2(V_9')\right]^{\frac{1}{2}} \quad\cdots\cdots\cdots\cdots\cdots\cdots （8.4）$$

任一點之 $U(W_i')$

$$U^2\left(W_i^{'}\right) = \left[\frac{\partial f}{\partial x_i}U(x_i)\right]^2 + \left[\frac{\partial f}{\partial y_i}U(y_i)\right]^2 \quad\cdots\cdots\cdots\cdots\cdots\cdots\cdots\text{(8.5)}$$

$$V_i^{'} = \frac{9yi}{-2xi + 12yi + 3} = g(xi, yi)\cdots\cdots\cdots\cdots\cdots\cdots\cdots\text{(8.6)}$$

$$\frac{\partial f}{\partial xi} = \frac{4}{-2x_i + 12y_i + 3} + \frac{8x_i}{\left(-2x_i + 12y_i + 3\right)^2} \quad\cdots\cdots\cdots\cdots\text{(8.7)}$$

$$\frac{\partial f}{\partial yi} = \frac{48x_i}{\left(-2x_i + 12y_i + 3\right)^2} \quad\cdots\cdots\cdots\cdots\cdots\cdots\cdots\cdots\text{(8.8)}$$

任一點之 $U\left(V_i^{'}\right)$

$$U^2\left(V_i^{'}\right) = \left[\frac{\partial g}{\partial x_i}U(x_i)\right]^2 + \left[\frac{\partial g}{\partial y_i}U(y_i)\right]^2 \quad\cdots\cdots\cdots\cdots\cdots\cdots\text{(8.9)}$$

$$\frac{\partial g}{\partial x_i} = \frac{18y_i}{\left(-2x_i + 12y_i + 3\right)^2} \quad\cdots\cdots\cdots\cdots\cdots\cdots\cdots\text{(8.10)}$$

$$\frac{\partial g}{\partial y_i} = \frac{9}{\left(-2x_i + 12y_i + 3\right)} - \frac{108y_i}{\left(-2x_i + 12y_i + 3\right)^2} \quad\cdots\cdots\cdots\text{(8.11)}$$

把各位置色座標 (X_1, Y_1) 代入公式（7），（8）和（5）中求出 $\left(W_i^{'}\right)$

把各位置色座標 (X_1, Y_1) 代入公式（10），（11）和（5）中求出 $\left(V_i^{'}\right)$

色度均勻性

$$\Delta\left(W^{'}V^{'}\right) = \left[\left(W_m^{'} - \overline{W}_0^{'}\right)^2 + \left(V_m^{'} - \overline{V}_0^{'}\right)^2\right]^{\frac{1}{2}} \quad\cdots\cdots\cdots\cdots\text{(8.12)}$$

$$U^2\left(\Delta W'V'\right)=\left[\frac{\partial f}{\partial W'_m}U\left(W'_m\right)\right]^2+\left[\frac{\partial f}{\partial V'_m}U\left(V'_m\right)\right]^2$$

$$+\left[\frac{\partial f}{\partial \overline{W}'_0}U\left(\overline{W}'_0\right)\right]^2+\left[\frac{\partial f}{\partial \overline{V}'_0}U\left(\overline{V}'_0\right)\right]^2 \cdots\cdots\cdots\cdots\cdots（8.13）$$

$$\frac{\partial f}{\partial W'_m}=\left[\left(W'_m-\overline{W}'_0\right)^2+\left(V'_m-\overline{V}'_0\right)^2\right]^{\frac{1}{2}}\times\left(W'_m-\overline{W}'_0\right)\cdots\cdots\cdots\cdots（8.14）$$

$$\frac{\partial f}{\partial V'_m}=\left[\left(W'_m-\overline{W}'_0\right)^2+\left(V'_m-\overline{V}'_0\right)^2\right]^{\frac{1}{2}}\times\left(V'_m-\overline{V}'_0\right)\cdots\cdots\cdots\cdots（8.15）$$

$$\frac{\partial f}{\partial \overline{W}'_0}=\left[\left(W'_m-\overline{W}'_0\right)^2+\left(V'_m-\overline{V}'_0\right)^2\right]^{\frac{1}{2}}\times\left(W'_m-\overline{W}'_0\right)\cdots\cdots\cdots\cdots（8.16）$$

$$\frac{\partial f}{\partial \overline{V}'_0}=\left[\left(W'_m-\overline{W}'_0\right)^2+\left(V'_m-\overline{V}'_0\right)^2\right]^{\frac{1}{2}}\times\left(V'_m-\overline{V}'_0\right)\cdots\cdots\cdots\cdots（8.17）$$

$U\left(W'_m\right)$ 與 $U\left(V'_m\right)$ 則是將偏差量最大那點之色座標值 (x,y) 代入公式（5）及（9）中求得 W'_m 與 V'_m 則是將偏差量最大那點之色座標 $\left(W'、V'\right)$ 不同色場個點之 $\left(x_i、y_i\right)$、$U\left(W'_i\right)$、$U\left(V'_i\right)$、$\Delta W'V'$ 分別如表一和表二所示。

$$\overline{W_0^{'}} = 0.183444 \quad, \quad \overline{V_0^{'}} = 0.462889 \quad, \quad 3U\left(\overline{W_0^{'}}\right) = 25.67929 \times 10^{-6} \quad, \quad 3U\left(\overline{V_0^{'}}\right) = 21.17115 \times 10^{-6}$$

白場位置	色座標		色座標		標準不確定度		偏差
	W'	V'	X_i	Y_i	$\left(W_i^{'}\right)$	$U\left(V_i^{'}\right)$	$\Delta W'V'$
P1	0.182	0.463	0.288177	0.162913	8.47599E-06	7.03E-06	0.001449
P2	0.183	0.462	0.288644	0.161935	8.55665E-06	7.1E-06	0.000994
P3	0.184	0.461	0.289106	0.160964	8.63778E-06	7.18E-06	0.001969
P4	0.183	0.463	0.289455	0.162742	8.53185E-06	7.04E-06	0.000458
P5	0.184	0.464	0.291549	0.16338	8.56316E-06	7E-06	0.001242
P6	0.184	0.462	0.289916	0.161765	8.61294E-06	7.12E-06	0.001048
P7	0.183	0.464	0.290271	0.163553	8.50702E-06	6.98E-06	0.001197
P8	0.184	0.465	0.292373	0.164195	8.53822E-06	6.94E-06	0.002183
P9	0.184	0.462	0.289916	0.161765	8.61294E-06	7.12E-06	0.001048
P10	0.182	0.465	0.289809	0.164544	8.42644E-06	6.91E-06	0.002558
P11	0.184	0.462	0.289916	0.161765	8.61294E-06	7.12E-06	0.001048
P12	0.185	0.462	0.291186	0.161595	8.66958E-06	7.13E-06	0.001792
P13	0.183	0.467	0.292748	0.166015	8.43233E-06	6.81E-06	0.001576

$$\overline{W_0^{'}} = 0.154778 \quad, \quad \overline{V_0^{'}} = 0.175667 \quad, \quad 3U\left(\overline{W_0^{'}}\right) = 3.38795 \times 10^{-5} \quad, \quad 3U\left(\overline{V_0^{'}}\right) = 9.870385 \times 10^{-5}$$

藍場位置	色座標		色座標		標準不確定度		偏差
	W'	V'	X_i	Y_i	$\left(W_i^{'}\right)$	$U\left(V_i^{'}\right)$	$\Delta W'V'$
P1	0.155	0.173	0.137276	0.034048	1.2677E-05	3.33E-05	0.002676
P2	0.155	0.175	0.13771	0.034551	1.2645E-05	3.3E-05	0.000703
P3	0.155	0.173	0.137276	0.034048	1.2677E-05	3.33E-05	0.002676
P4	0.155	0.176	0.137928	0.034803	1.2629E-05	3.29E-05	0.000401
P5	0.154	0.178	0.137555	0.035331	1.25406E-05	3.26E-05	0.00246
P6	0.155	0.175	0.13771	0.034551	1.2645E-05	3.3E-05	0.000703
P7	0.154	0.179	0.137773	0.035586	1.25245E-05	3.25E-05	0.003423
P8	0.154	0.179	0.137773	0.035586	1.25245E-05	3.25E-05	0.003423
P9	0.156	0.173	0.13808	0.034028	1.27338E-05	3.33E-05	0.002933
P10	0.155	0.174	0.137493	0.034299	1.2661E-05	3.32E-05	0.001681
P11	0.155	0.174	0.137493	0.034299	1.2661E-05	3.32E-05	0.001681
P12	0.154	0.179	0.137773	0.035586	1.25245E-05	3.25E-05	0.003423
P13	0.155	0.176	0.137928	0.034803	1.2629E-05	3.29E-05	0.000401

$$\overline{W_0'} = 0.43 \ , \ \overline{V_0'} = 0.529222 \ , \ 3U\left(\overline{W_0'}\right) = 10.11136 \times 10^{-5} \ , \ 3U\left(\overline{V_0'}\right) = 19.17725 \times 10^{-6}$$

紅場位置	色座標		色座標		標準不確定度		偏差
	W'	V'	X_i	Y_i	$\left(W_i'\right)$	$U\left(V_i'\right)$	$\Delta W'V'$
P1	0.428	0.530	0.63272	0.174113	3.3345E-05	6.32E-06	0.001839
P2	0.430	0.529	0.632767	0.172989	3.37709E-05	6.41E-06	0.000401
P3	0.434	0.530	0.637818	0.173089	3.44709E-05	6.4E-06	0.004403
P4	0.427	0.529	0.630207	0.1735	3.32137E-05	6.37E-06	0.002676
P5	0.433	0.529	0.635311	0.172481	3.43352E-05	6.45E-06	0.003341
P6	0.433	0.529	0.635311	0.172481	3.43352E-05	6.45E-06	0.003341
P7	0.426	0.528	0.627701	0.172888	3.30829E-05	6.42E-06	0.003865
P8	0.430	0.529	0.632767	0.172989	3.37709E-05	6.41E-06	0.000401
P9	0.426	0.530	0.631007	0.174457	3.29761E-05	6.3E-06	0.003748
P10	0.431	0.530	0.635277	0.1736	3.39043E-05	6.36E-06	0.001544
P11	0.438	0.530	0.641184	0.172414	3.52376E-05	6.45E-06	0.00837
P12	0.430	0.527	0.629473	0.171438	3.38778E-05	6.54E-06	0.002247
P13	0.423	0.531	0.630089	0.17577	3.23751E-05	6.2E-06	0.0069

$$\overline{W_0'} = 0.147667 \ , \ \overline{V_0'} = 0.546111 \ , \ 3U\left(\overline{W_0'}\right) = 14.54951 \times 10^{-6} \ , \ 3U\left(\overline{V_0'}\right) = 8.166982 \times 10^{-6}$$

綠場位置	色座標		色座標		標準不確定度		偏差
	W'	V'	X_i	Y_i	$\left(W_i'\right)$	$U\left(V_i'\right)$	$\Delta W'V'$
P1	0.146	0.545	0.316169	0.262271	4.81388E-06	2.75E-06	0.002003
P2	0.148	0.547	0.32205	0.264507	4.84112E-06	2.69E-06	0.000949
P3	0.148	0.546	0.320809	0.263006	4.86479E-06	2.73E-06	0.000351
P4	0.147	0.547	0.320339	0.264891	4.8039E-06	2.69E-06	0.001111
P5	0.149	0.546	0.322511	0.262626	4.9024E-06	2.74E-06	0.001338
P6	0.148	0.546	0.320809	0.263006	4.86479E-06	2.73E-06	0.000351
P7	0.148	0.547	0.32205	0.264507	4.84112E-06	2.69E-06	0.000949
P8	0.148	0.546	0.320809	0.263006	4.86479E-06	2.73E-06	0.000351
P9	0.147	0.545	0.317876	0.261893	4.85102E-06	2.75E-06	0.001296
P10	0.147	0.547	0.320339	0.264891	4.8039E-06	2.69E-06	0.001111
P11	0.149	0.547	0.323757	0.264124	4.87863E-06	2.7E-06	0.001602
P12	0.149	0.546	0.322511	0.262626	4.9024E-06	2.74E-06	0.001338
P13	0.147	0.547	0.320339	0.264891	4.8039E-06	2.69E-06	0.001111

白場位置	9點色座標平均值		最大偏差點色座標		標準不確定度			
	$\overline{W}_0'$	$\overline{V}_0'$	$\overline{W}_m'$	$\overline{V}_m'$	$U\!\left(\overline{W}_0'\right)$	$U\!\left(\overline{V}_0'\right)$	$U\!\left(\overline{W}_m'\right)$	$U\!\left(\overline{V}_0'\right)$
	0.183444	0.462889	0.183	0.467	8.5597×10^{-6}	7.0570×10^{-6}	8.43233×10^{-6}	6.81×10^{-6}

由公式（8.14）～（8.17）計算出敏感係數：

$$\frac{\partial f}{\partial W_m'} = \left[(0.183-0.183444)^2 + (0.467-0.462889)^2\right]^{-\frac{1}{2}} \times (0.183-0.183444)$$

$$= 0.242 \times 10^3 \times 4.11 \times 10^{-4} = 0.107448$$

$$\frac{\partial f}{\partial V_m'} = \left[(0.183-0.183444)^2 + (0.467-0.462889)^2\right]^{-\frac{1}{2}}$$

$$\times (0.467-0.41062889)$$

$$= 0.242 \times 10^3 \times 4.11 \times 10^{-3} = 0.99462$$

$$\frac{\partial f}{\partial \overline{W}_0'} = -0.107448$$

$$\frac{\partial f}{\partial \overline{V}_0'} = -0.99462$$

所以公式（13）

$$U^2\left(\Delta W'V'\right) = \left[0.107448 \times 8.4323 \times 10^{-6}\right]^2 + \left[0.99462 \times 6.81 \times 10^{-6}\right]^2$$

$$+ \left[0.107448 \times 8.5597 \times 10^{-6}\right]^2 + \left[0.99462 \times 7.0757 \times 10^{-6}\right]^2$$

$$= 96.8118 \times 10^{-12}$$

$$U\left(\Delta W'V'\right) = 9.84 \times 10^{-6}$$

95%，信賴水準，$K=2$

擴充不確定度：$U\left(\Delta W'V'\right)=1.97\times10^{-5}$

擴充相對不確定度：$U\left(\Delta W'V'\right)/\Delta W'V' = \dfrac{1.97\times10^{-5}}{4.134\times10^{-3}} = 0.476\%$

藍場位置	9點色座標平均值		最大偏差點色座標		標準不確定度			
	$\overline{W}'_0$	$\overline{V}'_0$	$\overline{W}'_m$	$\overline{V}'_m$	$U\left(\overline{W}'_0\right)$	$U\left(\overline{V}'_0\right)$	$U\left(\overline{W}'_m\right)$	$U\left(\overline{V}'_0\right)$
	0.154778	0.175667	0.154	0.179	1.26265×10^{-6}	3.29013×10^{-6}	1.25245×10^{-6}	3.25×10^{-6}

由公式（8.14）～（8.17）計算出敏感係數：

$$\frac{\partial f}{\partial W'_m} = \left[\left(0.154-0.154778\right)^2 + \left(0.179-0.175667\right)^2\right]^{-\frac{1}{2}} \times \left(0.154-0.154778\right)$$

$$= 0.2924\times10^3 \times 7.78\times10^{-4} = 0.2275$$

$$\frac{\partial f}{\partial V'_m} = \left[\left(0.154-0.154778\right)^2 + \left(0.179-0.175667\right)^2\right]^{-\frac{1}{2}} \times \left(0.179-0.175667\right)$$

$$= 0.2924\times10^3 \times 3.33\times10^{-3} = 0.9649$$

$$\frac{\partial f}{\partial \overline{W}'_0} = -0.2275$$

$$\frac{\partial f}{\partial \overline{V}'_0} = -0.9649$$

所以公式（13）

$$U^2\left(\Delta W'V'\right) = \left[0.2275\times1.25245\times10^{-5}\right]^2 + \left[0.9649\times3.25\times10^{-5}\right]^2$$

$$+ \left[0.2275\times1.26265\times10^{-5}\right]^2 + \left[0.9649\times3.29013\times10^{-5}\right]^2$$

$$= 20.0761\times10^{-10}$$

$$U\left(\Delta W'V'\right)=4.48\times10^{-5}$$

95%，信賴水準，$K=2$

擴充不確定度：$U\left(\Delta W'V'\right)=8.96\times10^{-5}$

擴充相對不確定度：$U\left(\Delta W'V'\right)/\Delta W'V'=\dfrac{8.96\times10^{-5}}{0.003432}=2.68\%$

紅場位置	9點色座標平均值		最大偏差點色座標		標準不確定度			
	$\overline{W}'_0$	$\overline{V}'_0$	$\overline{W}'_m$	$\overline{V}'_m$	$U\left(\overline{W}'_0\right)$	$U\left(\overline{V}'_0\right)$	$U\left(\overline{W}'_m\right)$	$U\left(\overline{V}'_0\right)$
	0.43	0.52922	0.438	0.530	3.37045×10^{-5}	6.39241×10^{-6}	3.52376×10^{-5}	6.45×10^{-6}

由公式（8.14）～（8.17）計算出敏感係數：

$$\frac{\partial f}{\partial W'_m}=\left[(0.438-0.43)^2+(0.530-0.52922)^2\right]^{-\frac{1}{2}}\times(0.438-0.43)$$

$$=0.1244\times10^3\times8\times10^{-3}=0.9953$$

$$\frac{\partial f}{\partial V'_m}=\left[(0.438-0.43)^2+(0.530-0.52922)^2\right]^{-\frac{1}{2}}\times(0.530-0.52922)$$

$$=0.1244\times10^3\times0.78\times10^{-3}=0.097$$

$$\frac{\partial f}{\partial \overline{W}'_0}=-0.9953$$

$$\frac{\partial f}{\partial \overline{V}'_0}=-0.097$$

所以公式（13）

$$U^2\left(\Delta W'V'\right)=\left[0.9953\times3.52376\times10^{-5}\right]^2+\left[0.097\times6.45\times10^{-6}\right]^2$$
$$+\left[0.2275\times1.26265\times10^{-5}\right]^2+\left[0.9649\times3.29013\times10^{-5}\right]^2$$
$$=20.0761\times10^{-10}$$

$$U\left(\Delta W'V'\right)=4.48\times10^{-5}$$

95%，信賴水準，$K=2$

擴充不確定度：$U\left(\Delta W'V'\right)=9.7\times10^{-5}$

擴充相對不確定度：$U\left(\Delta W'V'\right)/\Delta W'V'=\dfrac{9.7\times10^{-5}}{0.00837}=1.16\%$

綠場位置	9點色座標平均值		最大偏差點色座標		標準不確定度			
	$\overline{W}'_0$	$\overline{V}'_0$	$\overline{W}'_m$	$\overline{V}'_m$	$U\left(\overline{W}'_0\right)$	$U\left(\overline{V}'_0\right)$	$U\left(\overline{W}'_m\right)$	$U\left(\overline{V}'_0\right)$
	0.147667	0.546111	0.146	0.545	4.84983×10^{-6}	2.72232×10^{-6}	4.81388×10^{-6}	2.75×10^{-6}

由公式（8.14）～（8.17）計算出敏感係數：

$$\frac{\partial f}{\partial W'_m}=\left[\left(0.146-0.147667\right)^2+\left(0.545-0.546111\right)^2\right]^{-\frac{1}{2}}\times\left(0.146-0.147667\right)$$
$$=0.4993\times10^3\times1.667\times10^{-3}=0.8323$$

$$\frac{\partial f}{\partial V'_m}=\left[\left(0.146-0.14766\right)^2+\left(0.545-0.546111\right)^2\right]^{-\frac{1}{2}}\times\left(0.545-0.546111\right)$$
$$=0.4993\times10^3\times1.11\times10^{-3}=0.5542$$

$$\frac{\partial f}{\partial \overline{W}'_0}=-0.8323$$

$$\frac{\partial f}{\partial \overline{V}'_0} = -0.5542$$

所以公式（13）

$$U^2\left(\Delta W'V'\right) = \left[0.8323 \times 4.81388 \times 10^{-6}\right]^2 + \left[0.5542 \times 2.75 \times 10^{-6}\right]^2$$

$$+ \left[0.8323 \times 4.8498 \times 10^{-6}\right]^2 + \left[0.5542 \times 2.7223 \times 10^{-6}\right]^2$$

$$= 36.9412 \times 10^{-12}$$

$$U\left(\Delta W'V'\right) = 6.078 \times 10^{-6}$$

95%，信賴水準，$K = 2$

擴充不確定度：$U\left(\Delta W'V'\right) = 1.2 \times 10^{-5}$

擴充相對不確定度：$U\left(\Delta W'V'\right) / \Delta W'V' = \dfrac{1.2 \times 10^{-5}}{0.002} = 0.6\%$

1. 液晶投影顯示器亮度量測作業程序

依據標準：ANSI/NAPM IT7.228-1997

量測儀器與編號：照度計 Minolta T-10、色度計 Minolta CL-100、
捲尺

量測條件：暗房

量測方法：

（1）ANSI 灰階鑑別

0%=BLACK   100%=WHITE

（2）ANSI Lumens 量測

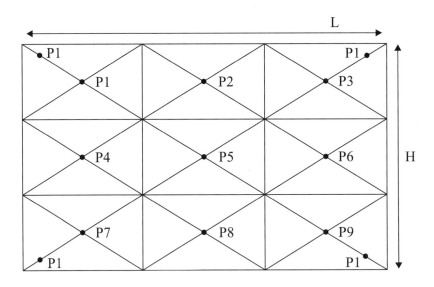

　　由信號產生器輸入 100%全白場訊號，將投影鏡頭調整變焦至最廣角，經待測投影機投射出全白場畫面，於 P1〜P9 處量取照度值（單位：Lux），並量取畫面大小 L（長）*H（高），L 與 H 之單位爲：公尺。

$$ANSI\ Lumens = (P1+P2+P3+P4+P5+P6+P7+P8+P9照度值)$$

$$/9 \times (L \times H)$$

（3）ANSI 亮度均勻度（Light Uniformity）量測

　　由信號產生器輸入 100%全白場訊號，將投影鏡頭調整變焦至最廣角，經待測投影機投射出全白場畫面，於 P1〜P13 處（如上圖所示），量取照度值（單位：Lux），並量取畫面大小 L（長）*H（高），L 與 H 之單位爲：公尺。

亮度均勻性之計算：

最亮之均勻度偏離值：（P1〜P13 最亮點－P1〜P9 平均值）／P1〜P9 平均值

最暗之均勻度偏離值：（P1〜P13 最暗點－P1〜P9 平均值）／P1〜P9 平均值

（4）ANSI 對比度（Contrast）量測

　　由信號產生器輸入 16 格黑白鑑別訊號，將投影鏡頭調整變焦至最廣角，經待測投影機投射出 16 格黑白鑑別畫面，分別於 16 格中心位置處；量取照度值，（單位：Lux），並量取畫面大小 L（長）*H（高），L 與 H 之單位爲：公尺。

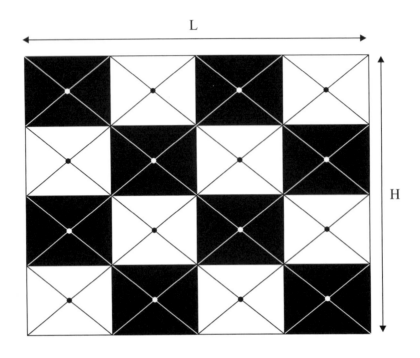

$$ANSI \text{ 對比度} = （8 點白場平均值）／（8 點黑場平均）$$

（5）ANSI 色度（Color Chromaticity）量測

由信號產生器分別輸入 100%全紅場、藍場、綠場訊號，將投影鏡頭調整變焦至最廣角， 經待測投影機投射出紅場、藍場、綠場，分別量測 P5 點（同 ANSI Lumens 量測位置圖），所測得之值即為色度值。

（6）ANSI 色度均勻性（Color Uniformity）量測

由信號產生器分別輸入 100%全紅場、藍場、綠場訊號，將投影鏡頭調整變焦至最廣角，經待測投影機投射出紅場、藍場、綠場，分別量測 P1－P13 點之色度值（同 ANSI Lumens 量測位置圖）。

色度均勻性之計算：

$$\Delta U'V' = \sqrt{\left(U_1' - U_0'\right)^2 + \left(V_1' - V_0'\right)^2}$$

$\left(U_0', V_0'\right)$：九點色座標平均值

$\left(U_1', V_1'\right)$：13 點中，與九點色座標平均值差異量最大的色座標值

2. 量測結果

Section 1：灰階鑑別

室溫：　　23±5　　C-deg

開機：　　15　　分後量測

鏡頭在廣角之狀態：

(a) 0%, 5%, 10%, 15%之灰階辨認⇒　　均可　　明確辨認

(b) 85%,90%,95%,100%之對比辨認⇒　　均可　　明確辨認

Section 2：Lumens output & uniformity

量測儀器及編號　Minolta T-1H

鏡頭至螢幕　　　　　　(cm)

投影面積之長度$(L)=$　　200　　(cm)

投影面積之高度$(H)=$　　150　　(cm)

$L*H=$投影面積$==$　　3　　(m^2)

	(ANSI Lumens)		unit: lux
P10 = 152			P11 =218
	P1 = 216	P2 = 377	P3 = 349
	P4 = 274	P5 = 425	P6 = 397
	P7 = 263	P8 = 445	P9 = 401
P12 = 193			P13 = 251

九點平均照度值 $= (P1+P2+P3+P4+P5+P6+P7+P8+P9)/9 =$

<u>350</u>　　LUX

輸出流明值=九點平均照度值*投影面積=　　<u>1050</u>　　ANSI　Lumens

ANSI 最亮均勻度偏離值：（P1～P13 最亮點－P1～P9 平均值）／P1～P9 平均值=　　<u>+27%</u>

ANSI 最暗均勻度偏離值：（P1～P13 最暗點－P1～P9 平均值）／P1～P9 平均值=　　<u>−57%</u>

P1=206	P5=2.0	P9=402	P13=2.4
P2=2.4	P6=343	P10=1.5	P14=314
P3=253	P7=1.9	P11=438	P15=2.1
P4=2.9	P8=376	P12=1.6	P16=360

ANSI 對比度＝（8 點白場平均值）／（8 點黑場平均）=　　<u>169</u>

（ANSI　紅場色度值）　　　　　　　　unit: (U',V')　　　　缺(x,y 數據)

P10= 0.414,0.501			P11=0.411,0.499
	P1=0.452, 0.521	P2= 0.436,0.527	P3= 0.428,0.531
	P4= 0.423,0.517	P5=0.447,0.522	P6= 0.431,0.529
	P7= 0.433,0.520	P8= 0.421,0.516	P9=0.459,0.514
P12= 0.407,0.513			P13= 0.404,0.507

（ANSI　藍場色度值）　　　　　　　unit: (U',V')

P10=0.154,0.187			P11 =0.143,0.187
	P1 = 0.159,0.189	P2= 0.157,0.196	P3 = 0.141,0.193
	P4= 0.156,0.191	P5 = 0.152,0.197	P6 = 0.148,0.191
	P7= 0.147,0.193	P8= 0.149,0.198	P9= 0.151,0.188
P12=0.138,0.190			P13 = 0.147,0.191

（ANSI　綠場色度值）　　　　　　　　　unit: (U',V')

P10=0.141,0.570			P11 =0.135,0.567
	P1 = 0.142,0.573	P2 = 0.143,0.575	P3 = 0.140,0.499
	P4 = 0.139,0.575	P5 = 0.145,0.574	P6 = 0.145,0.580
	P7 = 0.147,0.578	P8 = 0.138,0.579	P9 = 0.137,0.571
P12=0.139,0.569			P13 = 0.137,0.566

（ANSI　白場色度值）　　　　　　　　　unit: (U',V')

P10=0.167,0.514			P11 =0.173,0.511
	P1 = 0.180,0.519	P2 = 0.177,0.529	P3 = 0.169,0.515
	P4 = 0.171,0.514	P5 = 0.173,0.521	P6 = 0.174,0.523
	P7 = 0.179,0.517	P8 = 0.174,0.526	P9 = 0.173,0.524
P12=0.171,0.518			P13 = 0.168,0.517

紅場最大偏離量：$\Delta U'V' = $ _____

藍場最大偏離量：$\Delta U'V' = $ _____

綠場最大偏離量：$\Delta U'V' = $ _____

白場最大偏離量：$\Delta U'V' = $ _____

參考書目

1. Coleman, H. W. "Experimentation and Uncertainty Analysis for Engineer" ,2nd Edition ,1999,John Wiley & Sons.

2. 古瓊忠， "品質管制與檢驗－國際標準 ISO 17025 實驗室品質與技術" ，全華科技圖書股份有限公司，2000 年 8 月。

3. ISO 5725-2,Basic Method for Determination of Repeatability and Reproducibility of a Standard Measurement Method.

4. "Test Uncertainty", ASME PTC19.1-2005, An American National Standard.

5. "Uncertainty of Quantitative Determinations Derived By Cultiva- tion of Microorganisms", Seppo I. Niemelä, J3/2002, Advisory Commission for Metrology, Chemistry Section Expert Group for Microbiology.

6. "保色劑、防腐劑、生菌數" 量測不確定度評估訓練班講義，古瓊忠，行政院衛生署藥物食品檢驗局，2002 年 4 月。

7. 量測不確定度研習班講義，古瓊忠，行政院衛生署藥物食品檢驗局，2006 年，3 月。

8. "量測不確定度之軟體發展" 陳姿妤，逢甲大學土木碩士論文，2010 年 6 月。

9. "Test Uncertainty ",ASME PTC 19.1-1998.An American National Standard.

10. "In Statistical Aspects of the Microbiological Analysis of Food",

Chapter 8, B. Jarvis, 1989.

11. "Appendix 2,Most Probable Number from Serial Dilutions", Bacteriological Analytical Manual, January 2001, U. S. Food & Drug Administration, Center for Food Safety & Applied Nutrition.

12. ASME B89.7.3.1-2001, "Guidelines for Decision Rules: Consi- dering Measurement Uncertainty in Determining Conformance to Specifications", An American National Standard.

13. Eurachem/Citac Guide, "Quantifying Uncertainty in Analytical Measurement", 2nd Edition, 2000.

14. J. Kragten, "Calculating Standard Deviations and Confidence Intervals with a Universally Applicable Spreadsheet Technique", Analyst, October 1994, Vol.119,page 2161.

15. "量測不確定度課程"，古瓊忠，全國公證檢驗股份有限公司，2009年 11 月。

16. "量測不確定度評估與實例應用研討會"，古瓊忠，中華民國計量工程學會，MS-91-T007，2002 年 9 月。

17. Wayne A.Fuller, "Measurement Error Models", John Wiley & Sons, Inc, 1987.

18. ASME B89.7.4.1-2005, "Measurement Uncertainty and Confor- mance Testing : Risk analysis", An ASTM Technical Report.

19. "量測不確定度在混凝土圓柱體強度符合性檢定及風險分析之應用"，游維甄，逢甲大學土木工程學系碩士論文，2011 年 6 月。

20. "量測不確定度在鋼筋強度符合性檢定及風險分析之應用"，曾信衡，逢甲大學土木工程學系碩士論文，2011 年 7 月。

21. P. De Bièvre "Measurement Uncertainty in Chemical Analysis", Springer, Verlag, 2002.

22. "土壤特性試驗技術及其量測不確定度評估研討會"，工業技術研究院，0796-CB047，2007 年 6 月。

23. "微生物領域 Cultural Method 量測不確定度評估及實例"，古瓊忠，環保署檢測實驗室訓練講義，2002 年。

24. ETSI TR 100028-1 VI. 4. 1(2001-12),"Electromagnetic Compati- bility and Radio Spectrum Matters (ERM); Uncertainties in the Measurement of Mobile Radio Equipment Characteristies":Part1.

25. ETSI TR 100028-2 VI.4.1(2001-12),"Electromagnetic Compati- bility and Radio Spectrum Matters(ERM);Uncertainties in the Measurement of Mobile Radio Equipment Characteristies":Part2.

26. ANSI/EIA-364-108-2000, "Impedance, Reflection Coefficient, Return Loss, and VSWR Measured in the Time and Frequency Do- main Test Procedure for Electrical Connectors Cable Assem- blies or Interconnection Systems".

27. Patrick A. Enright and Charles M. Fleischmann, "Uncertainty of Heat Release Rate Calculation of the ISO 5660-1 Cone Calori- meter Standard Test Method, Fire Technology", Vol.35. No.2. 1999.

28. UKAS, M3003, "The Expressions of Uncertainty and Confidence in Measurement".

29. UKAS, LAB34(DRAFT), February 2001, "The Expressions of

Uncertainty in EMC Testing".

30. ROHDE & SCHWARZ, Bluetooth,TS8960, "Measurement Un-certainties", Reference Number #BT270,2000.11.17.

31. ETSI TR 102273,2001,12 "Electromagnetic Compatibility and Radio Spectrum Matters(ERM);Improvement on Radiated Me- thods of Measurement (using test site) and Evaluation of the Corresponding Measurement Uncertainties".

 Part 1: "Uncertainties in the Measurement of Mobile Radio Equipment characteristics";

  Sub-Part 1: "Introduction";

 Sub-Part 2: "Examples and Annexes";

 Part 2: "Anechoic Chamber";

 Part 3: "Anechoic Chamber with a Ground Plane";

 Part 4: "Open Area Test Site";

 Part 5: "Striplines";

 Part 6: "Test Fixtures";

 Part 7: "Artificial Human Beings";

32. News from Rohde & Schwars Number 166,2000/1, "Calculating Measurement Uncertainty of Conformance Test Systems for Mobile Phones".

33. ASME B89.7.4.1-2005,Technical Report, "Measurement Un- certainty and conformance Testing : Risk Analysis".

34. ETST ETR028, Technical Report, March 1994. "Radio Equip- ment and Systems(RES):Uncertainties in the Measurement of Mobile Radio Equipment Characteristics".

35. IFR Systems. Ine. IFR.2001. "Advancing wireless Test RF Data- mate".

36. "General Requirement for the competence of Calibration and Testing Laboratories", ISO/IEC 17025, 2005.

37. 營建材料量測不確定度評估實務研討會，財團法人工業技術研究院量測技術發展中心，古瓊忠，2001。

38. Ning Chang, Bryan Dockery, Huahua, Jian, 2009, "Preparation, Uncertainty & Certification of Ethanol Standards : Cerilliant Ana- lytical Reference Standards".

39. Barwick VJ, Ellison SLR. Lucking CL, Burn MJ; 2001, "Experi- mental Studies of Uncertainties Associated with Chromatogra- phic Techniques".

40. Gonzalez JC, Fernandez IM, Castro GR, 2008, "Determination of Radionuclides in Environmental Test Items at CPHR; Trace ability and Uncertainty Calculations".

41. Rodriquez-Castrillon JA, Moldovan M, Alonso JIG, 2009, "Inter- nal Correction of Hafnium Oxide Spectral Interferences and Mass Bias in the Determination of Platinum in Environmental Samples Using Isotope Dilution".

42. Lam JCW, Chan KK,Tong WF. 2010, "Accurate Determination of Lead in Chinese Herbs Using Isotope Dilution Inductively Cou- pled Plasma Mass Spectrometry (ID-ICP-MS)".

43. "應用數值方法"，袁帝文，2002。

44. "工程數值方法"，鄭明哲編譯，1989。

45. "新量子世界 The New Quantum Universe"，安東尼黑著，雷奕安譯，2004。

46. ISO/IEC, 2005, "Guide to the Expression of Uncertainty in Measurement".

47. Ignacio Lira, Institute of Physics, 2002, "Evaluating the Measure- ment Uncertainty, Fundamentals and Practical Guidance".

48. CNS 560, 2005, "鋼筋混凝土用鋼筋"。

49. Patrick A. Enright and Charles M. Fleischmann, Fire Technology, Vol.35. No.2, 1999, "Uncertainty of Heat Release Rate Calculat- ion of the ISO 5660-1 Cone Calorimeter Standard Test Method".

國家圖書館出版品預行編目(CIP)資料

實驗工程量測不確定度分析:基礎與實務指引 / 古瓊忠作.
-- 臺中市:聯合營建發展基金會, 民104.04
　　　面;　　公分
ISBN 978-986-91764-0-8(精裝)

1.工程測量

440.93　　　　　　　　　　　　　　　　104006506

實驗工程量測不確定度分析
－基礎與實務指引

作　　者：古瓊忠

發 行 人：財團法人聯合營建發展基金會

地　　址：台中市南屯區黎明路一段395巷15-1號3樓

電　　話：04-2470-1218

傳　　眞：04-2470-1002

排　　版：逢甲電腦排版事業有限公司

地　　址：台中市西屯區逢甲路19巷5號

電　　話：04-2451-8187

定　　價：新臺幣650元正

I S B N：978-986-91764-0-8

出版日期：中華民國一○四年四月